Lutz Gaspers

Kriterien bei der Siedlungsflächeninanspruchnahme

AF571460

Lutz Gaspers

Kriterien bei der Siedlungsflächeninanspruchnahme

Eine empirische Untersuchung anhand der Siedlungsstrukturentwicklung in der Region Stuttgart

Südwestdeutscher Verlag für Hochschulschriften

Impressum / Imprint
Bibliografische Information der Deutschen Nationalbibliothek: Die Deutsche Nationalbibliothek verzeichnet diese Publikation in der Deutschen Nationalbibliografie; detaillierte bibliografische Daten sind im Internet über http://dnb.d-nb.de abrufbar.
Alle in diesem Buch genannten Marken und Produktnamen unterliegen warenzeichen-, marken- oder patentrechtlichem Schutz bzw. sind Warenzeichen oder eingetragene Warenzeichen der jeweiligen Inhaber. Die Wiedergabe von Marken, Produktnamen, Gebrauchsnamen, Handelsnamen, Warenbezeichnungen u.s.w. in diesem Werk berechtigt auch ohne besondere Kennzeichnung nicht zu der Annahme, dass solche Namen im Sinne der Warenzeichen- und Markenschutzgesetzgebung als frei zu betrachten wären und daher von jedermann benutzt werden dürften.

Bibliographic information published by the Deutsche Nationalbibliothek: The Deutsche Nationalbibliothek lists this publication in the Deutsche Nationalbibliografie; detailed bibliographic data are available in the Internet at http://dnb.d-nb.de.
Any brand names and product names mentioned in this book are subject to trademark, brand or patent protection and are trademarks or registered trademarks of their respective holders. The use of brand names, product names, common names, trade names, product descriptions etc. even without a particular marking in this work is in no way to be construed to mean that such names may be regarded as unrestricted in respect of trademark and brand protection legislation and could thus be used by anyone.

Verlag / Publisher:
Südwestdeutscher Verlag für Hochschulschriften
ist ein Imprint der / is a trademark of
OmniScriptum GmbH & Co. KG
Heinrich-Böcking-Str. 6-8, 66121 Saarbrücken, Deutschland / Germany
Email: info@svh-verlag.de

Herstellung: siehe letzte Seite /
Printed at: see last page
ISBN: 978-3-8381-1594-8

Zugl. / Approved by: Stuttgart, Universität, Diss. 2010

Copyright © 2010 OmniScriptum GmbH & Co. KG
Alle Rechte vorbehalten. / All rights reserved. Saarbrücken 2010

Inhaltsverzeichnis

Verzeichnis der Tabellen

Verzeichnis der Abbildungen

Verzeichnis der Abkürzungen

Abs.	Absatz
Art.	Artikel
BauGB	Baugesetzbuch
BBR	Bundesamt für Bauwesen und Raumordnung
BfLR	Bundesforschungsanstalt für Landeskunde und Raumordnung
BRD	Bundesrepublik Deutschland
bspw.	beispielsweise
BT	Bundestag
bzw.	beziehungsweise
ca.	circa
d. h.	das heißt
DM	Deutsche Mark
f. / ff.	folgende Seite / folgende Seiten
GG	Grundgesetz
ggf.	gegebenenfalls
ha	Hektar
Hrsg.	Herausgeber
i. d. F.	in der Fassung
i. d. R.	in der Regel
i. e. S.	im engeren Sinne [im Zusammenhang mit Siedlungsflächennutzung]
ILPÖ	Institut für Landschaftsplanung und Ökologie der Universität Stuttgart
IREUS	Institut für Raumordnung und Entwicklungsplanung der Universität Stuttgart
IV	Individualverkehr
Kap.	Kapitel
km/h	Kilometer pro Stunde
km^2	Quadratkilometer
LEP [Jahr]	Landesentwicklungsplan [mit Angabe des entsprechenden Fortschreibungsjahres]
m. a. W.	mit anderen Worten
Mill.	Millionen
NVS	Nachbarschaftsverband Stuttgart
ÖPNV	Öffentlicher Personennahverkehr

ÖV	Öffentlicher Verkehr
RMN	Region Mittlerer Neckar
ROG	Bundesraumordnungsgesetz
RP [Jahr]	Regionalplan [mit Angabe des entsprechenden Fortschreibungsjahres]
S	Landeshauptstadt Stuttgart
sog.	so genannten
TK25	topographische Karte im Maßstab 1 : 25 000
u. a.	unter anderem; und andere
u. ä.	und ähnliches
vgl.	vergleiche
VRS	Verband Region Stuttgart
WUMS	Wege zu einer umweltverträglichen Mobilität am Beispiel der Region Stuttgart
z. B.	zum Beispiel
Ziff.	Ziffer

Abstract

The development of settlement structure in Germany is characterized by the transfer of land from other uses to settlement uses. In the year 2009, the average daily conversion of land from other uses to settlement and transportation uses in Germany amounted to 105 hectares (240 acres). Most of the acreage is used for housing purposes. Since land is a limited resource, the process and quantity of land consumption needs to be carefully controlled. Ecological as well as economic reasons require changes in land development trends. Since the UN Conference on Environment and Development in Rio de Janeiro in 1992, a target for a sustainability-oriented development was established. For the successful enforcement of a sustainable development program, the knowledge of the relationships and interactions of the spatial development process are necessary.

In the first part of this study the process of regional development in Germany is introduced and concepts for spatial development explained. The principle of decentralized concentration (dezentrale Konzentration) and its implementation in the federal planning system plays an important role. The defined target for spatial development in Germany is described and is compared with actual development in Germany.

By analyzing theoretical approaches and empirical studies, the basis for decision making is established. The importance of environmental conditions and accessibility is then revealed. This induced the formulation of hypotheses. Accessibility and environment have different importance in the hypotheses on decision making about land use. Either accessibility plays an important role (hypothesis 1) or environment is the important factor (hypothesis 2) or both are important (hypothesis 3) or other factors are more important in decision making (hypothesis 4).

To confirm or reject these hypotheses it is necessary to analyze a study area. The Stuttgart region is chosen for the case study. The region is divided into 624 units for the analysis. Much of the data is already developed in a former research project (WUMS project) and some of that data is used in this study.

The development of the settlement structure in the Stuttgart region is analyzed for various units over periods of two to three decades and compared with the defined target situation. Development plans from earlier times are included in the analysis to identify the units originally defined for development and for non-development in the regional plan. In this way the determination is made where high quantities of land were developed as compared to the regional plan. These units are interesting for further study since there are reasons why the specific developments took place within their boundaries. The analysis of these spatial units is done using indicators that describe accessibility and environmental conditions. Statistical analyses are used to prove the validity of the hypotheses. The tests indicate that neither accessibly only nor environmental conditions only sufficiently describe land use decisions. The tests show, however, that units with higher amounts on land use decisions have relatively better accessibility and better environmental conditions. Hypotheses 1 and 2 could therefore be eliminated. Development is better explained using hypothesis 3 and hypothesis 4, both of which most closely explain the development situation. Other criteria influence development as well. The size of the study area and the available data are not suitable to identify these other criteria. Nevertheless, this study shows, on the basis of empirical analyses, accessibility and environment are important influences on land use decisions. It is therefore useful that planners are knowledgeable about these factors on which they can exert influence through the planning process. It is recognized that planners have virtually no influence over other mostly social factors. This knowledge about factors that can be influenced is necessary to develop plans that are most consistent with community preferences.

Kurzfassung

Der räumliche Entwicklungsprozess in Stadtregionen und deren Umland in Deutschland ist nach wie vor durch eine starke Flächenneuinanspruchnahme charakterisiert. Derzeit (im Jahr 2009) werden - statistisch gesehen - täglich rd. 96 Hektar Fläche als Verkehrs- und Siedlungsfläche neu ausgewiesen. Der größte Teil dieser Fläche wird für Wohnzwecke in Anspruch genommen. Dem Prozess der Flächenneuinanspruchnahme kommt eine immer stärkere Bedeutung zu, nicht nur weil Grund und Boden eine knappe und begrenzte Ressource ist. Aus ökologischen als auch aus wirtschaftlichen Gründen bedarf es Veränderungen beim Prozess der Neuflächeninanspruchnahme. Seit der UN-Konferenz für Umwelt und Entwicklung in Rio de Janeiro 1992 und dem dort formulierten Ziel einer Nachhaltigen Entwicklung werden nationale Programme aufgestellt, in denen Wege und Ziele zu deren Zielerreichung formuliert sind. In Deutschland wurde dazu 2002 von der Bundesregierung eine Nationale Nachhaltigkeitsstrategie vorgelegt, in der eine Reduzierung der Neuinanspruchnahme von Flächen zu Siedlungs- und Verkehrszwecken bis 2020 auf 30 Hektar täglich formuliert wurde. Um solche Ziele erreichen zu können ist es wichtig, Zusammenhänge und Wechselwirkungen der räumlichen Entwicklung zu erkennen. Im ersten Teil dieser Arbeit werden theoretische Ansätze zur Erklärung der räumlichen Entwicklung erläutert und es wird der Prozess der regionalen Entwicklung in Deutschland dargestellt. Dem Leitbild der dezentralen Konzentration und ihre Umsetzung im Planungssystem der Bundesrepublik kommt dabei eine bedeutende Rolle zu. Durch die Analyse von theoretischen Ansätzen und empirischen Studien werden die Motivationen für die Entscheidungsfindung eingegrenzt und die Bedeutung von Umweltqualitäten und Erreichbarkeitskriterien werden daraus abgeleitet. Dies veranlasst zur Formulierung von Hypothesen, in denen Erreichbarkeitskriterien und Umweltqualitäten unterschiedlich starke Bedeutungen bei der Flächenneuinanspruchnahme zukommen. Es wird untersucht, ob entweder Erreichbarkeitskriterien stärkere Bedeutung besitzen (Hypothese 1) oder die Umweltqualitäten als wesentliche Faktoren gelten (Hypothese 2) oder beide Kriterien starke Einflüsse auf die Entscheidung zur Flächeninanspruchnahme ausüben (Hypothese 3) bzw. ob primär andere Faktoren bei der Entscheidungsfindung berücksichtigt werden (Hypothese 4). Diese Hypothesen werden hinsichtlich ihrer Gültigkeit anhand der Siedlungsentwicklung eines Untersuchungsraums überprüft. Dazu wurde die Region Stuttgart ausgewählt und zu

Analysezwecken in 624 Untersuchungseinheiten unterteilt. Bei der Untersuchung konnten Daten eines bereits früher durchgeführten Forschungsprojekts (WUMS-Projekt) einbezogen werden. Die Analyse der Entwicklung der Siedlungsstruktur über einen längeren Untersuchungszeitraum in der Region Stuttgart zeigt für diese 624 Untersuchungseinheiten verschiedene Trends. Untersuchungseinheiten mit hohen Umfängen an Flächenneuinanspruchnahme konnten identifiziert werden und den in den räumlichen Plänen definierten Ziel-Situationen gegenübergestellt werden. Es gibt Gründe, warum in bestimmten Untersuchungseinheiten Flächenneuinanspruchnahme im größeren Umfang erfolgte als in anderen. Für diese Untersuchungseinheiten wurde eine detaillierte Untersuchung mit Hilfe von Indikatoren, über die Erreichbarkeitskriterien als auch Umweltqualitäten beschreiben werden, durchgeführt. Mit Hilfe statistischer Analysen wird die Gültigkeit der Hypothesen überprüft. Die Tests weisen darauf hin, dass weder Erreichbarkeitsverhältnisse noch Umweltqualitäten allein die Entscheidungen zur Flächenneuinanspruchnahme beeinflussen. Die Tests zeigen jedoch, dass Untersuchungseinheiten mit höheren Umfängen an Flächenneuinanspruchnahme über relativ bessere Erreichbarkeitsverhältnisse und bessere Umweltbedingungen verfügen. Hypothese 1 und 2 muss deshalb verworfen werden. Die Entwicklung im Untersuchungsraum kann besser durch Hypothese 3 bzw. Hypothese 4 erklärt werden. Darüber hinaus existieren noch andere Kriterien, die auch die Entwicklung beeinflussen. Aufgrund der verfügbaren Daten konnten für die dieser Untersuchung zu Grunde gelegten Untersuchungseinheiten keine weiteren Kriterien untersucht werden. Dennoch zeigt diese Untersuchung anhand der empirischen Analysen, dass Erreichbarkeitskriterien und Umweltqualitäten wichtige Einflussgrößen bei Flächennutzungsentscheidungen darstellen. Es werden die Kriterien herausgestellt, auf die durch planerische Instrumente Einfluss genommen werden kann. Andere Kriterien – überwiegend aus dem sozialen Bereich – entziehen sich nahezu völlig der Einflussnahme durch planerische Instrumente. Das Wissen über diese Kriterien stellt eine wesentliche Grundlage zur Akzeptanz und Durchsetzbarkeit räumlicher Planungen dar.

...Eine Villa im Grünen mit großer Terrasse,
vorn die Ostsee, hinten die Friedrichstraße;
mit schöner Aussicht, ländlich-mondän,
vom Badezimmer ist die Zugspitze zu sehn
aber abends zum Kino hast dus nicht weit.
Das Ganze schlicht, voller Bescheidenheit:
Neun Zimmer, - nein, doch lieber zehn!
Ein Dachgarten, wo die Eichen drauf stehn...

(aus „Das Ideal" von Kurt Tucholsky, 1927)[1]

1 Einführung und Problemaufriss

1.1 Einführung in die Thematik

Schon vor rd. 80 Jahren, 1927 wies Kurt Tucholsky in lyrischer Form auf das Dilemma hin, welches sich zwischen dem Angestrebten und dem Erreichbaren bei der Verwirklichung individueller Bedürfnisse an den Wohnstandort einstellen kann. Daraus ergibt sich ein Zielkonflikt, der sich einerseits aus den Vorzügen von Siedlungen und ihrer Funktionserfüllung als Wohn- und Arbeitsort ergibt und andererseits aus den daraus resultierenden Belastungen hervorgeht. Es handelt sich also keineswegs um ein neues Phänomen, jedoch verschärfte es sich mit den zunehmenden Mobilitätsraten zusehends. Im Grünen wohnen, ohne auf die Vorzüge der Stadt verzichten zu müssen, wurde zur Idealvorstellung vieler Bausparer. Wenn Bauflächen, die diesen Idealen gerecht werden, überhaupt noch verfügbar sind, dann nur in limitiertem Umfang. Siedlungsflächen können nicht in unbegrenztem Maße bereitgestellt werden und das Bewusstsein für den haushälterischen Umgang mit der begrenzten Ressource Boden ist immer stärker geworden und dabei mehr in das öffentliche Interesse gerückt. Einige Gründe dafür, und warum es wichtig ist die dabei entstehenden Zusammenhänge zu kennen, soll dieses Kapitel vermitteln.

Die Kausalitäten und Interdependenzen, die die Siedlungsentwicklung und die damit verbundene Flächeninanspruchnahme beeinflussen, sind zunehmend Gegenstand zahlreicher Untersuchungen und Forschungsarbeiten. Dabei sind die Motivationen, auf diesem Feld zu forschen, vielfältig. So sind z.B. verkehrswissenschaftliche, regionalwissenschaftliche aber auch soziologische Ansätze bekannt, mögliche Wechselwirkungen zwischen Siedlungsstruktur und Mobilitätsmustern, Umweltbedingun-

[1] Kurt Tucholsky (1890-1935) war einer der bedeutendsten deutschen Satiriker und Gesellschaftskritiker im ersten Drittel des 20. Jahrhunderts.

gen oder des Lebensstils (um nur einige zu nennen) zu erkennen und daraus Regelhaftigkeiten ableiten zu können.

Ein Fazit vieler Arbeiten ist, dass nach wie vor ein großes Defizit an wissenschaftlichen Erkenntnissen auf diesem Gebiet existiert.

Die Notwendigkeit auf diesem Gebiet zu forschen, Wechselwirkungen zu erkennen, um letztlich Planungsvorstellungen wirksam und realisierbar gestalten zu können, besteht in Deutschland seit langem und wird insbesondere für Regionen mit Desurbanisierungstendenzen und stark ansteigenden Mobilitätsraten von zunehmender Wichtigkeit.

Durch die deutsche Wiedervereinigung im Jahr 1990 vollzog sich in der Bundesrepublik Deutschland aufgrund der unterschiedlichen Voraussetzungen eine nach neuen und alten Bundesländern differenzierte Entwicklung, die aber gleichermaßen auf eine Zunahme der Siedlungs- und Verkehrsflächen[2] hinauslief. In den westlichen Bundesländern wurden in den neunziger Jahren in verstärktem Umfang neue Flächen für Siedlungszwecke in den Kommunen ausgewiesen. Im Laufe des Jahres 2002 betrug die durchschnittliche tägliche Neuinanspruchnahme von Siedlungs- und Verkehrsflächen 105 ha,[3] wobei sich ein überproportionaler Zuwachs von Flächen für Wohnzwecke abzeichnet.[4] Damit hat sich die durchschnittliche tägliche Zunahme bereits verlangsamt, die zwischen 1997 und 2001 von rd. 120 ha auf rd. 129 ha gestiegen war. Inzwischen ist dieser Wert wieder abgefallen und liegt nun (Zeitraum 2004 bis 2007) bei rd. 113 ha [5] (vgl. Abbildung 1).

[2] Die Bezeichnung „Siedlungs- und Verkehrsfläche" wird hier gemäß der Definition der amtlichen Statistik verwendet. Hierzu zählen folgende Nutzungsarten: Gebäude- und Freifläche, Betriebsfläche ohne Abbauland, Erholungsfläche, Verkehrsfläche und Friedhofsfläche. (Quelle: Statistisches Bundesamt, 2000, S. 163).

[3] Quelle: Statistisches Bundesamt, Pressemitteilung 2003

[4] vgl. Dorsch, Fabian und Beckmann, Gisela, 1999a

[5] In den Jahren 2004 bis 2007 hat die Siedlungs- und Verkehrsfläche in Deutschland insgesamt um 1 648 km² zugenommen. Das entspricht nach Angaben des Statistischen Bundesamtes (Destatis) rechnerisch einem täglichen Anstieg von 113 Hektar (oder etwa 161 Fußballfeldern).

Abbildung 1: Tägliche Zunahme der Siedlungs- und Verkehrsfläche 1981-2007 in ha/Tag

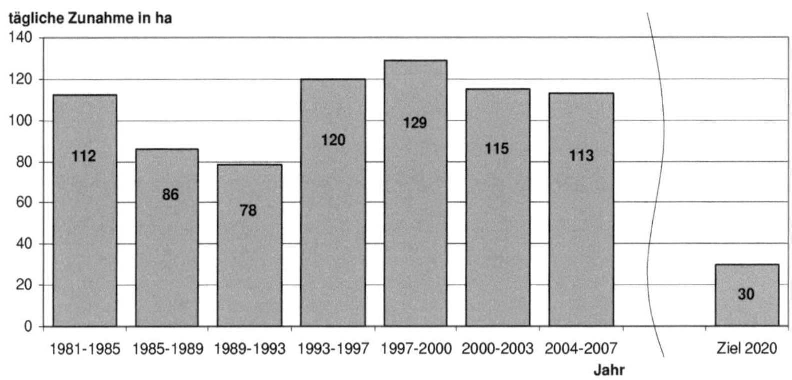

Quelle: eigene Darstellung

In den östlichen Bundesländern vollzog sich seit Öffnung der Grenze und der historischen Chance der Wiedervereinigung Deutschlands, die sich als Beitritt[6] der (später so genannten) Neuen Bundesländer an das alte Bundesgebiet vollzog, eine Auflösung kompakter Siedlungsstrukturen durch die Entstehung von Wohn- und Gewerbegebieten „auf der grünen Wiese" in einem relativ kurzen Zeitraum so, dass vielerorts landesplanerische Instrumente nicht funktionierten bzw. klare Konzeptionen fehlten.[7]

Dem Zuwachs an neu erschlossener Fläche steht eine immer noch anhaltende Bevölkerungsabnahme gegenüber, was sich in einer stärker rückläufigen Sied-

[6] Das hier verwendete Wort „Beitritt" soll nicht den Vorgang der deutschen Wiedervereinigung in seiner Bedeutung herabwürdigen, sondern soll unterstreichen, dass auf Grundlage des früheren Artikels 23 GG (vgl. Grundgesetz, i. d. F. vor dem 31.08.1990) ein „Beitritt anderer Teile Deutschlands" erfolgte. Das hatte die Konsequenz, dass in den Beitrittsgebieten auch die Rahmenbedingungen für eine räumliche Entwicklung denen der alten Bundesländer angepasst wurden. Das betrifft in diesem Kontext im Wesentlichen planungsrechtliche und steuerrechtliche Fragen. Der zunehmende Wohlstand, die Umstrukturierung der Wirtschaft und die Anpassung der Mobilitätsraten auf westliches Niveau kamen hinzu. Es war deshalb abzusehen, dass sich in den neuen Bundesländern nicht nur eine ähnliche Entwicklung einstellen wird, sondern aufgrund der besonderen Situation der Prozess schneller und sogar verstärkt stattfinden wird.

[7] In den östlichen Bundesländern vollzog sich die Entwicklung nahezu zeitlich umgekehrt zu der in den westlichen Ländern. Während sich in den westlichen Ländern zuerst Wohnsiedlungen am Rand der Städte entwickelten, wurden in den östlichen Ländern nach der Grenzöffnung zuerst großflächige Verkaufseinrichtungen am Stadtrand oder im Umland der Städte geschaffen. Diese waren meist nicht massiv gebaut und bestanden zum Teil bis in die Mitte der neunziger Jahre, als im Umfeld bereits Gewerbe- oder auch Wohngebäude errichtet wurden.

lungsdichte als in den westlichen Bundesländern ausdrückt.[8] Das hohe Potential von Flächen, für die eine Umnutzung zu Siedlungs- und Verkehrszwecken stattfindet – was im früheren Bundesgebiet von 1950 bis 1993 nahezu einer Verdopplung dieser Flächennutzung entspricht – veranlasste unter anderem die Enquete-Kommission des 13. Deutschen Bundestages eine deutliche Verlangsamung der Umwandlung von unbebauten Flächen in Siedlungs- und Verkehrsflächen zu fordern. Langfristig soll die Umwandlung von unbebauter in bebaute Fläche durch gleichzeitige Erneuerung (Entsiegelung u. a.) vollständig kompensiert werden. In der Studie „Zukunftsfähiges Deutschland“ des Wuppertal-Instituts[9] wurde 1995 z. B. sogar eine „Rückführung des Verbrauchs bisher freier Flächen auf null Prozent innerhalb von zehn Jahren“ gefordert.

Im Jahr 2002 legte die Bundesregierung die Strategie „Perspektiven für Deutschland" vor. Seit 2005 wird diese als „Nationale Nachhaltigkeitsstrategie“ bezeichnet und wird fortlaufend weiterentwickelt.[10] Hierzu veröffentlicht die Bundesregierung regelmäßig Fortschrittsberichte. Damit wurde auf das auf der Rio-Konferenz von 1992 [11] von den Vereinten Nationen beschlossene globale Aktionsprogramm reagiert, wonach das Leitbild der „Nachhaltigen Entwicklung“[12] national in allen Politikbereichen unter Beteiligung von Gesellschaft und Wirtschaft umzusetzen sei. Dementsprechend fällt diese Strategie inhaltlich umfassend aus und ist nicht abschließend angelegt. Sie ist Grundlage für politische Richtungsentscheidungen wie auch für ein verändertes Ver-

[8] Im Jahr 2000 betrug statistisch gesehen die Flächenausstattung mit Siedlungsfläche je Einwohner in den neuen Bundesländern 567 m² und in den westlichen Bundesländern 519 m² (vgl. Dosch, Fabian und Beckmann, Gisela, 1999a).

[9] vgl. BUND und MISERIOR, 1996

[10] vgl. Nationale Nachhaltigkeitsstrategie, 2002.

[11] Die Rio-Konferenz von 1992, eigentlich: „UNO-Konferenz über Umwelt und Entwicklung (UNCED = UN Conference on Environment and Development)“. An der Konferenz in Rio de Janeiro vom 3.-14.6.1992 nahmen rund 10.000 Delegierte aus 178 Staaten teil.

[12] Auf der Rio-Konferenz ist deutlich geworden, dass eine nachhaltige Entwicklung nur durch ein weltweites Aktionsprogramm erreicht werden kann. Mit der in Rio verabschiedeten Agenda 21 werden Handlungsaufträge gegeben, um einer weiteren Verschlechterung der Umwelt- und Entwicklungssituation entgegenzuwirken und eine nachhaltige Nutzung der natürlichen Ressourcen sicherzustellen. Nach der Agenda 21 sind es in erster Linie die Regierungen der einzelnen Staaten, die auf nationaler Ebene die Umsetzung der nachhaltigen Entwicklung planen müssen, in Form von Strategien, nationalen Umweltplänen und nationalen Umweltaktionsplänen. Dabei sind auch regierungsunabhängige Organisationen und andere Institutionen zu beteiligen. Wichtig für den Erfolg der Maßnahmen und Projekte ist eine breite Beteiligung der Öffentlichkeit bzw. der Bevölkerung, da nachhaltige Entwicklung auch in die Köpfe der Beteiligten Einzug finden muss. Eine besondere Rolle und Verantwortung kommt hier auch den Kommunalverwaltungen zu, die für ihren Bereich die Umsetzung der „Lokalen Agenda 21“ im Konsens mit ihren Bürgern herstellen soll. Die Agenda 21 besteht aus insgesamt 40 Kapiteln, in denen alle relevanten Politikbereiche und Handlungsmaßnahmen angesprochen werden.

halten von Unternehmen und Verbrauchern. Die Bundesregierung sieht die nachhaltige Siedlungsentwicklung als einen der Handlungsschwerpunkte an und hat das Ziel formuliert, bis zum Jahr 2020 die tägliche Flächeninanspruchnahme für Siedlungs- und Verkehrszwecke auf 30 Hektar pro Tag zu reduzieren. Darüber hinaus wird bis 2050 eine Reduktion der Flächenneuinanspruchnahme auf Null vorgeschlagen. Um dies zu erreichen, soll eine Doppelstrategie von quantitativer und qualitativer Steuerung der Flächenneuinanspruchnahme erfolgen. Flächensparendes bauen, kompakte Stadt, Bündelung von Infrastruktur, Bereitstellung von Ausgleichsflächen und Entsiegelung von nicht mehr genutzten Flächen sollen eine weitere Entkopplung der spezifischen Flächeninanspruchnahme vom Wirtschaftswachstum ermöglichen.[13]

Die Siedlungsflächenentwicklung (insbesondere in den westlichen Bundesländern) folgte einer länger andauernden Entwicklung, bei der die Erreichbarkeiten auch entlegener Gebiete durch Ausbau eines leistungsfähigen Verkehrssystems ständig verbessert wurden. Wissenschaftliche Arbeiten haben in der Vergangenheit bereits die These aufgestellt, dass die Möglichkeiten eines leistungsfähigeren Verkehrssystems (kürzere Reisezeiten) dahingehend ausgenutzt werden, dass bei der Konstanz des persönlichen Zeitbudgets die zurückgelegten Wege länger werden können, weil der Entfernungswiderstand abnimmt.[14] Ebenso ist der Preis für individuelle Mobilität in den vergangenen Jahrzehnten weniger stark gestiegen als der Preisindex der übrigen Lebenshaltungskosten privater Haushalte. Der relative Kraftstoffpreis ist, gemessen am Einkommen, gesunken.[15] Weitere mobilitätsbegünstigende Faktoren (wie Jobtickets, privat nutzbare Firmenfahrzeuge oder Mitarbeitervergünstigungen beim Kauf eines Neuwagens) kommen vielerorts hinzu.

Zwischen Verkehrssystem und Siedlungsstruktur besteht eine untrennbare Verbindung, die gegenseitiges Wachstum begünstigt, fördert und sogar fordert. Eine der Kehrseiten dieser Entwicklung ist, dass insbesondere die negativen Auswirkungen

[13] vgl. Nationale Nachhaltigkeitsstrategie, 2002, S.189.

[14] Dazu wird als ein grundlegendes Werk: „Zahavi, Yacov, 1979: Unified Mechanism of Travel“ oft zitiert.

[15] Der durchschnittliche Brutto-Stundenlohn in der Industrie betrug 1960 2,84 DM (ca. 1,45 €). Im Jahr 2000 waren es rund 28 DM (ca. 14,32 €). Einen Liter Normalbenzin hat ein Industriearbeiter 1960 in rund 13 Minuten verdient. Im Jahr 2000 waren es etwas über 4 Minuten. Die Angaben beziehen sich auf den Bruttolohn, da die Nettolöhne aufgrund unterschiedlicher Sozialabgaben- und Steuerstrukturen nicht ohne weiteres verglichen werden können. (Quelle: Umweltbundesamt, Pressemitteilung 2000)

eines Teilsystems das Wachstum des anderen Teilsystems vorantreiben kann und dessen Entwicklung wiederum (besonders die Entwicklung der negativen Auswirkungen) den weiteren Ausbau des ersteren noch fördert. Der bei Suburbanisierungsprozessen ausgeübte Druck, die über sehr lange Zeiträume gewachsenen kompakten Siedlungsformen zu verlassen, um den entwicklungsbedingten Beeinträchtigungen (wie Lärmbelastung, geringe Freiflächenanteile, etc) zu „entfliehen", förderte Ansiedlungen außerhalb der Agglomerationen dort, wo die natürlichen Umweltqualitäten noch gut sind, und die Erreichbarkeiten ein noch akzeptables Maß einnehmen. Um bei steigenden Verkehrsbelastungen die Raumdurchlässigkeit nicht zu verschlechtern bzw. noch zu erhöhen, bewirkte dieser Vorgang den Ausbau des Verkehrssystems, womit dann die Beeinträchtigungen durch Emissionen des Verkehrssystems auch dort zugenommen haben, wo man vormals noch (im Hinblick auf natürliche Umweltqualitäten) von begünstigten Wohnlagen sprach. Eine Folge ist die Ausdehnung des Verkehrsnetzes, um bis dahin weniger „belastete" Lagen zu erschließen. Das leistungsfähige Verkehrsnetz erzeugt Zersiedlung und die Zersiedlung führt zu Forderungen nach weiterem Ausbau des Verkehrsnetzes. Wohnsiedlungen und Gewerbeflächen haben die Grenzen der geschlossenen Stadt verlassen, die etwa seit 5 000 Jahren in einer vergleichbaren Form existiert hatte.[16] Das Umland als funktionaler Ergänzungsraum zur Stadt diente über Jahrhunderte der Versorgung der Stadt mit landwirtschaftlichen Produkten. Später kamen neue Funktionen hinzu wie die Wasserversorgung oder die Abfallentsorgung. Mit dem Verstädterungsprozess bzw. der Urbanisierung hat das Umland eine weitere Dimension und Bedeutung erhalten.[17]

Das zuvor genannte Ziel einer nachhaltigen Flächennutzungspolitik wird vermutlich früher oder später die Einführung reglementierender Steuerungsinstrumente bei Preisen und in der Ordnungspolitik sowie andere Limitierungen mit sich bringen. Ein Ansatzpunkt für Steuerungselemente könnte dabei die Erhöhung des Entfernungswiderstandes sein, was bereits (auch in Hinblick auf das Erreichen anderer Ziele) durch die Erhöhung der Mineralölsteuer[18] und die Reduktion des bisher gekannten Umfangs beim Neu- und Ausbau des (Straßen-) Verkehrsinfrastrukturnetzes

[16] vgl. Sieferle, Rolf Peter, 1997, S. 190 ff.
[17] vgl. Aring, Jürgen, 1999a, S. 11
[18] Die als „Ökosteuer" bekannte Anhebung der Mineralölsteuer in mehreren Stufen um 0,06 DM (ca. 0,03 €) jeweils zum 1. Januar der Jahre 2000 bis 2003.

spürbar ist. Ohne Akzeptanz in der Gesellschaft werden jedoch alle Versuche scheitern, mit dirigistischen Mitteln Entwicklungstrends kurzfristig zu stoppen oder gar umzukehren. Die Erhöhung der Raumwiderstände und die Veränderungen der Siedlungsstrukturen gehen einher mit (zwanghaft) veränderten Handlungsmustern des Einzelnen.[19] Die Budgets der einzelnen Haushalte erlauben dabei erfahrungsgemäß nur einen begrenzten Spielraum, was bei den politischen Entscheidungsträgern bekannt ist und deren Handlungsspielraum (im Sinne einer Akzeptanz der Politik zum Erreichen von Mehrheiten) einschränkt. Statistisch gesehen geben bereits heute die „...deutschen Familien monatlich mehr Geld für das Auto aus, als für Lebensmittel...".[20]

Um Akzeptanz zu erzielen, leitet sich die Notwendigkeit ab, solche Veränderungen nur langfristig realisieren zu können und wissenschaftlich zu fundieren, da als Konsequenz mit steigenden finanziellen Aufwendungen für Wohnen und mit Einschränkungen bei der Mobilität zu rechnen ist.[21] Veränderungsprozesse bei der Siedlungsentwicklung unterliegen sehr großen Zeiträumen. Gewachsene Siedlungsstrukturen wieder zu verändern oder gar zurückzubauen und dabei gleichzeitig die freigewordenen Flächen zu renaturieren ist nur schwer realisierbar.[22] Die Wirkungsdauer[23] von errichteten Wohnbauten liegt nach FRANCK und WEGENER bei 50 bis 100 Jahren,[24] wobei das obere Ende realistisch erscheint. Gleichzeitig ist die Reversibilität sehr niedrig. Die Wirkungsdauer von Verkehrsinfrastruktur (Straßen und Eisenbah-

---

[19] vgl. Holz-Rau, Christian, 1997, S. 13 ff.

[20] Ministerpräsident Erwin Teufel auf dem „World Mobility Forum Stuttgart", am 4. Februar 2003. Erwin Teufel war von 1991 bis 2005 Ministerpräsident des Landes Baden-Württemberg. Teufel wird an dieser Stelle zitiert, da sich ein Teil seiner Amtszeit mit dem Untersuchungszeitraum vorliegender Arbeit überschneidet und Teufel sich in seiner Funktion als Ministerpräsident u. a. stark für große Infrastrukturprojekte einsetzte. So forcierte er beispielsweise den Bau der 2007 eröffneten neuen Messe Stuttgart und das Bahnprojekt Stuttgart 21.

[21] Der Anteil der Ausgaben der privaten Haushalte für Bus, Bahn und Auto lag im Jahr 2000 bei rund 15 % der Gesamtausgaben. Der Anteil der Ausgaben für das Auto an den Gesamtausgaben ist von 10,4 % (1970) auf 13,2 % (1998) gestiegen. Der Anteil, den die privaten Haushalte für den öffentlichen Verkehr ausgeben, hat hingegen abgenommen - von 2,3 % (1970) auf 2 % (1998) der Gesamtausgaben (Quelle: Umweltbundesamt, Pressemitteilung, 2000).

[22] Bereits realisierte Rückbaumaßnahmen von leer stehenden Mehrgeschossbauten aus den 1970ern und 1980ern sind sowohl in den neuen als auch in den alten Bundesländern bekannt, bringen aber häufig den Nachteil mit sich, dass Kellergeschosse nicht zurückgebaut werden können, weil dort die Ver- und Entsorgungsleitungen für noch existierende Gebäude verlaufen.

[23] Mit Wirkungsdauer meinen die Autoren die Lebensdauer einer Anlage und den damit verbundenen Zeitraum, in dem eine bestimmte Fläche durch eine bestimmte Nutzung beansprucht wird.

[24] Das obere Ende dieser Wirkungsdauer scheint eher realistisch. Insbesondere Wohngebäude, die über 100 Jahre alt sind, sind in vielen deutschen Städten, die nicht durch Krieg oder die Sanierungen der sechziger und siebziger Jahre zerstört wurden, erhalten.

nen) wird mit mehr als 100 Jahren angegeben. Reversibilität wird hier nahezu ausgeschlossen.[25]

Zu unpopulären Maßnahmen, wie der Erhöhung der Mobilitätskosten durch die Administrative, kommt hinzu, dass der Wohnungsmarkt, insbesondere in den Agglomerationszentren, zum Teil ein erhebliches Wohnungsdefizit aufweist [26] und der Markt vielerorts stark durch das Umland entlastet werden muss. Die staatlichen Förderungsformen wie Eigenheimzulage, Wohnungsbauprämien und ähnliches stellen Anreize zur Erschließung weiterer Baulandreserven dar, die dann wiederum in Form von Entfernungspauschalen Steuermindereinnahmen oder, bei der Bezuschussung des ÖPNV, Folgekosten verursachen können. Hieraus zeichnet sich ein mehrschichtiger Zielkonflikt ab, der nur lösbar sein wird, wenn durch eine langfristige Schaffung von Rahmenbedingungen die Akzeptanz von Planungs- und Politikvorstellungen hergestellt werden kann. Kurzfristig werden keine spürbaren Veränderungen realisierbar sein. Die Ermittlung von Zusammenhängen und Gründen zur Siedlungsflächeninanspruchnahme, um diese bei späteren Planungsprozessen zu berücksichtigen, stellt ein Aufgabenfeld dar, welches zunehmend an Wichtigkeit gewinnt.[27]

Die Auswirkungen der Siedlungsflächenzunahme sind schon häufig zum Gegenstand von Untersuchungen im Hinblick auf deren *ökologische Folgewirkungen* geworden. Dazu gehören die jährlich ca. 23 000 ha Flächenversiegelung in Deutschland mit dem Verlust an Kulturböden, die Bebauung von Überschwemmungs- und Grundwasserneubildungsgebieten, die Zerschneidung von Lebensräumen für Tiere und Pflanzen sowie die Beeinflussung klimatischer Bedingungen durch Bebauung von Kaltluftschneisen, um nur einige bedeutende Gesichtspunkte zu nennen. Dazu kommen natürlich noch die sekundär induzierten Folgewirkungen. So geht Flächeninanspruchnahme mit einer Verkehrserschließung einher. Die Erhöhung der Verkehrsleistung bringt ebenfalls höheren Energieverbrauch, Emissionsbelastungen, Flächenzerschneidungen und Trennwirkungen mit sich.

---

[25] vgl. Franck, Georg und Wegener, Michael, 2002, S. 149

[26] Wohnungsdefizit der Landeshauptstadt Stuttgart 1995: 15 561 (Quelle: Landeshauptstadt Stuttgart, 2003).

[27] vgl. Holz-Rau, Christian, 2001

Nicht zuletzt aufgrund von Steuereinnahmerückgängen bei den Kommunen gewinnt nunmehr auch die Problematik der Siedlungsflächenzunahme hinsichtlich der *sozialen und ökonomischen Folgen* zunehmende Wichtigkeit. Sinkende Siedlungsdichte zwingt den Einzelnen längere Wegstrecken (z. B. um zu sozialen Einrichtungen zu gelangen) zurückzulegen, bzw. erfordert vom Aufgabenträger zur Sicherung der sozialen Grundrechte die Erreichbarkeiten (ggf. durch zusätzliche Bereitstellung) entsprechender Einrichtungen zu gewährleisten. Diese Zielsetzung ist im Bundesraumordnungsgesetz durch den Grundsatz verankert, dass „...gleichwertige Lebensverhältnisse in allen Teilräumen herzustellen..."[28] sind. Den zunehmenden Erschließungskosten folgen beispielsweise ein höheres Pendleraufkommen oder sozialräumliche Segregation.
Bei der Globalisierung der Wirtschaft nehmen lokale Standortvorteile[29] eine zunehmende Wichtigkeit ein. Im „Wettstreit der Regionen" werden deshalb die gut „organisierten" und deshalb gut „funktionierenden" Teilräume einen Vorteil besitzen.

Das Leitbild einer „Nachhaltigen Entwicklung", welches in Rio 1992 in der Agenda 21 manifestiert wurde, kann nur durch einen fachübergreifenden Ansatz erreicht werden, der die Wechselwirkungen sozialer, ökonomischer und ökologischer Ansprüche berücksichtigt. Eine Voraussetzung dafür ist, die Zusammenhänge zu kennen, die bei den entstandenen Siedlungsmustern existieren. Nur so kann zu einer effizienteren Ausweisung von Flächen übergegangen werden. Im Vordergrund steht, der ungehinderten Flächeninanspruchnahme zu Siedlungs- und Verkehrszwecken Einhalt zu gebieten. Untrennbar mit der Siedlungsflächenzunahme ist der notwendige Verkehrsaufwand verbunden. Eine Lösung zur Bewältigung gegenwärtiger verkehrsbedingter Probleme der Verdichtungsgebiete liegt auch in der Gestaltung verkehrssparsamer Siedlungsstrukturen. So gehen Erklärungsansätze zur Standortwahl davon aus, dass die Minimierung der Kosten des Einzelnen und damit auch die Kosten für die Raumüberwindung eine zu minimierende Größe darstellen. Fraglich ist jedoch, ob Mobilität ausschließlich eine abgeleitete Größe aus einem Regelkreis ist. Verknüpfungen zwischen Siedlungsflächeninanspruchnahme und den Faktoren, die deren Veränderung begünstigen, können dabei Hinweise für planerische Ansatzpunkte

[28] vgl. ROG, § 1 Abs. 2

[29] Standortvorteile im Sinne von urbanisation economies und localisation economies aber auch im Sinne der Möglichkeit, dass Kommunen ihre Mittel effizienter einsetzen können, was sich bspw. in niedrigeren Steuerhebesätzen oder in Kultur- und Sportangeboten widerspiegelt.

geben, um langfristig auf eine ressourcensparende Siedlungsentwicklung hinzuarbeiten. Die siedlungsstrukturellen Rahmenbedingungen müssen hierbei eine freiwillige Reduzierung von Wegen ermöglichen und sollen weiterhin diskriminierungsfreie Zugänglichkeiten zu zentralen Einrichtungen auch denjenigen gewähren, die den Baulandförderungen der Umlandgemeinden in den vergangenen Jahrzehnten folgten (relativ sinkende Raumüberwindungskosten förderten eine Zersiedlungspolitik) und als erste von einer reglementierenden Erhöhung der Entfernungswiderstände und dem Sinken der Raumdurchlässigkeit betroffen sind.

1.2 Abgrenzung des Untersuchungsrahmens

Die Komplexität des Zusammenwirkens zwischen Siedlungsflächenentwicklung und den zu berücksichtigenden Präferenzen der siedlungswilligen Akteure erfordert die Festlegung eines Untersuchungsrahmens, von dem aus eine Annäherung an die Thematik erfolgen soll.[30] In vorliegender Arbeit stehen die Aspekte der Siedlungsflächeninanspruchnahme im Mittelpunkt. Inhalt der Arbeit ist, eine Analyse eines entstandenen Siedlungsmusters vorzunehmen und dabei zu untersuchen, ob die Inanspruchnahme einer <u>Regelhaftigkeit</u> des Einflusses bestimmter Kriterien folgt. Bei Wohnstandortentscheidungen werden Akteure von Kriterien verschiedenster Art beeinflusst. Es gibt Kriterien, die von der Erreichbarkeit bestimmter Ziele wie bspw. des Arbeitsplatzes abhängig sind. Hier gibt es Anlass zur Vermutung, dass <u>*Erreichbarkeitskriterien*</u> von besonderer Bedeutung sind. Weitere wichtige Kriterien beziehen sich auf die Qualität des Wohnumfelds. Solche Merkmale lassen sich als unter dem Begriff <u>*Umweltqualitäten*</u> eines Standorts zusammenfassen. Kriterien, die von der Wohnung an sich abhängig sind, wie der Wunsch nach einer größeren Wohnung, werden unter <u>*Wohnungseigenschaften*</u> zusammengefasst. Merkmale für eine Standortwahl, die sich aufgrund von Heirat, Veränderungen des Haushalts etc. bilden, sind planerisch nur <u>*wenig*</u> oder nicht <u>*beeinflussbar*</u> und bilden eine weitere Gruppe. Auf die Abgrenzung der Merkmale und die Bildung der genannten Gruppen soll in Kapitel 2 näher eingegangen werden.

30 Die Eingrenzung eines Untersuchungsrahmens ist notwendig, weil je nach Zielstellung die Annäherung an die Thematik beispielsweise über einen regionalwissenschaftlichen, einen verkehrswissenschaftlichen oder einen soziologischen Ansatz erfolgen könnte. Auch Forschungsansätze weiterer Disziplinen bzw. interdisziplinäre Ansätze sind denkbar.

Die Einteilung von Kriterien zur Standortentscheidung in diese Gruppen ermöglicht einen planerischen Ansatz aufzustellen. Da Wohnungseigenschaften und beispielsweise familiäre Gründe zur Wohnstandortwahl durch Instrumente der räumlichen Planung kaum beeinflussbar sind, fällt die Konzentration auf *Erreichbarkeitskriterien* und *Umweltqualitäten* eines bestimmten Standorts, um einen Beitrag zur Erklärung der Entwicklung von bestimmten Siedlungsmustern zu liefern. Dazu werden standortbezogene Charakteristika hinsichtlich von Umweltqualitäten und standortspezifische Erreichbarkeiten untersucht werden. Für die Analyse wird die siedlungsstrukturelle Entwicklung in Form einer Längsschnittuntersuchung über einen repräsentativen Zeitraum auf kleinräumiger Ebene betrachtet. Innerhalb der Untersuchungseinheiten wird dazu die Siedlungsflächeninanspruchnahme während eines bestimmten Untersuchungszeitraumes festgestellt. Eine Differenzierung in unterschiedliche Nutzungsformen ist dabei notwendig.

Die Entwicklung zu einer Siedlungsstruktur, die durch ein zukunftsfähiges Flächen- und Ressourcenmanagement geprägt ist, kann nur langfristig erfolgen. Dabei ist ein Zusammenspiel zwischen dirigistischen Vorgaben seitens der für räumliche Planung zuständigen Administrative und einer Akzeptanz der Betroffenen notwendig, was auf einen längeren zeitlichen Verlauf schließen lässt. Dazu trägt das Wissen über Kriterien bei, die bei einer Flächeninanspruchnahme einem Standort den Vorzug gegenüber anderen Standorten gaben. Es sollen (und können) nicht die Einzelentscheidungen von Haushalten zu Gründen einer bestimmten Flächennachfrage ermittelt werden, sondern es soll anhand eines Untersuchungsraums herausgefunden werden, ob und wie Erreichbarkeitspotentiale und Umweltqualitäten in einzelnen Untersuchungseinheiten, in denen eine signifikante Zunahme an Siedlungsflächen stattfand, ausgeprägt sind. Daraus kann z. B. abgeleitet werden, ob Erreichbarkeiten bei Entscheidungen zur Flächenausweisung zukünftig mehr oder weniger Beachtung finden sollten.

Die Untersuchung kann einen Beitrag zur Erklärung der Entstehung der tatsächlich existierenden Siedlungsmuster liefern, wobei Umweltqualitäten und Erreichbarkeitskriterien besondere Beachtung zukommen werden, womit der *inhaltliche Untersu-*

chungsrahmen grob abgesteckt ist. Der Prozess der Siedlungsentwicklung[31] wird analysiert und im Hinblick auf den Umfang an Flächenneuinanspruchnahme untersucht. Dazu werden Hypothesen zur Rolle der Einflussgrößen „Umweltkriterien" und „Erreichbarkeitskriterien" aufgestellt, deren Haltbarkeit im Rahmen der Untersuchung überprüft wird und die gegebenenfalls reformuliert werden. Die Formulierung der Hypothesen erfolgt nach einer Analyse des Siedlungsentwicklungsprozesses hinsichtlich bekannter Theorien und dem System der räumlichen Planung in Deutschland. Um das Untersuchungsfeld zu strukturieren, werden zunächst Arbeitshypothesen aufgestellt, die einen vorläufigen Charakter besitzen und aus denen in späteren Arbeitsschritten die Hypothesen für die Untersuchung formuliert werden:

Arbeitshypothese 1: **Bei der Flächeninanspruchnahme für Wohnzwecke werden primär Erreichbarkeitskriterien des jeweiligen Standorts berücksichtigt.**

Siedlungsentwicklungen nach dieser Art gehen vom Umstand aus, dass sich bei der Siedlungsentwicklung die Nachfrage daran orientiert, dass Wege (beispielsweise zwischen Arbeitsstätte und Wohnort) minimiert werden. Diese Verhaltesweisen liegen verschiedenen Erklärungsansätzen zu Grunde, die im Weiteren noch beschrieben werden und den Neoklassischen Ansätzen der Standorttheorie zu Grunde liegen. Die Theorie beruht auf der Annahme, dass einzelne Akteure bspw. durch Senkung der Transportkosten zu einer Gewinnmaximierung kommen.

Die immer weitere Ausbreitung der Siedlungsgebiete von den Kernstädten ins Umland, wobei die Bereitschaft gestiegen ist, immer weitere Wege und längere Reisezeiten in Kauf zu nehmen, gibt Anlass zur Formulierung einer weiteren Arbeitshypothese:

Arbeitshypothese 2: **Die Inanspruchnahme von Siedlungsflächen für Wohnzwecke folgt im Wesentlichen aufgrund der Umweltqualität des jeweiligen Standorts.**

[31] im Sinne von Inanspruchnahme von vormals unbebauter Fläche für Siedlungs- und Verkehrszwecke

Die anhaltend neue Ausweisung und damit Entstehung neuer Wohnsiedlungen in Stadtrandlagen und in den Umlandgemeinden größerer Städte könnte durch eine Entwicklung, die Arbeitshypothese 2 folgt, erklärt werden. Hier wird unterstellt, dass Erreichbarkeitsverhältnisse allenfalls eine nachgeordnete Rolle bei der Flächeninanspruchnahme spielen. Ein weiteres Indiz dafür ist die wachsende Anzahl an Berufspendlern, die zwischen Wohn- und Arbeitsort zum Teil große Distanzen zurücklegen müssen und damit höhere Transportkosten in Kauf nehmen, wenn hierdurch die Wohnqualitäten verbessert werden.

In der Planungspraxis und der Betrachtung der räumlichen Entwicklung wird deutlich, dass es Entscheidungen zur Standortwahl gibt, die nicht auf dessen Erreichbarkeit oder die Umweltqualitäten zurückzuführen sind. Dies gibt Anlass zur Formulierung einer weiteren Arbeitshypothese, die diesen Kriterien keine entscheidende Rolle unterstellt:

Arbeitshypothese 3: **Die Entscheidungen zur Standortwahl hängen von einer Vielzahl von Kriterien ab. Erreichbarkeitskriterien und Umweltqualität eines Standorts nehmen dabei keine entscheidende Rolle ein.**

Das zu beobachtende Phänomen der Flächenneuinanspruchnahme wird anhand von definierten Untersuchungseinheiten (auf kleinräumiger Basis als Gemeindegröße) einer Beurteilung unterzogen, um Aussagen darüber treffen zu können, welche Kriterien stärkere Bedeutung eingenommen haben. Dazu werden Umweltqualitäten und Erreichbarkeitsverhältnisse mittels Indikatoren beschrieben.

Die gewonnenen Erkenntnisse können eine sinnvolle Entscheidungshilfe bei der Aufstellung räumlicher Pläne darstellen, wenn zwischen den Trägern der Regionalplanung und der gemeindlichen Entwicklungsplanung ein Konsens bei Flächenumnutzungsentscheidungen erzielt werden soll. Diese Abstimmung stellt durch das „Abstimmungsgebot", das „Anpassungsgebot" und das „Gegenstromprinzip" eine gesetzlich verankerte Pflicht der verschiedenen Träger der räumlichen Planung dar.[32] So ist es de jure möglich, dass sich die Ziele der Raumordnung der höheren Planungsebe-

[32] vgl. BauGB, § 1 Abs. 4 (Anpassungsgebot); BauGB § 2 Abs. 2 (Abstimmungsgebot); ROG § 1 Abs. 3 (Gegenstromprinzip) sowie Kap. 2 der Arbeit

nen bis zum einzelnen Bauvorhaben und bis in die Lebensumstände des Einzelnen auswirken können.[33]

Die quantitativen Untersuchungen werden mittels empirischer Daten in der Region Stuttgart durchgeführt. Damit ist ein *räumlicher Untersuchungsrahmen* gegeben, der seit 1994 als Regionalverband „Verband Region Stuttgart“ existiert und aus dem 1974 gegründeten „Regionalverband Mittlerer Neckar“ entstanden ist und somit bereits seit längerer Zeit als Planungsraum existiert.[34] Für die Auswahl dieses Untersuchungsraumes spricht auch, dass Regionalpläne[35] als Instrumente der Raumentwicklung verfügbar sind, deren Zielerreichungsgrade überprüft werden können und Informationen über die räumliche Struktur von Verkehrsbeziehungen existieren, die in starker Abhängigkeit zu Wirtschafts- und Verwaltungsverflechtungen stehen.

Der Ansatz über eine Längsschnittuntersuchung der Siedlungsentwicklung und einer daran anschließenden Querschnittsuntersuchung der Charakteristika der einzelnen Untersuchungseinheiten erfordert die Festlegung eines *zeitlichen Untersuchungsrahmens*, der repräsentative Aussagen zulässt. Zur Beurteilung der Siedlungsflächenentwicklung ist deshalb eine Zeitspanne zu wählen, anhand derer die Tendenzen der räumlichen Entwicklung im Untersuchungsraum erkennbar sind. Das Vorliegen von Regionalplänen sowie die Verfügbarkeit von Strukturdaten beeinflussen ebenso die Auswahl des Untersuchungszeitraumes. Die Entwicklung der Siedlungsstruktur ist außerdem stark vom Ausbau des Verkehrsnetzes abhängig. Das seit den 1970er Jahren stetig weiter gewachsene S-Bahnnetz der Region hatte hier einen entscheidenden Einfluss auf die Unterstützung des Suburbanisierungsprozesses. Für die Untersuchung der Erreichbarkeiten im Untersuchungsraum wird das Jahr 1995 gewählt. Hierfür ist nicht nur die Verfügbarkeit einer soliden Datenbasis sichergestellt, sondern es existiert auch eine Reihe von wertvollen Daten aus Erhebungen, die zur Erarbeitung des Regionalverkehrsplanes der Region Stuttgart von 1995 bzw. der Bearbeitung des Forschungsvorhabens „Wege zu einer umweltverträglichen Mo-

[33] vgl. Bundesministerium für Raumordnung, Bauwesen und Städtebau, 1996, S. 13 ff.

[34] Im Jahr 1974 wurde der „Regionalverband Mittlerer Neckar“ gegründet, der 1992 in „Regionalverband Stuttgart“ umbenannt wurde. Auf Grundlage des Gesetzes zur Schaffung des „Verbands Region Stuttgart“ 1994 ist die Region Stuttgart entstanden (vgl. dazu auch Kap. 2.1).

[35] Es wurden 1977, 1989 und 1998 Regionalpläne für die Region aufgestellt. Vgl. dazu auch Kap. 2.1.

bilität am Beispiel der Region Stuttgart" (WUMS) – auf das später noch ausführlicher eingegangen werden soll – durchgeführt wurden.

Die Ergebnisse der Arbeit können auf Ebene der Landes- oder Regionalplanung beispielsweise bei der Festlegung von Siedlungsschwerpunkten, der Entwicklung von Achsen (Siedlungs- oder Verkehrsachsen) oder bei der Verkehrsinfrastrukturplanung eine Entscheidungshilfe darstellen. Auch auf gemeindlicher Ebene, wo die Aufstellung der Bauleitpläne stattfindet, müssen Folgewirkungen des Flächenverbrauchs zukünftig stärkere Beachtung finden. Ungeachtet der individuellen Verwirklichung von Wohnwünschen der Siedlungsakteure muss bei den Entscheidungsträgern neben den Vorzügen einer Siedlungstätigkeit auch deren möglichen Nachteilen für die Gemeinde stärkere Aufmerksamkeit geschenkt werden. Typische Probleme, die sich bei einer Siedlungsstrukturentwicklung in Form einer weiteren Suburbanisierung zeigen, können in drei Punkten zusammengefasst werden:[36]

Erstens treten verstärkt Belastungen auf, die monetarisiert sind bzw. monetarisierbar sind (im Wesentlichen für den Infrastruktur- und Erschließungsaufwand), und die als Kosten den Nutznießern der Suburbanisierung nicht vollständig anlastbar sind, sondern von der Gemeinschaft getragen werden müssen.

Zweitens treten nicht monetarisierte bzw. nicht monetarisierbare Lasten auf, die diejenigen tragen müssen, die an der Suburbanisierung nicht teilhaben. Ein Beispiel hierfür sind die Innenstadtbewohner, die vom einströmenden Autoverkehr der Umlandgemeinden betroffen sind oder die Bewohner an den stark vom Einpendelverkehr belasteten Verkehrsachsen.

Drittens sind Folgen und Risiken der Suburbanisierung problematisch, die späteren Generationen und / oder auf andere Regionen, d. h. raum– und zeitverschoben, weitergegeben werden. Dazu zählen der Verbrauch natürlicher Ressourcen oder die Destabilisierung von Ökosystemen.

[36] vgl. Schmitz, Stefan, 2001, S. 245 ff.

1.3 Beschreibung der Vorgehensweise

Um den mehrschichtigen Zielkonflikt zwischen Flächenausweisung, der begrenzten Ressource Boden, der regionalplanerischen Vorstellung zur räumlichen Entwicklung und dem tatsächlich entstandenen Siedlungsmuster aufzeigen zu können, sollen zuerst einige Aspekte, die den Prozess der Siedlungsentwicklung charakterisieren, kurz umrissen werden. Dazu zählt der sich vollziehende Wandel der Siedlungsstrukturen und einzelne Phasen, die dafür typisch sind. So lassen sich im späteren Verlauf der Arbeit die Entwicklungstendenzen, die bei der Analyse des Untersuchungsraums aufgedeckt werden, besser interpretieren. Den Auflösungsprozessen der kompakten Siedlungsstrukturen wird mit verschiedenen Konzepten zur räumlichen Entwicklung begegnet. Dem Leitbild der dezentralen Konzentration kommt dabei eine besondere Bedeutung zu. Die dafür existierenden Gründe und wie die Umsetzung des Leitbildes auf den verschiedenen Ebenen der räumlichen Planung erfolgen kann, ergänzen die Beschreibungen zum Prozess der Siedlungsentwicklung, der aufgrund seiner Komplexität nur ausschnittsweise dargestellt werden kann.

Es ist notwendig, Flächennutzung differenziert zu betrachten, da die Anforderungen an Wohnstandorte sich von denen für gewerbliche Zwecke unterscheiden. Dass bei gewerblichen Standortentscheidungen die Optimierung von Lieferbeziehungen aufgrund von Produktionsverflechtungen eine wichtige Rolle einnimmt, ist aus der Literatur bekannt und soll hier nicht vertieft werden. Für die Wohnstandortwahl privater Haushalte muss eine Betrachtung differenzierter erfolgen. Hier liegen andere Entscheidungskriterien zugrunde. Anhand der Analyse theoretischer Ansätze zur Wohnstandortwahl, der Überprüfung wissenschaftlicher Ansätze zur Bestimmung von Wohnstandortpräferenzen sowie durch die Betrachtung der Ergebnisse empirischer Untersuchungen soll festgestellt werden, ob es möglich ist, Kriterien zu klassifizieren. Daraus ableitend werden die Arbeitshypothesen überprüft und konkretisiert. In den Hypothesen werden den verschiedenen Kriterien bei der Entscheidung zur Flächeninanspruchnahme zu Wohnzwecken unterschiedlich starke Einflüsse unterstellt. Die in den Arbeitshypothesen vorformulierten und in den Hypothesen konkretisierten Vermutungen müssen anhand eines geeigneten Untersuchungsraums in einem zu definierenden Untersuchungszeitraum auf ihre Haltbarkeit hin überprüft werden.

Die Auswahl des Untersuchungsraumes und des betrachteten Zeitabschnitts muss zulassen, die beschriebenen Phänomene erkennen zu können. Es muss dazu die Siedlungsstrukturentwicklung auf kleinräumiger Basis untersucht werden, um Aussagen über die räumliche Anordnung von verstärktem Siedlungswachstum anstellen zu können, was die Einteilung des Untersuchungsraums in kleinräumige Untersuchungseinheiten erforderlich macht. Für diese Untersuchungseinheiten sind Informationen in Form von Maßzahlen über die Umweltqualität und die Erreichbarkeitsverhältnisse notwendig. Um die verschiedenen Dimensionen dieser Informationen miteinander in Bezug setzen zu können, werden diese Maßzahlen als Indikatoren ausgedrückt, für die verschiedene Verfahren zur Herstellung der Vergleichbarkeit existieren.

Die bei der Analyse der Siedlungsstrukturentwicklung festzustellende Auswahl an Untersuchungseinheiten wird herangezogen, um dort die Ausprägungen der Indikatoren zu überprüfen. Daraus sollen mögliche Einflüsse der Indikatorausprägungen auf die Zunahme von zu Wohnzwecken genutzten Flächen aufgedeckt werden.
Erst dann kann über die Haltbarkeit oder über das Verwerfen bestimmter Hypothesen entschieden werden.

2 Siedlungsentwicklung als Prozess

Die Entwicklung der Siedlungsstruktur ist ein Prozess, dessen Steuerung mit Instrumenten erfolgt, die i. d. R. zeitverschoben wirken. Bei der Auswahl von geeigneten Maßnahmen lassen sich – erwünschte oder unerwünschte – Nebenerscheinungen nur teilweise voraussagen.[37] Der Langfristigkeit der Umsetzung stehen die veränderten räumlichen Anforderungen an den Raum in einem gespannten Verhältnis gegenüber. Hypothesen zur Entwicklung und davon abgeleitete Maßnahmen lassen sich nicht kurzfristig überprüfen und bedürfen der Kenntnis von Kausalitäten. Vorstellungen und Leitbilder zur räumlichen Entwicklung differenzieren ebenso voneinander, wie die zu deren Umsetzung verfügbaren Instrumente. Dazu ist es notwendig, Kenntnis über Kausalitäten zu gewinnen.

Um die Wechselwirkungen zwischen Bereitstellung und Inanspruchnahme von Flächen darzustellen, wird in diesem Kapitel der Prozess der räumlichen Entwicklung beschrieben. Die kurze Darstellung der Organisation der räumlichen Planung in Deutschland trägt dazu bei, Möglichkeiten der Umsetzung einer angestrebten räumlichen Situation aufzuzeigen und zu unterstreichen welche Instrumente der räumlichen Planung Anwendung finden. Es wird analysiert, welche und warum eine bestimmte Leitvorstellung der räumlichen Entwicklung angestrebt wird. Die Darstellung der Aufgabenverteilung zwischen Bund, Ländern, Regionen und Gemeinden zeigt zum einen die Möglichkeiten der Umsetzung von Leitbildern der übergeordneten Planungsebene und zum anderen mögliche Interessenkonflikte. Die Herausstellung dieser Problematik unterstreicht die Wichtigkeit von Lösungsansätzen, die nicht auf Zwangsvorgaben höherer Planungsinstanzen setzt. Dazu muss verdeutlicht werden, in welcher Art und Weise der Zustand einer angestrebten Situation erzielt werden kann.

Die Problematik der Auflösung geschlossener Siedlungsstrukturen wird anhand eines abstrakten Schemas dargestellt. Um den Ablauf eines Zersiedelungsprozesses einer vormals kompakten Siedlungsstruktur zu verdeutlichen, werden einzelne Phasen der Entwicklung und deren Merkmale genannt. In Abhängigkeit davon stehen die Instrumente der Raumentwicklung, die zum Erreichen einer angestrebten Entwicklungssituation beitragen. Ausgehend von einem Leitbild der höchsten Ebene der räumlichen

[37] vgl. Maurer, Jakob, 2002

Planungen, wird dessen Umsetzung auf den verschiedenen Ebenen dargestellt werden. Die Diskussion um die Nützlichkeit von Leitbildern als Instrument der räumlichen Planung wird nicht geführt bzw. dargestellt. Kontroverse Diskussionen darüber sind bekannt. Dennoch scheint die leitbildorientierte Planung als geeignet, sich dem Gegenstand der Untersuchung zu nähern.

2.1 Zur Auflösung kompakter Siedlungsstrukturen

Der Wandel der Siedlungsstrukturen ist ein komplexer Vorgang, dessen Beschreibung in der Vergangenheit durch verschiedene Erklärungsansätze versucht wurde. Allerdings sind die Beschreibungsversuche oft unzureichend, weil aufgrund der Komplexität der Siedlungsentwicklung allgemein gültig erklärende Modelle nicht entwickelt werden können. Analysen dieser Art haben in der Vergangenheit entweder strukturelle oder räumliche Phänomene erfasst. Die Erfassung der strukturellen Phänomene hat den Vorteil, dass dabei auch Rückschlüsse auf räumliche Veränderungen abgeleitet werden können.

Grundsätzlich lassen sich die Ansätze zur Erklärung der Siedlungsentwicklung (Stadtentwicklung) drei verschiedenen Gruppen zuordnen.[38] Die *klassischen Modelle der Stadtstruktur* setzen auf eine Erklärung anhand der räumlichen Ebene, ohne die strukturelle Ebene zu beachten. Bei *Phasenmodellen* werden hingegen strukturelle Veränderungen ökonomischer und / oder demographischer Art betrachtet. Ein räumlicher Bezug wird oft nur durch eine Unterscheidung von Stadt und Umland gegeben. *politökonomische Ansätze* versuchen den Wandel von Städten durch die nationale und internationale ökonomische Entwicklung zu erklären, indem Veränderungen der Siedlungsstrukturen stark von der Verlagerung von Produktionsstätten abhängig gemacht werden.

Anhand der Rückschlüsse von Strukturveränderungen ökonomischer und demographischer Art auf räumliche Veränderungen, die bei Phasenmodellen anschaulich dargestellt werden können, lassen sich auch Interaktionsmuster erklären, was bei einer Betrachtungsweise aus verkehrsplanerischer Sicht einen weiteren Vorteil darstellt.

Um die Problematik der zunehmenden Siedlungsflächeninanspruchnahme und deren

[38] vgl. Akademie für Raumforschung und Landesplanung, 1994, S. 877 ff.

Zusammenhang mit räumlicher Mobilität auszudrücken, wird im Folgenden ein Phasenmodell der Stadtentwicklung dargestellt. Dieses Modell wurde gewählt, weil es in anschaulicher Form einzelne Phasen beschreibt und auch damit verbundene Interaktionsmuster eines bestimmten, temporär eingenommenen Zustandes aufzeigt.[39]

Das Phasenmodell schildert in abstrakter Form die Entwicklung von Siedlungsstruktur und die Schnittstellen Stadt / Umland, wobei klare Abgrenzungen von einer Phase in eine andere oft nicht möglich sind. VAN DEN BERG entwickelte in den 1980er Jahren anhand der Veränderung von Bevölkerung und Beschäftigung in Kernstadt und Umland ein in vier Phasen gegliedertes deduktives Modell.[40]

Die räumliche Erweiterung bestehender Siedlungen ist kennzeichnend für die Entwicklung, die anhand des Wachstums der europäischen Stadt ab ca. 1850 zu beobachten ist. Die einsetzende Industrialisierung in der Mitte des 19ten Jahrhunderts verlangte nach Arbeitskräften in den Städten, was eine starke Bevölkerungszunahme mit sich brachte und die Phase der *Urbanisierung* kennzeichnete. Daraus resultierten eine notwendig gewordene Schaffung von Wohnraum und der Bau von Verkehrsinfrastrukturanlagen. Die Siedlungsentwicklung ist von einer Zunahme des Anteils der Stadtbevölkerung an der Gesamtbevölkerung gekennzeichnet und von einer starken Bevölkerungszunahme in den Städten.[41]

In Zuge der zunehmenden Belastung der Städte (infolge der sich entwickelnden Industrie) mit Lärm und Abgasen und den Einschränkungen weiterer räumlicher Entwicklungsmöglichkeiten begann die Inanspruchnahme von Flächen des Umlandes der Kernstädte, was als erste Form der *Suburbanisierungsphase* galt. Nach der Verlagerung von Wohnstätten ins Umland folgten auch Produktionsstätten, was erst durch den Bau von Verkehrsinfrastruktureinrichtungen ermöglicht und später begünstigt wurde. Kennzeichnend für die Phase der Suburbanisierung ist eine Dekonzentration der Bevölkerung und der Beschäftigten. Ausdruck dafür ist die Zunahme des Anteils der Bevölkerung im Umland (im suburbanen Raum) an der gesamten Bevölkerung und der Beschäftigten des Verdichtungsraumes und Abnahme des Anteils der Kernstadt.[42] Suburbanisierung beginnt demnach nicht mit der Besiedlung des Umlandes, sondern erst mit der Verlagerung des Schwerpunktes des Wachstums ins Umland. Zwischen Kernstadt und Umland bestehen weiterhin starke Verflechtungen.

[39] vgl. Hesse, Markus und Schmitz, Stefan, 1998, S. 435 ff.
[40] vgl. Berg, Leo van den u. a., 1982
[41] vgl. Gaebe, Wolf, 1987, S. 22
[42] ebenda, S. 46

Im Suburbanisierungsprozess können Unterphasen definiert werden, auf die an dieser Stelle nicht eingegangen wird.

Abbildung 2: Phasen der Siedlungsstrukturentwicklung I

	Siedlungsstruktur	Interaktionsmuster
Urbanisierung		
Suburbanisierung	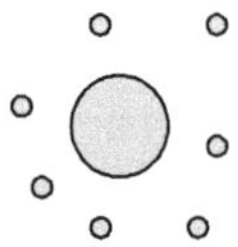	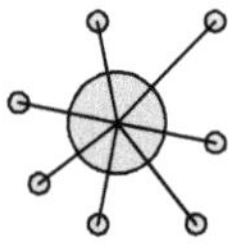

Quelle: Nach Hesse, Markus und Schmitz, Stefan, 1998, S. 452.

Wird ein Zustand erreicht, bei dem die Bevölkerungszunahme des Umlandes nicht mehr die Abnahme der Kernstadt ausgleicht, kann von einer *Desurbanisierung* gesprochen werden. Das Wachstum an Bevölkerung und Beschäftigten findet räumlich weiter außerhalb, oft in angrenzenden ländlichen Räumen statt. Die Größe des betrachteten Raumes entscheidet dann, ob von Desurbanisierung oder von erweiterter Suburbanisierung gesprochen werden kann. Merkmal der Desurbanisierung ist die Entkopplung zwischen Siedlungsentwicklung und Bevölkerungs- bzw. Beschäftigtenwachstum. Wanderungsgewinne des weiteren Umlandes gehen zu Lasten des Verdichtungskerns und des daran angrenzenden Umlandes. Verdichtete Gebiete (Kern und näheres Umland) verlieren an Attraktivität als Produktionsstandort, die Industrietätigkeit in ländlichen Räumen nimmt hingegen zu. Wachstumsschwächen in den Verdichtungskernen führen zu zunehmenden Disparitäten zum weiteren Umland. Die Zunahme der Siedlungstätigkeit am Rand der Agglomeration wird durch den Attraktivitätsverlust des Verdichtungskerns einerseits und den Ausbau der Verkehrsnetze andererseits begünstigt. Diese Entwicklung führt in starkem Maße zu Neuflächeninanspruchnahme. Die Standortvorteile am (ehemaligen) Rand der Verdichtung gehen mit zunehmender Siedlungstätigkeit verloren, und der Prozess der starken Zersiedlung geht weiter wenn solchen Entwicklungsformen nicht entgegengewirkt wird.

Abbildung 3: Phasen der Siedlungsstrukturentwicklung II

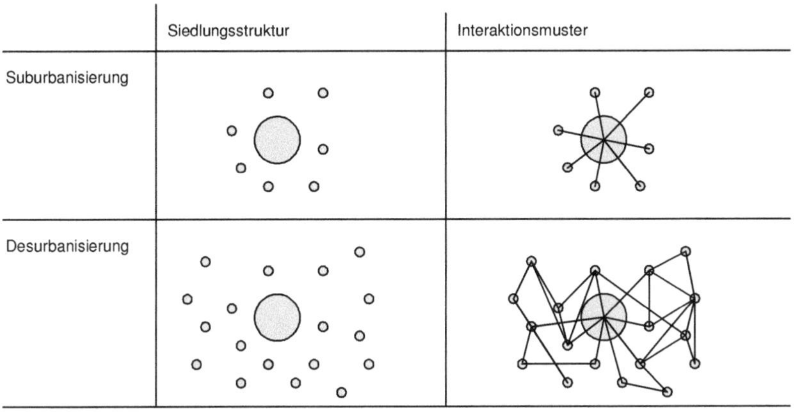

	Siedlungsstruktur	Interaktionsmuster
Suburbanisierung		
Desurbanisierung		

Quelle: Nach Hesse, Markus und Schmitz, Stefan, 1998, S. 452.

Mit dem Begriff *Zwischenstadt* hat SIEVERTS mit seinem Buch 1997 einen Begriff geprägt, der in der fachlichen Diskussion in Deutschland Aufmerksamkeit erfahren hat.[43] Zwischenstadt steht für urbanisierte Regionen, in denen suburbane Räume von ihrem ursprünglichen Kern nahezu gelöst sind. In US-amerikanischer Literatur wird der Begriff „urban sprawl“ für dieses Phänomen verwendet. Die Zwischenstadt ist ein Resultat des Siedlungswachstums mit hoher Flächennachfrage und stark mobilitätsorientierten Lebensstilen.

Als Ausdruck der Fortführung der Suburbanisierungstendenzen wird in der Literatur der Begriff Posturbanisierung benutzt. Dabei soll eine Entwicklungsphase umschrieben werden, die an einen suburbanen Raum erinnert, aber die funktionale Vielfalt einer Großstadt besitzt.[44]

Die Stärkung des Agglomerationskerns mit Zunahme an Bevölkerung und Beschäftigten kennzeichnet die Phase der Reurbanisierung. Durch geeignete Maßnahmen werden revitalisierte Zentren bzw. neu geschaffene Schwerpunkte in Abstimmung mit dem Umland entwickelt. Um dem Trend der „Amerikanisierung“ hierzulande entgegenzuwirken, wurden Leitbilder wie *Dezentrale Konzentration*, *Nutzungsmischung* oder *Stadt der kurzen Wege* in die Diskussion gebracht.

Ein Konzept zur Begünstigung der Reurbanisierungsprozesse ist das Leitbild der Dezentralen Konzentration. Damit ist ein Leitbild der kompakten und durchmischten

43 Sieverts, Thomas, 1997

44 Aring, Jürgen, 1999

räumlichen Entwicklung gegeben. Ein historisch gewachsenes dezentrales Siedlungsmuster wird wieder als zukünftig zu erstrebende Struktur gesehen, nicht zuletzt um sich von den nordamerikanischen Entwicklungen klar zu distanzieren.[45]

Abbildung 4: Phasen der Siedlungsstrukturentwicklung III

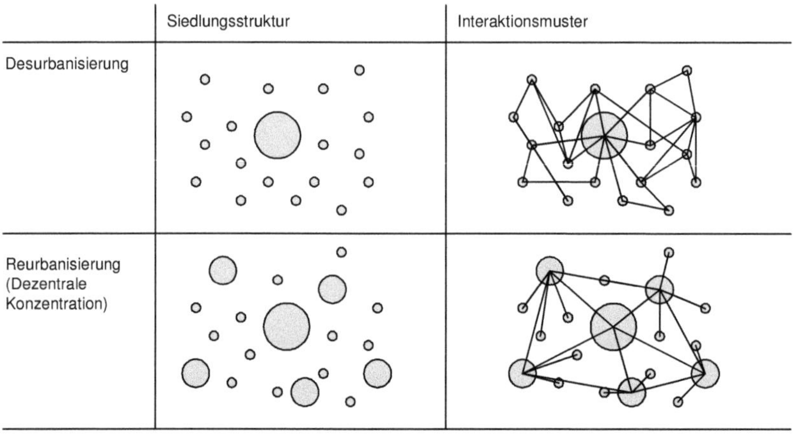

	Siedlungsstruktur	Interaktionsmuster
Desurbanisierung		
Reurbanisierung (Dezentrale Konzentration)		

Quelle: Nach Hesse, Markus und Schmitz, Stefan, 1998, S. 452.

Derzeitige Trends und Ausblick:

Betrachtet man die jüngeren Bevölkerungsentwicklungen der Kernstädte in den Agglomerationsräumen, so ist trotz der (im Allgemeinen gültigen) negativen natürlichen Bevölkerungssalden eine Stabilisierung der Einwohnerzahlen zu erkennen, was im Wesentlichen auf zahlreiche Zuwanderungen zurückzuführen ist. Vielen Städten gelingt es zunehmend, ihre Attraktivität als Wohnort zu verbessern. Diesen stadtplanerischen Besterbungen kommt entgegen, dass einzelne Bevölkerungsgruppen geänderte Wohnumfeld- und Lebensstilpräferenzen entwickelt haben. Auf ehemals gewerblich und industriell genutzten Arealen, die oft innenstadtnah gelegen sind und überwiegend in der ersten Hälfte des 20. Jahrhunderts als Gewerbestandorte entwickelt wurden bzw. für militärische Nutzungen entworfen wurden (ehemalige Kasernen) entstehen vielerorts qualitativ hochwertige Wohnquartiere. Je nach Lage werden hierfür höhere Preise pro m² Eigentumswohnung als für ein Einfamilienhaus am Stadtrand gezahlt. Die angebotenen Wohnungen sind i. d. R. gut in die gewachsene Siedlungsstruktur integriert, nun hochwertig ausgestattet und besitzen stark individu-

[45] Aring, Jürgen, 1999, S. 52

ellen Charakter, was sich aus der Nutzung für ursprünglich andere Nutzungsformen der Gebäude ableitet. An solchen Wohnformen Interessierte bevorzugen in aller Regel eine zentrale Wohnlage aufgrund ihrer Lebensstilpräferenzen. Von zurückgestellter Wichtigkeit ist der Umstand Mobilitätskosten zu minimieren. Dies wird in der Literatur als Sinn für eine „neue Urbanität" bezeichnet. Ein besonders aufwendiger Umbau ist oft mit einer Verdrängung einkommensschwächeren Bevölkerungsteilen verbunden. Dieses Phänomen der so genannten „Gentrification"[46] wurde bereits in der Vergangenheit in zahlreichen nordamerikanischen Untersuchungen thematisiert und findet auch immer mehr Beachtung in Untersuchungen aus jüngerer Zeit. Aus diesem Phänomen bereits eine Tendenz zur Reurbanisierung und auf einen Trend zur Rückwanderung in die Städte zu schließen, wäre verfehlt. Nach wie vor ist vor allem der Fortzug von Familien mit Kindern aus der Stadt in das Umland signifikant. Bevorzugtes Wanderungsziel der Altersgruppen der <18 und der 20 bis <50 jährigen sind nach wie vor die ländlich geprägten Kreise im Umland der Agglomerationen.

Die Problematik bei der derzeitigen Siedlungsentwicklung ist Gegenstand eines im Auftrag des Umweltbundesamtes durchgeführten Forschungsvorhabens (im Oktober 2007 veröffentlicht), in dem durch das Leibniz-Institut für ökologische Raumentwicklung Dresden und das Büro Gertz Gutsche Rümenapp Stadtentwicklung und Mobilität GbR, Ursachen und Folgen bei der Baulandentwicklung untersucht wurden.[47] [48] Die Analyse der Flächeninanspruchnahme in dieser Studie zeigt, dass zwischen 1997 und 2000 70% der Neuinanspruchnahme von Flächen zu Siedlungs- und Verkehrszwecken außerhalb der stärker verdichteten Stadtregionen (Kernstädte und ihr enger suburbaner Raum) stattfand. Davon fielen wiederum 70% auf Umlandgemeinden ohne zentralörtliche Funktion. In den Kernstädten fand nur lediglich 10% des Gesamtflächenverbrauchs statt.[49] Die umfangreichen Flächenzuwächse in den Um-

[46] Mit Gentrification (deutsch auch Gentrifizierung) wird ein Prozess der Stadtentwicklung bezeichnet, der einen Umstrukturierungsprozess eines Stadtteils beschreibt. Die gezielte Aufwertung des Wohnumfeldes führt auch zu einer sozialen Veränderung. Zielgruppe sind i. d. R. einkommensstarke Personengruppen, so dass umgangssprachlich auch die Bezeichnung „Yuppisierung" verwendet wird.

[47] vgl. Schiller, Georg; Gutsche, Jens-Martin und Siedentop, Stefan 2007

[48] Unter dem Titel „Von der Außen- zur Innenentwicklung in Städten und Gemeinden" werden um Handlungsvorschläge erarbeiten zu können zunächst die ökologischen, ökonomischen und sozialen Wirkungen einer Neuorientierung der Siedlungspolitik analysiert. Dabei stoßen die Autoren auf ein Paradoxon, welches als „Kostenparadoxon bei der Baulandentwicklung" bezeichnet wird. Die von den bei der Siedlungsentwicklung beteiligten Akteuren getroffenen Einzelentscheidungen führen in ihrer Gesamtbetrachtung zu einer kostenintensiven Siedlungsstruktur. Hintergrund dabei ist, dass die einzelnen bei der Baulandbereitstellung beteiligten Akteure verschiedene Entscheidungskalküle verfolgen, woraus ein unkoordiniertes Zusammenwirken erklärt werden kann.

[49] vgl. Schiller, Georg; Gutsche, Jens-Martin und Siedentop, Stefan 2007, S. 58 ff

landgemeinden ohne zentralörtliche Funktion zeigen, dass der Prozess der Desurbanisierung im ländlich-peripheren Bereich erheblich voranschreitet. Die Autoren des Gutachtens weisen jedoch darauf hin, dass unterschiedliche Bezugsgrößen zur Bewertung der Flächeninanspruchnahme herangezogen werden müssen:

... *„Gemessen an der Bevölkerungszahl fällt der Siedlungs- und Verkehrsflächenzuwachs in den Kernstädten weit unterdurchschnittlich aus. ... Bei einem Bevölkerungsanteil von fast 30 % partizipierten die Kernstädte nur mit einem Anteil von besagten 10 % am nationalen Flächenverbrauch der Jahre 1997 bis 2000. Wird hingegen die Katasterfläche als Bezugsgröße gewählt, realisierten die Kernstädte eine weit überproportionale Flächeninanspruchnahme. Auf relativ wenig Grundfläche wurden in relativ hohem Umfang neue Siedlungsflächen ausgewiesen. Dies ist Ausdruck einer zunehmenden lokalen Freiflächenverknappung in den Gemeindegrenzen der Kernstädte. Gemessen am Gesamtgemeindegebiet werden die naturbelassenen Flächenanteile, die bislang nicht Siedlungs- und Verkehrszwecken gewidmet sind und als solche größtenteils genutzt werden, knapp. Das Flächenproblem tritt hier also in Form einer zunehmenden lokalen Flächennutzungskonkurrenzsituation in Erscheinung.“... „...Das gegenteilige Extrem stellen die nicht-zentralen Orte in ländlichen Räumen dar. Hier fiel der Flächenverbrauch aufgrund der geringen Dichte der Bebauung bevölkerungsnormiert weit überdurchschnittlich aus. Bezogen auf die Katasterfläche war die Flächeninanspruchnahme hingegen unterdurchschnittlich. Auf deutlich über 35 % der Katasterfläche Deutschlands erreichten die betreffenden Gemeinden nur einen Anteil am Flächenverbrauch in Höhe von 25 %.“...*

Für ein im Auftrag des Bundesamtes für Bauwesen und Raumordnung (BBR) durchgeführtes Forschungsvorhaben wurden - in Zusammenarbeit des Instituts für Raumordnung und Entwicklungsplanung der Universität Stuttgart und des Helmholz Zentrums für Umweltforschung GmbH (UfZ), Department Hydrosystemmodellierung - die Einflussfaktoren der Neuinanspruchnahme von Flächen untersucht.[50] Dazu wurde die Flächenneuinanspruchnahme auf verschiedenen räumlichen Ebenen analysiert. Bei einem Vergleich verschiedener europäischer Staaten wurde festgestellt, dass die Flächeninanspruchnahme nicht mit einfachen demographischen und ökonomischen Variablen erklärt werden kann. ...„Es zeigen sich keine signifikanten Zusammenhän-

[50] Siedentop, Stefan, et al. 2009

ge zwischen der Bevölkerungs- und Wirtschaftsentwicklung und der Flächeninanspruchnahme."...[51]

Die Untersuchung erfolgte auch auf einer intraregionalen Modellebene. Hier konnte festgestellt werden, dass der Flächenverbrauch nicht allein mit nachfrageseitigen Faktoren erklärt werden kann. Es wird abgeleitet, dass der Flächenverbrauch nicht allein als Reaktion auf die Nachfrage nach Bauflächen angesehen werden kann. Die demographischen und/oder ökonomischen Wachstumsschwächen motivieren Kommunen dazu, flächenextensivere Siedlungsweisen zur Ansiedlung von Einwohnern und Betrieben anzustreben.[52] Dabei gewinnen angebotsbezogene Erklärungsfaktoren der Flächeninanspruchnahme an Bedeutung. ... *„Die Beobachtung, wonach es in Regionen und Gemeinden ohne demographischen oder ökonomischen Nachfragehintergrund zu erheblichen Flächeninanspruchnahmen kommt, kann aber nur mit stadtentwicklungspolitischen und fiskalischen Interessenlagen der Gemeinden erklärt werden. Der Versuch, mit Hilfe der Bereitstellung von Bauland Einwohner und Betriebe zu generieren und auf diese Weise steuerliche Einnahmeeffekte zu erzeugen, muss als ein immer bedeutsamer werdender Antriebsfaktor der Flächeninanspruchnahme angesehen werden. Staatliche Subventionen wie die Pendlerpauschale, die Finanzierung der Straßenverkehrsinfrastruktur oder Fördermittel für die Erschließung von Industrie und Gewerbeflächen haben diesbezüglich zweifelsohne verstärkende Effekte."...* [53]

2.2 Siedlungsflächeninanspruchnahme als Folge von Wohnstandortentscheidungen und theoretische Ansätze zu deren Erklärung

Der Vorgang der Siedlungsexpansion lässt sich stark abstrahiert in drei Schritte gliedern: Nachfrage, Ausweisung und Inanspruchnahme von Flächen. Auf die Zusammenhänge bei der Ausweisung und der Rolle der Bauleitplanung wird in nachfolgenden Kapiteln noch vertieft eingegangen. In diesem Kapitel sollen Kriterien herausgefunden werden, von denen die Wahl und damit letztendlich die Inanspruchnahme von Flächen stärker oder schwächer abhängen könnte. Dazu werden die in den Arbeitshypothesen formulierten Annahmen bereits teilweise überprüft. In einem späteren Kapitel wird werden daraus Hypothesen zur weitern Untersuchung abgeleitet und

[51] Siedentop, Stefan, et al. 2009, S. 38
[52] ebenda, S. 50
[53] ebenda, S. 122

anhand eines konkreten Untersuchungsraums auf ihre Haltbarkeit hin überprüft. Bei der Untersuchung zur Inanspruchnahme von Siedlungsfläche spielt die Nutzungsart Wohnen eine entscheidende Rolle. Der Anteil der Siedlungs- und Verkehrsfläche betrug im Jahr 2001 in Baden-Württemberg[54] 13 %, was einer Fläche von 4 718 km² entspricht.[55] Im Wesentlichen besteht diese Fläche aus Verkehrsfläche sowie Gebäude- und Freifläche, wie in Abbildung 5 dargestellt wird. Mehr als die Hälfte der Kategorie Gebäude- und Freifläche dient zu Wohnzwecken. Dieser Art der Nutzung soll im Folgenden besondere Beachtung zukommen, da sie einerseits auch in Zukunft den größten Teil der Siedlungsaktivitäten prägen wird und anderseits gegenüber der Nutzungsart Gewerbe und Industrie vielfältigeren Einflussgrößen bei der Standortwahl unterliegt.

Abbildung 5: Flächennutzung in Baden-Württemberg (Stand 31.12.2000)

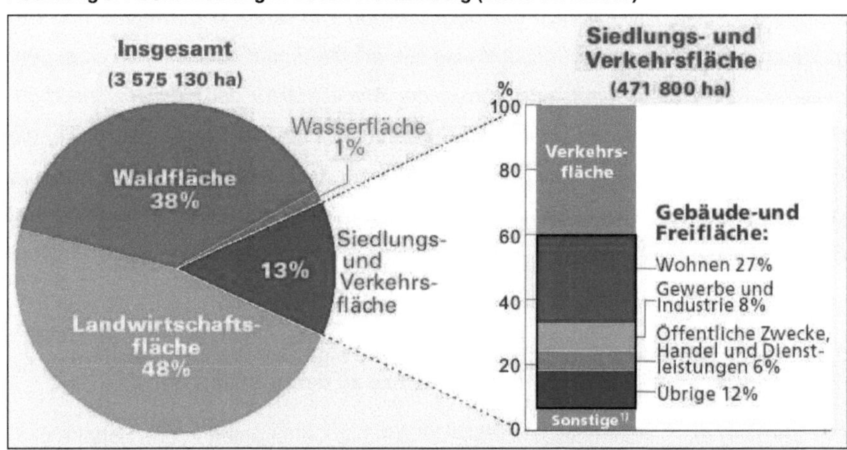

1) Erholungsfläche, Betriebsfläche ohne Abbauland, Friedhof.

Quelle: Statistisches Landesamt, 2003, modifiziert.

Bei der Inanspruchnahme von Flächen zu Wohnzwecken ist es notwendig, das Zustandekommen von Wohnstandortentscheidungen von Haushalten zu hinterfragen.

54 Die Statistik bezieht sich auf Baden-Württemberg, weil der – später vorgestellte – Untersuchungsraum in diesem Bundesland liegt. Es wird die Situation für das Jahr 2000 dargestellt, da der Untersuchungszeitraum Mitte der 1990 endet. Im Jahr 2007 ist die Siedlungs- und Verkehrsfläche in Baden-Württemberg auf 497 378 ha (entsprechend rd. 14%) angestiegen

55 Quelle: Statistisches Landesamt, 2003.

Für die Bestimmung der Wohnqualität existieren verschiedene theoretische Ansätze, bei denen unterschiedliche Untersuchungsziele verfolgt wurden.
Grundsätzlich ist der Versuch einer Modellierung von Wohnstandortentscheidungen ein komplexer Gegenstand, der von einer Vielzahl von, im einzelnen durch die Akteure subjektiv bewerteten, Einflussfaktoren bestimmt wird. Ebenso unterliegt dieser Entscheidungsprozess politischen Eingriffen, die eine Abbildung zusätzlich erschweren. Gegenstand dieses Kapitels ist, theoretische Ansätze zu Wohnstandortentscheidungen hinsichtlich ihrer zu Grunde liegenden Annahmen zu beleuchten.

Im Weiteren wird beschrieben, wie bei Standortentscheidungen von Haushalten die Qualität bzw. der Wohnwert eines (potentiellen) Standorts operationalisiert werden kann. Dazu werden Merkmale vorgestellt, die in wissenschaftlichen Arbeiten zur Standortbewertung herangezogen wurden. Darüber hinaus werden Erkenntnisse aus empirischen Arbeiten zu Wanderungsmotiven ausgewertet, um anhand der Motive und Anlässe Rückschlüsse auf Standortentscheidungen ziehen zu können. Die Analyse soll zu einer Erklärung beitragen, wie bestimmte Siedlungsmuster entstanden sind, um bei zukünftiger Inanspruchnahme entsprechende Flächen bereitstellen zu können, die aus regionalplanerischer Sicht gewünscht sind. Eine zentrale Fragestellung ist dabei, ob Flächen, die zu Siedlungszwecken in Anspruch genommen wurden, bestimmte Charakteristika aufweisen müssen, um daraus Ableitungen für die künftige Koordinierung der Bauleitplanung zu treffen. Zu diesem Zweck wurden Arbeitshypothesen aufgestellt, zu denen in einem späteren Schritt ein Überprüfungsansatz vorformuliert, aus denen Hypothesen zur Siedlungsentwicklung abgeleitet werden. Der Schwerpunkt der Untersuchung liegt in der Darstellung und Analyse, wo tatsächlich eine Inanspruchnahme stattfand, um bspw. eine bedarfsgerechte[56] Koordinierung von Flächenausweisungen auf Ebene der Regionalplanung realisieren zu können. Warum ein Wohnungswechsel stattfand, ist nicht Gegenstand dieser Untersuchung. Erkenntnisse darüber existieren aus wissenschaftlichen Arbeiten. In dieser Arbeit soll in der Betrachtungsweise ein Schritt weiter gegangen werden und das „Wo?" der tatsächlichen Inanspruchnahme überprüft werden.

[56] Mit *bedarfsgerecht* ist hier gemeint, dass aus übergeordneter Sicht die Ausweisung von Siedlungsflächen unter Berücksichtigung der räumlichen Leitbilder so erfolgt, dass einer Ausweisung auch die entsprechende Inanspruchnahme folgt.

2.2.1 Theoretische Ansätze zur Wohnstandortwahl

Bei der Untersuchung von Siedlungsflächeninanspruchnahme erscheint es notwendig festzuhalten, auf welchen Annahmen theoretische Ansätze zur Standortwahl von Haushalten beruhen. In der Literatur werden drei wesentliche Arten unterschieden: neoklassische, behavioristische und strukturelle Ansätze.[57] Zur Darstellung verschiedener Herangehensweisen soll auf den neoklassischen und den behavioristischen Ansatz kurz eingegangen werden.

2.2.1.1 Neoklassischer Ansatz

Nach MAIER und TÖDTLING[58] werden Ansätze als neoklassisch bezeichnet, die sich an einigen, dort üblichen Annahmen orientieren. Als wesentliche Annahmen sollen hier die Annahme der vollkommenen Konkurrenz (d. h. atomistische Märkte, vollkommene Information, keine Mobilitätshemmnisse) und die Tendenz zu Gleichgewichtslösungen genannt werden. Bei Ansätzen dieser Art wird nach dem optimalen Standort gesucht und dabei unterstellt, dass Haushalte sich nach einem theoretischen Idealbild verhalten. Der optimale Standort ist dann gegeben, wenn der Nutzen für den Haushalt maximiert ist. Ansätze dieser Art werden auch als normativ bezeichnet, weil daraus abgeleitet werden kann, wie ein Akteur sich verhalten soll, um einen optimalen Standort einzunehmen. Eine deduktive Vorgehensweise ist charakteristisch. Schlussfolgerungen werden aus axiomatischen Annahmen und theoretisch erarbeiteten Gesetzmäßigkeiten abgeleitet.

Der nutzenmaximale Standort eines Haushalts ist von einer Vielzahl von Faktoren abhängig. Dazu gehören nach ZERWECK[59] das Einkommen, Aufwendungen für Konsumausgaben, der Freizeit, der Arbeitszeit und andere nichtmonetäre Faktoren. Dazu werden in genannter Quelle die sehr weit gefassten „Qualitäten der Umwelt“ gezählt. Neben den physischen Umwelteigenschaften werden hier ebenso Bausubstanz, Begrünung, Luftqualität, ästhetische Qualitäten, Nachbarschaft oder Image etc. zugeordnet.

---

57 vgl. Maier, Gunther und Tödtling, Franz, 2001, S. 26
58 ebenda, S. 26
59 vgl. Zerweck, Daniel, 1997, S. 48

Der Standort mit dem größten Nutzen ist für den Haushalt dort, wo die Differenz bzw. der Quotient zwischen Nutzen und Kosten am größten ist. Räumlich differenziert entstehen für den Haushalt Kosten, die aus der Versorgung des Haushalts und der Raumüberwindung (Transportkosten) resultieren. Transportkosten entstehen bei den zu überwindenden Distanzen zwischen Wohnort, Arbeitsort und Orten der Versorgung, Freizeit, etc.. Nach dieser Herangehensweise kann in zwei Fälle des nutzenmaximalen Standorts unterschieden werden. Zum einen der einkommensmaximale Wohnstandort, der am nächsten zum Arbeitsplatz gelegen ist und zum anderen der kostenminimale Wohnstandort, bei dem für den Haushalt die geringsten Versorgungskosten mit Gütern auftreten. Die Zeit spielt daher auch eine Rolle bei der Entscheidung. Die Dauer des Aufsuchens eines Arbeitsplatzes und die Dauer, in der ein Haushalt eine Wohnung bewohnt, unterscheiden sich. Ist ein Arbeitsplatzwechsel bei der Wohnstandortsuche schon absehbar, wird der Faktor der Transportkosten zum bestehenden Arbeitsplatz anders bewertet.

Das Prinzip der Wahl des Wohnstandortes unter Berücksichtigung der Wohnkosten (einschließlich Versorgung etc.) und der Pendelkosten zum Arbeitsplatz wird in einer Arbeit von KALTER analysiert.[60] Die Pendelkosten steigen mit zunehmender Entfernung vom Wohnort zum Arbeitsplatz. Für die Wohnkosten wird unterstellt, dass sie mit zunehmender Entfernung zum Arbeitsplatz sinken. Hier liegt die Annahme zugrunde, dass Arbeitsplätze im Zentrum liegen, wo Miet- und Grundstückspreise eine Funktion mit der Entfernung zum Zentrum einnehmen. In Abbildung 6 ist eine unter vereinfachten Bedingungen aggregierte Kurve aus Wohn- und Pendelkosten mit zwei möglichen Wohnstandorten (A und B) dargestellt. Die mit c_p+c_w bezeichnete Kurve entsteht durch Aggregation der Kurve, die die Pendelkosten abbildet (c_p) und der Kurve, die die Wohnkosten abbildet (c_w). Vereinfacht wird hier dargestellt, dass die Pendelkosten linear mit zunehmendem Abstand des Wohnortes steigen. Die Wohnkosten sind als konvex monoton fallende Funktion der Entfernung des Wohnstandortes zum Arbeitsplatz dargestellt.[61]

---

60 Kalter, Frank, 1994

61 Sowohl Wohnkosten als auch Pendelkosten sind in ihrem Verlauf sehr vereinfacht dargestellt, die Darstellung dient aber der Veranschaulichung der Zusammenhänge.

Abbildung 6: Verschiedene Wohnstandorte mit Wohn- und Pendelkosten

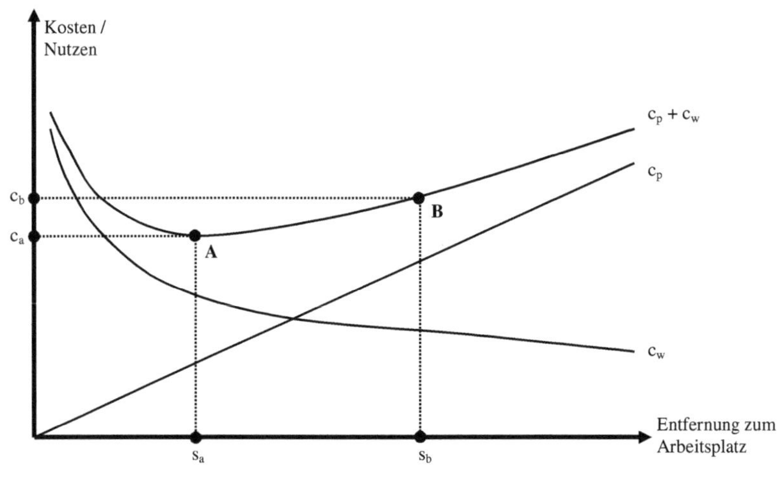

Quelle: eigene Darstellung, nach Kalter, Frank, 1994, S. 467.

Die aggregierte Kurve nimmt im Punkt A ihr Minimum ein, was bedeutet, dass die Gesamtkosten (Wohnen und Pendeln) c_a hier am niedrigsten sind. In Punkt B sind zwar die Wohnkosten geringer, die Gesamtkosten c_b nehmen jedoch aufgrund der größeren Pendelkosten einen höheren Wert ein. Wenn die Gesamtkosten (Kosten für Wohnen und Pendeln) minimiert werden sollen, dann müsste ein Wohnstandort eingenommen werden, der sich in der Entfernung s_a vom Arbeitsplatz befindet. Folgt ein Haushalt diesem Grundsatz und besitzt im verwendeten Beispiel die Entfernung s_b vom Arbeitsplatz, würde das einen Umzug zur Folge haben. Hier treten zusätzlich Umzugskosten auf, die auch beachtet werden können. Keinerlei Beachtung finden hier die nicht unmittelbar in Geldeinheiten auszudrückenden Werte wie Heimatverlust, Verlust der Nachbarschaft, Fortzug von Freunden und Bekannten, etc..

Transportkosten spielen bei neoklassischen Ansätzen eine entscheidende Rolle. Damit sind mehrere Kritikpunkte an die Herangehensweise verbunden:[62]
Erstens sind Haushalte oft nicht bestrebt, den finanziell optimalen, sondern einen am meisten zufrieden stellenden Standort zu finden. Nichtmonetäre und subjektive Faktoren der Haushaltsmitglieder spielen bei der Standortentscheidung eine wichtige

[62] vgl. Maier, Gunther und Tödtling, Franz, 2001, S. 27

Rolle. Die räumliche Nähe zu Verwanden, Freunden oder Vereinen nimmt unterschiedliche Stellenwerte ein.
Zweitens ist die unterstellte vollkommene Information der Haushalte nicht realisierbar. Sowohl die Kenntnisse zur Ermittlung der Kosten an potentiellen Wohnstandorten als auch die Informationen über Mobilitätshemmnisse sind unvollständig.
Drittens werden die existierenden Möglichkeiten eines Wohnstandortswechsels und die damit verbundenen Kosten nicht berücksichtigt.

William Alonso hat sich in den 1960er Jahren intensiv mit den Fragen des Grundstücksmarktes beschäftigt.[63] Mit Hilfe von Modellen und Verfahren, die aus der Mathematik und der Physik entlehnt wurden, erfolgte erstmals der Versuch einer Erklärung räumlicher Entwicklungen. Wirtschaftliche Fragenkomplexe zur Standort- / Wohnstandortwahl standen dabei im Vordergrund. Dies war Anlass für zahlreiche weitere wissenschaftliche Beiträge vor allem von Ökonomen, Soziologen und Politologen in denen es gelang, Entwicklungsprobleme zu beschreiben, zu analysieren und weitgehend zu durchdringen.[64] Diese Forschungstendenzen werden seitdem auch als „Urban Economics" bezeichnet obwohl i. d. R. ein interdisziplinärer Ansatz verfolgt wird. Da Alonsos Bodennutzungsmodell „Theory of the Urban Land Market" grundlegender Art ist, soll im Folgenden kurz darauf eingegangen werden. Alonsos Theorie liegen zunächst eine Reihe von Annahmen zu Grunde. Es wird:

- von einer konzentrisch aufgebauten Stadt ausgegangen. D. h. je zentraler ein Standort liegt, desto besser ist seine Erreichbarkeit.
- davon ausgegangen, dass der Preis der Unternehmensprodukte konstant ist.
- Verkaufsvolumen und Bruttoeinnahmen steigen je näher Unternehmen am Zentrum gelegen sind,
- Freier Kauf und Verkauf des städtischen Bodens erfolgen kann,
- keine Transportunterschiede bestehen und
- die Akteure gewinnmaximierend handeln.

Darauf aufbauend versucht Alonso eine Erklärung der Siedlungsstruktur mit einem ökonomischen Ansatz. Kernthese ist, dass die räumliche Differenzierung von Nutzungen ein Ergebnis von Marktprozessen, insbesondere des Bodenmarktes ist. Die Nutzungsform mit der höchsten „Lagerente" setzt dich durch. Ähnlich wie bei dem

[63] vgl. Alonso, William, 1964
[64] vgl. Tank, Hannes, 1987, S. 17

Thünen-Modell[65] entstehen konzentrische Ringe von Nutzungszonen und Bodenwerten. Unterschiedliche Nutzungen stehen miteinander in Standortkonkurrenz, die sich in ihren Kostenstrukturen unterscheiden.

Kommerzielle Nutzungen mit hoher Wertschöpfung pro Fläche werden sich danach im Zentrum ansiedeln, Nutzungen mit tiefer Wertschöpfung und/oder hohen Transportaufwendungen lassen sich am Rand der Siedlungsgebiete nieder.

Abbildung 7: Lagerentenfunktionen verschiedener Nutzungsarten

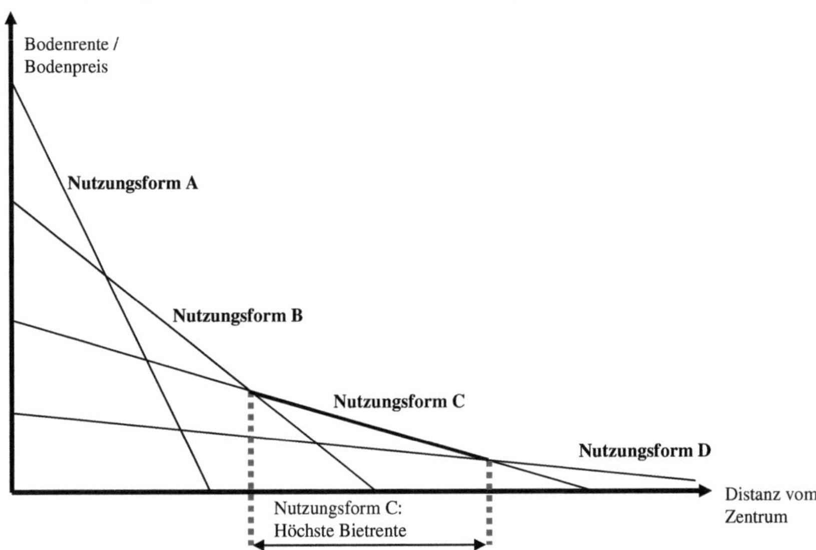

Quelle: eigene Darstellung

In Abbildung 7 sind beispielhaft städtische Landnutzungszonen aufgrund des Differenzialprinzips der Lagerente dargestellt. In der Abbildung stehen beispielsweise Nutzungsform A für Einzelhandel, Nutzungsform B für Büronutzungen, Nutzungsform C für Wohnraum und Nutzungsform D für Gewerbe. Ist die zur Verfügung stehende Fläche knapp und es herrscht Konkurrenz um die Nutzung der Flächen, dann können

65 Im Thünen-Modell nach Johann Heinrich von Thünen wird davon ausgegangen, dass die Agrarprodukte nicht am Ort ihrer Produktion konsumiert oder verarbeitet werden, sondern dass ein Transport zu einem Abnehmer stattfindet. Dadurch fallen Transportkosten an, welche mit zunehmender Entfernung wachsen und von Volumen und Gewicht der Ware abhängig sind. Im Modell der Thünenschen Ringe maximieren die Landwirte ihren Gewinn, indem sie diejenigen Güter produzieren, bei denen sie eine möglichst hohe Rendite erzielen. Diese Rendite ergibt sich aus dem Marktpreis abzüglich der Arbeits- und Transportkosten, die zur Erzeugung und Bereitstellung dieser Güter erforderlich sind.

sich lediglich die Nutzungsformen mit den jeweils höchsten Bietrenten durchsetzen. Zu Erklärung der Siedlungsflächeninanspruchnahme für Wohnzwecke bedeutet dies, dass in dem markierten Abschnitt die Nutzungsform C (Wohnraum) begünstigt wird, da diese Nutzungsform hier die über höchste Bietrente verfügt.

2.2.1.2 Behavioristischer Ansatz

Im Gegensatz zu den neoklassischen Ansätzen, wo ein Soll-Verhalten unterstellt wird, versuchen behavioristische Ansätze das tatsächliche Verhalten bei Standortentscheidungen zu erklären.

Die Vorgehensweise trägt induktiven Charakter, wobei Schlussfolgerungen aus der Generalisierung empirischer Beobachtungen gezogen werden.[66] Durch Beobachtung des Standortverhaltens soll versucht werden, Zusammenhänge zu den Charakteristika (bspw. der Haushalte) zu ziehen, um Erklärungsfaktoren ableiten zu können. Wesentliche Unterschiede zu den neoklassischen Verfahren sind die

- Anwendung heuristischer Verfahren zur Standortentscheidung,
- Unterscheidung einer rationalen Planung verschiedener Haushalte,
- unterschiedliche Ressourcenverfügbarkeit der Haushalte und
- die Fähigkeit, Standortentscheidungen als Prozess aufzufassen und diesen Prozess in Verbindung zu anderen Entscheidungen des Haushalts zu setzen.

Standortentscheidungen haben i. d. R. langfristige Konsequenzen. Mit der Langfristigkeit von Standortentscheidungen steigt die Komplexität bei der Entscheidungsfindung und damit eine Unsicherheit der Standortwahl. Dazu werden Verfahren, Lösungsmuster, Erfahrungsregeln etc. verwendet, die als Heuristiken bezeichnet werden.[67] Heuristiken suchen dabei nicht nach dem Optimum, sondern es soll eine akzeptable Lösung mit einem vertretbaren Aufwand gefunden werden, indem die Komplexität des Entscheidungsproblems reduziert wird. Für Standortentscheidungen werden u. a. bei MAIER und TÖDTLING folgende Heuristiken genannt:[68]

- Stufenweise Heuristiken:
  Hier wird in räumliche Dimensionen der Standortentscheidung differenziert, wie bspw. Land, Region, Gemeinde. Die Vereinfachung erfolgt dahingehend,

[66] Maier, Gunther und Tödtling, Franz, 2001, S. 28
[67] ebenda, S. 28
[68] ebenda, S. 29

dass für die Ebenen einzelne Standortentscheidungen getroffen werden, ohne dass Einflüsse einer anderen Ebene beachtet werden.

- Konzentration auf besonders wichtige Faktoren:
  Um die Komplexität einer Standortentscheidung zu verringern, sollen nur Faktoren Berücksichtigung finden, die als besonders wichtig angesehen werden.
- Suche nach einem zufrieden stellenden Standort:
  Dabei wird die Zahl der möglichen Standorte im Voraus begrenzt. Durch ein Kriterium zur Akzeptanz werden Standorte nacheinander untersucht.
- Nachahmung:
  Dabei wird ein Standort gesucht, der große Ähnlichkeiten mit einem (unter vergleichbaren Bedingungen) bereits existierenden optimalen Standort aufweist.

Bei der Standortwahl sind die verschiedenen Akteure mit unterschiedlichen Fähigkeiten zu einer rationalen Analyse und Planung ausgestattet. Wesentlich ist dabei die Art und der Umfang von Informationen und wie diese erfolgreich umgesetzt werden können. MAIER und TÖDTLING gehen auf eine Einteilung in eine Verhaltensmatrix ein, die sich auf die Wahl des optimalen Standorts von Unternehmen bezieht.[69] Geringe Verfügbarkeit an Informationen und deren Nutzung ist danach mit wenig rationaler Standortentscheidung verbunden. Ein hohes Maß an Informationen und deren Nutzung bildet eine rationale Standortentscheidung ab. Übertragen auf die Standortwahl von Haushalten könnte das die unzureichende Information über die lokale Mietpreissituation, die Belastung des Verkehrsnetzes zur beabsichtigten Zeit eines Fahrtantritts oder die Ausstattung mit Versorgungseinrichtungen bedeuten. Damit ist auch die Ressourcenverfügbarkeit für die Standortsuche verbunden, die darüber entscheidet, wie aufwendig eine Standortsuche erfolgen kann. Der Einsatz von mehr Zeit und Kapital sollte zu einer Verbesserung der Informationssituation führen. Hierzu zählt auch, ob ein Haushalt bereit und in der Lage ist, darüber hinaus die Kosten für Umzug (und ggf. neue Wohnungseinrichtung etc.) aufzubringen, wenn sich die Standortoptimierung nur langfristig positiv bemerkbar macht.

Wird die Wahl eines neuen Wohnstandorts als Prozess gesehen, müssen mehrere Faktoren bei der Entscheidungsfindung einfließen. Der Haushalt überprüft dann die Wohnsituation, wobei die Wahl eines neuen Standorts nur eine Option darstellt und nicht in jedem Falle ein Umzug stattfinden muss. Diese Überprüfung kann in mehre-

[69] ebenda, S. 30

ren Analyseschritten erfolgen. Nach ZERWECK könnten folgende Inhalte dabei überprüft werden:[70]

- Bewertung der aktuellen und zukünftigen Wohnbedürfnisse und Wohnwünsche,
- Vergleich der Soll- mit der Ist-Situation,
- Prüfung, ob ein Umzug die bestehenden Defizite beseitigt oder mit bestehender Wohnung eine befriedigende Lösung erreicht werden kann,
- Prüfung mehrerer neuer Wohnungen,
- Auswahlentscheidung einer Wohnung.

Notwendig für diese Art von Entscheidungsfindung ist zu wissen, wie sich zukünftige Wohnbedürfnisse entwickeln werden. Dabei spielt wieder der zeitliche Horizont eine wichtige Rolle, da Veränderungen langfristiger Art je nach Haushaltstyp sehr verschieden sein können. Familienzuwachs oder Arbeitsplatzwechsel betreffen jüngere Haushalte ausschließlich bzw. in stärkerem Maße als ältere Haushalte.

Die Kritik an behavioristischen Ansätzen liegt im Wesentlichen darin, dass sich auf die Beschreibung von Standortentscheidungen und ihre Einflussfaktoren beschränkt wird, ohne zu hinterfragen, welche Erklärung für diese Beobachtungen existieren könnte. Wenn eine Erklärung erfolgt, dann mit Hilfe einer neoklassischen Konzeption, die auf eine gewinnmaximale Lösung zielt. MAIER und TÖDLING kritisieren behavioristische Ansätze vor allem deshalb, weil deren Aussagen, begründet durch das induktive Vorgehen, nur begrenzt verallgemeinerungsfähig sind. Ergebnisse einzelfallbezogener Untersuchungen sind bei der Umsetzung für künftige Planungen nur bedingt verwendungsfähig.

2.2.2 Bewertungskriterien an Wohnstandorte

Nachdem Ansätze zur Beschreibung der Standortwahl von Haushalten kurz vorgestellt wurden, soll nun auf Kriterien eingegangen werden, mit denen die „Attraktivität" eines Standortes beschrieben werden könnte. Attraktivität steht hier für Merkmale, die bei der Auswahl eines Wohnstandortes beeinflussend sein können. Da die Auswahl eines Wohnstandortes ein komplexer Vorgang ist, bei dem oft subjektive Kriterien eine entscheidende Rolle spielen, soll die folgende Beschreibung dazu dienen,

[70] vgl. Zerweck, Daniel, 1997, S. 32

die Komplexität der individuellen Entscheidungsfindung darzustellen. Wie letztendlich die Wertschätzung der einzelnen Akteure erfolgt, sei dahingestellt. Wichtig ist an dieser Stelle herauszuarbeiten, dass es Merkmale gibt, die Standorte als Wohnstandorte mehr oder weniger begünstigen und dass siedlungswillige Akteure Wohnwünsche besitzen, die sie mehr oder weniger an bestimmten Standorten realisieren möchten. Im Folgenden soll versucht werden, Wohnwünsche mit einem räumlichen Bezug in Verbindung zu bringen.

2.2.2.1 Der Wohnwert zur Beurteilung des Wohnstandorts

In verschiedenen Arbeiten wurde bereits versucht, Wohnstandorte hinsichtlich ihrer Attraktivität zu klassifizieren. Dazu wurde zur Unterscheidung und Bewertung der Indikator „Wohnwert" verwendet. Für diesen Indikator existiert keine allgemeingültige Definition. Es soll deshalb überprüft werden, wie Wohnwert charakterisiert wird und welche Kriterien erfüllt werden sollten.

Zunächst sollen Bestimmungsfaktoren des Wohnwertes nach einer Arbeit von ZERWECK zu großstädtischen Wohnstandorten von 1997 [71] vorgestellt werden. In dieser Arbeit werden Wohnstandortpräferenzen am Beispiel der Stadt Nürnberg untersucht. Dabei wurde eine Differenzierung in Haushaltstypen vorgenommen, zu denen Wohnpräferenzen gebildet wurden. Daraus werden Vorschläge abgeleitet, wie die Klassifikation von Haushaltstypen verbessert werden kann. Interessant für diese Untersuchung ist die Darstellung, wie Wohnwert in Beziehung zum Standort gebracht wird.
Grundsätzlich unterscheidet ZERWECK in seiner Arbeit über den Wohnwert im funktionalen Sinn in zwei Blickrichtungen, je nach Interessenlage des Betrachters:

> „... Zum einen kann der Wohnwert in der Betrachtung ausgehend von der Wohnung selbst gesehen werden. ... Die Wohnung ist unabhängig von ihrer Lage verkaufbar bzw. vermietbar. Jedes potentiell bebaubare Grundstück kann mit der renditemaximalen Gebäudeform überbaut werden. ...
> Zum anderen kann der Wohnwert in der Betrachtung ausgehend von der Umwelt bestimmt werden. Diese Betrachtung müssen sich langfristig und ökonomisch rational handelnde Akteure in Zeiten von Käufer- und Mietermärkten zu eigen machen. Für das Stadtmanagement und langfristig planende Akteure müsste diese Sichtweise immer die vorrangige Maxime sein. Sie berücksichtigt, dass der Wohnstandort im städtischen Standortsystem nicht unabhängig von Standorten der Versorgung, Arbeitsplätzen, Freizeitstätten usw. gesehen werden kann. ..." [72]

[71] Zerweck, Daniel, 1997
[72] ebenda, S. 64

Damit wird deutlich, dass bei der Bestimmung des Wohnwertes Faktoren einfließen müssen, die die Wohnung selbst aber auch deren Lage beschreiben. Bei der Bestimmung des Wohnwertes unterscheidet ZERWECK in Teilwerte, die sich auf

- Wohnung,
- Wohnanlage und
- Wohnstandort

beziehen.

Der Teilwert, der sich auf die Wohnung bezieht, wird als Wohnungswert bezeichnet und umfasst den Bereich der Wohnung und alle zugeordneten Freibereiche wie Balkon, Terrasse etc.. Merkmale wie Größe, Zuschnitt, Art, Form und Alter des Gebäudes oder die Ausstattung sollen hier nicht weiter vertieft werden, weil diese Merkmale in Bezug auf den Standort die größte Unabhängigkeit besitzen. Wichtiger scheinen hierzu die Merkmale zu sein, die der Lage der Wohnung im Wohnumfeld Rechnung tragen. Dieser Wert wird als Wohnanlagewert bezeichnet. Der Wohnanlagewert grenzt sich vom Wohnungswert durch die klare Abgeschlossenheit der Wohnung ab. Er wird durch die sozialen, baulichen, ökonomischen oder ökologischen Gegebenheiten bzw. Bedingungen in unmittelbarer Nähe des Wohnhauses bestimmt. Es wird von einem Umkreis von ca. 100 m ausgegangen. Dieser Umkreis sollte die fundamentalen Bedürfnisse der Bewohner befriedigen und jedem die Möglichkeit zur Identifikation geben. Wesentliche Bestimmungsgrößen sind neben der baulichen Gestaltung die Wohnumfeldbeziehungen. Sie lassen sich durch die:

- ungestörte Beziehung zur Umwelt und
- gemeinsame Einrichtungen

charakterisieren.

Ungestörte Beziehungen zur Umwelt lassen sich in der Möglichkeit zu Regeneration ausdrücken. Ein störender Aspekt ist hier die Beeinträchtigung durch Lärm, wofür die Wohnung ein Ort größter Empfindlichkeit ist. Hier wird in Lärm unterschieden, der innerhalb der Wohnanlage entsteht und Lärm, der von außen in die Wohnanlage dringt, solche Beeinträchtigungen gehen bspw. von Industrie oder Verkehr aus. Ebenso bestimmend für die Wohnanlage sind die als gemeinsame Einrichtungen bezeichneten Ausstattungsmerkmale. Dazu zählen Spielmöglichkeiten für Kinder, Einrichtungen für Jugendliche, haushaltstechnische Einrichtungen, die je nach Haushaltstyp stärker oder weniger stark nachgefragt werden.

Für die vorliegende Untersuchung am interessantesten sind die Teilwerte, die unter dem Begriff Wohnstandortwert zusammengefasst werden. Darin sind die Wünsche und Kriterien erfasst, die die räumliche Lage der Wohnung und Wohnanlage betreffen. Dazu wird auch die Versorgungsqualität des Wohnortes betrachtet. Es wird unterschieden, ob bestimmte Infrastruktur[73] dem Nahbereich oder dem Regionalbereich[74] zugeordnet ist. Die subjektive Einschätzung des einzelnen Haushalts muss dann entscheiden, welche Infrastruktur in welcher Entfernung wichtig ist. Beispielhaft werden angeführt:[75]

- Erholungsmöglichkeiten,
- Konsumangebot,
- Einrichtungen für Verwaltung und soziale Dienste sowie
- Bildung und Kultur.

Der Wert dieser Einrichtungen entsteht erst, wenn die Zugänglichkeit in zumutbarem Maße gewährleistet ist. Deshalb besitzt die

- Verkehrsinfrastruktur

eine besondere Bedeutung, um die Versorgungseinrichtungen erreichen zu können.

Bei ZERWECK wird auf die große Bedeutung des Wohnungswertes verwiesen, der dort mehr als doppelt so starke Wichtigkeit besitzt wie der Wohnanlagewert und der Wohnlagewert, die beide ähnlich bewertet werden. Es wird aber unterstrichen, dass noch eine Vielzahl von anderen Kriterien in die Bewertung aufgenommen werden könnte, wenn es für Haushalte potentielle Standorte zu prüfen gilt. Dabei wird der Konflikt des standortsuchenden Akteurs deutlich, dass nur Dinge bewertet werden können, die dem Beurteiler bekannt sind, was dazu führen kann, dass im konkreten Fall standortcharakterisierende Kriterien sowohl im positiven wie auch im negativen Sinne nicht beachtet werden. Andererseits ist es gar nicht notwendig, alle theoretisch

[73] Mit Infrastruktur sind hier alle Einrichtungen zur Ver- und Entsorgung der Haushalte mit Gütern und Dienstleistungen gemeint.

[74] Unter Nahbereich wird hier das unmittelbare Umfeld des Wohnstandortes verstanden und unter Regionalbereich das weitere Umfeld, bei dem sich Erreichbarkeiten verschlechtern, was natürlich auch von der Einschätzung der einzelnen Haushalte abhängig ist.

[75] vgl. Zerweck, Daniel, 1997, S. 71

möglichen Zielkriterien zu bewerten. Im Sinne eines heuristischen Verfahrens (wie oben erläutert) würde dann eine Beurteilung der für den individuellen Haushalt relevanten Kriterien erfolgen.

2.2.2.2 Wohnwertbestimmung durch Merkmalsgruppen

Das Dorf als Wohnstandort war Ziel einer Untersuchung, die WIESE 1991 durchführte.[76] Zur Entwicklung der Wohnfunktion wurde ein Ansatz zur Bestimmung des Wohnwertes von Dörfern entwickelt, um der zunehmenden Bedeutung des Dorfes (und ländlicher Räume) als Wohnstandort Rechnung zu tragen.
Die Siedlungsflächeninanspruchnahme im dort untersuchten Raum erfolgte in starkem Maße am Rand des Verdichtungsraumes. Neuinanspruchnahme von Siedlungsflächen findet aufgrund der Verfügbarkeit von Flächen vielerorts am Rand der Verdichtungsräume statt, die zum Teil als ländliche Räume gelten. Des weiteren erscheinen die dort herausgearbeiteten Merkmale zur Bestimmung des Wohnwertes in Dörfern ein genügend hohes Maß an Allgemeingültigkeit zu besitzen, um Rückschlüsse auf den Wohnwert am Rande von Verdichtungsräumen ziehen zu können. WIESE bezeichnet in seiner Arbeit den Wohnwert als:

> *„... Ausdruck für den Erfüllungsgrad von Nutzungsansprüchen. ... Je höher er eingeschätzt wird, um so besser erfüllt das Dorf seine Funktion als Wohnstandort oder um so besser ist die Wohnqualität des Dorfes anzusehen.“* [77]

Die Ermittlung des Wohnwertes erfolgte dort über einen Ansatz, der von Merkmalsgruppen, die wiederum unterteilt sind, ausgeht. Die Differenzierung nach Merkmalsgruppen wurde vorgenommen in:

- Rahmenbedingungen,
- Arbeitsplatzsituation,
- Versorgung,
- Wohnumfeld,
- Wohnungsmarkt,
- Umwelt und Sozialgefüge.

[76] Wiese, Wolfgang, 1991
[77] Quelle: Wiese, Wolfgang, 1991, S. 153

Neben den drei Bereichen, die die Grundbedürfnisse Wohnen, Arbeiten und Versorgen abbilden, wurden die Bereiche Umwelt, Sozialgefüge und Rahmenbedingungen hinzugefügt.[78] Diese Merkmale werden für einzelne Dörfer erfasst und anhand der Abweichung vom Durchschnitt ein individueller Wert für jedes Dorf gebildet. Durch diese Betrachtungsweise sollen lediglich Potentiale und Defizite herausgearbeitet werden, um Ansätze einer Entwicklungsplanung zu liefern. Interessant für diese Untersuchung ist weniger das Ergebnis, als die verwendeten Merkmale, die den Wohnwert beschreiben sollen. In den genannten Merkmalsgruppen sind Merkmale zusammengefasst, die wiederum durch Einzelindikatoren beschrieben werden. Da bspw. unter „Rahmenbedingungen" eine Vielzahl von Merkmalen zusammengefasst werden kann, soll im Folgenden kurz beschrieben werden, was durch die einzelnen Merkmalsgruppen ausgedrückt wird. Dabei soll erläutert werden, wie sich die Gruppen zusammensetzen, ohne jeden Einzelindikator detailliert vorzustellen.

Unter Rahmenbedingungen werden Merkmale zusammengefasst, die ein Dorf [79] hinsichtlich der:

- Lage im Raum,
- Demographie und
- Finanzen

beschreiben. Darunter sollen die Entwicklungsmöglichkeiten der Gemeinde verstanden werden, die im Rahmen der Regionalplanung vorgesehen sind und im Zusammenhang mit der Angehörigkeit zu einem siedlungsstrukturellen Gebietstyp und der Entfernung zu Zentralen Orten stehen.
Die demographische Situation wird durch die absolute Einwohnerzahl, den Bevölkerungssaldo und den Anteil älterer Dorfbevölkerung beschrieben. Mit Finanzen wird die finanzielle Situation der Gemeinde beschrieben, d. h. sowohl Einnahmen als auch Verbindlichkeiten. Es wird davon ausgegangen, dass eine positive finanzielle Situation der Gemeinden eine positive Gesamtsituation widerspiegelt. Jedes angeführte Merkmal ist mit verschiedenen Wertzuweisungen verbunden.

Die Arbeitsplatzsituation wird durch Merkmale zu:

- Landwirtschaft,

[78] vgl. Wiese, Wolfgang, 1991, S. 151 ff
[79] Als räumliche Analyseeinheit wird in der Untersuchung von WIESE das Dorf gewählt, welches oft einer Gemeinde angehört.

- anderen Arbeitsplätzen und
- Arbeitsmarkt

wiedergegeben. Die Herangehensweise beruhte auf der Annahme, dass ein hoher Anteil an Arbeitsplätzen in der Landwirtschaft einen (gewünschten) dörflichen Charakter sicherstellt und positiv bewertet wird. Andererseits trägt das Vorhandensein anderer (außerlandwirtschaftlicher) Ausbildungs- und Arbeitsplätze zur Steigerung der Attraktivität bei, weil Abwanderungen entgegengewirkt bzw. auf Zuwanderer gehofft wird. Der Anteil Arbeitsloser und die Zahl der Pendler beschreiben ebenfalls die Qualität des Dorfes.

Im Merkmal Versorgung werden:

- Ausstattung und
- Erreichbarkeit

charakterisiert. Zur Ausstattung eines Dorfes gehören alle Einrichtungen der Bildung, des Einzelhandels, der Dienstleistung, des Gesundheitswesens, zur Freizeitgestaltung und der Anbindung zum Verkehrsnetz. Im Merkmal Erreichbarkeit werden die Entfernung zu Versorgungseinrichtungen und der Anschluss an den ÖPNV abgebildet.

Zum Wohnumfeld gehören Merkmale, die die:

- Baustruktur und den
- Verkehr

beschreiben.

Zur Baustruktur zählt der städtebauliche Gesamteindruck des Dorfes, das Straßenbild, Einzelsituationen, die das Ortsbild prägen, Grünanlagen und Gärten, Alter und Zustand der Wohngebäude, Leerstände und die Funktionsmischung des Dorfes. Hinsichtlich des Verkehrs werden Merkmale der Belastung vom Durchgangsverkehr und der Belastung durch die innerörtliche Erschließung verstanden.

Der Wohnungsmarkt wird mit:

- Neubau und
- Altbau

an Wohngebäuden beschrieben. Die Situation Neubau wird durch die Wohnbauentwicklung, Grundstücksverkäufe, Baulandangebot, Baulandpreis und die Verfügbarkeit von Freiflächen charakterisiert. Die Altbausituation wird durch die Verfügbarkeit und die Umnutzungsmöglichkeit von älteren Gebäuden beschrieben.

Zur Beschreibung des Merkmals Umwelt fließen die Kriterien:

- Landschaft,
- Zustand und
- Belastungen

ein. Die Beschreibung der Landschaft erfolgt hier durch die Vielfalt der natürlichen Landschaftselemente, durch natürliche Attraktionen und durch das Klima. Mit Zustand wird beschrieben, ob bzw. wie hoch Gewässer mit Schadstoffen belastet sind, der Zustand des Waldes und die Bedingungen des Artenschutzes. Mit Belastungen werden der Flächenverbrauch und -versiegelung, die Belastungen der Umwelt durch Verkehr, durch Industrie und Gewerbe, durch die Landwirtschaft und durch den Fremdenverkehr zusammengefasst.

Merkmale des Sozialgefüges werden unter der:

- Aktivität des Dorfes und der
- sozialen Integration,

zusammengefasst. Damit wird das Vereinsleben, das Engagement der Dorfgemeinschaft, Feste und Veranstaltungen sowie Kontakte der Bürger untereinander, das Verhältnis von Neu- und Altbürgern und die soziale Kontrolle beschrieben.

In einer Arbeit von RÄPPEL zur Wohnqualität in Städten von 1984 wird versucht, ein Verfahren zur Bewertung der Gebietseignung für Wohnen in städtischen Teilräumen zu entwickeln.[80] Bei der Analyse zu wohnqualitätsprägenden Merkmalen werden hier acht Merkmalbereiche zur Beschreibung der Wohnqualität überprüft. Dabei handelt es sich im Einzelnen um Infrastrukturausstattung, Verkehrssituation, Umweltsituation, Frei- und Grünflächenversorgung, Baugebietskategorie, Image, Bevölkerungsstruktur und Gesamtqualität. Aus diesen Merkmalbereichen werden dann diejenigen ausgewählt, die zur Beschreibung der Wohnqualität besonders geeignet sind, in vertretbarem Aufwand gemessen werden können und bei denen eine planerische Einfluss-

[80] vgl. Räppel, Michael, 1984

nahme möglich ist. Zur Bewertung der Wohnqualität wurden bei RÄPPEL folgende Merkmalbereiche herangezogen:[81]

- Infrastrukturausstattung,
- Verkehrssituation,
- Umweltsituation,
- Frei- und Grünflächenversorgung und
- Baugebietskategorie.

Unter Infrastrukturausstattung wird hier zum einen die ausreichende Erschließung des Grundstückes verstanden. Dazu gehört die Möglichkeit des Zuganges über eine Straße, Versorgung mit Elektrizität und Trinkwasser, Entsorgung von Abfall und Abwasser. Zum anderen werden darunter weitere Einrichtungen verstanden, die der Versorgung eines Wohngebietes dienen und als „Wohnfolgeeinrichtungen" bezeichnet werden. Es wird in täglich genutzte und periodisch genutzte Folgeeinrichtungen unterschieden. Hierzu zählen Bildungseinrichtungen, Arztpraxen, Sport- und Freizeiteinrichtungen, etc.. Diese Einrichtungen besitzen unterschiedliche Benutzerfrequenzen, was sich in den Zugangszeiten bemerkbar macht, die dafür in Kauf genommen werden. Große Entfernungen zu Folgeeinrichtungen verschlechtern damit den Merkmalbereich Infrastrukturausstattung, nicht die Verkehrssituation.

Als Verkehrssituation wird hier die Bewältigung des Binnenverkehrs in Form von Fußgänger-, Rad- und Pkw-Verkehr, für die Außenbeziehungen zusätzlich der ÖPNV, verstanden. Im Mittelpunkt steht die Möglichkeit wie das jeweilige Wohnhaus möglichst ungehindert zu erreichen ist, andererseits keine Beeinträchtigung durch Verkehr, in Form von Lärmbelästigung oder Gefährdungen, hingenommen werden muss.

Der Begriff der Umweltsituation wird bei RÄPPEL nicht näher definiert. Es wird lediglich auf die wachsende Rolle der Umwelt bei der Bewertung von Wohnstandorten hingewiesen. Dabei ist zu bedenken, dass die Untersuchung aus dem Jahr 1984 stammt, als die Sensibilisierung gegenüber Umweltfragen noch geringer ausgeprägt war als heute. Jedoch wird festgestellt, dass Umweltbeeinträchtigungen, insbesondere die, die sensorisch wahrgenommen werden, als starkes Störpotential empfunden

[81] ebenda, S. 86 ff.

werden und nicht durch Vorzüge anderer Ausstattungsmerkmale ausgeglichen werden können. Der Wunsch nach ausreichend Grün- oder Freiflächen nimmt, auch im Zusammenhang mit dem wachsenden Umweltbewusstsein, ebenfalls eine wichtige Rolle ein. Die Versorgung mit wohnungsnahen Grünflächen nimmt einen hohen Stellenwert bei der Bewertung eines Wohnstandortes ein.

Die bei RÄPPEL aufgeführte Baugebietskategorie bestimmt die zulässige Nutzung und damit die potentielle Belastung durch Immissionen. Es werden die Klassifizierungen nach Baunutzungsverordnung unterschieden, in denen auch Wohnnutzung zulässig ist. Das sind Kleinsiedlungsgebiete, reine Wohngebiete, allgemeine Wohngebiete, besondere Wohngebiete, Dorfgebiete, Mischgebiete und Kerngebiete. Bei der Betrachtungsweise stehen die Störungen im Mittelpunkt, die ggf. durch gewerbliche Nutzung entstehen könnten. Inwieweit diese nicht bereits durch die Merkmale Verkehrssituation oder Umweltsituation abgedeckt sind, sei dahingestellt.

In einer Untersuchung der PROGNOS AG Basel in Zusammenarbeit mit dem Institut für Siedlungs- und Wohnungswesen der Westfälischen Universität Münster wurden von SCHRÖDER u. a. Bestimmungsgründe der regionalen Wachstumsunterschiede der Beschäftigung und der Bevölkerung analysiert.[82] Dabei wird auch auf die Bedeutung der Zusammenhänge zwischen Wirtschafts- und Bevölkerungsentwicklung sowie der Bedeutung der Zusammenhänge zwischen Gesamtraum- und Regionalentwicklung eingegangen. Es wird festgestellt, dass sich Standortfaktoren, die nicht ohne weiteres in einer Kosten- und Ertragsrechnung niederschlagen, sich einem systematischen Zugriff entziehen und soziologischer oder sozialpsychologischer Untersuchungen bedürfen. Indessen wird jedoch festgestellt, dass Entscheidungen und Zusammenhänge bei der Standortwahl aufgrund des gesunden Menschenverstand nicht „durch die Brille der Wissenschaftlichkeit" allzu sehr vertrübt werden sollten.[83] Deshalb wurden Attraktivitätsunterschiede analysiert, die eine grobe Analyse zulassen und durchaus genügen, um eine Vorauswahl der offensichtlich relevanten „Faktoren" zu treffen. Für die im Folgenden beschriebenen Indikatoren, wird hier deshalb der durch die Autoren verwendete Begriff „Faktoren" benutzt. Maßgebend wurden

[82] Schröder, Dieter, u. a., 1968
[83] ebenda, S. 99

folgende 6 Faktoren herausgestellt, die bei der Wohnortwahl entscheidungsrelevant sind:[84]

- Wohnungswesen,
- Ausbildungswesen,
- Soziale Infrastruktur,
- Klima,
- Möglichkeiten der Naherholung und
- kulturelle Darbietungen.

Unter Wohnungswesen sind der Versorgungsgrad, die Wohnungsausstattung und die Miete zusammengefasst, auf die an dieser Stelle nicht weiter eingegangen werden soll. Zum Zeitpunkt der Studie waren insbesondere die Kriterien der Wohnungsausstattung noch von starken Unterschieden geprägt.
Im Bereich Ausbildungswesen wird die Qualität des Schul- und Fachschulwesens und die Hochschulversorgung bewertet. Die Qualität der sozialen Infrastruktur wird allein auf das Gesundheitswesen abgestellt und als repräsentative Größen wurden die Anzahl der Krankenhausbetten und die Beschäftigten im Gesundheitswesen, jeweils als relative Größe auf die Einwohnerzahl bezogen, verwendet. Zur Beschreibung des Klimas wurde ein Klimaindex verwendet, der Klimawerte, die Durchschnittstemperatur der Sommermonate, die Zahl der Sommertage, die Anzahl von heiteren und trüben Tagen, die Sonnenscheindauer ausgewählter Monate sowie die Zahl der Regentage mit einem Mindestmaß an Regenmenge berücksichtigt. Der anhand dieser Indikatoren gebildete Klimaindex soll angeben, wie günstig das jeweilige Klima für Wochenendausflüge bzw. für Freizeitaktivitäten im Freien ist. Aussagen zur Luftqualität bzw. wie „gesund" das Klima ist, werden jedoch nicht getroffen. Inwieweit ein Standort positiv hinsichtlich der Naherholungsmöglichkeiten ist, wird indirekt über die Zahl der Beherbergungskapazität (Hotel und Privat) zum einen und die Beschäftigten im Hotel- und Gaststättenwesen zum andern berücksichtigt. Es wird davon ausgegangen, dass für den Fremdenverkehr attraktive Regionen (deutlich durch eine hohe relative Anzahl an Übernachtungsmöglichkeiten für Urlauber) auch bevorzugt zur Naherholung dienen. Ähnliches gilt für die relative Anzahl der Beschäftigten im Hotel- und Gaststättenwesen. Aus beiden Relativziffern wurde ein Durchschnitt gebildet, der zur Bewertung der Naherholung verwendet wurde. Ähnlich wurde zur Be-

[84] ebenda, S. 116

wertung des Angebots an kulturellen Darbietungen vorgegangen, wo die relativen Werte der Beschäftigten im Sektor „Kultur“ herangezogen wurden, allerdings ohne auf die unterschiedlichen Attraktivitäten, z. B. zwischen Kino, Theater oder Varietés einzugehen. Die Autoren nahmen eine „Standortbewertung“ vor, indem sie die einzelnen aufgeführten Faktoren zusammenfassten und als „Durchschnittsbildung“ bezeichnet. Um zu einer Gesamtbewertung zu gelangen, wurde ein gewogener Durchschnitt gebildet“.[85] Die Verteilung der Gewichtungsfaktoren erfolge gemäß eines „offensichtlichen oder mutmaßlichen Einflusses“[86] mit Werten zwischen 1 und 8. So wurde gleichzeitig eine Substituierbarkeit der Faktoren unterstellt. Das Ergebnis dieser Zusammenfassung wurde als „Wohnortbewertung“ bezeichnet und eine Rangskala für „Regionen“ ermittelt, die i. d. R. den heutigen Regierungsbezirken entsprechen. Aussagen über den Wohnwert für räumliche Untersuchungseinheiten von der Größe einer Region sind starken Unsicherheitsfaktoren unterlegen und können auch innerhalb des betrachteten Raumes stark variieren. Aussagen auf kleinräumiger wurden und konnten nicht vorgenommen werden. Dennoch ist wird die Untersuchung hier aufgeführt, weil unter Verwendung der genannten Faktoren plausible Ergebnisse für die Bewertung geliefert wurden, wenngleich der räumliche Bezug sehr grob ist.

2.2.3 Wanderungsmotive und Wohnstandortwahl

Nachdem Ansätze zur theoretischen Bestimmung des Wohnstandorts und Merkmale zur Wohnwertbestimmung aus wissenschaftlichen Arbeiten vorgestellt wurden, sollen im Folgenden Wanderungsmotive untersucht werden, um ggf. Rückschlüsse auf die Qualität von Wohnstandorten ziehen zu können. Dazu muss geprüft werden, ob Wanderungsmotive in Zusammenhang mit standortabhängigen Merkmalen zu bringen sind. Bei statistischen Untersuchungen auf Ebene des Bundes sind dabei die Umzugsmotive in Gruppen aggregiert, die standortabhängige Aussagen erschweren. Deshalb sollen auch Untersuchungen herangezogen werden, die auf kleinräumiger Ebene erfolgt sind.

Wanderungsverflechtungen und Hintergründe räumlicher Mobilität wurden von BÖLTGEN, BUCHER und JANICH auf Basis von BfLR-Umfragen aus den Jahren

[85] ebenda, S. 179
[86] ebenda, S. 179

1990 bis 1996 untersucht.[87] Im Hinblick auf die räumliche Mobilität und Umzugsabsichten wurden Motive zur Wanderung und wahrgenommene Defizite am bisherigen Wohnort auf räumlicher Ebene der Kreise herausgestellt. Aufgrund der politischen Veränderungen in den neuen Bundesländern, deren Auswirkungen auf die räumliche Entwicklung während dieses Zeitraums noch andauerten, sollen hier lediglich die Ergebnisse für die westlichen Bundesländer betrachtet werden. Die Analyse der Umfragen für den Zeitraum 1990-1996 ergab, dass 52 % der Umzugswilligen sich bei der Wohnungssuche auf den bisherigen Wohnort konzentrieren, wobei der überwiegende Teil sogar im selben Stadtteil bzw. Ortsteil wohnen bleiben möchte. Nahezu ein Viertel der Befragten möchte in die Umgebung des derzeitigen Wohnortes ziehen. Einen Wohnort in weiterer Entfernung und dafür den bestehenden Wohnort zu verlassen, beabsichtigen 23% der Befragten. Tabelle I zeigt den angestrebten Wohnstandort bei Umzugsplänen. Der Umstand, dass mehr als die Hälfte der Befragten im selben Ort bzw. Ortsteil wohnen bleiben möchten, könnte ein Indiz für die Wichtigkeit von Erreichbarkeitskriterien sein, die keine Verschlechterung erfahren sollen, aber eine bessere Umweltsituation angestrebt wird.

Tabelle I: Angestrebter Wohnstandort bei Umzugsplänen 1990-1996

Angestrebter Wohnstandort	Anteil [%] der Befragten
gleicher Stadtteil / Ortsteil	30
gleiche Stadt / Ort	22
Umgebung des Wohnorts	24
weiter entfernt	23

Quelle: Böltken, Ferdinand; Bucher, Hansjörg; Janich, Helmut;1997, S. 44.

Betrachtet man die in Tabelle II dargestellten Motive zum Umzug, dann ist die Veränderung der Wohnungssituation der am meisten genannte Grund zum Umzug. Eine bessere Wohnung wird am häufigsten im selben Stadtteil bzw. Ortsteil angestrebt (41 %). In der Anzahl der Nennungen folgen Umzugswillige, die in die Umgebung des derzeitigen Wohnortes ziehen wollen (29 %), vor der Gruppe, die zumindest in derselben Stadt bzw. Ort bleiben möchten (23 %). Ein ähnliches Bild zeigt sich bei den Umzugswilligen, die aufgrund einer Veränderung der Haushaltssituation[88] einen

[87] Böltken, Ferdinand; Bucher, Hansjörg; Janich, Helmut; 1997, S. 35 ff.

[88] Darunter zählen Fälle wie Gründung eines Haushalts, Vergrößerung oder Verkleinerung eines Haushalts oder sonstige private Gründe.

Umzug planen, was bei der Nennung der Gründe für einen Umzug an zweiter Stelle genannt wurde.

Tabelle II: Umzugsmotive und angestrebter Standort bei Umzugswilligen 1990-1996

	Umzugsmotiv				
	Wohnung	Beruf	Haushalt	Eigentum	Umwelt
Anteil der Nennungen [a] [%]	30	19	26	11	5
Der **angestrebte Wohnstandort** soll sein in [%]:					
gleicher Stadtteil/Ortsteil	41	7	37	29	23
gleiche Stadt/Ort	23	12	23	25	36
Umgebung des Ortes	29	14	26	33	22
weiter entfernt	8	67	14	13	19

[a] ohne „sonstige Motive".

Quelle: nach Böltken, Ferdinand; Bucher, Hansjörg; Janich, Helmut;1997, S. 44.

Die größte Anzahl der Befragten möchte auch hier nicht den Stadtteil bzw. Ortsteil verlassen (37 %), gefolgt von der Nennung derer, die in die Umgebung des Ortes ziehen möchten (26 %) und der Gruppe derjenigen, die den Wohnungswechsel im gleichen Ort vollziehen möchten (23 %). Bei den Gründen für einen Umzug folgen berufliche Gründe und Erwerb von Wohneigentum, wo die Umgebung des bestehenden Wohnortes auch als zukünftiger Wohnort an Bedeutung gewinnt. Umzugsgründe aufgrund der Umweltsituation spielen in dieser Befragung eine relativ geringe Rolle. Selbst innerhalb der Gruppe der Befragten, die aus Gründen einer besseren Umwelt ihren bisherigen Wohnstandort verlassen möchten, strebt der überwiegende Teil an, in der Stadt oder dem Stadtteil (bzw. Ort/Ortsteil) zu bleiben. Es lässt sich feststellen, dass die meisten der Befragten einen Wohnungswechsel innerhalb des derzeitigen Wohnortes vollziehen möchten. Tabelle II veranschaulicht, dass selbst bei Umzugsmotiven aus Umweltgründen heraus, nicht die Umgebung des Ortes am meisten, sondern ein Wohnstandort im selben Ort favorisiert wird. Demzufolge ist offenbar die bisherige Stadt bzw. Ort für die meisten Umzugswilligen der attraktivste Standort. Das könnte Ausdruck einer hohen Bewertung der Erreichbarkeitspotentiale des bisher gewohnten Wohnumfeldes sein, die nach einem Umzug keine Verschlechterung einnehmen sollten. Bei den Umzugsmotiven aus Gründen des Umzugs ins Wohneigentum ist der Anteil derjenigen, die in das Umfeld des bisherigen Wohnortes ziehen wollen, am größten, was jedoch durch das vorhandene Angebot an Immobilien beeinflusst wird.

Der Wunsch, einen neuen Wohnstandort innerhalb des Ortes / der Stadt zu wählen widerspricht jedoch dem vorher beschriebenen Trend zur Dekonzentration bei der Siedlungsentwicklung. Zum einen ist das auf die starke Aggregation der Daten zurückzuführen. Durchschnittliche Aussagen für das westliche Bundesgebiet lassen nur begrenzte Rückschlüsse auf Präferenzen zur Standortwahl zu. Zum anderen sollte bedacht werden, dass es sich um die angestrebten Wohnstandorte handelt, ungeachtet dessen, ob sich der Umzug dahin auch realisieren lässt.

Eine Untersuchung zum Wanderungsverhalten im Großstadtraum Stuttgart, die als empirische Fallstudie am Städtebaulichen Institut der Universität Stuttgart 1976 abgeschlossen wurde, basiert auf Befragungen von Haushalten, die von oder nach Stuttgart bzw. innerhalb Stuttgarts umgezogen sind.
BALDERMAN/HECKING/KNAUß haben dazu mittels Fragebögen die Umzugsmotive von Haushalten in Zusammenarbeit mit den zuständigen Einwohnermeldestellen erfasst.[89] Insgesamt beteiligten sich 2 489 Haushalte, was einer Zahl von ca. 4 850 Personen entsprach. Bei der Analyse der Stadt-Umland-Wanderungen wurde eine vierstufige Gliederung in:

- Kernstadt Stuttgart (S),[90]
- Nachbarschaftsverband Stuttgart (NVS),[91]
- Region Mittlerer Neckar (RMN)[92] und
- Gebiet außerhalb der Region (BRD)

vorgenommen. Damit können Zusammenhänge zwischen Wanderungsmotiven, der Wanderungsdistanz und der Wanderungsrichtung abgebildet werden. In Tabelle III sind die durch Befragung ermittelten wichtigsten Umzugsgründe und die Herkunfts- bzw. Zielorte dargestellt.

[89] vgl. Baldermann, Joachim; Hecking, Georg und Knauß, Erich, 1976
[90] Gebiet der Stadt Stuttgart
[91] Der seit 1976 bestehende Nachbarschaftsverband Stuttgart hatte 28 Städte und Gemeinden in Nachbarschaft zu Stuttgart umfasst und wurde mit Gründung des Verbands Region Stuttgart aufgelöst.
[92] Das Gebiet der Region Mittlerer Neckar entspricht dem des heutigen Verbands Region Stuttgart.

Tabelle III: Wichtigster Umzugsgrund bei Zuzügen, Fortzügen und Umzügen in Stuttgart 1975 (Deutsche)

Wichtigster Umzugsgrund [%]	Zuzüge nach Stuttgart aus			Umzüge innerhalb Stuttgarts	Fortzüge von Stuttgart nach		
	BRD	RMN	NVS	S	NVS	RMN	BRD
Berufliche Gründe	72,4	52,1	25,0	7,0	11,7	14,0	40,5
Zu hohe Miete	0,4	0,0	8,8	4,3	2,5	5,8	2,5
Kündigung der Wohnung	0,4	2,7	4,4	5,3	5,1	2,3	0,0
Umzug ins Eigentum	0,9	0,0	8,1	7,7	9,1	19,8	8,3
Verbesserung Wohnlage, Wohnumgebung	1,3	4,1	10,3	13,4	12,2	4,7	3,7
Verbesserung Wohnung	0,4	5,5	10,3	24,7	13,2	11,6	1,2
Heirat/Scheidung	8,9	15,1	13,2	12,5	26,4	17,4	5,8
Rückkehr in Heimatort	2,1	2,7	2,2	0,3	0,5	2,3	17,4
Umzug zu Freunden/Verwandten	7,3	4,1	5,1	5,3	4,6	5,8	3,3
Vergrößerung des Haushalts	0,0	1,4	1,5	5,0	1,0	2,3	0,0
Verkleinerung des Haushalts	0,0	0,0	1,5	1,8	1,5	0,0	0,0
Gesundheitliche Gründe	0,9	1,4	1,5	3,3	3,6	7,0	0,8
Andere Gründe	4,7	11,0	8,1	9,5	8,6	7,0	8,3
Summe	100,0	100,0	100,0	100,0	100,0	100,0	100,0

Quelle: Baldermann, Joachim; Hecking, Georg und Knauß, Erich 1976, S. 31.

Berufliche Gründe werden als wichtigste Gründe für einen Umzug genannt. Dabei ist zu erkennen, dass mit abnehmender Entfernung zum Verdichtungskern Stuttgart die Häufigkeit der Nennung für diesen Umzugsgrund abnimmt, die innerörtlichen Umzüge aus diesem Grund am niedrigsten ausgeprägt sind und bei Fortzügen mit steigender Entfernung wieder zunehmen. Bei Umzügen aufgrund der Verbesserung der Wohnung und der Lage der Wohnung bzw. Wohnumgebung ist die Situation umgekehrt. Hier nehmen die Häufigkeiten mit abnehmender Entfernung zum Verdichtungskern Stuttgart zu. Die Gründe, die aus einem Umzug ins Wohneigentum resultieren, nehmen insbesondere bei den Abwanderungen aus Stuttgart an Bedeutung zu. Hier ist das Verhältnis nicht gleichmäßig mit der Entfernung zu Stuttgart steigend oder fallend, sondern besitzt die meisten Häufigkeiten bei Fortzügen aus Stuttgart in die Region.

Zusammenfassend lässt sich feststellen, dass bei Umzügen innerhalb Stuttgarts die Verbesserung der Wohnung im Mittelpunkt des Umzugsinteresses liegt, gefolgt von den Motiven zur Verbesserung der Wohnlage bzw. der Wohnumgebung. Bei Zuzügen nach Stuttgart, sind bei allen Herkunftsorten berufliche Gründe die wichtigsten

Umzugsmotive. Für die Abwanderung aus Stuttgart in den Nachbarschaftsverband sind Gründe der Verbesserung hinsichtlich Wohnung und Wohnlage bzw. Wohnumgebung von großer Bedeutung, bei der Abwanderung in die Region nimmt der Umzug ins Wohneigentum eine dominierende Rolle als Grund für einen Umzug ein.[93]

BALDERMAN/HECKING/KNAUß differenzierten bei der Auswertung auch nach Altersgruppen, denen typische Wanderungsmotive zugeordnet wurden. Dabei stellte sich heraus, dass jüngere Altersgruppen häufig als Wanderungsmotive:

1. berufliche Gründe,
2. Heirat,
3. Verbesserung hinsichtlich der Wohnung und
4. Umzug zu Freunden, Bekannten, Verwandten

nannten.[94]

Älteren Bevölkerungsgruppen sind hingegen Wanderungsmotive wie:

1. Umzug ins Wohneigentum,
2. Verbesserung der Wohnlage und Wohnumgebung,
3. Umzug zu Freunden, Bekannten, Verwandten und
4. gesundheitliche Gründe

zuzuordnen.[95]

In einer Veröffentlichung zu „räumlicher Mobilität in der Großstadt“ beschreibt SCHWARZ Anlässe und Motive für Wanderungen.[96] Hier werden auch Gründe für Stadt-Umland-Wanderungen aus einer Studie zu Stuttgart genannt. Dazu greift der Autor auf Befragungen zu Umzugsmotiven und Umzugszielen bzw. zur räumlichen Mobilität der bundesweiten Repräsentativbefragungen des BfLR, der Stuttgarter Abwanderungsstudie von 1997, einer Wegzugsanalyse der Stadt Frankfurt am Main und einer Fallstudie zu Wanderungen in der Stadtregion Hannover zurück.

[93] Auf Umzugsgründe, die aufgrund einer Heirat oder Scheidung stattfinden, wird hier nicht eingegangen, da diese Gründe kaum planerisch beeinflussbar sind. Wichtiger erscheinen hier solche Gründe, die sich aus veränderbaren Rahmenbedingungen ergeben, welche kurz-, mittel- oder langfristig beeinflussbar sind.

[94] vgl. Baldermann, Joachim; Hecking, Georg und Knauß, Erich, 1976, S. 55

[95] ebenda

[96] vgl. Schwarz, Thomas, 1999

Die Auswertung einer Abwanderungsstudie für das Jahr 1997 ergab, dass, in der Reihenfolge der Nennungen, die wichtigsten Anlässe von Stuttgart ins Umland zu ziehen:[97]

1. berufliche Gründe,
2. Heirat,
3. Umzug ins Wohneigentum,
4. Rückkehr in den Heimatort,
5. Veränderung der Haushaltsgröße und
6. Umzug zu Bekannten/Verwandten.

waren. Anlässe unterscheiden sich oft von den Motiven, einen Umzug zu planen. Deshalb wurden auch Umzugsmotive für Stuttgart im Jahr 1997 erfasst. Dabei stellten sich als wichtigste Motive:[98]

1. Wohnungsgröße,
2. Arbeitsplatzwechsel,
3. Mietbelastungen,
4. Wohnungsumgebung und Umwelteinflüsse bzw.
5. Großstadtverdruss

heraus.

SCHWARZ zieht als Fazit, dass Stadt-Umland-Wanderungen im Wesentlichen durch Wohn- und Wohnumfeldqualitätsverbesserungen, durch Wohnkosten und den Umzug in Wohneigentum verursacht werden.[99]

LINDEMANN stellte bei einer Untersuchung von Zuzugsmotiven für Stuttgart 1998 fest, dass die meisten der Befragten aus beruflichen Gründen nach Stuttgart gezogen sind.[100] An zweiter Stelle folgten die Nennungen derer, die angeben, in Stuttgart eine wunschgemäße Wohnung gefunden zu haben. Danach wurden Gründe der Angebote an öffentlichen Verkehrsmitteln, der Kultur und zur Freizeitgestaltung genannt. Hier spielen Kriterien der Erreichbarkeit von Arbeitsplatz und anderen Angeboten eine übergeordnete Rolle. Wichtig ist hierbei zu wissen, dass nahezu zwei Drittel der Befragten aus einem Herkunftsgebiet außerhalb der Region Stuttgart kommen, nur ein Drittel der Zuziehenden kommt aus dem Gebiet der Region nach Stuttgart.

[97] ebenda, S. 15
[98] ebenda, S. 15
[99] ebenda, S. 17
[100] vgl. Lindemann, Utz, 1999, S. 19 ff.

Tabelle IV zeigt zusammenfassend die Gründe für die Abwanderung und für den Zuzug nach Stuttgart in den Jahren 1997 und 1998.

Tabelle IV: Gründe für Stadt-Umland-Wanderungen aus Stuttgart und Gründe für den Zuzug nach Stuttgart

Rangfolge der Häufigkeiten der Nennungen (Wichtigkeit)	Stadt-Umland-Wanderung Stuttgart 1997 [a)]		Gründe für Zuzug nach Stuttgart 1998 [b)]
	Anlass für Umzug	Wegzugsmotive	
1	berufliche Gründe	Wohnungsgröße	Nähe zum Arbeitsplatz
2	Heirat	Arbeitsplatzwechsel	Wohnung nach Wunsch
3	Umzug ins Wohneigentum	Mietbelastungen	ÖPNV Angebot
4	Rückkehr in den Heimatort	Wohnungsumgebung und Umwelteinflüsse	Kulturelles Angebot
5	Veränderung der Haushaltsgröße	Großstadtverdruss	Freizeitangebot
6	Umzug zu Bekannten/Verwandten	-	Flair
7	-	-	Verwandte/ Bekannte
8	-	-	Naherholungsgebiete im Umland

Quelle: Eigene Zusammenstellung nach [a)] Schwarz, Thomas, 1999 und [b)] Lindemann, Utz, 1999.

In einer Veröffentlichung von SCHUBERT zu Stadt-Umland-Beziehungen und Segregationsprozessen werden Anlässe und zusätzliche Entscheidungsgründe für Wanderungen und die dazugehörige Wanderungsrichtung in der Stadtregion Hannover für das Jahr 1993 ausgewertet.[101] In Tabelle V sind die Ergebnisse der Auswertung dargestellt und die wichtigsten Ergebnisse aufgeführt. Der Anlass für einen Umzug in das Umland ist demnach am häufigsten Folge der Wahl einer größeren Wohnung. Danach folgen als Anlass der Umzug in Wohneigentum und das Wohnen im Grünen. Bei Wanderungen vom Umland in die Stadt dominieren als Anlass persönliche Gründe, gefolgt von beruflichen Gründen.

Zusätzliche Entscheidungsgründe, die Stadt zu verlassen, sind die Entfaltungsmöglichkeit für Kinder zu verbessern, attraktive Landschaft genießen zu können und die bessere Umwelt- und Wohnqualität im Umland. Für die Wanderungen vom Umland in die Stadt stehen Gründe wie Verbesserung der Erreichbarkeiten, attraktivere Freizeitmöglichkeiten und die Möglichkeit zur Teilnahme am kulturellen Leben im Vordergrund. Grundsätzlich scheint sich zu zeigen, dass hier eine Stadt-Umland-

[101] vgl. Schubert, Herbert, 1996

Wanderung stärker von den guten Umwelteigenschaften des Umlandes anhängig ist, wobei den Zuzug in die Stadt Erreichbarkeitskriterien stärker beeinflussen.

Tabelle V: Entscheidungsgründe und Wanderungsrichtung in der Stadtregion Hannover 1993

Wanderungsrichtung	Hauptsächliche Anlässe	Zusätzliche Entscheidungsgründe
Stadt-Umland-Wanderung	Größere Wohnung, Wohnen im Eigentum, Wohnen im Grünen	Entfaltung der Kinder, attraktive Landschaft, Umweltqualität, Wohnqualität
Umland-Stadt-Wanderung	Persönliche Gründe, [a)]Arbeit und Beruf, Ausbildung und Studium,	Verkehr / Erreichbarkeit, soziales Netzwerk, Freizeitmöglichkeiten , kulturelles Leben

[a)] z.B. Heirat, Scheidung, etc.

Quelle: Schubert, Herbert, 1996, S. 284.

2.2.4 Vergleichende Gegenüberstellung

Bei den beschriebenen theoretischen Ansätzen zur Standortwahl, den Bewertungskriterien für Standorte sowie den Auswertungen aus empirischen Untersuchungen wurden Kriterien[102] herausgestellt, die zur Wahl eines Standortes beitragen oder bestimmend sind, bzw. die einen Standort so charakterisieren, dass er als Wohnstandort attraktiv erscheint. Dabei wurde sich der Problematik der Wohnstandortwahl auf verschiedene Weise genähert. Die vorhandene Gemeinsamkeit ist dabei, dass anhand der genannten Kriterien qualitative Aussagen über Standorte bezüglich ihrer Nutzung möglich sind. Es wurde dargestellt, dass Ansätze zur Standortanalyse unterschiedlichen Grundannahmen folgen. In Tabelle VI wurden exemplarisch die Unterschiede für den neoklassischen und den behavioristischen Ansatz gegenübergestellt.

[102] Unter dem Begriff „Kriterien" werden hier die Merkmale, die bei den theoretischen Ansätzen zur Standortwahl verwendet wurden, die Merkmale bzw. Merkmalsgruppen, die zur Beschreibung der Wohnstandortqualität herangezogen wurden, sowie die Anlässe und Motive, die eine Wohnstandortwahl beeinflusst haben, bezeichnet.

Tabelle VI: Grundansätze zur Standortanalyse

Neoklassischer Ansatz	*Behavioristischer Ansatz*
Nutzenmaximierung, besondere Wichtigkeit: Transportkosten	Heuristische Verfahren zur Standortentscheidung, Rationale Planung, Ressourcenverfügbarkeit, Standortentscheidungen als Prozess

Kritisch wurde die zentrale Rolle der Transportkosten bei den neoklassischen Ansätzen bewertet. Inwieweit diese bei der tatsächlichen Standortentscheidung eine Schlüsselfunktion einnehmen, bleibt an dieser Stelle noch unbeantwortet. Mitentscheidend ist hier auch die Frage, ob es sich um eine unternehmerische Standortwahl oder die Wahl eines privaten Haushalts handelt. Die Standortwahl von Haushalten in Verbindung mit der Neuinanspruchnahme von Siedlungsflächen soll hier Gegenstand weiterer Untersuchung sein.

Die Entscheidung eines Haushalts für einen bestimmten Standort fällt in der Praxis augenscheinlich aus einem Zusammenspiel vielfältiger Beweggründe heraus. SCHMITZ bezeichnet die Entscheidungsfindung als ein Konglomerat aus individuellen Interessen, gesellschaftlicher Normen, ökonomischen Restriktionen und unvollständiger Information.[103] Wenn die Optimierung der Lebenssituation nicht unmittelbar im Mittelpunkt aller Anstrengungen bei der Standortwahl steht, geht es aber zumindest um eine bedürfnisgerechte Verbesserung der Gesamtsituation des Haushalts. In einer Reihe von Arbeiten wurden anhand von Indikatoren Bewertungen von Standorten hinsichtlich der Nutzung zu Wohnzwecken vorgenommen. Welche Merkmale zur Bewertung eines Wohnstandorts herangezogen wurden, ist ausschnittsweise in Tabelle VII zusammengestellt. Die Bewertung erfolgte wie oben beschrieben zum Teil auf recht großräumiger Ebene und kann nicht uneingeschränkt auf die Bewertung von Standorten kleinräumigerer Untersuchungen angewendet werden. Die ausgewählten Indikatoren haben jedoch in den Untersuchungen zu plausiblen Ergebnissen geführt und sind daher offensichtlich für die Wohnstandortbewertung geeignet. Deutlich wird dabei, dass eine Reihe von Merkmalen verwendet wurde, die nicht die Erreichbarkeit eines Standortes unmittelbar beschreiben, sondern neben der Wohnung an sich auch Qualitäten des Wohnumfeldes, wie bspw. die Umweltbedingungen ausdrücken. Damit ist natürlich auch impliziert, dass durch gute Erreichbarkeiten eines

[103] vgl. Schmitz, Stefan, 2001, S. 245

Standorts auch beispielsweise gute Naherholungsmöglichkeiten mit sich bringen können. Es wird jedoch deutlich, dass neben der Nähe zum Arbeitsplatz auch andere Faktoren Berücksichtigung fanden.

Tabelle VII: Merkmale/ Merkmalsgruppen zur Wohnstandortbewertung

Autor	Merkmale / Merkmalsgruppen
ZERWECK	Erholungsmöglichkeiten; Konsumangebot; Einrichtungen der Verwaltung und sozialer Dienste; Bildung und Kultur; Verkehrsinfrastruktur
WIESE	Lage im Raum, Demographie und Finanzen; Arbeitsplatzsituation; Bildungseinrichtungen, Einzelhandel, Dienstleitungen, Gesundheitswesen, Freizeiteinrichtungen, Anbindung an das Verkehrsnetz; Baustruktur und Verkehrsbelastungen; Wohnungsmarkt; Landschaft, Umweltzustand und Belastungen; Sozialgefüge
RÄPPEL	Infrastrukturausstattung, Verkehrssituation, Umweltsituation, Frei- und Grünflächenversorgung, Baugebietskategorie
SCHRÖDER	Wohnungswesen, Ausbildungswesen, Soziale Infrastruktur, Klima, Möglichkeiten der Naherholung, kulturelle Darbietungen.

Nach der Betrachtung grundlegender Ansätze zur Standortwahl und von Merkmalen, die zur Bewertung von Wohnstandorten verwendet wurden, sollten Motivationen zur Wahl eines bestimmten Standortes überprüft werden, die in empirischen Arbeiten ermittelt wurden. Die in Tabelle VIII aufgelisteten Anlässe bzw. Motive drücken aus, welche Kriterien für Haushalte bei der Standortwahl wichtig erscheinen. Neben Gründen zur Erreichbarkeit, bspw. des Arbeitsplatzes und des Wohnumfelds, werden eine Reihe von Anlässen genannt, die planerisch wenig beeinflussbar sind.

Tabelle VIII: Wanderungsmotive und –anlässe

Autor	Anlass / Motiv
BÖLTGEN/ BUCHER/ JANICH	Wohnung, Veränderung des Haushalts, berufliche Gründe, Umzug ins Wohneigentum
BALDERMANN/ HECKING/ KNAUß	berufliche Gründe, Umzug ins Wohneigentum, Wohnung, Wohnlage / Wohnumgebung, Umzug zu Freunden, Verwandten
SCHWARZ	berufliche Gründe, Heirat, Umzug ins Wohneigentum, Veränderung des Haushalts, Wohnung, Wohnungsumgebung und Umwelteinflüsse
LINDEMANN	Nähe zum Arbeitsplatz, Wohnung, ÖPNV Angebot, kulturelles Angebot, Freizeitangebot
SCHUBERT	Wohnungsgröße, Wohneigentum, Wohnen im Grünen, attraktive Landschaft, Umweltqualität, berufliche Gründe, Heirat, Erreichbarkeiten

2.3 Ebenen der räumlichen Planung in Deutschland

In der Organisation der räumlichen Planung in Deutschland spiegelt sich der föderale Charakter des Staatsaufbaues wider. Das Bundesraumordnungsgesetz trägt als Rahmengesetz nur richtungsweisenden Charakter, welches durch Landesgesetze konkretisiert werden muss. Die Regelungen der einzelnen Länder können daher im Rahmen der Festlegungen des Bundesgesetzes voneinander abweichen. Es sollen nicht die Unterschiede bei der Organisation der räumlichen Planung in den einzelnen Bundesländern detailliert beschrieben, sondern lediglich eine Zusammenfassung der als hier wesentlich erscheinenden Punkte vorgenommen werden.

Nach dem zweiten Weltkrieg war die Situation der deutschen Städte vom Wiederaufbau geprägt, was der Bauleitplanung, die die räumliche Planung auf kommunaler Ebene ist, eine wichtige Rolle zukommen ließ und rechtlich im Bundesbaugesetz von

1960 Verankerung fand.[104] Kurze Zeit später wurde erkannt, dass eine übergeordnete und überlokale Vorgabe zwingend erforderlich ist. Bis dahin waren die Länder teilweise unterschiedliche Wege gegangen. Der Drang nach einheitlichen Rahmenvorgaben führte 1965 zur Verabschiedung des Bundesraumordnungsgesetzes, womit die rechtliche Basis für ein stringentes Raumplanungssystem geschaffen wurde. Das in seiner heutigen Form existierende Raumordnungsgesetz wurde 1997 novelliert, das Prinzip der Nachhaltigkeit wurde verankert und das Gesetz trat am 1. Januar 1998 in Kraft. Eine Aufgabe der Raumordnung ist, eine gesamtplanerische raumbezogene Koordination von einzelnen Fachplanungen vorzunehmen, um dem Gebot zur Schaffung gleichwertiger Lebensbedingungen aller Teilräume nachzukommen. Dieser Zielvorstellung wird auf Ebene der Bundesraumordnung und der Landesplanung durch den Ansatz einer leitbildorientierten Ordnung nachgegangen, wobei die Wirkungsmöglichkeiten auf den jeweiligen Geltungsbereich des Gesetzes beschränkt sind. Die Umsetzung der Zielsetzungen erfolgt auf Ebene des Bundes durch den „Raumordnungspolitischen Orientierungsrahmen" von 1993. Aufgrund der veränderten Situation nach der Öffnung der Grenzen Osteuropas war es notwendig geworden, ein neues Leitbild zu schaffen, was sowohl Belange der (neuen) Länder als auch europäische Bezüge beachtet.

Eine wesentliche Rechtsgrundlage stellt das erwähnte Bundesraumordnungsgesetz dar, womit der Bund nach Artikel 75 in Zusammenhang mit Artikel 72 Grundgesetz von seiner Rahmenkompetenz Gebrauch macht. Der Bund fordert von den Ländern die Schaffung der notwendigen Rechtsgrundlagen (Landesplanungsgesetze) und die Aufstellung von:

- Raumordnungsplänen für das Landesgebiet.

Darüber hinaus wird geregelt, in welchen Fällen die Aufstellung von

- Regionalplänen

erforderlich ist.

Zur Durchsetzung von Leitbildern und der Abstimmung der räumlichen Planung der verschiedenen Ebenen wird zwischen verbindlichen Vorgaben und Aussagen allgemeiner Art der höheren Planungsebenen unterschieden. Deshalb soll auf die Begriffsbestimmungen im § 3 des Raumordnungsgesetzes zu

- Ziele der Raumordnung und
- Grundsätze der Raumordnung

[104] vgl. Ritter, Ernst-Hasso, 1998

kurz eingegangen werden.[105]

Grundsätze und Ziele finden sich in den o. g. räumlichen Plänen wieder. Die inhaltliche Abgrenzung der Ziele und Grundsätze der Raumordnung soll durch deren Begriffsbestimmung erfolgen.

Ziele der Raumordnung sind:[106]

> *„...verbindliche Vorgaben in Form von räumlich und sachlich bestimmten oder bestimmbaren, vom Träger der Landes- oder Regionalplanung abschließend abgewogenen textlichen oder zeichnerischen Festlegungen in Raumordnungsplänen zur Entwicklung, Ordnung und Sicherung des Raumes,...“*

Grundsätze der Raumordnung sind:[107]

> *„...allgemeine Aussagen zur Entwicklung, Ordnung und Sicherung des Raumes in oder auf Grund von § 2 als Vorgaben für nachfolgende Abwägungs- und Ermessensentscheidungen,...“*

Ziele der Raumordnung haben demnach einen stärker einschränkenden Charakter, da konkrete Vorgaben bereits formuliert sind und lösen damit eine Beachtungspflicht aus, die nicht durch planerische Abwägung oder Ermessensausübung überwunden werden kann. Grundsätze der Raumordnung ziehen eine Berücksichtigungspflicht bei Abwägungs- und Ermessensentscheidungen nach sich.

Durch die Rahmengesetzgebung des Bundes sind die Länder verpflichtet, Landesplanungsgesetze aufzustellen, in denen die Ziele und Grundsätze der Raumordnung mit den Ansprüchen des betreffenden Bundeslandes vertieft werden.[108] Diese bilden die Grundlage für die Raumordnungspläne der Länder. Je nach Bundesland tragen sie die Bezeichnung Landesentwicklungs- bzw. Landesraumordnungsplan oder Landesentwicklungs- bzw. Landesraumordnungsprogramme. In einigen Bundesländern existieren Landesentwicklungs- bzw. Landesraumordnungsprogramme (für den programmatischen Teil) und ein konkretisierender Landesentwicklungsplan. In den Stadtstaaten übernehmen die Flächennutzungspläne deren Funktion.[109]

Beim Aufstellungsverfahren der Raumordnungspläne gibt es ebenfalls Unterschiede zwischen den Ländern. Dieses Planungsinstrument wird als Rechtsverordnung erlassen oder als Gesetz verabschiedet, wichtig ist aber in jedem Falle die Rechtsverbindlichkeit. Die raumordnerischen Zielsetzungen werden darin zeichnerisch und textlich dargestellt.

---

[105] Diese Unterscheidung ist wichtig, wenn in späteren Abschnitten über Ziele der Raumordnung auf regionaler Ebene ausgeführt wird.
[106] vgl. ROG, § 3
[107] ebenda
[108] vgl. Spitzer, Hartwig, 1995, S. 24
[109] vgl. Hein, Ekkehard, 1998

Diese dienen als Vorgaben für die detaillierter arbeitende Regionalplanung. Deren Organisationsform ist in Deutschland sehr unterschiedlich, wird aber in den meisten Flächenländern praktiziert. Die Planwerke werden als Regionaler Raumordnungsplan bzw. Regionalplan (oder als Gebietsentwicklungsplan als Sonderform in Nordrhein-Westfalen)[110] bezeichnet. Auch hier wird die Bezeichnung „-programm" in einigen Ländern verwendet.

Die Gemeinden oder die Gemeindeverbände müssen im Aufstellungsverfahren eines Regionalplans beteiligt werden, weil keine räumliche Planung des Bundes, der Länder oder der Regionen stattfinden kann, die nicht in die Planungshoheit der Gemeinden eingreift. Der räumliche Bezug der Aussagen der Planwerke nimmt in dieser Planungsebene zu. Die Ziele der Raumordnung finden hier eine zunehmende Konkretisierung und werden bestimmt. Damit wird eine Verbindung zwischen der Landesplanung und der kommunalen Bauleitplanung geschaffen.

Räumliche Planungen finden in Deutschland immer auf dem Territorium einer oder mehrerer Gemeinden statt. Aufgrund des Rechts auf kommunale Selbstverwaltung besitzen diese die Planungskompetenz für das Gemeindegebiet. Die räumliche Planung der Kommunen ist die Bauleitplanung, die als Instrumente den Flächennutzungsplan und den Bebauungsplan besitzt.

Das führt zwangsläufig immer wieder zu konkurrierenden Interessen der verschiedenen Planungsebenen. Die räumlichen Planungen auf Gemeindeebene müssen mit der Regional- und Landesplanung abgestimmt werden. Damit wird jeder hierarchischen Ebene die Gelegenheit eingeräumt, ihre Planungsvorstellungen zu entwickeln. Das Anpassungsverfahren von Planungen auf verschiedenen räumlichen Ebenen ist durch das Gegenstromprinzip im Bundesraumordnungsgesetz gesetzlich verankert.[111] So muss einerseits eine Anpassung der Planungen zwischen den verschiedenen Planungsebenen bei Gesamtplanung und Fachplanungen erfolgen.

Andererseits muss aber auch eine Anpassung innerhalb einer Planungsebene zwischen Gesamtplanung und Fachplanungen erfolgen.[112]

[110] vgl. Hein, Ekkehard, 1998

[111] „...Die Gegebenheiten und Erfordernisse der Teilräume sollen sich denen des Gesamtraumes einfügen und die Entwicklung, Ordnung und Sicherung des Gesamtraumes soll die Gegebenheiten und Erfordernisse seiner Teilräume berücksichtigen." Vgl. ROG §1(3).

[112] vgl. Spitzer, Hartwig, 1995, S. 29

Folgende Abbildung zeigt die verschiedenen Ebenen der räumlichen Planung in Deutschland und das zugehörige Planungsinstrument:

Abbildung 8: Die Ebenen der räumlichen Planung in Deutschland

<table>
<tr><th>Staatsaufbau</th><th>Planungsebene</th><th colspan="2">Planungsinstrumente</th><th>Materielle Inhalte</th></tr>
<tr><td>Bund</td><td>Bundesraumordnung</td><td colspan="2">(Raumordnungspolitischer Orientierungsrahmen)</td><td>Grundsätze der Raumordnung</td></tr>
<tr><td rowspan="2">Länder</td><td>Landesplanung (Raumordnung der Länder)</td><td colspan="2">Übergeordnete und zusammenfassende Programme u. Pläne</td><td rowspan="2">Ziele der Raumordnung und Landesplanung</td></tr>
<tr><td>Regionalplanung</td><td colspan="2">Räumliche Teilprogramme und Teilpläne (Regionalprogramme und –pläne)</td></tr>
<tr><td rowspan="2">Gemeinden</td><td rowspan="2">Bauleitplanung</td><td rowspan="2">Bauleitpläne</td><td>Flächennutzungsplan</td><td>Darstellung der Art der Bodennutzung</td></tr>
<tr><td>Bebauungsplan</td><td>Festsetzung für die Stadtbauliche Ordnung</td></tr>
</table>

Quelle: Akademie für Raumforschung und Landesplanung, 1994, S 775.

2.4 Dezentrale Konzentration als Leitbild der räumlichen Entwicklung

In Deutschland unterlag die Bevölkerungs- und Beschäftigtenentwicklung in den letzten Jahrzehnten Einflüssen, die als Trend ein relativ stärkeres Wachstum außerhalb der Kerne der Agglomerationsräume verzeichneten. Vor allem das Umland der Städte[113] war von einer relativ stärkeren Bevölkerungs- und Beschäftigtenzunahme gekennzeichnet, was dazu führte, dass dort die Neuinanspruchnahme von Freiflächen am höchsten war.

Der Nationalbericht Deutschland zur Konferenz HABITAT II bezeichnete als Antriebskräfte der Suburbanisierung bei Unternehmen neue Betriebsformen und flexiblere Organisationen, die zu Unabhängigkeiten von bestimmten, traditionellen Standorten führten. Diese brachten zunehmende Flächenansprüche mit sich, die an den

[113] Insbesondere der Städte der westlichen Bundesländer. Die Entwicklung in den östlichen Bundesländern war (und ist) seit der Wiedervereinigung durch Anpassungsprobleme wirtschaftlicher und sozialer Art gekennzeichnet. Migrationsverluste ganzer Regionen kennzeichnen die Siedlungsentwicklung vieler ostdeutscher Städte.

bisherigen Standorten nicht mehr zur Verfügung standen. Die gestiegenen Wohnansprüche der Bevölkerung werden an gleicher Stelle als Ursache der Suburbanisierung auf der Seite der Wohnbaulandinanspruchnahme aufgrund des Preisgefälles aufgeführt.[114]

Im Raumordnungsbericht 2000 wird der gewachsene materielle Wohlstand mit den gestiegenen individuellen Raumnutzungsansprüchen als wesentliche Ursache der Siedlungsflächenzunahme genannt.[115]

Bei DOSCH und BECKMANN werden die Ursachen des angestiegenen Bedarfs an Fläche bzw. die Umwidmung von unbebauten Flächen in Siedlungsflächen auf folgende vier wesentliche Ursachen zurückgeführt (vgl. Abbildung 9):

- Sozioökonomischer Wandel,
- Öffentliche Förderung,
- Bodenökonomie und
- Siedlungsstrukturkonzepte.[116]

Abbildung 9: Ursachen der Flächeninanspruchnahme für Siedlungs- und Verkehrszwecke

Sozio-Ökonomischer Wandel	**Siedlungs-Strukturkonzepte/ Planungsleitbilder**	**Öffentliche Förderung**	**Bodenökonomie Bodenpreisgefälle in der Stadtregion**
Zunahme der spezifischen Flächenansprüche	Wohnen im Eigenheim im Grünen autogerechte Stadt disperse Siedlungsstruktur	Eigenheimbau Straßenbauprogramme Steuerliche Vergünstigung	Fehlen ökologischer Inwertsetzung der endlichen Ressource Bodenfläche im Bodenpreis

Quelle: Dosch, Fabian und Beckmann, Gisela, 2003.

Die sozioökonomischen Veränderungen in Form von gewandelten Produktionsweisen oder des steigenden Wohlstandsniveaus, die sich beispielsweise in der Zunahme von Wohnfläche pro Haushalt bei geringer werdender Haushaltsgröße zeigen, sind mit einem Anstieg der Flächenansprüche für nahezu alle Funktionen (Wohnen, Arbeiten, Versorgung, Bildung, Freizeit, etc.) verbunden. Die höhere Mobilitätsbereitschaft großer Bevölkerungsteile bzw. die verbesserten Möglichkeiten zur Mobilität

[114] vgl. Bundesministerium für Raumordnung, Bauwesen und Städtebau, 1996a, S. 20
[115] vgl. Bundesamt für Bauwesen und Raumordnung, 2000a, S. 38
[116] vgl. Dosch, Fabian und Beckmann, Gisela, 2003

sind diesem Aspekt auch zuzuordnen. Durch öffentliche Förderungen unterschiedlichster Art, bspw. bei Zulagen zur Schaffung von Wohnraum, dem Ausbau der Verkehrsinfrastruktur zur Erhöhung der Raumdurchlässigkeit oder durch steuerliche Vergünstigungen für Berufspendler, werden flächen- und verkehrsaufwendige Siedlungsformen begünstigt. Unterstützt wird dieser Trend durch das Bodenpreisgefälle mit zunehmendem Abstand von Agglomerationszentren.

Für die Regionalplanung ist ein Ansatzpunkt zur Beeinflussung des Flächenverbrauchs die Erstellung von Siedlungsstrukturkonzepten. Mit Siedlungsstrukturkonzepten sollen Zielvorstellungen der zu entwickelnden Siedlungsstruktur erreicht werden. Diese stark abstrahierten Vorstellungen zur Entwicklung sind allgemein gültiger Natur und besitzen noch keinen konkreten Regionsbezug.

In Deutschland hat sich eine dezentrale Anordnung – auch aufgrund der traditionell polyzentrischen Siedlungsentwicklung – von Bevölkerungsschwerpunkten, Strukturen der Wirtschaft und Standorten der Verwaltung als vorteilhaft erwiesen und wird als *Leitbild der Dezentralen Konzentration* in der räumlichen Planung weiter verfolgt, wobei sich zwei unterschiedliche Interpretationen des Begriffes entwickelt haben.[117]

Zum einen wird damit eine Entwicklungskonzeption gekennzeichnet, die für Regionen in ländlichen Räumen eine Konzentration regionaler Potentiale und Entwicklungsaktivitäten auf den größten vorhandenen Zentralen Ort vorsieht. Dazu soll u. a. seine Versorgungsbreite vergrößert werden, um daraus einen Wachstumspol für die Entwicklung des Umlandes zu schaffen. Zum anderen wird darunter eine Entlastungs- und Ordnungskonzeption für große Verdichtungsräume und deren weiteres Umland verstanden. Ausgewählte Zentrale Orte am Rand oder im Umland der Verdichtungsräume sollen als Entlastungsorte fungieren, indem sie kontrolliert Funktionen durch Nutzungsmischung übernehmen und gleichzeitig der siedlungsstrukturellen Dispersion im Umland entgegenwirken. Zur Umsetzung werden mehrere Elemente der räumlichen Planung miteinander verbunden. Dazu zählen:

a) das Zentrale Orte Konzept,

als Konzept zur Verwirklichung der flächendeckenden Versorgung der Bevölkerung mit Dienstleistungen und Gütern, was im Hinblick auf die Zielstellung einer Schaffung gleichwertiger Lebensbedingungen erforderlich ist.[118] Zum anderen wird dem Kon-

[117] vgl. Bundesministerium für Verkehr, Bau- und Wohnungswesen, 2003

[118] Die Bezeichnung „Zentrale Orte-Konzept“ bezieht sich hier immer auf das raumordnungspolitische Konzept, zur Unterscheidung von Christallers Theorie der Zentralen Orte, von der das Konzept abgeleitet wurde.

zept auch eine Entwicklungsfunktion gerecht, da es zu Standortkonzentrationen in den Zentralen Orten kommt. Als Verbindung zwischen Zentralen Orten dienen:

b) Achsen,

auf denen bspw. Verkehrsinfrastruktur gebündelt und räumliche Entwicklung zwischen den Zentren gefördert werden kann. Wachstumswirkungen durch Agglomerationsvorteile und Entlastung der umliegenden Freiräume kennzeichnen die Entwicklung an Achsen und können zu einer

c) kleinräumigen Konzentration,

führen, die in Verbindung mit einer

d) großräumigen Dezentralisierung

zur Entlastung der Verdichtungskerne beiträgt und interregionale Disparitäten ausgleichen soll. Über das Leitbild der dezentralen Konzentration besteht grundsätzlich ein Konsens zwischen den Planungsebenen.

2.4.1 Das Leitbild der dezentralen Konzentration in den verschiedenen Ebenen der räumlichen Planung

Die räumliche Entwicklungsplanung in Deutschland folgt keinem zufälligen, unkoordinierten Zusammentreffen von Einzelentscheidungen zu raumbedeutsamen Maßnahmen, sondern ist, im Rahmen der Subsidiarität eines föderalistischen Bundesstaates, Produkt einer gemeinsamen Entwicklungspolitik unter Mitwirkung aller beteiligten Planungsebenen. Bestandteil der räumlichen Entwicklung ist die Siedlungsstrukturentwicklung, die mit vielen anderen Planungen, die räumlichen Bezug besitzen, eng verbunden ist. Für die räumliche Entwicklung ist es wichtig, die Zielvorstellungen klar zu definieren. Vergleicht man die Siedlungsentwicklung auf internationaler Ebene, so wird schnell deutlich, wie unterschiedlich die zu erreichenden Ziele ausgeprägt sein können. Erkennbar wird dieses Phänomen bspw. in Großbritannien oder Frankreich, wo landesweit betrachtet Bevölkerungsschwerpunkte auf wenige Zentren beschränkt sind. In Deutschland wird hingegen das Konzept einer dezentralen Konzentration verfolgt. Durch die polyzentrale Siedlungsstruktur sind Bevölkerungsschwerpunkte relativ gleichmäßig verteilt. Eine positive Auswirkung ist u. a. die günstige Erreichbarkeit von wichtigen Versorgungs- oder Dienstleistungszentren für große Teile der Bevölkerung.[119]

[119] vgl. Bundesministerium für Raumordnung, Bauwesen und Städtebau, 1996b, S. 13 ff.

2.4.1.1 Leitbilder des Bundes

Auf Ebene der Bundesraumordnung können nur Zielvorstellungen in abstrakter Form formuliert werden. Festlegungen zur räumlichen Entwicklung sind von grundlegender Natur und lassen einen relativ großen Spielraum bei der Umsetzung durch die folgenden Planungsebenen. Es existieren im Vergleich zur Landes- und Regionalplanung weniger Dokumente, die aber längerfristige Zielvorstellungen zur räumlichen Entwicklung beinhalten. Die veränderten Bedingungen an die räumliche Entwicklung nach der Öffnung der Grenzen Osteuropas verlangten nach einer Aufstellung eines an die neuen Anforderungen ausgerichteten Grundsatzdokuments, das 1992 als Raumordnungspolitischer Orientierungsrahmen veröffentlicht wurde. Im Raumordnungspolitischen Orientierungsrahmen werden Handlungsempfehlungen in Form von folgenden fünf Leitbildern gegeben: [120]

- Leitbild Siedlungsstruktur
- Leitbild Umwelt und Raumnutzung
- Leitbild Verkehr
- Leitbild Europa
- Leitbild Ordnung und Entwicklung.

Grundlage war ein Beschluss der Ministerkonferenz für Raumordnung vom November 1992, womit die Bundesländer und der zuständige Minister des Bundes ihr Einverständnis einbrachten.

Leitbilder dienen zur Orientierung, wie ein bestimmter Sollzustand aussehen soll. Dafür wird weder ein Zeitrahmen, noch werden konkrete Maßnahmen festgelegt, die zur Erreichung dieses Zustands Verwendung finden sollen.[121] Leitbilder geben einen Entwicklungszustand an, der mit Mitteln der räumlichen Planung erreichbar ist. Dieser Zustand wird angestrebt, ist aber nicht förmlich rechtsverbindlich. Dazu müssen die Leitbilder ein bestimmtes Maß an Abstraktheit besitzen, um Spielraum für die notwendigen Maßnahmen und den zeitlichen Rahmen zur Zielerreichung zu lassen.

Im Mittelpunkt des Raumordnungspolitischen Orientierungsrahmens steht das Leitbild Siedlungsstruktur, worin als Kernaussage der Ausbau und die Stärkung einer

a) Dezentralen Raum- und Siedlungsstruktur [122]

---

[120] vgl. Raumordnungspolitischer Orientierungsrahmen, S. 1
[121] vgl. Hein, Ekkehard, 1998, S. 196 ff.
[122] vgl. Raumordnungspolitischer Orientierungsrahmen, S. 4

verankert ist. Die Stärkung und Entwicklung eines Netzes Zentraler Orte wird als Grundlage für die Funktionsfähigkeit der Siedlungsstruktur gesehen. Die gleichmäßige räumliche Verteilung der Zentralen Orte höherer Stufe und die Entwicklung von Mittel- und Kleinzentren wird im internationalen Vergleich als vorteilhaft bewertet.

Um städtische Kooperationen zu fördern, die Standortvorteile am besten entfalten zu können, großräumige Infrastruktur besser nutzen zu können und zusätzliche Entwicklungsimpulse geben zu können wird angestrebt, im Rahmen von

b) Städtenetzen,

die Synergieeffekte zu nutzen und auszubauen.[123]

Der zentralen Rolle größerer Stadtregionen bei der regionalen Entwicklung und deren Einfluss auf das gesamte Bundesgebiet steht gegenüber, dass durch die einhergehenden Belastungen ihre Funktionsfähigkeit eingeschränkt werden kann. Als hauptsächliche Belastungen werden der wachsende Individualverkehr, die Beeinträchtigungen der Umweltqualität, Wohnungsengpässe und steigendes Preisniveau genannt.[124] Da bei einer weiteren Zunahme der hohen Belastungen die Standortvorteile der Stadtregionen als gefährdet angesehen werden, soll in bestimmten

c) Stadtregionen

den Überlastungstendenzen entgegengewirkt und Entwicklungsmöglichkeiten ausgebaut werden.[125]

Um Überlastungstendenzen entgegenzuwirken, werden eine Reihe von aufeinander abzustimmender Maßnahmen genannt. Dazu zählen der Ausbau eines regionalen ÖPNV-Verbundes, die Zusammenarbeit von Kernstadt und Umland bei Gewerbegebietsausweisungen, Wohnbaulandbereitstellung, die bessere räumliche Zuordnung von Arbeitsstätten und Wohnbauflächen und die Stärkung der Regionalplanung zur besseren interkommunalen Abstimmung. Die regionale Zusammenarbeit wird als dringende raumordnerische Zukunftsaufgabe formuliert.[126]

Die außerhalb der Verdichtungsgebiete liegenden „ländlichen Räume“ besitzen sehr unterschiedliche Strukturen und Entwicklungssituationen. Diese Kategorisierung ist nicht damit gleichzusetzen, dass es sich hierbei automatisch um strukturschwache Räume handelt. Die Situation des unterschiedlichen Entwicklungsstandes wurde er-

---

[123] vgl. Raumordnungspolitischer Orientierungsrahmen, S. 4
[124] ebenda, S. 6
[125] ebenda, S. 6
[126] ebenda, S. 7

kannt. Regionen mit besonderen Entwicklungsproblemen, die gering verdichtet sind und agglomerationsfern liegen, sollen

- stabilisiert und Entwicklungspotentiale erschlossen werden.[127]

Daraus folgen Konsequenzen bei der Sicherung der Grundversorgung bezüglich niedrigerer Schwellenwerte auf die Auswahl der Förderung und bspw. der Bündelung von Infrastruktur.

Die übrigen Leitbilder Umwelt und Raumnutzung, Verkehr und Ordnung / Sicherheit fügen sich in das Prinzip der dezentralen Konzentration ein. Das Gesamtbild soll sich in einen gesamteuropäischen Rahmen einpassen.

Im Raumordnungspolitischen Handlungsrahmen vom März 1995 empfiehlt die Ministerkonferenz für Raumordnung, die Leitbilder durch konkrete Handlungs- und Aktionsprogramme umzusetzen. Das Leitbild der dezentralen Konzentration wird inhaltlich unterstrichen und eine stärkere Umsetzung gefordert.

2.4.1.2 Landes- und Regionalplanung

Die Landesplanungsbehörden der Bundesländer haben als Kernaufgabe den Rahmen für die Umsetzung der Ziele der Raumordnung in der kommunalen Praxis zu schaffen. Die im Bundesraumordnungsgesetz geforderten Raumordnungspläne für das Landesgebiet[128] haben die Aufgabe, eine übergreifende, koordinierte Konzeption für die Ordnung und Entwicklung des Landes darzustellen.[129] Ziele und Grundsätze der Raumordnung für die Landesentwicklung sind hier festgelegt und sollen umgesetzt werden. Alle raumbedeutsamen Planungen des Landes sind daran auszurichten. Daraus resultiert ein überörtlicher (in Bezug zu den Gemeinden) und ein überfachlicher Charakter (in Bezug zu anderen räumlichen Fachplanungen) der Landesplanung. Fachplanungen und die Belange der Teilräume werden im Gegenstromprinzip aufeinander abgestimmt und in die Gesamtplanung integriert. Dabei muss es in der Betrachtungsweise immer wieder zum „Sprung“ zwischen den Ebenen kommen, wenn es um die Konsensfindung auf regionaler / überregionaler Ebene und auf fachlicher / überfachlicher Ebene geht. Landesplanerische Ziele können zwischen den Bundesländern variieren. Das Bundesraumordnungsgesetz fordert von den Län-

---

[127] vgl. Raumordnungspolitischer Orientierungsrahmen, S. 7

[128] Raumordnungspläne sind nach § 8 des Bundesraumordnungsgesetzes aufzustellen, sofern nicht ein Flächennutzungsplan (in den Stadtstaaten) diese Funktion übernimmt.

[129] vgl. Landesentwicklungsplan Baden-Württemberg 2002, S. 9

dern Festlegungen zur Raumordnung in ihrem Gebiet. Diese Festlegungen sind in den Raumordnungsplänen dargestellt, die regelmäßig fortgeschrieben werden sollen. Bei der Unterschiedlichkeit der Inhalte zwischen den Ländern finden sich jedoch Kernaussagen zur Entwicklung der:

- Siedlungsstruktur,
- Freiraumstruktur und
- Infrastruktur

in allen Plänen wieder.

In Ländern mit mehreren Zentralen Orten oberster Stufe[130] müssen Regionalpläne aufgestellt werden. Diese für Teilräume eines Landes geltenden Pläne sind aus den Plänen für das Landesgebiet zu entwickeln, wobei die Planungen der Gemeinden zu berücksichtigen sind. Grundsätzlich unterscheiden sich die darin enthaltenen Planelemente nicht von denen der Landesplanung. Zu den Pflichtaufgaben der Regionalplanung zählen neben der Steuerung der Siedlungsentwicklung im Wesentlichen die Koordination von Freiraumfunktionen, die Abstimmung räumlicher Fachplanungen sowie Beteiligungsverfahren.[131]

Für die Steuerung einer Siedlungsentwicklung nach dem Prinzip der dezentralen Konzentration hat sich in der Landes- und Regionalplanung das punktaxiale Siedlungskonzept mit verschiedenen Varianten durchgesetzt.[132] Zu den wesentlichen Steuerungselementen zählen Raumkategorien, Zentrale Orte und Achsen.

Raumkategorien werden abgegrenzt, um die Unterschiede der Entwicklungssituation von Teilräumen besser zu berücksichtigen. Das erfolgt durch die Zuweisung zu einer Kategorie unter Beachtung der teilräumlichen Strukturen. Die raumstrukturelle Typisierung erfolgt in Räumen, in denen ähnliche Strukturen und Probleme bestehen bzw. ähnliche Ziele verfolgt werden grundlegend in „Verdichtete Räume“ oder „Ländliche Räume“. Zwischenformen sind möglich und werden praktiziert.

Die geltenden Grundsätze der Raumordnung für die verschiedenen Raumkategorien unterscheiden sich hinsichtlich ihrer Zielvorstellungen. Typische Grundsätze für Verdichtete Gebiete sind die Sicherung als Wohn-, Produktions- und Dienstleistungsschwerpunkt, die Steuerung der Siedlungsentwicklung durch Ausrichtung auf ein in-

[130] Mit mehreren Zentralen Orten oberster Stufe, bzw. deren Verflechtungsbereichen.
[131] vgl. Kistenmacher, Hans, u. a., 1995, S. 15 ff.
[132] ebenda, S. 15

tegriertes Verkehrssystem und durch die Steuerung von Freiräumen oder der Abbau von Umweltbelastungen.[133]

Für eine Grobabgrenzung der Verdichtungsräume existiert eine Empfehlung der Ministerkonferenz für Raumordnung.[134] Danach sollen die Ausprägungen der Merkmale Siedlungsflächenanteil und Siedlungsdichte über dem Bundesdurchschnitt liegen, das Gesamtgebiet eine Mindesteinwohnerzahl von 150 000 aufweisen. Zur Abgrenzung können auch noch weitere Kriterien herangezogen werden. Problematisch ist, eine exakte Grenze zwischen den Raumkategorien zu finden. Besonders im Übergangsbereich zwischen verdichteten und ländlichen Räumen ist eine gemeindescharfe Ausweisung oft nur unbefriedigend realisierbar, da eine Zuordnung sowohl zu der einen als auch zu der anderen Kategorie möglich wäre.

Die Abgrenzung ländlicher Räume stellt sich als weitaus schwieriger dar, da unter diese Kategorie aufgrund des hohen Generalisierungsgrades eine Vielzahl von Räumen fallen kann, die nicht die Kriterien eines verdichteten Raumes erfüllen, aber in ihrer Struktur und den damit verbundenen Entwicklungsproblemen sich stark voneinander unterscheiden können. Ein im Raumordnungsgesetz pauschalisierter Grundsatz ist die Erhaltung bzw. Weiterentwicklung der ländlichen Räume als eigenständige Lebens- und Wirtschaftsräume bspw. durch die Förderung einer ausgewogenen Struktur, die Unterstützung der teilräumlichen Entwicklung durch Zentrale Orte oder die Erhaltung der ökologischen Funktionen.[135]

Die Vorgaben der Landesplanung zur Entwicklung der Raumstruktur müssen genügend Gestaltungsspielraum lassen, um auf regionaler und kommunaler Ebene Konkretisierungen auf die existierenden Erfordernisse zu erlauben.

Die Zentrale Orte-Konzeption[136] ist in der deutschen Landes- und Regionalplanung ein fest verankertes Instrument.

Das Konzept der Zentralen Orte geht sowohl Versorgungs- als auch Entwicklungsaufgaben nach. Ursprünglich wurde das Ziel einer flächendeckenden Versorgung der Bevölkerung mit Gütern und Dienstleistungen in zumutbarer Entfernung verfolgt. Durch die Konzentration von öffentlichen Einrichtungen und die Etablierung als In-

[133] vgl. Turowski, Gerd und Lehmkühler, Gaby, S. 161
[134] Entschließung der Ministerkonferenz für Raumordnung vom 7. September 1993 zur Grobabgrenzung von Verdichtungsräumen.
[135] vgl. Turowski, Gerd und Lehmkühler, Gaby, 1999. S. 162
[136] Wenn hier von Zentralen Orten gesprochen wird, bezieht sich das nicht auf die Zentrale Orte-Theorie von Christaller, sondern auf das Zentrale Orte-Konzept, das als raumordnungspolitisches Konzept in Deutschland etabliert ist.

dustriestandorte wurden Zentralen Orten zunehmend auch Entwicklungsaufgaben übertragen.
Das hierarchische System unterscheidet in Oberzentren, Mittelzentren, Unterzentren und Kleinzentren, die unterschiedliche Versorgungsaufgaben für die Bevölkerung des Ortes und eines Einzugsbereiches wahrnehmen. Die Ausweisung erfolgt in den Raumordnungsplänen der Länder (i. d. R. Oberzentren) und als nachrichtliche Übernahme und Ergänzung in den Regionalplänen (i. d. R. Orte mit niedrigerer Zentralitätsstufe). Die Anzahl der hierarchischen Stufen schwankt in Deutschland zwischen drei und vier. Trotz der Kritik, dass aufgrund der gestiegenen Mobilitätsbereitschaft der Bevölkerung das Nachfrageverhalten eine Änderung erlebte und den traditionellen Ansatz einer eindeutigen Zuordnung zu einem Ort der Nachfrage eines bestimmten Gutes erschwert, wird die Schaffung einer flächendeckenden Versorgungsstruktur als eine Grundlage des Leitbildes der Dezentralen Konzentration in Deutschland gesehen.[137] Die Ausweisung als Zentraler Ort ist verbunden mit Ausstattungsmerkmalen bestimmter öffentlicher Einrichtungen wie Bildungs-, Kultur- und Verwaltungseinrichtungen, die vorhanden bzw. zu entwickeln sind. Neben der Bündelung von Angeboten öffentlicher Einrichtungen nimmt auch die Funktion der Zentralen Orte als Standorte für Industrie und Gewerbe und generell als Zentren regionaler Arbeitsmärkte zu.[138] Die räumliche Konzentration der Siedlungstätigkeit und Ausrichtung auf ein System leistungsfähiger Zentraler Orte ist als ein Grundsatz der Raumordnung im Bundesraumordnungsgesetz verankert.[139] Das Zentrale Orte-Konzept dient damit zur Entwicklung und Stabilisierung von Siedlungsstrukturen.[140]
Achsen stellen ein weiteres wichtiges Steuerungselement der Siedlungsentwicklung dar. Es kann, je nach ihrer Ausprägung, in großräumig bedeutsame und regional bedeutsame Achsen unterschieden werden. Großräumige Achsen sind auf Zentrale Orte höherer Stufe ausgerichtet und werden oft auch als Verbindungsachsen bezeichnet. Sie besitzen vor allem auf nationaler und europäischer Ebene Bedeutung zur Koordinierung der räumlichen Entwicklung. Auch innerhalb der Bundesländer können Entwicklungsachsen Zentren miteinander verbinden. Festlegungen hierzu finden sich in den Raumordnungsplänen für die Landesgebiete. Aufgrund des hohen Maßes an Abstraktheit werden landesweite Achsensysteme aber nicht von allen

[137] vgl. Turowski, Gerd und Lehmkühler, Gaby, 1999, S. 163 f.
[138] vgl. Blotevogel, Hans H., u. a., 2002, S. 17 ff.
[139] vgl. ROG § 2 Abs. 2 Nr. 2
[140] vgl. Domhardt, Hans-Jörg, Geyer, Thomas und Weick, Theophil, 1999, S. 180

Bundesländern als Instrument eingesetzt.[141] Zur Steuerung der Siedlungsentwicklung und der Freiraumsicherung werden Siedlungsachsen gebildet. Dabei handelt es sich um regional bedeutsame Achsen, die durch eine dichte Folge von Siedlungen gekennzeichnet sind und zentrenbezogen ausgerichtet sind. Durch regionale Grünzüge und Grünzäsuren kann eine Gliederung erfolgen, um der Entstehung eines ununterbrochenen Siedlungsbandes entgegenzuwirken. Entlang dieser Achsen wird die Konzentration der Siedlungsentwicklung angestrebt, die dem Bedarf aus Eigenentwicklung und aus Wanderungsbewegungen nachkommt. Eine Bündelung von Verkehrsinfrastruktur oder von Ver- und Entsorgungssystemen ist kennzeichnend.
Neben der Zentralen Orte-Konzeption stellen Achsen das zweite Hauptelement des punktaxialen Systems der räumlichen Entwicklung dar. Festlegungen hierzu werden i. d. R. in den Regionalplänen getroffen.

2.4.1.3 Kommunale Bauleitplanung

Das hauptsächliche Instrument der Siedlungsentwicklung auf dem Gemeindegebiet ist die Bauleitplanung. Aufgrund des im Grundgesetz Art. 28 festgelegten Rechts auf Selbstverwaltung steuern die Gemeinden die Planung ihres Territoriums selbst. Die Bauleitplanung soll eine an den Bedarfsansprüchen gemessene Nutzung des Bodens gewährleisten, die aus der Eigenentwicklung der Gemeinde oder durch Wanderungsgewinne bzw. der Ansiedlung von Gewerbestandorten resultieren können. Die Bauleitplanung soll dabei nicht den Zielen und Grundsätzen der Landes- bzw. Regionalplanung widersprechen, bei deren Aufstellung sie durch das im Bundesraumordnungsgesetz verankerten Gegenstromprinzip des Zusammenwirkens der verschiedenen Ebenen der Planung beteiligt waren.[142] Eine wesentliche Aufgabe ist, zu der Umsetzung der Zielvorstellungen beizutragen, da räumliche Planungen zum überwiegenden Teil auf Flächen stattfinden, die durch die kommunale Bauleitplanung ausgewiesen wurden bzw. durch die Planungen das Territorium einer Gemeinde berührt wird. Die Landes- und Regionalplanung ist damit auf die Mitwirkung der Bauleitplanung angewiesen, um ihre Ziele umsetzen zu können.[143]

[141] vgl. Heinrichs, Bernhard, 1999, S. 223
[142] vgl. Korda, Martin , u. a., 1999, S. 169 ff.
[143] vgl. Enßlin, Rainald, 1999, S. 274 ff.

Die Aufgaben der Bauleitplanung für die Entwicklung der Gemeinden werden durch die Funktionen beeinflusst, die aus den Beanspruchungen durch Wohnen, Arbeiten, Freizeit und Erholung, Bildung sowie Versorgung resultieren.[144]
Trotz gemeinsamer Erarbeitung einer angestrebten Situation der Siedlungsstruktur kommt es zwischen Landes- und Regionalplanung und der Bauleitplanung zu Konflikten, da überörtliche und überfachliche Interessen oft mit lokalen Interessen konkurrieren. Wird von der Regionalplanung ein punktaxiales System der Siedlungsentwicklung angestrebt, ist damit der Versuch einer Konzentration der Siedlungsentwicklung entlang der Achsen verbunden. Hier sollen Flächenausweisungen für den Bedarf aus Eigenentwicklung und durch Wanderungsgewinne konzentriert werden, wobei das Einschränkungen für Gemeinden bedeuten kann, die in den Achsenzwischenräumen liegen, aber Interesse an Flächenausweisungen in einem Umfang besitzen, der über dem durch die Regionalplanung „gewährten" Bedarf an Fläche für die Eigenentwicklung liegt.
Dieses Bestreben ist nachvollziehbar, weil mit der Ausweisung von Flächen bspw. der Anstieg von gemeindlichen Steuereinnahmen,[145] lokale Bodenpreiszuwächse[146] oder die Steigerung anderer, mit einem Einwohnerzuwachs verbundener Schlüsselzuweisungen[147] erhofft werden. Solange die finanzielle Situation der Gemeinden im Wesentlichen von Gewerbe- und Einkommenssteuereinnahmen abhängig ist, wird der Versuch ungebrochen bleiben, diese Einnahmequellen auszubauen. Der Weg dahin liegt am einfachsten in der Ausweisung von Bauland durch die Gemeinden. Damit werden Anreize zur Ansiedlung Steuerpflichtiger geschaffen. Der Effekt der Wertsteigerung von Flächen nach einer Ausweisung zu Bauland, wohinter nicht selten auch andere (nicht gemeindliche) Interessendurchsetzungen zu vermuten sind, soll hier nur erwähnt werden. Fälle umgekehrter Art sind auch bekannt, bei denen Gemeinden von der Regionalplanung vorgesehene raumbedeutsame Planungen und Maßnahmen von ihrem Territorium abwenden wollen.

[144] vgl. Korda, Martin, 1999, S. 173

[145] Zu den wichtigsten Steuereinnahmen der Gemeinden zählen die Einnahmen aus der Gewerbesteuer, dem Gemeindeanteil der Einkommenssteuer und den Grundsteuern, wobei direkte Zusammenhänge zu Flächeninanspruchnahme, Gewerbeansiedlung und Einwohnerzuwachs erkennbar sind. Zusätzliche Flächenausweisung lässt auf Inanspruchnahme und in Folge dessen auf Steuermehreinnahmen hoffen.

[146] Die Steigerung des Grundstückswertes nach einer Ausweisung als Bauland (unter Beachtung der meist subventionierten Erschließungskosten) impliziert immer, dass die lokalen Einzelinteressen der Grundstückseigentümer (und / oder der Gemeinde) vor regionalen Interessen stehen.

[147] Hier seien bspw. die Staffelung der Besoldung der Bürgermeister in Abhängigkeit zur Einwohnerzahl oder die Kommunale Investitionspauschale, die sich ebenfalls an der Einwohnerzahl der Gemeinden orientiert, genannt.

Bauleitpläne sind der Flächennutzungsplan (vorbereitender Bauleitplan) und der Bebauungsplan (verbindlicher Bauleitplan). Der Flächennutzungsplan ist darauf ausgerichtet, eine zukünftige Bodennutzung in den Grundzügen darzustellen, die den Bedürfnissen der Gemeinde entspricht. Er stellt eine zusammenfassende räumliche Planung auf örtlicher Ebene dar, in der Entwicklungsziele bezüglich der Bodennutzung beinhaltet sind.[148] Der Flächennutzungsplan umfasst das gesamte Gemeindegebiet. Vorgaben von übergeordneter Ebene der räumlichen Planung werden aufgegriffen und sollen zur Umsetzung gebracht werden. Bei der Erarbeitung müssen die Flächennutzungspläne benachbarter Gemeinden aufeinander abgestimmt werden. In Verflechtungsbereichen ist auch die Aufstellung gemeinsamer Pläne möglich. Der Planungshorizont beträgt 10 bis 15 Jahre. Der Flächennutzungsplan stellt eine planerische Leitlinie dar und muss flexibel genug sein, um auf veränderte Entwicklungsbedingungen reagieren zu können. Alle Festsetzungen beziehen sich auf die Art der Bodennutzung, sind aber nicht für Dritte rechtsverbindlich. Sie lassen einen Spielraum, der durch die Bebauungspläne konkretisiert wird. Bebauungspläne werden aus dem Flächennutzungsplan für Teilgebiete der Gemeinden entwickelt. Die hier festgelegten konkreten Zielstellungen beeinflussen die Ausprägung und das Erscheinungsbild der Bebauung im Geltungsbereich. Sind nach § 30 Abs. 1 BauGB in Bebauungsplänen mindestens Festsetzungen über die Art und das Maß der baulichen Nutzung, die überbaubaren Grundstücksflächen und die örtlichen Verkehrsflächen enthalten, so handelt es sich um einen qualifizierten Bebauungsplan. In diesem Fall stellt er die rechtsverbindliche Grundlage für die bauplanungsrechtliche Zulässigkeit von Vorhaben für seinen Geltungsbereich dar.[149] Werden im Bebauungsplan nicht zu allen diesen Punkten Festlegungen getroffen, richtet sich die Zulässigkeit von Vorhaben nach den §§ 34 und 35 des BauGB. Einfluss auf die Siedlungsstrukturentwicklung durch Neuinanspruchnahme von Baufläche besteht auch hier. Durch die historische Entwicklung von Gemeinden gibt es einzelne Gebäude oder Gebäudegruppen auch im Außenbereich von Gemeinden, zu denen erkennbare Siedlungszusammenhänge bestehen. Durch die im § 34 BauGB geregelte Einbeziehung einzelner bebauter Außenbereichsflächen kann das Bauen in einem im Zusammenhang bebauten Ortsteil zulässig sein. Entsprechende Festlegungen im Flächennutzungsplan werden vorausgesetzt.

[148] vgl. Korda, Martin, 1999, S. 178
[149] ebenda, S. 186

Grundsätzlich soll der Außenbereich vor allem der Naherholung, der Landwirtschaft und dem klimatischen und ökologischen Ausgleich für die bebauten Gebiete dienen.[150] Die Zulässigkeit einer Bebauung ist stark eingeschränkt und durch § 35 BauGB geregelt. Die Ausführungen in diesem Paragraphen sind ausführlich, da das Bauen und Wohnen in landschaftlich begünstigter Lage im Außenbereich als attraktiv gilt. Zur Prüfung der Zulässigkeit bleibt ein Ermessensspielraum zum Treffen von Einzelentscheidungen auf lokaler Ebene. Nachbargemeinden werden von den Festlegungen im Bebauungsplan benachrichtigt. Grundsätzliche Fragen sollten bereits bei der Erarbeitung des Flächennutzungsplanes geklärt werden.
Bebauungspläne werden als Satzung verabschiedet und sind somit als kommunales Gesetzeswerk rechtsverbindlich. Wird dem Bebauungsplan ein Grünordnungsplan beigefügt, erlangt auch dieser Rechtskraft.

2.4.2 Zur Leitbildumsetzung und Trends der Raumentwicklung

Die Vorteile einer Entwicklung nach dem Leitbild der Dezentralen Konzentration sind in Deutschland spätestens seit der Zustimmung des Raumordnungspolitischen Orientierungsrahmens durch die Ministerkonferenz für Raumordnung 1992 als Zielvorstellung manifestiert. Die Entlastung der Verdichtungsräume durch Funktionsübertragung in das Umland und die Konzentration der Entwicklung auf bestimmte Punkte im Umland sollen durch eine leitbildorientierte Steuerung der Siedlungsentwicklung erfolgen. Da Raumentwicklungspolitik eine Vielzahl von zu verfolgenden Zielen beinhaltet, kommt es schnell zu Konflikten bei konkurrierenden Zielen.
Die Bevölkerungs- und Siedlungsentwicklung folgt in den Agglomerationsräumen der westlichen Bundesländer Deutschlands nach Einschätzung des Raumordnungsberichts 2000 [151] auch weiterhin einem Dekonzentrationsprozess, sowohl im „großen als auch im kleinen Maßstab“,[152] unabhängig davon, ob es sich um einen polyzentrischen oder monozentrischen Agglomerationsraum handelt.
Die Siedlungsflächeninanspruchnahme am Rande von Verdichtungsräumen und der Verlust an Bevölkerung zu Gunsten des Umlandes folgt im Ansatz scheinbar dem

[150] ebenda, 1999, S. 211
[151] vgl. Bundesamt für Bauwesen und Raumordnung, 2000a, S. 188
[152] Es wird in genannter Quelle nach östlichen und westlichen Bundesländern unterschieden, weil davon ausgegangen wird, dass sich in den östlichen Bundesländern die Bevölkerungsabnahme fortsetzt und ein Prozess der „nachholenden Suburbanisierung“ stattfindet, wobei die Kernstädte Bevölkerung zugunsten des Umlandes verlieren.

gewünschten Leitbild, erreicht aber nicht die angestrebte Wirksamkeit, da durch fehlende (dezentrale) Konzentration die Dispersion (und die räumlichen Interaktionen) zunimmt. Bei der Umsetzung einer Siedlungsstruktur der Dezentralen Konzentration kann eine Entwicklung mit der Tendenz zur Desurbanisierung im ungewollten Maße eintreten. Die Ausweisung von Flächen zur Bebauung erfolgt zwar an den Rändern der Agglomeration, aber oft nicht an den von der Regionalplanung gewünschten Entwicklungsachsen oder den vorgesehenen Siedlungsschwerpunkten. Die Regionalplanung ist bei Flächenausweisungen auf die Kooperation mit der Bauleitplanung angewiesen. Vielerorts wird zur Umsetzung der dezentralen Konzentration das Ziel verfolgt, in den Achsenzwischenräumen nur Flächenausweisungen für den Bedarf der Eigenentwicklung der Gemeinden zuzulassen. Die in den Regionalplänen aufgestellten Ziele für die Siedlungsentwicklung der Region, bei deren Erstellung die Gemeinden zwar beteiligt waren, aber sich offenbar nur unzureichend gebunden fühlen, erscheinen bei der Abwägung zwischen miteinander konkurrierenden Zielen der gemeindlichen Entwicklung nur nachgeordnet. Ungewollte Entwicklungen (aus Sicht der übergeordneten räumlichen Planungsträger) von Agglomerationsräumen sind häufig auf die untereinander unkoordinierte Siedlungsflächenentwicklung der Umlandgemeinden zurückzuführen.[153]

Die Entwicklung der Bevölkerungszahlen folgt für das Gebiet der Bundesrepublik Deutschland seit 1980 einem leicht steigenden Trend. Das Bundesamt für Bauwesen und Raumordnung hat u. a. zu diesem Zweck Analyseeinheiten definiert, um eine vergleichbare Gegenüberstellung auf kleinräumigerer Basis zu ermöglichen.[154] Um den Vergleich großräumiger Entwicklungstendenzen zu gestatten, wird hier zunächst, ausgehend von der zentralörtlichen Bedeutung und der Einwohnerdichte, eine Einteilung in *Agglomerationsräume*, *Verstädterte Räume* und *Ländliche Räume* vorgenommen. Innerhalb dieser Analyseregionen erfolgt eine Typisierung in siedlungsstrukturelle Kreistypen nach dem Kriterium der Bevölkerungsdichte, um einen intraregionalen Vergleich zu ermöglichen. Eine Zuordnung der Kreistypen zu den Regionstypen lässt Rückschlüsse zu, dass die Entwicklung in den Kreisen auch von der Entwicklung der Regionen abhängig ist, in der sie sich befinden.

[153] vgl. Kahnert, Rainer, 1998, S. 519
[154] vgl. Bundesamt für Bauwesen und Raumordnung, 2002; S. 2 ff.

In Tabelle IX ist die Bevölkerungsentwicklung nach Kreistypen differenziert für die Bundesrepublik Deutschland im Zeitraum von 1980 bis 2000 dargestellt und es wurde eine Unterscheidung nach Alten Ländern und Neuen Ländern vorgenommen.

Tabelle IX: Bevölkerungsentwicklung in den Siedlungsstrukturellen Gebietstypen der Bundesrepublik Deutschland von 1980 bis 2000 (Alte Länder ohne Berlin)

Raumbezug	Bevölkerungsentwicklung in % von 1980 - 2000		
	Bundesrepublik	Alte Länder	Neue Länder
Gesamt	**4,9**	**8,8**	**-7,5**
Agglomerationsräume	**4,9**	**6,5**	**-1,3**
Kernstädte	-0,7	-1,4	1,4
Hochverdichtete Kreise	11,2	11,8	-13,5
Verdichtete Kreise	8,9	15,4	-12,9
Ländliche Kreise	8,8	17,7	2,7
Verstädterte Räume	**5,5**	**11,5**	**-13,4**
Kernstädte	-4,6	1,1	-16,7
Verdichtete Kreise	8,3	13,5	-15,2
Ländliche Kreise	6,8	13,8	-9,4
Ländliche Räume	**3,4**	**11,9**	**-10,9**
Ländliche Kreise höherer Dichte	6,9	13,1	-11,1
Ländliche Kreise geringerer Dichte	-1,4	9,3	-10,7

Quelle: Bundesamt für Bauwesen und Raumordnung 2002.

Für den Gesamtraum der Bundesrepublik gilt der Trend, dass Agglomerationsräume und Verstädterte Räume stärker als Ländliche Räume an Bevölkerung gewonnen haben. Jedoch haben die Kernstädte beider Regionstypen einen Bevölkerungsverlust zu verzeichnen. Die Bevölkerungszunahme geht zu Gunsten der hochverdichteten und verdichteten Kreise im Umland der Kernstädte, was auf einen anhaltenden Dekonzentrationsprozess schließen lässt.[155] Aussagen für den Gesamtraum der Bundesrepublik sind jedoch nur bedingt repräsentativ, da in diesen Zeitraum die Wiedervereinigung fällt, was in den Neuen Bundesländern zu einer völlig neuen Situation bei der Bevölkerungsentwicklung führte. Neben den Bevölkerungsverlusten aus einer negativen natürlichen Entwicklung und einer negativen Binnenwanderungsbilanz kommen veränderte Gebietsstände z. B. durch Eingemeindungen hinzu. Agglomerationsräume sind hier augenscheinlich am wenigsten vom Bevölkerungsrückgang betroffen. Der Zuwachs der Kernstädte ist nicht zuletzt auf die o. g. Gebietsstandsänderungen zurückzuführen und kann deshalb nicht zur Ableitung eines eindeutigen Trends herangezogen werden. Die Änderung der räumlichen Entwicklungs-

[155] ebenda, S. 3 ff.

ziele von einer Förderung der Kernstadtentwicklung[156] in der DDR zu einer Förderung des Eigenheimbaues[157] und die Stärkung der ländlichen Räume erschwert die Ableitung eines Entwicklungstrends auf dieser zeitlichen und räumlichen Ebene. Es ist jedoch die Tendenz zur erkennen, dass ländliche Kreise weniger Bevölkerungsverluste als die höher verdichteten Kreise verzeichnen. Die Betrachtung der Entwicklung in den Alten Bundesländern lässt einen Bevölkerungszuwachs in allen Regionstypen erkennen, wobei verstädterte und Ländliche Räume den größten Anteil am Wachstum verzeichnen können. Daran ist ein Dekonzentrationsprozess zu erkennen. Aber auch innerhalb der stärker verdichteten Regionstypen ist eine Tendenz zur Dekonzentration erkennbar. Die Kernstädte der Agglomerationsräume verlieren zu Gunsten der angrenzenden Kreise, wobei mit der Abnahme des Verdichtungsgrades der relative Bevölkerungszuwachs steigt. Ein ähnliches Bild weisen verstädterte Räume auf. Die Kernstädte verzeichnen deutlich geringere Bevölkerungszuwächse als die verdichteten oder ländlichen Kreise.

Tendenziell lässt sich für die Alten Bundesländer feststellen, dass insbesondere die ländlichen Kreise aller Regionstypen einem starken Zuwachs unterliegen, während lediglich die Kernstädte der Agglomerationsräume einem Bevölkerungsrückgang unterworfen sind. Abzulesen ist hier der eindeutige Trend zur Dekonzentration. Zu hinterfragen bleibt, ob es sich um eine Entwicklung nach dem Leitbild der dezentralen Konzentration handelt oder ob eine weitere Desurbanisierung stattfindet.

Die starke Entwicklung der ländlichen Kreise ist nicht zuletzt auf die Eigenständigkeit und -verantwortung der Gemeinden zurückzuführen, die durch die föderalistische Prägung des deutschen Staatsaufbaus gesichert ist und eine autoritäre Leitbildumsetzung der höheren Planungsgewalt ausschließt. Die Umsetzung von Leitbildern zur räumlichen Entwicklung muss auf die Akzeptanz der Gemeinden ebenso wie auf die der siedlungswilligen Akteure setzen.

Kooperationen von Gemeinden bei der Ausweisung von Flächen sind bekannt und werden bereits praktiziert. Um bei der Auswahl von geeigneten Flächen zur Bebauung die Akzeptanz durch die Nachfragerseite möglichst zu maximieren, müssen Informationen gewonnen werden, welche Standorteigenschaften als „attraktiv" gelten. Mit dem Wissen darüber, was bei der Standortwahl als wichtig bewertet wird, kann

[156] Auch bedingt durch niedrige Anteile des Individualverkehrs am Modal Split und einer geringeren Eigenheimquote.

[157] Oft außerhalb der bis dahin existierenden Wohnbauflächen, was durch einen starken Anstieg der Mobilitätsraten begünstigt wurde.

bei der Festlegung von Siedlungsschwerpunkten und bei der Auswahl von Flächen eine Entscheidung erfolgen, die einem tatsächlichen Anspruch der Akteure folgen kann.
Siedlungsstrukturelle Dekonzentrationen sollen hinsichtlich der Inanspruchnahme von Flächen weiter untersucht werden. Dazu soll ein Untersuchungsraum ausgewählt werden, in dem dieser Prozess erkennbar ist und Ableitungen zu Erklärungshypothesen getroffen werden können.

2.5 Zielsetzungen der Gemeinden bei der Siedlungsflächenausweisung

Beim Prozess der Siedlungsentwicklung ist eine Vielzahl von Akteuren beteiligt. Bund und die Länder setzen die finanzpolitischen und rechtlichen Rahmenbedingungen und werden deshalb auch als Regelungsebene bezeichnet. Als Planungsebene verantworten die Länder die Regionalplanung, und die Gemeinden stellen die Flächennutzungs- und Bebauungspläne auf. Auf der Vollzugsebene bestimmen neben den Planungs- und Genehmigungsbehörden maßgeblich private Investoren die tatsächliche Neuinanspruchnahme von Flächen.[158] Vielerorts ist die Handlungsfähigkeit der Gemeinden durch finanzielle Engpässe stark eingeschränkt. Einen Ausweg daraus suchen die Gemeinden im Wohnungsbau,[159] der bei der Betrachtung im Folgenden eine besondere Berücksichtigung finden soll.

Nachdem auf einige der wichtigsten Instrumente bei der Siedlungsentwicklung eingegangen wurde soll nun die Akteure der Vollzugsebene eingegangen werden. Bei der Inanspruchnahme von Siedlungsflächen im Zuge der Siedlungsentwicklung spielen zwei Akteure eine grundlegende Rolle:

- die Bereitstellenden von Siedlungsfläche und
- die Nachfragenden von Siedlungsfläche.

Nachfrager- und Angebotsseite sollten dabei in einem ausgewogenen Verhältnis stehen, was in der tatsächlichen Praxis oft den Ausnahmefall darstellt.

Zunächst soll hier auf die Seite der Bereitsteller von Siedlungsflächen eingegangen werden. Natürlich ist dem vorausgesetzt, dass „bebaubare“ Flächen vorhanden sind

158 vgl. Deutscher Bundestag, 2004
159 vgl. Schmalstieg, Herbert, 2004

und der Eigentümer diese einer solchen Nutzung zuführen möchte. Bevor eine Fläche bebaut werden kann, muss der rechtliche Rahmen dafür geschaffen werden, was dem Eigentümer einer Fläche das Recht verschafft seine Fläche zu bebauen, was ihm anderenfalls verweigert bleibt. Da jede Bodennutzung i. d. R. auf dem Territorium einer Gemeinde stattfindet und die aufgrund ihres im Grundgesetz verankerten Rechts zur Selbstverwaltung die dortige Planungshoheit ausübt. Wie die kommunale Bauleitplanung sich in das System der räumlichen Planung einfügt wurde bereits beschrieben und auch, welche Grundsätze und Ziele existieren und wie sie zu beachten und zu berücksichtigen sind. Mit dem Ziel der Schaffung des Baurechts einer bestimmten Fläche auf dem Gebiet der Gemeinde. Das rechtliche Instrument ist dazu ist die bereits beschriebene Bauleitplanung. Dabei folgen die Gemeinden nicht immer den im regionalen Raumordnungsplan festgelegten und regionalplanerischen überörtlichen, überregionalen und zusammenfassenden Planungsleitbilden. Grund dafür ist eine Reihe von „Zwängen", denen die Gemeinden unterliegen und die bereits angeschnitten wurden. Der interkommunale Wettbewerb um Steuerzahler und Arbeitsplätze betrifft nahezu jede Gemeinde und hat Konsequenzen auf die Flächenausweisungen. Dabei wird oft von den Gegnern der Flächenausweisungspolitik bemängelt, dass Folgekosten der Flächenausweisung nur zum Teil den ausweisenden Gemeinden anrechenbar gemacht werden können. Einer zügellosen Neuausweisung von Flächen stehen neben dem regionalen Raumordnungsplan auch eine Reihe von Festlegungen in Bundesgesetzen gegenüber, deren Umsetzung allerdings oft Interpretationsspielraum lässt und eine strikte Durchsetzung bzw. Überprüfung erschwert wird. Einige solcher, die Flächenausweisung betreffenden Vorgaben des Baugesetzbuches und des Bundesraumordnungsgesetzes sind:[160]

- § 1 Abs. 5 Ziff. 4 Baugesetzbuch: Bei der Aufstellung der Bauleitpläne sind insbesondere zu berücksichtigten ... gemäß § 1a die Belange des Umweltschutzes - auch durch die Nutzung erneuerbarer Energien-, des Naturschutzes und der Landschaftspflege, insbesondere des Naturhaushalts, des Wassers, der Luft und des Bodens einschließlich seiner Rohstoffvorkommen, sowie das Klima.
- § 1a Abs. 1 Baugesetzbuch: Mit Grund und Boden soll sparsam und schonend umgegangen werden, dabei sind Bodenversiegelungen auf das notwendige Maß zu begrenzen.

[160] vgl. Landesnaturschutzverband Baden-Württemberg, 2002

- § 1a Abs. 2 Ziff. 3 Baugesetzbuch: In der Abwägung nach § 1 Abs. 6 (Abwägung bei der Aufstellung der Bauleitpläne) sind auch zu berücksichtigen ... die Vermeidung und der Ausgleich der zu erwartenden Eingriffe in Natur und Landschaft (Eingriffsregelung nach dem Bundesnaturschutzgesetz).
- § 2 Abs. 1 Raumordnungsgesetz: Die Grundsätze der Raumordnung sind im Sinne der Leitvorstellung einer nachhaltigen Raumentwicklung nach § 1 Abs. 2 (Inhalte der Leitvorstellung) anzuwenden.
- § 2 Abs. 2 Ziff. 2 Raumordnungsgesetz: Grundsätze der Raumordnung sind: ... Die dezentrale Siedlungsstruktur des Gesamtraums mit ihrer Vielzahl leistungsfähiger Zentren und Stadtregionen ist zu erhalten. Die Siedlungstätigkeit ist räumlich zu konzentrieren und auf ein System leistungsfähiger Zentraler Orte auszurichten. Der Wiedernutzung brachgefallener Siedlungsflächen ist der Vorrang vor der Inanspruchnahme von Freiflächen zu geben.
- § 2 Abs. 2 Ziff. 12, Satz 3 Raumordnungsgesetz: Die Siedlungsentwicklung ist durch Zuordnung und Mischung der unterschiedlichen Raumnutzungen so zu gestalten, dass die Verkehrsbelastung verringert und zusätzlicher Verkehr vermieden wird.

Die konsequente Umsetzung dieser Paragraphen würden zwar einen sparsamen Umgang mit der endlichen Ressource Boden mit sich bringen, ist aber nicht zuletzt aufgrund der verlorenen Steuereinnahmen von potenziellen Nachfragern neu ausgewiesener Flächen im gegenwärtig praktizierten System der Steueraufteilung nur ansatzweise durchsetzbar.

Kommunalen Zielsetzungen im Zusammenhang mit der Bereitstellung von Bauland lassen sich in fünf Handlungsfelder klassifizieren:[161]

- regionale Aspekte,
- städtebauliche Aspekte,
- sozialpolitische Aspekte,
- wirtschaftliche Aspekte und
- umweltpolitische Aspekte.

[161] vgl.: Institut für Landes- und Stadtentwicklungsforschung des Landes Nordrhein-Westfalen, 2003, S. 46 ff.

Regionale Aspekte bedeutet, dass Maßnahen Einfluss auf die Konkurrenz zwischen den Kommunen bzw. auf die kommunale Zusammenarbeit haben. Unter städtebaulichen Aspekten sind Maßnahmen zu verstehen, die beispielsweise auf die Auslastung der vorhandenen Infrastruktur, der Vermeidung von sozialer Segregation oder der Verbesserung der Verzahnung zwischen Wohnen und Arbeiten abzielen. Sozialpolitische Aspekte sind mit der Zielsetzung, beispielsweise, einer Verminderung der Einwohnerzahl durch die Schaffung von Bauland entgegenzuwirken, das für bestimmte Zielgruppen besonders geeignet ist, gerichtet. Solche Maßnahmen können die Bereitstellung von Bauland für Familien oder die Förderung des sozialen Wohnungsbaus sein. Als umweltpolitische Aspekte gelten Maßnahmen die der Schließung von Baulücken, der Mobilisierung von Brachen aber auch der Senkung des Pendleranteils gerecht werden. Unter wirtschaftlichen Aspekten sind Maßnahmen zusammengefasst, die i) die Finanzkraft der Gemeinden nicht verringern sollen, ii) zur Sicherung und Schaffung von Arbeitsplätzen beitragen und iii) einen funktionierende Wettbewerb auf dem Grundstücksmarkt herstellen sollen.

Die Unterscheidung dieser Handlungsfelder voneinander ist in der Praxis oft nur schwer möglich, da sie sich in Teilbereichen überschneiden, ineinander greifen und sich durch Synergieeffekte gegenseitig verstärken. In der Regel liegen wirtschaftliche Gesichtspunkte allen Handlungsfeldern zugrunde. So sollen die fiskalischen Aspekte bei der Baulandausweisung im Folgenden vordergründig beleuchtet werden.

Schaffung von Baurecht auf einer bestimmten Fläche kommt über die Wertsteigerung der betroffenen bzw. angrenzender Flächen nicht nur dem Eigentümer zu Gute sondern ist oft ein Instrument der Gemeinden mit dem Ziel der Konsolidierung des Gemeindehaushalts. Um diesen Zusammenhang deutlicher herausstellen zu können ist es notwendig, an dieser Stelle einen kurzen Überblick über die Finanzierung der Gemeinden zu geben. Um die selbstständige Arbeit einer Gemeinde und die damit verbundenen unabhängigen politischen Entscheidungen realisieren zu können, besitzen Gemeinden eigene Finanzmittel, für die ein Haushaltsplan verabschiedet wird. So ist ein Arbeits- und Wirtschaftsplan gegeben, in dem festgelegt wird, wie die Gemeinde ihr Geld investieren will. Verfügt eine Gemeinde über genügend Kapital, so kann sie selbst entscheiden, wie das Kapital verwendet werden soll, So kann eine Gemeinde auch – sofern der oben beschriebene rechtliche Rahmen geschaffen wird

– beschließen, neue Baugebiete zu erschließen. Im Haushaltsplan werden die Einnahmen und Ausgaben für das nächste Jahr festgelegt, der in einen Verwaltungs- und Vermögenshaushalt unterteilt ist. Regelmäßig wiederkehrende Belastungen aber auch Steuereinnahmen sind im Verwaltungshaushalt eingeplant. Investitionen, Kreditaufnahmen aber auch Überschüsse aus dem Verwaltungshaushalt oder Immobilienbesitz werden dem Vermögenshaushalt zugeordnet. Der Haushaltsausgleich gehört zu den wesentlichen Grundsätzen einer kommunalen Finanzplanung. Es stellt den Ausnahmefall dar, dass eine Gemeinde über solch hohe Einkünfte verfügt um alle ihre Wünsche erfüllen zu können. Deshalb ist es notwendig, Kompromisse bei der Realisierung von Vorhaben einzugehen. Das Ziel einen ausgeglichenen Haushalt zu erreichen ist für viele Gemeinden nicht möglich, da die Ausgabenseite die Einnahmenseite übertrifft. Es kommt daher zu Finanzierungslücken in den Haushaltsplänen, die teilweise durch Geldaufnahme am Kreditmarkt geschlossen werden müssen.[162] Gemeinden sind deshalb immer bestrebt, ihre Einnahmen zu erhöhen. Diese kommen aus:

- Einkünften aus Steuern,
- den allgemeinen, nicht projektgebundenen Zuweisungen aus dem kommunalen Finanzausgleich und aus dem Kraftfahrzeugsteuerverbund,
- den gezielten, projektgebundenen Zuweisungen des Landes, vornehmlich für kommunale Bauvorhaben und
- Einkünften aus Gebühren und Beiträgen.

Einkünfte aus Steuern bilden den Hauptanteil der Einnahmen und können aus eigenen Steuern der Gemeinden und aus Anteilen an Steuern, die zu den Gemeinden fließen, resultieren. Wichtige eigene Steuern sind die Grundsteuer, die auf Immobilenbesitz erhoben wird und die Gewerbesteuer. Diese Steuerarten werden als Realsteuern bezeichnet und der jeweilige Gemeinderat kann Einfluss darauf durch die Festlegung unterschiedlicher Hebesätze ausüben. Nach Abschaffung der Gewerbekapitalsteuer zum 1. Januar 1998 wird nur noch die Gewerbeertragssteuer erhoben, die aus dem Gewinn des Gewerbebetriebes errechnet wird. So sind die Gemeinden

[162] Die Kämmereischulden der Gemeinden und Gemeindeverbände in Baden-Württemberg (ohne Eigenbetriebe, Zweckverbände und private Unternehmen in kommunalem Besitz) beliefen sich Ende 2000 aus 7,57 Milliarden Euro. Das entspricht einer durchschnittlichen Verschuldung aller Gemeinden und Gemeindeverbände in Höhe von 721 Euro je Einwohner. (Quelle: Landeszentrale für politische Bildung, 2004)

bestrebt, Einnahmen aus dieser Steuer zu erzielen, indem die Ansiedlung von gewerblichen Unternehmen auf ihrem Gebiet gefördert wird. Die Gemeinden haben so neben den Beschäftigungseffekten einen Nutzen bei den mit einer Gewebeansiedlung oft verbundenen Beeinträchtigungen, die den Betroffenen in den Gemeinden sonst nur schwer vermittelbar wären. Damit ist aber eine stark konjunkturanhängige Steuer gegeben, die den Gemeinden wenig Planungssicherheit einräumt. Um einen Ausgleich dazu herzustellen wurde durch das Gemeindefinanzreformgesetz von 1969 eine wohnsitzbezogenen Steuerquelle geschaffen, indem die Gemeinden einen Anteil der Lohn- und Einkommenssteuern bekommen, die sie im Auftrag des Bundes und der Länder erheben müssen. Im Gegenzug haben die Gemeinden Teile der Gewerbesteuer an Bund und Land abzuführen. In Baden-Württemberg sieht die Regelung vor, dass in dreijährigen Abständen der Anteil durch das Statistische Landesamt neu berechnet wird. Die Situation der letzten Jahre in Baden-Württemberg ist dabei von Verlusten in den Großstädten zugunsten der Umlandgemeinden gekennzeichnet. Gewerbesteuer und der Anteil an der Einkommenssteuer stellen den Hauptanteil der Steuereinnahmen dar, können aber zwischen den Gemeinden erheblich unterschiedlich sein.

Die Zuweisungen des Landes sollen ermöglichen, dass die Gemeinden des Landes ihre Aufgaben in vergleichbarer Art und Weise erledigen können und der bereits beschriebenen Aufgabe zur Schaffung vergleichbarer Lebensbedingungen nachgegangen werden kann. Zuweisungen können allgemeiner Natur sein, d. h. nicht projektgebunden. Neben den Anteilen der Einkommenssteuer und Körperschaftssteuer, der Umsatzsteuer, der Gewerbesteuerumlage und Einnahmen bzw. Ausgaben des Länderfinanzausgleichs stellt das Land für Straßenbau und ÖPNV Mittel zur Verfügung, die als Schlüsselzuweisungen nach Einwohnerzahl und nach „mangelnder Steuerkraft" verteilt werden. Die andere Art sind finanzielle Mittel, gezielt und projektgebunden – vornehmlich für kommunale Bauvorhaben – genutzt werden. So können diese Mittel als Steuerungsinstrument des Landes verstanden werden, indem Einfluss auf die Haushaltsentscheidungen der Gemeinden über deren notwendigen Eigenanteil der Finanzierung genommen werden kann.

Neben Steuern und Zuweisungen zählen Gebühren und Beiträge zu den Einnahmen. Während Gebühren für die tatsächlich erbrachten Leitungen erhoben werden, können Beiträge schob für die Bereitstellung verlangt werden. Im hoheitlichen Bereich (Abwasser, Abfall) dürfen dabei jedoch keine Gewinne gemacht werden.

Andere Steuern wie Hundesteuer oder Vergnügungssteuer machen in ihrer Gesamtheit einen unbedeutend geringen Anteil aus und haben mehr eine ordnungspolitische als eine finanzielle Funktion.
Anbetracht der momentan vielerorts herrschenden Situation der steigenden Defizite in den Verwaltungshaushalten müssen diese durch Mittel des Vermögenshaushalts ausgeglichen werden. Die bereits erwähnte Möglichkeit zur Aufnahme von Krediten beschränkt sich lediglich auf den Investitionshaushalt und bedeutet die Verlagerung der Finanzierungslücken auf einen späteren Zeitpunkt. Dennoch wird auf solche Maßnahmen zurückgegriffen, weil eine Gemeinde durch fehlende Finanzmittel in ihrer Handlungsfähigkeit sehr eingeschränkt sein kann, wenn selbst beispielsweise Investitionsprogramme des Landes nicht in Anspruch genommen werden können, weil der geforderte Eigenanteil nicht erbracht werden kann.

Immer problematischer wird es für die Gemeinden, einen ausgeglichenen Haushalt aufzustellen, da die Diskrepanz von Einnahmen und der laufenden Ausgaben immer größer wird. Sinkenden Steuereinnahmen durch den Abbau von Arbeitsplätzen stehen höher werdende Sozialhilfelasten gegenüber. Den größten Anteil auf der Ausgabenseite haben die Personalausgaben der Gemeinden, der laufende Sachaufwand, soziale Leistungen und Investitionen. Die Personalausgaben konnten dabei in den Gemeinden in Baden-Württemberg über einen Zeitraum von nahezu 20 Jahren (Zeitraum von 1980 bis 1996) in etwa konstant bei rd. einem Viertel des Verwaltungshaushalts gehalten werden können.[163] Gleiches gilt für den Anteil für den laufenden Sachaufwand, der etwa 17 bis 18% beträgt. Einen bedeutenden Zuwachs haben die Sozialausgaben zu verzeichnen. Ihr Anteil ist während dieses Zeitabschnitts von 12 auf 21% gestiegen. Die gesamten kommunalen Ausgaben sind zwischen 1980 und 1996 um 80% gestiegen.[164] Nicht zuletzt sind Landkreise zu erwähnen, die sich über eine Kreisumlage der Kommunen im Kreis finanzieren und Finanzknappheit der Gemeinden nicht kompensieren können. Für Baden-Württemberg führte das zu einer starken Reduzierung der Investitionsausgaben, so dass diese in vielen Gemeinden Mitte der Neuziger Jahre nicht einmal das Niveau von 1980 erreichten.

---

[163] Gilt durchschnittlich für die Gemeinden Baden-Württembergs (vgl. Landeszentrale für politische Bildung, 2004).
[164] Für Baden-Württemberg, vgl. Landeszentrale für politische Bildung, 2004.

Anbetracht der dargestellten Einnahmemöglichkeiten ist es nicht verwunderlich, dass Gemeinden bestrebt sind, Einnahmen durch Steuern und Schlüsselzuweisungen über die Erhöhung der Einwohnerzahlen in den Gemeinden zu erhöhen. Wenn über Förderprogramme des Landes dann noch Erschließungskosten für neue Siedlungsgebiete nicht allein aus dem Gemeindehaushalt finanziert werden muss, dann ist eine Argumentation im Gemeinderat gegen eine Erweiterung der Siedlungsfläche sehr erschwert. Die Ausweisung von zusätzlichen Siedlungsflächen kann dann auf die Ansiedlung von Gewerbe abzielen oder durch neue Wohnbauflächen die Einwohnerzahlen der Gemeinde zu erhöhen. Auf die betriebliche Standortwahl wirken eine Vielzahl von Faktoren, die im Einzelfall zu betrachten wären und generell für eine überörtliche Betrachtungsweise nicht grundsätzlich verallgemeinert werden sollen. Mit der Ausweisung neuer Wohngebiete sind zunächst Einnahmen aus Grundstücksverkäufen – die natürlich direkt oder indirekt der Gemeinde zugute kommen können – und der Grundsteuer, die direkt in der Gemeinde zufließt verbunden. Da in der Regel die Bauherrn von Eigenheimen im Berufsleben stehen und dort eine gesicherte Position besitzen können Gemeinden mit ihren Anteilen an der Lohn- und Einkommensteuer rechnen. Eine Einwohnerzunahme bedeutet auch einen höheren Anteil der Zuweisungen des Landes, der zweitwichtigsten Einnahme der Gemeinden. An dieser Stelle sei lediglich erwähnt, dass mit der Neuausweisung von Bauland auch eine Reihe von Kosten verbunden ist, die von der Gemeinde zu erbringen sind. Zunächst wären das die Erschließungskosten der Grundstücke und die Schaffung der notwendigen Infrastruktur und deren spätere Erhaltung. Darüber hinaus steigen auch die Kosten für laufende Ausgaben der Gemeinden, die mit einer Zunahme an Einwohnern verbunden sind und die an den Landkreis zu entrichtende Umlage.

Neben den regionalplanerischen Vorgaben zur Ausweisung von Siedlungsflächen für Wohnzwecke müssen ausgewiesene Siedlungsflächen auch durch die Nachfragerseite angenommen werden. Welche Einflüsse auf die Wohnortwahl wirken bzw. was Wohnstandortentscheidungen zugrunde gelegt werden kann, ist Gegenstand der weiteren Betrachtungsweise.

2.6 Überlegungen zur Inanspruchnahme von Siedlungsflächen und Ableitung von Hypothesen zur Flächeninanspruchnahme

Im Kapitel 2.4 wurde auf die Zielsetzungen der Gemeinden bei der Baulandbereitstellung eingegangen. Neben den Motivationen, die dazu führen, neue Siedlungsflächen auszuweisen, wurde auch dargestellt, dass sich darin finanzielle Risiken für die Gemeinden verbergen können. Ziel muss es sein, Diskrepanzen, die zwischen regionalplanerischer Vorgabe, den Ausweisungen in den Gemeinden und der Nachfrage der siedlungswilligen Akteure zum dritten, entstehen können, zu minimieren. Um auf eine Nachfrageorientierung bereits bei der Ausweisung bzw. bei der Genehmigung von Wohnbauflächen hinzuarbeiten, muss mehr Aufschluss über Gründe, die zur Inanspruchnahme bestimmten Flächen beigetragen haben, herausgefunden werden. Dazu wurde im Kapitel 2.5 dargestellt, welche Einflusskriterien bei der Abbildung von Standortentscheidungen zugrunde gelegt wurden. Diese Kriterien beeinflussen die Attraktivität einer bestimmten Fläche und können sich damit auch auf deren Preis aus.

Um bei der Baulandbereitstellung einer Ausweisung gerecht zu werden, die sich an einer tatsächlichen Nachfrage orientiert, sollen die Motivationen herausgestellt werden, die im Vorfeld einer Siedlungsflächeninanspruchnahme Einfluss auf die Wahl des geeigneten Standorts hatten. Dabei soll das Entscheidungsverhalten der siedlungswilligen Akteure hinterleuchtet werden. Anhand der Kenntnisse darüber, welche Einflüsse bei der Entscheidungsfindung gewirkt haben, kann ein Beitrag geleistet werden, die Verwendung der Ressource Boden effizienter zu gestalten. Die Herangehensweise und die Beleuchtung der Standortentscheidung aus Sicht der siedlungswilligen Akteure ist daher gewählt, weil im Vordergrund stehen steht, warum eine zur Verfügung stehende Fläche in Anspruch genommen wurde. Erst dann können bei Entscheidungen in Gemeinden über die Umwidmung anders genutzter Flächen zu Siedlungsflächen den Anforderungen entsprechende Flächen ausgewählt werden. Die Untersuchung richtet sich daher auf die Einflüsse und Gründe, die bei Standortentscheidungen für Wohnzwecke bei privaten Haushalten eine Rolle gespielt haben.

Bei der Angabe des bevorzugten zukünftigen Wohnstandortes (vgl. Tabelle I und Tabelle II) lässt sich erkennen, dass die Mehrzahl der befragten Umzugswilligen einen neuen Wohnstandort innerhalb des derzeitigen Wohnortes anstreben. Das könnte auf die starke Bedeutung von Erreichbarkeitskriterien schließen, die keine Verschlechterung erfahren sollen. Dass die Umsetzung dieses Wunsches oft nicht realisierbar ist, zeigen nicht zuletzt die am Anfang beschriebenen Tendenzen der Bevölkerungssuburbanisierung und -desurbanisierung. Wenn eine Vielzahl der Akteure einen Wohnstandort im Umland wahrnehmen oder wahrnehmen muss, dann hat ein Entscheidungsprozess stattgefunden, bei dem bestimmte Kriterien miteinander abgewogen werden mussten. Dabei könnte unterstellt werden, dass Erreichbarkeitskriterien eine große Bedeutung besitzen ebenso wie der Sachverhalt, dass Erreichbarkeitskriterien in ihrer Bedeutung verlieren und im Mittelpunkt die Verfügbarkeit von Rekreationsmöglichkeiten der zunehmend freizeitorientierten Gesellschaft im unmittelbaren Wohnumfeld werden. Auch die durch die einerseits steigende Mobilität aufgrund höherer Motorisierungsraten und relativ betrachtet sinkender Mobilitätskosten und andererseits die durch den stetigen Ausbau der Verkehrsinfrastruktur herbeigeführten sinkenden Raumdurchlässigkeiten veränderten Bedeutungen z. B. von „kurzen Wegen“. Politisch bewusst gesteuerte Entwicklungen tragen zu einem Wandel der Bedeutungen bei bzw. sind Verursacher des Wandels.

Im Hinblick auf die Ausweisung von Siedlungsflächen soll versucht werden, Kriterien herauszufinden, die bei der Inanspruchnahme entscheidend sind.

Unter dem Gesichtspunkt der weiteren Siedlungsflächeninanspruchnahme soll eine Zusammenfassung der genannten Bewertungskriterien bzw. der ermittelten Umzugsmotivationen vorgenommen werden, um eventuelle Möglichkeiten der planerischen Einflussnahme auf Flächenausweisungen ermitteln zu können. Dazu soll eine, wie in Tabelle X dargestellte Gruppierung vorgenommen werden.

Tabelle X: Gruppierung von Kriterien und Motiven

<table>
<tr><td>Wohnungsgröße
Wohnung</td><td>Umwelt, Umweltsituation
Frei- und Grünflächen-versorgung
Wohnungsumgebung und Umwelteinflüsse
Wohnen im Grünen
Attraktive Landschaft</td><td>Transportkosten Arbeits-platzsituation
Versorgung
Infrastrukturausstattung
Verkehrssituation
Berufliche Gründe
Nähe zum Arbeitsplatz
ÖPNV Angebot
Kulturelles Angebot
Freizeitangebot
Erreichbarkeiten</td><td rowspan="3">Rahmen-bedingungen
Sozialgefüge
Veränderung des Haushalts
Umzug zu Freunden oder Verwandten
Heirat</td></tr>
<tr><td></td><td colspan="2">Wohnstandort
Wohnungsmarkt
Umzug ins Wohneigentum</td></tr>
<tr><td colspan="3">Wohnanlage
Wohnumfeld
Wohnumgebung</td></tr>
</table>

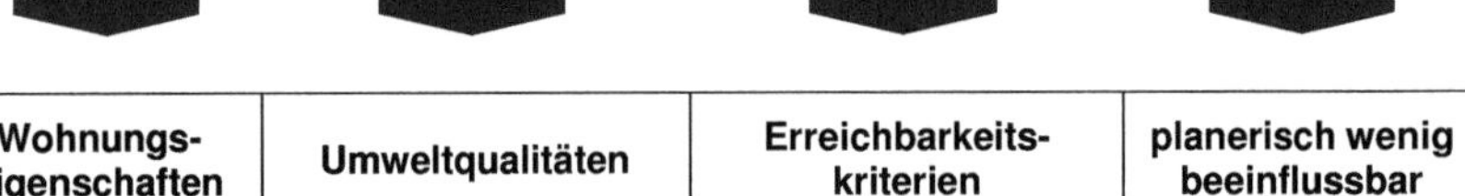

Wohnungs-eigenschaften	**Umweltqualitäten**	**Erreichbarkeits-kriterien**	**planerisch wenig beeinflussbar**

Es wird anschaulich, dass es möglich ist, Gruppen von grundsätzlicher Art zu bilden, denen die Kriterien zugeordnet werden können. Es gibt Kriterien, die von der Erreichbarkeit bestimmter Ziele wie bspw. des Arbeitsplatzes abhängig sind. Hier gibt es Anlass zur Vermutung, dass *Erreichbarkeitskriterien* von besonderer Bedeutung sind. Eine andere Zuordnung lässt sich unter Verwendung von Kriterien vornehmen, die das Wohnumfeld beschreiben. Diese Merkmale lassen sich als *Umweltqualitäten* zusammenfassen. Kriterien, die von der Wohnung an sich abhängig sind, wie der Wunsch nach einer größeren Wohnung, werden unter *Wohnungseigenschaften* zusammengefasst. Merkmale für eine Standortwahl, die sich aufgrund von Heirat, Veränderungen des Haushalts etc. bilden, sind planerisch nur *wenig* oder nicht *beeinflussbar* und bilden eine weitere Gruppe.

Die unter der Bezeichnung „planerisch wenig beeinflussbar“ zusammengefassten Kriterien sollen hier nicht weiter interessieren, da diesen in der Tat mit regionalplanerischen Ansätzen wenig entgegengebracht werden kann.

Die Wohnungseigenschaften stellen ein wichtiges Kriterium als Umzugsmotiv dar. Hier sind die Größe der einzelnen Räume, der Grundriss der Wohnung, die Anzahl der Räume, die Belichtung und Belüftung etc. ausschlaggebend. Wie bereits beschrieben, ist auch die Gestaltung der Wohnanlage mitentscheidend bei der Bestimmung des Wohnwertes. Insbesondere die Eigenschaften der Wohnung besitzen jedoch relativ viel Unabhängigkeit vom Standort, da zu unterstellen ist, dass insbesondere bei der für diese Untersuchung im Mittelpunkt stehenden Siedlungsflächeninanspruchnahme durch Neubaumaßnahmen den Wünschen der Bauherren entsprochen wird. Relevant für die vorliegende Untersuchung scheinen aufgrund der starken Abhängigkeiten zum jeweiligen Standort die *Umweltqualitäten* und die *Erreichbarkeitskriterien*.

Kriterien, die für eine Wohnstandortwahl relevant sind, sollen auf die Flächeninanspruchnahme zu Wohnzwecken übertragen werden. Diese Überlegungen führen zur Formulierung von Arbeitshypothesen, die der Siedlungsflächeninanspruchnahme verschiedene Abhängigkeiten unterstellen, die im weiteren Verlauf der Untersuchung überprüft werden sollen. Die in den Hypothesen formulierten Kriterien, die Einfluss auf die Standortwahl ausüben sollen dabei nicht als ausschließliche Kriterien betrachtet werden, sondern bei sonst vergleichbaren Eigenschaften das ausschlaggebende Kriterium sein. Völlig klar ist, dass der Preis eine Fläche die in der Regel knapp kalkulierenden Bauherren zu Entscheidungen für oder gegen einen Standort bewegen kann. Die Kriterien sollen nicht als ausschließliche, die Standortentscheidung bestimmende Größen verstanden werden. In vier Hypothesen werden Umweltqualitäten und Erreichbarkeitskriterien verschiedene Wichtigkeiten bei der Siedlungsflächeninanspruchnahme zugeordnet, die im Verlauf der Arbeit überprüft werden. In einer ersten Hypothese werden als für die Entscheidung ausschlaggebendes Kriterium die Erreichbarkeitskriterien angenommen. Das entspricht im grundsätzlichen Herangehen dem des beschriebenen neoklassischen Ansatzes.

> ***Hypothese 1: Bei der Auswahl einer bestimmten Fläche aus einer Gesamtheit von zur Verfügung stehenden Flächen zu Siedlungszwecken werden durch die siedlungswilligen Akteure (Haushalte) bei der Entscheidungsfindung die Erreichbarkeitspotenziale des jeweiligen Standorts primär berücksichtigt.***

Dabei soll unterstellt werden, dass die Siedlungsentwicklung so erfolgt, dass siedlungswillige Akteure – bei sonst vergleichbaren Bedingungen der zur Auswahl stehenden Flächen – bestrebt sind, die Entfernungen beispielsweise zwischen Wohn-

und Arbeitsplätzen und Orten der Versorgung bzw. anderer, regelmäßig zu erreichender Ziele, zu minimieren.

Wenn die Entscheidung zur Inanspruchnahme von Siedlungsfläche I^S, in einer jeweils betrachteten Untersuchungseinheit (Zelle) j von den Erreichbarkeitskriterien E in der Zelle j abhängig ist, so lässt sich für die Inanspruchnahme von Siedlungsfläche formulieren:

$$I_j^S = f(E_j) \qquad (2.1)$$

Das würde bei einer konsequenten Anwendung für Neuausweisung von Flächen bedeuten, dass regelmäßig zurückzulegende Wege das jeweilige Minimum einnehmen sollen.[165] Wohnstandorte sind den Arbeitplätzen unter Minimierung des Entfernungswiderstandes zugeordnet, usw..[166] Dieses Leitbild der räumlichen Entwicklung scheint aber in Deutschland am Beginn des 21. Jahrhunderts stark idealisiert zu sein.[167] Das Modell des dauerhaften, sogar lebenslangen Arbeitsplatzes wurde bereits bei vielen Berufsgruppen durch häufigeren Arbeitsplatzwechsel abgelöst, was dann auch oft mit einem Ortswechsel verbunden ist. Die gewünschte räumliche Nähe zum Arbeitsplatz würde unter Umständen dann einen Wohnortwechsel nach sich ziehen, was aber aufgrund der Rücksichtnahme gegenüber anderen - im steigenden Maße auch berufstätigen - Haushaltsmitgliedern oft nicht realisiert wird, und deshalb längere Fahrtzeiten zum Arbeitsplatz in Kauf genommen werden. Wenn die räumliche Nähe zum Arbeitsplatz offenbar dauerhaft nicht gewährleistet werden kann und auch fernpendeln (über absehbare Zeiträume, nicht als Dauerzustand) unvermeidbar ist, dann drängt sich die Frage auf, warum der Wohnstandort nicht gleich dort gewählt werden soll, wo die gute Qualität des Wohnumfelds längere tägliche Wege „rechtfertigen".

Steigerungsraten bei den Berufspendlerzahlen[168] oder der vielerorts wahrzunehmende (oder vielleicht von den Bausparkassen suggerierte) Traum des „freistehenden

[165] Im Sinne von der Minimierung der zurückgelegten Wegestrecken bzw. der Reisezeit.
[166] Anwendung dieser Art von Flächennutzungsartzuweisungen liegen methodisch den räumlichen Modellen des Typs „Lowry" zugrunde, vgl. Lowry, Ira, 1964.
[167] vgl. Klühspies, Johannes, 1999, S. 60 ff.
[168] Die Zahl der Berufspendler, die außerhalb ihrer Gemeinde arbeiten, stieg in Baden-Württemberg seit 1970 von 1,3 Mill. auf 2,13 Mill. im Jahr 2000 (Quelle: Statistisches Landesamt, 2001).

Einfamilienhauses im Grünen“ [169] motivieren zur Formulierung einer zweiten Annahme. Dass bei der Standortentscheidung (im Wesentlichen für Wohnzwecke) nicht die Zugänglichkeit von Arbeitsplätzen und zentralen Einrichtungen wichtigstes Entscheidungskriterium ist, sondern die Umweltqualität des Standortes starke Bedeutung besitzt, soll in folgende Hypothese eingehen:

Hypothese 2: Bei der Entscheidung, Flächen für Siedlungszwecke in Anspruch zu nehmen, die sonst vergleichbare Eigenschaften besitzen, erfolgt die Auswahl durch die siedlungswilligen Akteure (Haushalte) primär unter Berücksichtigung der besseren Umweltqualitäten des entsprechenden Standorts.

Dieser Hypothese liegt die Annahme zugrunde, dass die Entscheidung zu einer Flächeninanspruchnahme I^S (für Wohnzwecke) in einer Zelle j so erfolgt, dass Standortqualitäten im Hinblick auf die Umwelt U der Zelle j einen wesentlichen Entscheidungsbeitrag liefern. Dazu lässt sich formulieren:

$$I_j^S = f(U_j) \tag{2.2}$$

Hier muss bei der Überprüfung eine Differenzierung in Flächen für Gewerbestandorte vorgenommen werden, weil diese Flächennutzungsart nahezu gegensätzliche Anforderungen an ihr Umfeld stellen kann als beispielsweise Wohnstandorte. Das bedeutet, Siedlungsflächenentwicklung für Wohnzwecke findet dort statt, wo die Umweltbeeinträchtigungen geringer sind und die verbesserte Umweltqualität direkt mit einer verbesserten Lebensqualität zu verbinden ist. Gleichzeitig wird unterstellt, dass die Gesichtspunkte der schnellen Zugänglichkeiten nur eine zurückgestellte Wichtigkeit einnehmen.

Diese Gegebenheit ist im Zusammenhang mit dem Umstand zu sehen, dass durch den ständigen Ausbau des Verkehrsnetzes bzw. die Verbesserung des Verkehrsangebotes die Raumdurchlässigkeit trotz Zunahme des Verkehrsaufkommens gestiegen ist und der relative Preis für Verkehrsleistungen abnahm. Für den einzelnen Haushalt kann danach bei unverändertem Geld- und Zeitbudget für Mobilität, die

[169] Einer Umfrage des Marktforschungsinstituts Emnid zufolge träumt bundesweit jeder zweite Mieter vom eigenen Haus. Jedoch nur ca. 20 % davon haben sich bereits konkret über Grundstücke und Preise informiert oder befinden sich bereits in der Planungsphase (Quelle: Emnid-Umfrage, 2001).

Reiseentfernung zunehmen,[170] oder es kann auch die Bereitschaft steigen, bei einem Zugewinn an Lebensqualität für Mobilität mehr aufzuwenden.
Inwieweit eine gute Umweltsituation (im Sinne von hoher Lebensqualität) mit einer Bereitschaft zu einem höheren Mobilitätsaufwand (im Sinne von längeren Reisezeiten bzw. größeren Reiseentfernungen) korreliert, soll untersucht werden.
Eine Entwicklung nach Hypothese 1, die eine Optimierung der Erreichbarkeiten unterstellt, würde Zentralität fördern. Eine Entwicklung nach Hypothese 2 hingegen, die letztendlich auf eine Funktionstrennung in Folge ständiger Überschreitung gegenseitiger Belästigungstoleranzen der einzelnen Nutzungen hinausliefe[171] und eine Zersiedelung vorantriebe, würde somit eine disperse Raumstruktur fördern. Die Entwicklung der Siedlungsstruktur in Deutschland ist nun weder von einer ausschließlichen Konzentration auf die Entwicklungsschwerpunkte noch von einer völligen Dispersion gekennzeichnet. Die Komplexität der Entscheidungsfindung des Wohnstandorts von Haushalten folgt in beschriebener Weise einem Abwägungsprozess, dessen Ergebnisse aus subjektiven Bewertungen resultieren.
Wird unterstellt, dass Entscheidungen infolge einer der Hypothesen 1 oder 2 getroffen werden, dann würden Konzentrationen der Siedlungsentwicklung an Orten mit vorteilhaften Erreichbarkeitskriterien bzw. an Orten mit guten Umweltqualitäten offensichtlich erkennbar sein. Da aber nicht nur die Bewertung einer guten Umweltsituation und die Einschätzung einer guten Erreichbarkeit an unterschiedlichen Wertvorstellungen zu orientieren ist, werden Grenzfälle existieren, bei denen die Zuordnung zu einer dieser Hypothesen nicht eindeutig erfolgen kann, weil sowohl positive Umweltkriterien als auch günstige Erreichbarkeitskriterien diese Standorte charakterisieren. Nun kann unterstellt werden, dass diese Grenzfälle Ergebnis eines systematischen Auswahlverfahrens sind, bei dem zwischen Umweltqualitäten und Erreichbarkeitskriterien abgewogen wurde. Es ist sogar zu vermuten, dass eine konkrete Untersuchung einer Vielzahl dieser Fälle zeigen wird, was Anlass zur Formulierung einer dritten Hypothese bietet:

[170] vgl. Zahavi, Yacov, 1979
[171] vgl. Sieverts, Thomas, 1999

Hypothese 3: Bei der Entscheidung, eine bestimmte Fläche als Siedlungsfläche in Anspruch zu nehmen, werden durch die siedlungswilligen Akteure (Haushalte) bei den Standortentscheidungen sowohl die der entsprechenden Fläche zuzuordnenden Umweltkriterien und deren Erreichbarkeitspotentiale als wesentliche Entscheidungskriterien in Betracht gezogen.

Die in Deutschland existierende Siedlungsstruktur ist als Folge einer Vielzahl von Einzelentscheidungen über Flächenausweisungen entstanden. Siedlungsflächeninanspruchnahme I^S in einer Zelle j könnte dann als Funktion von Erreichbarkeitskriterien E und Umweltqualitäten U der Zelle j ausgedrückt werden:

$$I_j^S = f(E_j, U_j) \quad (2.3)$$

Wenn Flächen für Siedlungszwecke dort in Anspruch genommen werden, wo keine signifikanten Vorteile hinsichtlich der Erreichbarkeiten oder der Umweltqualitäten erkennbar sind und diese Kriterien sogar außerordentlich schwach ausgeprägt sind, könnte auch vermutet werden, dass keines dieser Kriterien bei der Entscheidung zur Flächeninanspruchnahme von Bedeutung war, sondern die Entscheidungen zur Flächeninanspruchnahme aufgrund anderer Kriterien erfolgte. Erreichbarkeitskriterien und Umweltqualitäten hatten dabei eventuell keinen Einfluss. Diese Vermutung soll in einer vierten Hypothese ausgedrückt werden:

Hypothese 4: Bei der Inanspruchnahme von Flächen sind für die Akteure, die eine bestimmte Fläche nachfragen wollen, weder die zuordenbaren Umweltqualitäten noch deren Erreichbarkeitspotentiale von signifikanter Bedeutung. Umweltqualitäten bzw. Erreichbarkeitskriterien besitzen keinen entscheidungsrelevanten Einfluss.

Kann nur schwacher Zusammenhang zwischen Flächeninanspruchnahme und Erreichbarkeitskriterien bzw. Umweltqualitäten festgestellt werden, dann ist anzunehmen, dass die Flächeninanspruchnahme einer Entwicklung nach dieser Hypothese folgt. Ein funktionaler Zusammenhang zwischen Siedlungsflächeninanspruchnahme I^S in einer Zelle j und Erreichbarkeitskriterien E und Umweltqualitäten U der Zelle j ist in diesem Fall nicht erkennbar:

$$I_j^S \neq f(E_j, U_j) \tag{2.4}$$

Die Ermittlung, welche Gründe dann bei einer Flächeninanspruchnahme ausschlaggebend waren, soll in diesem Fall nicht weiter verfolgt werden. Der Schwerpunkt liegt auch bei dieser vierten Hypothese darin, festzustellen, inwieweit die Kriterien Erreichbarkeit und Umweltqualität Einfluss auf die Flächeninanspruchnahme haben. Damit kann überprüft werden, inwieweit planerische Einflussnahme im Hinblick auf diese Kriterien bei der Siedlungsflächenbereitstellung möglich ist.
Die Untersuchung der Flächeninanspruchnahme an einem ausgewählten Beispiel soll zeigen, ob eine tendenzielle „Richtung“ festzustellen ist. In Abbildung10 ist dargestellt, wie die Hypothesen die verschiedenen Richtungen zur Flächeninanspruchnahme repräsentieren.

Abbildung10: Flächeninanspruchnahme und Standortkriterien

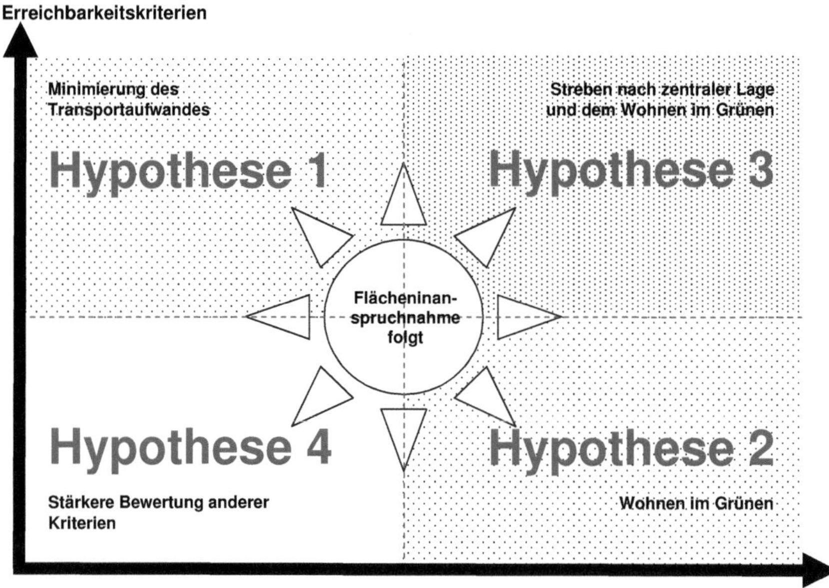

Quelle: eigene Darstellung

Durch die Analyse einer Vielzahl von Einzelentscheidungen der Flächeninanspruchnahme soll festgestellt werden, ob die tatsächliche Entwicklung einer oder mehrerer dieser Richtungen folgt. Die Darstellung der Entwicklung in einer Abbildung dieser Art wird dann zeigen, ob eine signifikante Mehrheit der Fälle eine Richtung (hier demonstriert durch acht Pfeile) einnimmt. In ihrer maximalen Ausprägung würde eine Entwicklung nach Hypothese 1 der strikten Minimierung des Transportaufwandes (Wegelängen bzw. Zeit) entsprechen.
Ein ähnlich konsequentes Verhalten nach Hypothese 2 würde die Realisierung des Wohnens im Grünen bedeuten. Die Fälle in extremer Ausbildung der Minimierung des Transportaufwandes bzw. des Wohnens im Grünen, sind sicherlich nur theoretisierte Vorstellungen, werden aber wohl nur in wenigen Fällen Umsetzung finden. Dort wo Umweltqualitäten und Erreichbarkeitskriterien schlecht sind, wird unterstellt, dass i. d. R. das Interesse an Siedlungstätigkeit nur bedingt vorhanden ist. Bis auf ausgewählte Nutzungsarten sollen Standorte dieser Art als problematisch gelten. Eine Entwicklung nach Hypothese 4 beinhaltet aber nicht, dass in jedem Fall die Kriterien schlecht ausgebildet sein müssen. Es handelt sich hierbei auch um einen möglichen Extremfall. Der Extremfall für Hypothese 3, dass sowohl Erreichbarkeitskriterien als auch Umweltqualitäten hervorragend ausgebildet sind, stellt wohl ein Idealbild der Standortwahl dar und trifft – wenn überhaupt – vermutlich nur auf eine sehr begrenzte Anzahl von Standorten zu, was dazu veranlasst, das Vorhandensein solcher Standorte als stark limitiert zu bezeichnen. Da gute Erreichbarkeitskriterien mit Verkehrserschließung verbunden sind, die sich wiederum negativ auf die Umweltqualitäten auswirken können, besteht aufgrund des ambivalenten Charakters ein Zielkonflikt.
Die Darstellungen der Extremfälle (Inanspruchnahme folgt strikt Umwelt- oder Erreichbarkeitskriterien) der Ausprägungen dienen lediglich einer Verdeutlichung des Hypothesencharakters. Bei den tatsächlich entstandenen Siedlungsmustern sind Extremfälle vermutlich nur schwer erkennbar, da es zu Abwägungsprozessen zwischen den einzelnen Kriterien kommen muss. Wie eine Abwägung tendenziell erfolgt, wird diese Untersuchung im Folgenden zeigen.

3 Der Untersuchungsraum

Die in Kapitel 2 beschriebenen Prozesse bei der Entwicklung der Siedlungsstruktur, die beispielsweise in der Erscheinungsform der Suburbanisierung[172] auftreten, werden auch weiterhin Bedarf an Siedlungsflächen generieren.
Zur Koordination der Flächenausweisungen muss die Regionalplanung die Bedürfnisse der siedlungswilligen Akteure kennen, wenn bei der Bereitstellung von Siedlungsflächen Entwicklungen vermieden werden sollen, die nicht den Wünschen der Nachfrager entsprechen und die Flächeninanspruchnahme in ausgewiesenen und erschlossenen Baugebieten ausbleibt.
Anhand eines ausgewählten Untersuchungsraums wird versucht, eine Erklärung anhand des dort tatsächlich entstandenen Siedlungsmusters abzuleiten. Bei der Auswahl des Untersuchungsraums muss darauf geachtet werden, dass das beschriebene Phänomen der Dekonzentration erkennbar ist und der Gesamtraum über eine – als Untersuchungszeitraum zu definierende – längere Periode einer kontinuierlichen Entwicklung unterliegt. Liegen für den Untersuchungsraum Leitbilder zur räumlichen Entwicklung vor, kann überprüft werden, ob die tatsächliche Entwicklung diesen Zielen gefolgt ist. Werden Abweichungen festgestellt, könnte eine Entwicklung im Sinne einer der formulierten Arbeitshypothesen eingetreten sein.

3.1 Auswahl des Untersuchungsraums

Der Vorgang der Siedlungsflächeninanspruchnahme soll anhand eines geeigneten Untersuchungsraumes untersucht werden, um von einem tatsächlichen Phänomen ausgehen zu können. Hierzu müssen verschiedene Kriterien der Größe und der Struktur des Raumes erfüllt sein, und es sollten Konzeptionen (im Sinne von Leitbildern) zur räumlichen Entwicklung vorliegen, um den Prozess der Siedlungsstrukturentwicklung vor diesem Hintergrund analysieren zu können.
Vorhandene Tendenzen der räumlichen Entwicklung sollten möglichst repräsentativ für die Entwicklungsprobleme in Deutschland sein. An der Siedlungsstrukturentwicklung des Untersuchungsraumes sollen die Tendenzen zur Dekonzentration erkenn-

[172] Oder noch weiterführende Formen, wie bspw. der Dekonzentrationsprozess.

bar sein und die damit verbundene zunehmende Nachfrage an Siedlungsflächen im Umland.
Zur Analyse der Siedlungsstruktur muss der Untersuchungsraum eine ausreichende Größe besitzen. Entwicklungsprozesse sollen innerhalb des abgegrenzten Raumes sichtbar werden. Deshalb stellt die *räumliche Dimension* ein wichtiges Auswahlkriterium dar. Der Untersuchungsraum ist so zu wählen, dass Inanspruchnahme von Siedlungsflächen signifikant erkennbar ist. Die Ausweisung von Siedlungsflächen zu Wohnzwecken erfolgt in den Gemeinden aufgrund der Nachfrage aus der Eigenentwicklung und aus Wanderungsgewinnen heraus. Interessant für die Untersuchung ist, wo ein großer Anteil der Flächeninanspruchnahme durch Wanderungsgewinne hervorgerufen wurde. Hier ist zu vermuten, dass die lokalen Attraktivitäten in überdurchschnittlichem Maß zur Flächeninanspruchnahme führten. Anhand eines verdichteten Kerns könnten im Untersuchungsraum Suburbanisierungstendenzen untersucht und überprüft werden, wo Flächeninanspruchnahme daraus resultieren könnte. Deshalb muss auch das Umland des Verdichtungskerns in die Untersuchung einbezogen werden. Mit der Forderung nach einem Bevölkerungsschwerpunkt im Kern und nach einem entsprechenden Umland sind die Kriterien an die *räumliche Struktur* des Untersuchungsraums verbunden. Um ein großes Bevölkerungspotential in die Untersuchung einbeziehen zu können, soll ein Oberzentrum den Kern des Untersuchungsraumes bilden, umgeben von einem Umland, welches Entlastungsfunktionen übernehmen kann. Damit ist auch ein Mindestmaß an Verkehrsinfrastrukturausstattung verbunden, die die Möglichkeiten zu Interaktionen zwischen Verdichtungskern und Umland ermöglichen sollen.
Wie in Kapitel 2 beschrieben, sind Agglomerationsräume von erheblichen Veränderungen der Bevölkerungsentwicklung zu Gunsten des Umlandes betroffen, die dort mit einem entsprechend hohen Maß an Siedlungsflächeninanspruchnahme zu verbinden ist. Zur Auswahl eines geeigneten Untersuchungsraumes sollen die durch das BBR definierten siedlungsstrukturellen Regionstypen verwendet werden.[173] Bei dieser Typisierung sind funktionsräumliche Zusammenhänge zwischen oberzentralen Kernen und dem Umland berücksichtigt. Der Untersuchungsraum soll der Charakteristik des Grundtyps I (Agglomerationsräume) der vom BBR typisierten Regionstypen entsprechen, mit einem Oberzentrum als Kern und einem hochverdichteten Umland. Außerdem besteht der Anspruch, dass für den Untersuchungsraum Pläne zur räum-

[173] vgl. Bundesamt für Bauwesen und Raumordnung, 2002, S. 2 ff.

lichen Entwicklung existieren, die bereits fortgeschrieben wurden. Als günstig erweist sich dabei, wenn der gesamte Untersuchungsraum einem *Planungsraum* entspricht, womit auch administrative Grenzen Berücksichtigung finden. Unter Beachtung der o. g. Kriterien bietet sich ein Untersuchungsraum an, der im Geltungsbereich eines Regionalplanes liegt.

Damit kann festgestellt werden, wie eine zu entwickelnde Siedlungsstruktur aussehen soll bzw. inwieweit es gelungen ist, eine angestrebte räumliche Struktur zu entwickeln. Betrachtet man die Agglomerationsräume[174] in Deutschland, so sind Agglomerationen vom Typ Rhein-Ruhr augenfällig, deren Entwicklung von mehreren Oberzentren gekennzeichnet ist bzw. Agglomerationen vom Typ München, Nürnberg oder Stuttgart, die im Kern ein Oberzentrum besitzen.

In Abbildung 10 sind Verdichtungsräume in Deutschland dargestellt. Die Agglomerationsräume München und Nürnberg sind dadurch gekennzeichnet, dass ihr Zentrum eine herausragende Stellung einnimmt und der Verdichtungsgrad des Umlandes wesentlich schwächer ausgeprägt ist. Der Verdichtungsraum Stuttgart weist hierzu einen vergleichsweise ausgewogenen Entwicklungsstand auf. Nach der Klassifizierung der siedlungsstrukturellen Regionstypen der BBR gilt die gesamte Region als Hochverdichteter Agglomerationsraum.[175] Vorteilhaft zeigt sich bei Stuttgart die zentrale Lage in Baden-Württemberg und die Anordnung bedeutender Wirtschaftsräume auch im benachbarten Ausland.

Den administrativen Grenzen der Region Stuttgart entsprechend, wurde vom BBR eine Typisierung als Hochverdichteter Agglomerationsraum vorgenommen, die aus dem Regionalverband Mittlerer Neckar hervorgegangen ist und als Planungsraum eine gewisse Tradition besitzt. Es liegen bereits fortgeschriebene Regionalpläne vor. Die Region ist polyzentral ausgerichtet und besitzt mit der Landeshauptstadt Stuttgart ein Oberzentrum in zentraler Lage, was als Konsequenz die Auswahl der Region Stuttgart hat. Im Weiteren soll der Untersuchungsraum Region Stuttgart kurz vorgestellt werden.

[174] Agglomerationsraum nach Definition des BBR, vgl. hierzu Bundesamt für Bauwesen und Raumordnung, 2000b.

[175] vgl. Bundesamt für Bauwesen und Raumordnung, 2000b, S. 9

Abbildung 11: Verdichtungsräume in der Bundesrepublik Deutschland und bedeutsame Wirtschaftsräume an den südwestlichen Bundesgrenzen

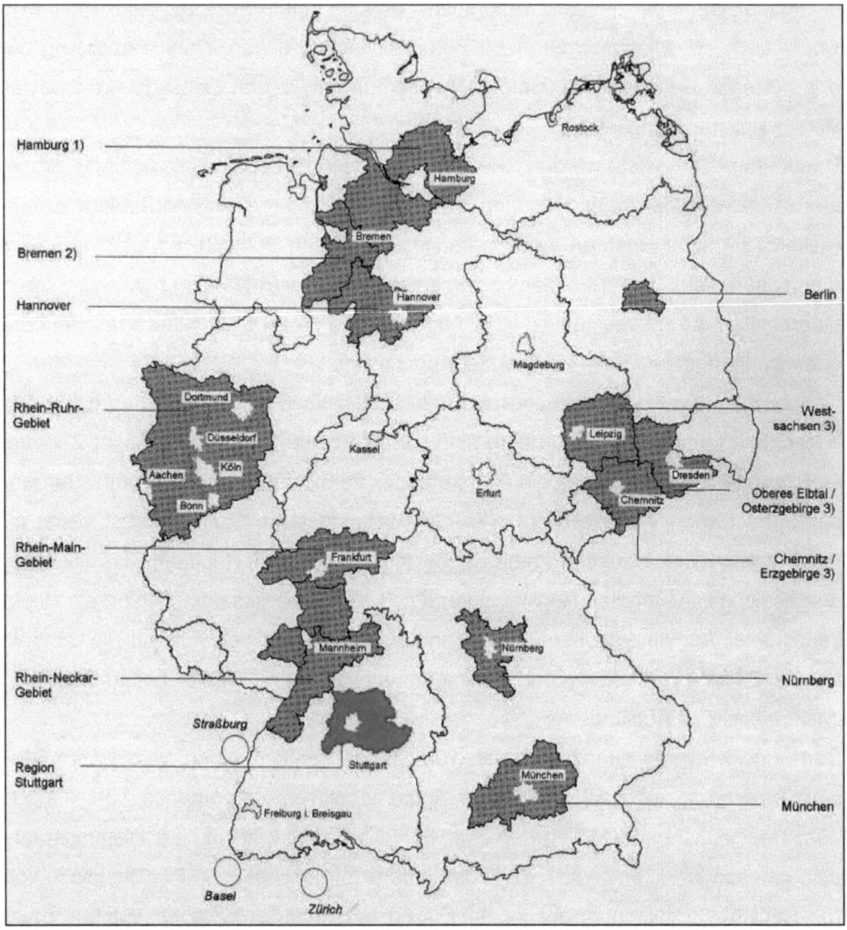

1) Einschließlich „Schleswig-Holstein-Süd" und Hamburg-Umland-Süd".
2) Einschließlich „Bremen-Umland".
3) Planungsregion.

Quelle: Regionalplan Region Stuttgart 1998, S. 39.

3.2 Kurzporträt der Region Stuttgart

3.2.1 Lage und Struktur

Die Region wird aus der Stadt Stuttgart und fünf angrenzenden Landkreisen Böblingen, Esslingen, Göppingen, Ludwigsburg und dem Rems-Murr-Kreis gebildet. Abbildung 12 verdeutlicht auch die zentrale Lage in Baden-Württemberg. Es existieren keine Grenzen zu anderen Bundesländern oder zu benachbarten Staaten. Mit Stuttgart als Landeshauptstadt wird die Region neben der geographischen auch zur politischen Mitte des Landes Baden-Württemberg (vgl. Abbildung 11).

Abbildung12: Die Region Stuttgart

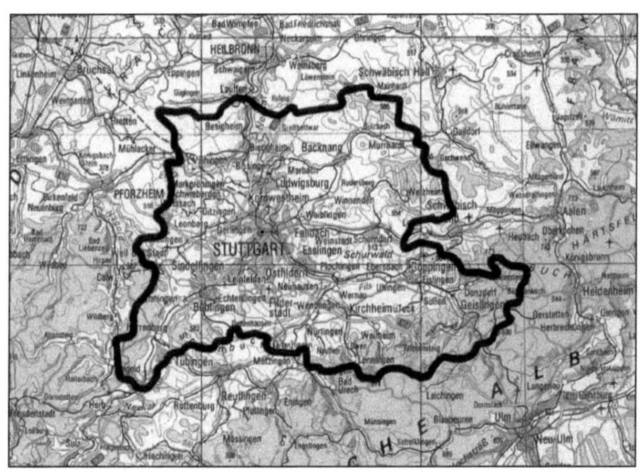

▬ Abgrenzung der Region Stuttgart

Quelle: Regionalplan Region Stuttgart 1998, S. XVII

Zur Region gehören 179 Städte und Gemeinden. Auf der Gesamtfläche von 3 654 km^2 lebten im Jahr 2002 ca. 2,65 Millionen Einwohner, was einer Bevölkerungsdichte von 725 Einwohnern pro km^2 (E/km^2) entspricht. Der durchschnittliche Landeswert lag bei 298 E/km^2. Die Kernstadt Stuttgart ist mit 2 838 E/km^2 am dichtesten besiedelt. Aber auch die angrenzenden Landkreise sind mit 794 E/km^2 für Esslingen, 738 E/km^2 für Ludwigsburg, 599 E/km^2 für Böblingen, 484 E/km^2 für den Rems-Murr-Kreis und 402 E/km^2 für Göppingen hoch verdichtet.[176] Bis auf Teile der Landkreise Göppingen und Rems-Murr gehören sie größtenteils dem im Landesentwicklungsplan 2002 für Baden-Württemberg ausgewiesenen Verdichtungsraum Stuttgart an.[177] Die Zahl der versicherungspflichtig Beschäftigten lag 2002 bei 1 075 368 (am Arbeitsort erfasst). Damit kommen auf 1 000 Einwohner 410

[176] Alle hier genannten Angaben beziehen sich auf das Jahr 2002. Quelle: Statistisches Landesamt Baden-Württemberg.

[177] Verdichtungsraum Stuttgart nach Landesentwicklungsplan 2002 des Landes Baden-Württemberg. Vgl. Landesentwicklungsplan Baden-Württemberg 2002, S. 15.

Arbeitsplätze.[178] Bundesweit gehört Stuttgart zu den wirtschaftsstärksten Regionen. Viele Unternehmen, insbesondere aus den Bereichen Automobilindustrie, Verlage, Kommunikationstechnologien etc., haben hier ihre Konzernzentralen.
Die Anzahl der zugelassenen Fahrzeuge in der Region betrug 2002 über 1,7 Millionen. Auf 1 000 Einwohner kamen 573 Pkw, was über dem Landesdurchschnitt von 560 und über dem Bundesdurchschnitt von 537 Pkw / 1 000 Einwohner lag.[179]
Das Straßennetz besitzt mit Bundesautobahnen, Bundes-, Landes- und Kreisstraßen eine Netzlänge von ca. 3 500 km.[180] Davon haben Bundesautobahnen einen Anteil von 138 km, Bundesstraßen 349 km und Landesstraßen 839 km.[181]
Mit den Bundesautobahnen 8 und 81, die die Region in Ost-West- bzw. Nord-Süd-Richtung durchqueren, sind wichtige Autobahnverbindungen gegeben und stellen am Kreuz Stuttgart einen zentralen Knoten der europäischen Fernstraßen dar. Autobahnähnlichen Ausbaucharakter haben eine Reihe von Bundesstraßen, die leistungsfähige Verbindungsfunktionen intraregional aber auch überregional wahrnehmen.
Leistungsfähige Schienenverkehrsanbindungen existieren zu den benachbarten Wirtschaftsräumen und auch darüber hinaus. Die Region liegt am Hochgeschwindigkeitsnetz der Bahn. Der weitere Ausbau der Schienenverkehrsachse Paris-Stuttgart-München ist bereits in Planung.
Für den ÖPNV verkehren eine Reihe von Regionalzügen, sechs S-Bahn-Linien, elf Stadt- und Straßenbahnlinien sowie eine große Anzahl an Busverbindungen. Die Länge des S-Bahnnetzes beträgt derzeit 348 km und es werden 70 Haltestellen bedient. Das dichte Busliniennetz hat eine Länge von fast 10 000 km und bedient 3 550 Haltestellen.
Die Region verfügt über einen internationalen Flughafen südlich von Stuttgart, der an das S-Bahnnetz angeschlossen ist.
Gegenüber anderen Verdichtungsräumen wie Hamburg oder München besitzt die Region als besondere Standorteigenschaft die Polyzentralität. Stuttgart als Oberzentrum befindet sich nahezu in der geographischen Mitte der Region. Von Stuttgart ausgehend verlaufen sternförmig Entwicklungsachsen, die zur Verbindung des Oberzentrums Stuttgart mit den 14 Mittelzentren der Region und zum Teil auch als

[178] Quelle: Statistisches Landesamt Baden-Württemberg.
[179] Quelle: Statistisches Landesamt Baden-Württemberg und Statistisches Bundesamt.
[180] vgl. Forschungsverbund WUMS, 2000, S. 20
[181] Die Daten beziehen sich auf das Jahr 2000, Angaben für Straßen außerorts, ohne Äste.

Verbindung zwischen den Mittelzentren untereinander dienen. Die Anordnung von Mittelzentren im Abstand von ca. 20 km um das Oberzentrum Stuttgart ist charakteristisch für die polyzentrische Struktur der Region. Sowohl das Straßennetz als auch das Schienenetz sind entlang der Achsen leistungsfähig ausgebaut. Die Abgrenzung der Region entspricht auch in etwa dem Pendlereinzugsbereich von Stuttgart.[182] Kernstadt und Umland sind eng miteinander verbunden, was sich auch auf dem Wohnungs- und Arbeitsmarkt widerspiegelt.

Das engmaschige Netz der Entwicklungsachsen erlaubt, dass auch aus den Gemeinden in den Achsenzwischenräumen keine größeren Distanzen zum nächsten Zentralen Ort bzw. zur nächsten Entwicklungsachse zurückgelegt werden müssen. Daraus ergibt sich allerdings auch der Umstand, dass durch den Ausbau der Achsen in den letzten Jahrzehnten die Zahl der größeren, zusammenhängenden Freiflächen stark verringert wurde. Ergebnisse sind u. a. ein hoher Zerschneidungsgrad und eine starke Verlärmung. Der größte Teil der Bevölkerung der Region fühlt sich durch Lärm beeinträchtigt.[183] Im Auftrag des Landes Baden-Württemberg fand 1999 in Zusammenarbeit mit der Landesanstalt für Umweltschutz eine landesweite repräsentative Umfrage zum Thema Lärm statt.[184] Dabei wurden im Juni und Juli 1999 landesweit rund 3 000 Personen telefonisch befragt. Die Befragten sollten das ihrer Meinung nach „wichtigste" und das „zweitwichtigste" Umweltproblem in ihrer Wohngegend nennen. Noch bevor die Befragten wussten, dass es bei der Befragung im Wesentlichen um Lärm geht, wurde Lärm als das wichtigste Umweltproblem in ihrer Wohngegend genannt. Interessant sind die Ergebnisse der Frage nach konkreten Lärmquellen. Hier zeigte sich die Belästigung durch Straßenverkehr bei 12 % der Befragten als bedeutendste Störquelle. Danach folgten in der Reihenfolge ihrer Nennungen: Fluglärm, Nachbarn, Gewerbe / Industrie und Schienenverkehr.[185]

Diese Darstellung soll verdeutlichen, dass der größte Teil der Bevölkerung sich zwar durch Verkehrslärm beeinträchtigt fühlt, auf der anderen Seite fast alle am Verkehrsgeschehen beteiligt sind.[186]

[182] vgl. Gaebe, Wolf, 1997, S. 9
[183] vgl. Forschungsverbund WUMS, 2000, S. 23
[184] vgl. Guski, Rainer, 2000
[185] ebenda
[186] vgl. Forschungsverbund WUMS, 2000, S. 23

3.2.2 Dekonzentrationstendenzen in der Region Stuttgart

Mit den 2,65 Millionen Einwohnern und etwa einer Million sozialversicherungspflichtig Beschäftigter ist die Region Stuttgart die am stärksten verdichtete Region Baden-Württembergs. Auf etwa 10 % der Fläche des Landes leben hier ca. 25 % der Bevölkerung.[187] Die Verteilung der Bevölkerung folgt dem Trend der Entwicklung der Agglomerationsräume der westlichen Bundesländer Deutschlands. In Abbildung 13 ist die Entwicklung der Bevölkerung und der sozialversicherungspflichtig Beschäftigten von 1974 bis 1998 für die Region Stuttgart dargestellt.

Die Abbildung verdeutlicht, dass für den Gesamtraum der Region während dieses Zeitraums ein Bevölkerungsgewinn zu verzeichnen war, wobei der Anteil der Bevölkerung im Kern des Agglomerationsraums sogar geringfügig abnahm.[188]

Der Anteil Stuttgarts an der Gesamtbevölkerung der Region ist seit 1974 von 26 % auf 22 % im Jahr 1998 gesunken. Dementsprechend ist der Anteil der umliegenden Landkreise von 74 % (1974) auf 78 % (1998) gestiegen.[189] Für die Region ist ein Zuwachs an Bevölkerung zu erkennen, der in der Gesamtbilanz zu Gunsten des Umlandes stattfindet.

Neben der Bevölkerungsentwicklung ist auch die Entwicklung der sozialversicherungspflichtig Beschäftigten ein Indikator für einen Suburbanisierungsprozess. Deren Entwicklung stellt sich ähnlich dar. Zugewinne finden im Wesentlichen im Umland statt, während der Anteil der sozialversicherungspflichtig Beschäftigten in Stuttgart von 39 % (1974) auf 33 % (1998) gesunken ist.

Mit einer unter dem Bundesdurchschnitt liegenden Arbeitslosenquote (8,2 % im Jahr 1997, Bundesdurchschnitt 9,0 %) stellte die Region einen attraktiven Arbeitsmarkt dar, was Grund und Anlass zu Wanderungsbewegungen in die Region war und ist.

Damit verbunden sind i. d. R. die Ausweitung der Siedlungsfläche und die Zunahme des Verkehrsvolumens. Aufgrund der sich ebenso entwickelnden höheren Mobilitätsbereitschaft der Bevölkerung, die mit dem Ausbau der Verkehrsinfrastruktur einherging, können Wohnstandorte relativ frei gewählt werden.

[187] Die Angaben beziehen sich auf des Jahr 2000. Quelle: Statistisches Landesamt Baden-Württemberg.

[188] Der Stadtkreis Stuttgart hatte 1974 noch 613 300 Einwohner, im Jahr 1998 lediglich noch 582 000 Einwohner. (Quelle: Statistisches Bundesamt).

[189] Quelle: eigene Berechnung aus Daten des Statistischen Bundesamtes und des Statistischen Landesamtes Baden-Württemberg.

Abbildung 13: Entwicklung der Bevölkerung und der sozialversicherungspflichtig Beschäftigten im Zeitraum 1974-1998

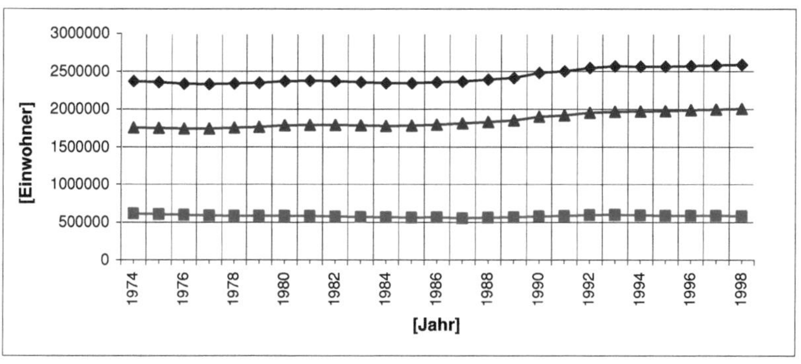

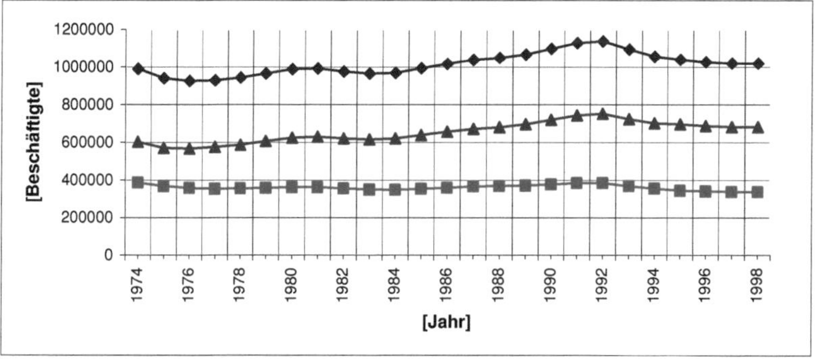

Legende: Region Stuttgart insgesamt — Stadtkreis Stuttgart — Landkreise (Umland)

Anmerkung: Die Angaben beziehen sich auf den 30. Juni des jeweiligen Jahres. Außer untere Abbildung: sozialversicherungspflichtig Beschäftigte 1984: 31. März.

Quelle: Statistisches Bundesamt 1975 – 2000 (obere Abbildung)
Statistisches Landesamt Baden-Württemberg (untere Abbildung)

Nach HARLANDER und JESSEN[190] suchen seit Ende der 1980er Jahre „...über 60 % der Zuwanderer, die neu in die Region kommen, einen Wohnstandort im Umland...“.

Sowohl die Bevölkerungsentwicklung als auch die Entwicklung der sozialversicherungspflichtig Beschäftigten folgt einem Wachstum im Umland des Verdichtungskerns. Im Hinblick auf die Überprüfung der formulierten Arbeitshypothesen muss festgestellt werden, inwieweit Erreichbarkeitskriterien bzw. Umweltqualitäten bei der Siedlungsentwicklung von Bedeutung waren.

[190] vgl. Harlander, Tilman und Jessen, Johann, 2001, S. 197

In Tabelle XI ist der Bevölkerungsstand in der heutigen Region Stuttgart für die Jahre 1964 bis 2002 dargestellt. Die Angaben beziehen sich auf die Bevölkerung insgesamt (männlich und weiblich, Deutsche und Ausländer), jeweils zum 31. Dezember des angegebenen Jahres. Bei der Analyse der Bevölkerungsentwicklung wird deutlich, dass die Region bis etwa 1973 einen Bevölkerungsgewinn zu verzeichnen hatte. In den Jahren von 1974 bis etwa Ende der 1980er Jahre unterlag die Bevölkerungsentwicklung der Region einer Stagnation. Erst zu Beginn der 1990er Jahre ist ein klares Wachstum der Bevölkerungszahlen in der Region wieder zu erkennen.

Tabelle XI: Bevölkerungsentwicklung in der Region Stuttgart von 1964 bis 2002

Jahr	Bevölkerung	Jahr	Bevölkerung	Jahr	Bevölkerung	Jahr	Bevölkerung
1964	2081130	1974	2366441	1984	2337638	1994	2560002
1965	2128292	1975	2341099	1985	2348272	1995	2566950
1966	2154821	1976	2327860	1986	2367045	1996	2578059
1967	2157433	1977	2331003	1987	2374814	1997	2581613
1968	2202691	1978	2340188	1988	2402023	1998	2587127
1969	2269007	1979	2354832	1989	2441045	1999	2601109
1970	2291663	1980	2369273	1990	2484360	2000	2613379
1971	2321112	1981	2374265	1991	2528412	2001	2634161
1972	2348392	1982	2359389	1992	2558996	2002	2649604
1973	2373268	1983	2345612	1993	2563123		

Quelle: Statistisches Landesamt, 2004.

In einer Studie von ARING[191] wird zur Untersuchung der Wohnsiedlungsentwicklung im Umland großer Städte in Westdeutschland auch die Region Stuttgart als Fallbeispiel herangezogen. Der Agglomerationsraum Stuttgart wird hier als „Prototyp" einer polyzentrischen Stadtregion bezeichnet. Mit Esslingen (rd. 92 000 EW), Ludwigsburg (rd. 87 000 EW), Sindelfingen (rd. 60 000 EW), Waiblingen (rd. 52 000 EW), Böblingen (rd. 46 000 EW) und Leonberg (rd. 45 000 EW) existieren unmittelbar vor den Toren Stuttgarts (rd. 595 000 EW)[192] wichtige Mittelstädte, die auch ein starkes wirtschaftliches Potenzial besitzen. Dazu kommen noch große Gemeinden wie z.B. die südlich von Stuttgart gelegenen Gemeinden Filderstadt, Ostfildern, Leinfelden-Echterdingen und Neuhausen, die zusammen nahezu 120 000 Einwohner besitzen. Die Kommunen im Ring um die Kernstadt sind dabei von Suburbanisierungsprozessen ebenso betroffen wie die Kernstadt Stuttgart selbst. ARING untersucht die Wohnungsbautätigkeit in der Region und stellt als Perspektive eine anhaltende Tendenz

[191] vgl. Aring, Jürgen: 1999a, S. 228 ff.
[192] Die Einwohnerzahlen (EW) beziehen sich jeweils auf den 31.12.2007).

zur Wohnbautätigkeit heraus.[193] In der Region Stuttgart kam es seit Ende der 1980er Jahre zu überproportionalen Bodenpreissteigerungen. Zwischen 1988 und 1994 ist der durchschnittliche Kaufwert für baureifes Land um 40 bis 60% gestiegen. Eine ebenso starke Preissteigerung war bei Wohnimmobilen zu verzeichnen. Der Preis für Eigenheime ist in diesem Zeitraum mit 50 bis 100% am stärksten gestiegen. Die Preissteigerungen bei Eigentumswohnungen lagen bei etwa 50 bis 80%. Damit lag der Preisanstieg für Wohnbauland in der Region Stuttgart am Beginn der 1990er Jahre weit oberhalb des Anstiegs der allgemeinen Lebenshaltungskosten. Diese Entwicklung schwächte seit Mitte der 1990er Jahre wieder ab. Aufgrund von Befragungen kommt ARING in seiner Untersuchung zur Region Stuttgart zu einer Bilanz. Es werden Knappheiten am Baulandmarkt erkannt und als Schwierigkeiten herausgestellt. Aufgrund der Flächenknappheit besteht ein enger Zusammenhang zu Hochpreisstrukturen und Bauformenentwicklung. Daraus können negative soziale Folgewirkungen entstehen.[194] Die Bevölkerungsentwicklung in der Region zwischen 1980 und 1995 wird folgendermaßen charakterisiert:[195]

- Die Gemeinden zwischen den Entwicklungsachsen wuchsen geringfügig schneller als die Gemeinden auf den Entwicklungsachsen,
- Die Gemeinden außerhalb des S-Bahn-Bereichs wuchsen etwa gleich schnell wie die Gemeinden im S-Bahn-Bereich (inklusive der Gemeinden in unmittelbarer Nachbarschaft zu Stuttgart, die nicht über S-Bahn erschlossen werden).
- Die Gemeinden in einer Distanz von 20 bis 30 Minuten Autofahrt zu Stuttgart gewinnen am stärksten an Gewicht, aus die peripheren Kommunen legen etwas an Gewicht zu.
- Bei einer Orientierung an der zentralörtlichen Gliederung stehen dem Gewichtsverlust des Oberzentrums Stuttgart insbesondere Gewinne in den Kleinzentren und den Gemeinden ohne zentralörtliche Funktion gegenüber.

Für die zukünftige Bevölkerungsentwicklung in der Region Stuttgart wird ein leicht ansteigender Trend erwartet.

[193] vgl. Aring, Jürgen; 1999a, S. 244.
[194] Ebenda, S. 279.
[195] Ebenda, S. 235.

3.2.3 Regionalplanung in der Region Stuttgart

Als rahmensetzendes Gesamtkonzept für die räumliche Entwicklung des Landes gilt der Landesentwicklungsplan. An ihm hat sich die Regionalplanung zu orientieren. Der für Baden-Württemberg derzeit gültige Landesentwicklungsplan stammt aus dem Jahr 2002. Bis dahin war der Landesentwicklungsplan von 1982 gültig, der eine Fortschreibung des Landesentwicklungsplans 1971 war. Im Landesentwicklungsplan sind, wie in Kapitel 2 beschrieben, Grundsätze und Ziele der Raumordnung festgelegt. Ein Vorteil der Auswahl des Untersuchungsraumes liegt darin, dass es sich um eine Region handelt, für die Regionalpläne als Instrument der räumlichen Entwicklung existieren. Der bei der Bearbeitung aktuelle Regionalplan stammt aus dem Jahr 1998 und stellt eine Fortschreibung der Regionalpläne von 1977 und 1989 dar.

Träger der Regionalplanung ist der Verband Region Stuttgart. Auf Grundlage des am 2. Februar 1994 vom Landtag verabschiedeten Gesetzes über die Stärkung der Zusammenarbeit in der Region Stuttgart wurde der Verband Region Stuttgart (VRS) geschaffen. Damit existiert ein Trägerschaftsverband mit Umsetzungsaufgaben für die Aufgaben der räumlichen Entwicklung.

Zum 1. Januar 1973 trat in Baden-Württemberg das Regionalverbandsgesetz und das Kreisreformgesetz in Kraft, was eine Änderung der Verwaltungsgrenzen nach sich zog. Bis dahin existierte das Gebiet Mittlerer Neckarraum, für das ein Gebietsentwicklungsplan von 1972 existierte. Mit der Bildung von Regionen wurden die bis dahin existierenden Gebiete in Regionen überführt, was aber auch zu anderen Abgrenzungen führte. Die Region Mittlerer Neckar setzte sich aus großen Teilen des ehemaligen Gebiets Mittlerer Neckarraum zusammen. Deshalb sollen in dieser Arbeit auch Festlegungen des Gebietsentwicklungsplanes 1972 einbezogen werden. In der Abgrenzung der heutigen Region existierte seit 1974 der Regionalverband Mittlerer Neckar, der aus den Planungsgemeinschaften Rems-Murr, Neckar-Fils und Württemberg Mitte entstanden war. Außerdem entstand, um im verstärkten Maße die Entwicklungsprobleme Stuttgarts und der näheren Umlandgemeinden zu berücksichtigen, 1976 zusätzlich der Nachbarschaftsverband Stuttgart. Er bestand aus 28 Städten und Gemeinden im näheren Umkreis von Stuttgart. Hauptaufgabe war die Erstellung eines gemeinsamen Flächennutzungsplans.

Mit der Errichtung des Verbandes Region Stuttgart wurde der Regionalverband Mittlerer Neckar in den neuen Verband übergeleitet. Der Nachbarschaftsverband Stuttgart wurde aufgelöst. Die Aufgabe der Erstellung der Flächennutzungspläne fiel zurück an die Gemeinden.

Zu den Aufgaben des Regionalverbandes gehören u. a. die Wirtschaftsförderung, die Trägerschaft für den Nahverkehr, Teile der Abfallwirtschaft, regionalbedeutsame Kultur- und Sportförderung sowie Aufgaben der Planung, insbesondere die Erstellung:

- des Regionalplans,
- des Regionalverkehrsplans und
- des Landschaftsrahmenplans.

Im Regionalplan ist das räumliche Entwicklungskonzept für die jeweils 10 bis 20 nachfolgenden Jahre festgelegt. Die Region Stuttgart verfolgt mit der Fortschreibung des Regionalplans von 1998 bei der Siedlungsentwicklung die Leitvorstellung einer Entwicklung entlang der Entwicklungsachsen.[196] Eine Siedlungsentwicklung, die „so knapp wie möglich" [197] dimensioniert sein soll, soll durch zusammenhängende Freiräume als „Lebensgrundlage, Ausgleichs- und Erholungsräume" [198] ergänzt werden. Die Siedlungsentwicklung soll durch eine Zuordnung an bestehende Versorgungseinrichtungen und den öffentlichen Schienennahverkehr erfolgen. Mit der Anordnung von Mittelzentren – verbunden durch Entwicklungsachsen – um das Oberzentrum Stuttgart herum ist die Voraussetzung für eine beispielhafte Orientierung auf das Leitbild der dezentralen Konzentration geschaffen. Zentrale Orte, verbunden durch Achsen sind wie oben beschrieben, die wesentlichen Elemente des punktaxialen Siedlungsstrukturkonzepts, welches für die Region Stuttgart charakteristisch ist (vgl. Abb. 14). Als Instrumente zur Steuerung der

Abbildung14: Das punktaxiale Siedlungsstrukturkonzept in der Region Stuttgart

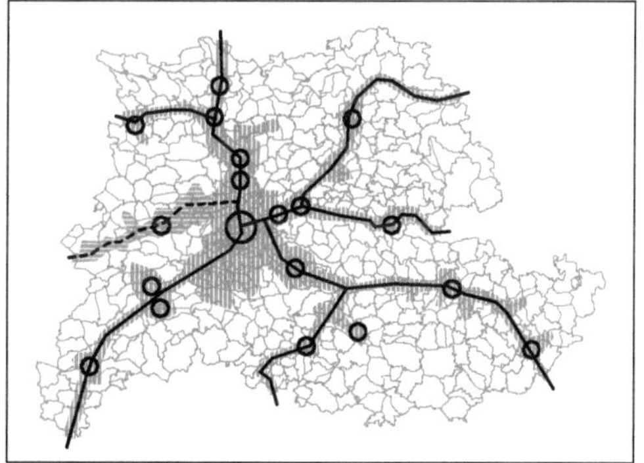

— Entwicklungsachsen
O Zentrale Orte höherer Stufe

Quelle: eigene Darstellung

[196] Vor einer Neuausweisung von Flächen als Bauflächen soll zunächst vorrangig auf vorgehaltene Flächenreserven oder im Bestand nutzbare Bauflächen zurückgegriffen werden (Vorrang der Bestandsnutzung).

[197] Verband Region Stuttgart, 1998, Plansatz 1.4.2.3.

[198] ebenda.

räumlichen Entwicklung gelten die Vorranggebiete, die im Regionalplan als Schwerpunkte für die Siedlungsentwicklung flächenscharf ausgewiesen sind. Außerdem wird im Regionalplan die Differenzierung der Gemeinden nach der Lage auf einer Entwicklungsachse bzw. im Achsenzwischenraum vorgenommen.

Gemeinden, die auf einer Entwicklungsachse liegen, gelten als Wachstumsgemeinden, wo eine Siedlungsentwicklung in beschriebener Form erwünscht ist. Für die Gemeinden, die nicht auf einer Entwicklungsachse liegen, bedeutet das nicht, dass Siedlungsentwicklung zu unterbleiben hat. Siedlungsentwicklung soll hier jedoch lediglich im Rahmen der Eigenentwicklung erfolgen. Wachstumsgemeinden auf den Entwicklungsachsen unterscheiden sich von den Gemeinden, die sich primär im Rahmen der Eigenentwicklung entwickeln sollen, im Wesentlichen durch die „Zulässigkeit" der Siedlungsentwicklung aufgrund von Wanderungsgewinnen.

Der Bedarf aus Eigenentwicklung setzt sich hauptsächlich aus dem Bedarf an Geburtenüberschuss, dem Bedarf aus sinkender Belegungsdichte der Wohnungen, dem Ergänzungsbedarf aus wachsenden Wohnansprüchen und dem Ersatzbedarf für wegfallende Wohnungen zusammen.

Für den Planungszeitraum des Regionalplans 1998 wird für Gemeinden mit Eigenentwicklung regionsweit mit einem zusätzlichen Bedarf an Wohnungen von 6 % ausgegangen. Der Bedarf, der aus Wanderungsgewinnen resultiert, liegt ebenfalls bei 6 %.[199] Diese Durchschnittswerte stellen aber lediglich Anhaltspunkte dar und sind nicht als verbindliche Planungsrichtwerte zu interpretieren.[200]

Eine strikte Umsetzung dieser Vorgabe hätte zur Folge, dass der Umfang der Siedlungsflächeninanspruchnahme entlang der Entwicklungsachsen relativ betrachtet doppelt so hoch wäre wie gegenüber den Achsenzwischenräumen.

Folgt die Umsetzung aber zumindest ansatzweise, dann sollte die Inanspruchnahme von Siedlungsfläche entlang der Entwicklungsachsen signifikant stärker sein.

Eine dahingehende Überprüfung soll in einem späteren Schritt erfolgen.

Der Regionalplan ist durch die gewählte Regionalversammlung beschlossen und durch das Wirtschaftsministerium Baden-Württemberg genehmigt worden. Er stellt das Bindeglied zwischen dem Landesentwicklungsplan und der kommunalen Bauleitplanung dar. Dabei kommt es, wie oben beschrieben, immer wieder zu Konflikten

[199] Die prozentualen Angaben beziehen sich auf den Planungszeitraum 1995 bis 2010 und gehen vom Bestand Ende 1995 aus.

[200] vgl. Verband Region Stuttgart, 1995, Begründung zu Plansatz 2.4.4, S. 109

bei der Durchsetzung von Interessen der Regionalplanung und den kommunalen Interessen infolge der Baulandsausweisung.
Nach Landesplanungsgesetz kann der Regionalverband die Träger der Bauleitplanung verpflichten, Bauleitpläne entsprechend den Zielen der Raumordnung und Landesplanung anzupassen bzw. aufzustellen (Planungsgebot).[201]
Für Fälle, in denen die Erfordernisse der Raumordnung[202] nicht beachtet worden sind, ist der Verband mit einer Klagebefugnis ausgestattet, die jedoch auf Errichtung, Erweiterung oder Nutzungsänderung eines großflächigen Einkaufszentrums, etc. beschränkt ist.[203]
Bei der Fortschreibung des Regionalplans kommt es zur Anhörung der Gemeinden, was die Umsetzung des Gegenstromprinzips nach ROG bedeutet. Insbesondere Gemeinden, die nicht auf einer im Regionalplan festgelegten Entwicklungsachse liegen, fühlen sich in ihrer gemeindlichen Entwicklung eingeschränkt. Viele Gemeinden sind bestrebt, einer Entwicklungsachse anzugehören und somit nicht als „Gemeinde mit Eigenentwicklung“ klassifiziert zu werden.
Letztendlich ist die Entscheidung der siedlungswilligen Akteure von wesentlicher Bedeutung. Gemeinden, möglicherweise auch Investoren, sind wie beschrieben daran interessiert, dass ausgewiesene Flächen auch zu Siedlungszwecken in Anspruch genommen werden.

3.3 Der Untersuchungszeitraum

Die Entwicklung der Siedlungsstruktur ist ein vergleichsweise langwieriger Prozess, der durch die Entwicklung des Verkehrswesens im 20. Jahrhundert und spätestens seit dem Einsetzen der Massenmotorisierung in dessen zweiter Hälfte Veränderungen in immer kürzer werdenden Zeiträumen unterlag. Für die Entwicklung der Siedlungsstruktur in der Region Stuttgart besitzen dabei der Ausbau des Straßennetzes seit den 1960er Jahren und der Aufbau des S-Bahnnetzes einen bedeutenden Einfluss, der bis heute anhält.
Soll eine räumliche Entwicklungssituation überprüft werden, dann müssen einerseits Informationen vorliegen, welche Entwicklungsziele der räumlichen Planung verfolgt wurden bzw. was die angestrebte Situation für einen Untersuchungsraum war und

[201] vgl. LplG, § 15a
[202] Nach § 4 des Bundesraumordnungsgesetztes

ist. Dazu sind Raumordnungspläne und ihre Fortschreibungen eine wesentliche Grundlage. Festlegungen zu Entwicklungsachsen für das Gebiet des Landes werden im Landesentwicklungsplan getroffen. Deshalb besitzen die räumlichen Pläne für das Landesgebiet Relevanz für diese Untersuchung. Wesentlich höhere Aussagekraft besitzen natürlich die räumlichen Pläne für die Region, die für die Analyse der angestrebten räumlichen Situation eine wesentliche Grundlage darstellen. Die Überprüfung von Festlegungen zur Siedlungsstrukturentwicklung und ein anschließender Vergleich der tatsächlich entstandenen Situation kann nur anhand früherer räumlicher Pläne erfolgen. Aufgrund der Langwierigkeit des Prozesses der Siedlungsentwicklung sollen dazu auch Pläne in die Analyse einbezogen werden, deren Aufstellung weit genug zurückliegt, um erkennen zu können, ob eine angestrebte Entwicklung (oder Entwicklungstendenz) der Siedlungsstruktur eingetreten ist. Die Überprüfung soll anhand von topographischen Karten der Region erfolgen, die den Zustand der Siedlungsentwicklung zu verschiedenen Zeitpunkten abbilden. Für einen Untersuchungsraum mit Größe einer Region ist es problematisch, topographische Karten für den gesamten Raum zum gleichen Zeitpunkt[204] zu bekommen, weil die oft manuelle Erstellung ein fortlaufender Prozess war, der längere Zeit in Anspruch nahm. Deshalb kann für den Gesamtraum der Stand der topographischen Karten zu bestimmten Zeitpunkten leicht voneinander variieren.[205] Diese geringfügigen Unterschiede beim Stand (insbesondere der früheren Karten) sind für die Fragestellung der Untersuchung nicht von grundlegender Bedeutung. Wichtig ist zu wissen, wo und in welchem Zeitrahmen Flächeninanspruchnahme stattfand. Dazu muss der Stand der Siedlungsentwicklung aus jüngerer Zeit mit einem früheren Stand verglichen werden.

Nach der Ermittlung für welche Zeitpunkte topographische Karten vorliegen, die den Stand der Siedlungsentwicklung im gesamten Untersuchungsraum zu ähnlichen Zeitpunkten darstellen, sollen verschiedene Stände der Siedlungsstrukturentwicklung ausgewählt werden.

[203] vgl. LplG, § 15b

[204] Insbesondere für topographische Karten, die den Stand der Siedlungsentwicklung früherer Zeitpunkte abbilden.

[205] Die topographischen Karten besitzen als Datum der Ausgabe eine Jahresangabe (Bsp.: Ausgabe 1974). Dabei kann i. d. R. nicht festgestellt werden, ob es sich um den Anfang oder das Ende eines Kalenderjahres handelt. Im Vergleich zum langwierigen Prozess der Entwicklung der Siedlungsstruktur erscheint deshalb bei der Frage nach dem Stand der Siedlungsstruktur einer topographischen Karte der Unterschied von 1 oder 2 Jahren vernachlässigbar klein.

Strukturdaten und Daten zur Verkehrs- und Umweltsituation liegen aus dem Forschungsprojekt „Wege zu einer umweltverträglichen Mobilität – am Beispiel der Region Stuttgart“ (WUMS) – auf das im Folgenden noch eingegangen wird – vor und sollen aufgrund ihres Umfangs und ihrer Zuverlässigkeit eine wesentliche Grundlage bei der Bewertung der Erreichbarkeits- und Umweltsituation darstellen.

In Tabelle XII ist aufgeführt, welche räumlichen Pläne bzw. für welche Zeitpunkte Darstellungen zur Entwicklung der Siedlungsmuster im Untersuchungsraum existieren.[206]

Tabelle XII: Stand ausgewählter Pläne und topographischer Karten

Datenquelle:	Stand:
Landesentwicklungsplan	1971 1983 2002
Regionalplan [a)]	1972 1977 1989 1998
Topographische Karten [b)]	1930 1965 1974 1995
Strukturdaten	1995

[a)] oder vergleichbarer Raumordnungsplan
[b)] etwaiges Erscheinungsjahr

Der Stand der räumlichen Pläne bezieht sich jeweils auf das Jahr der Aufstellung bzw. Fortschreibung. Topographische Karten für den gesamten Untersuchungsraum weichen in ihrem Stand leicht voneinander ab. Der zeitliche Unterschied der Ausgaben ist allerdings nie so groß, dass eine Betrachtung für den gesamten Untersuchungsraum ausgeschlossen wird. Bei voneinander abweichendem Stand der Karten wurde das jüngere Datum gewählt. So kann es sein, dass bspw. bei mit „Stand 1974“ bezeichneten Karten, einzelne Karten den Stand 1973 oder 1972 besitzen, was bei der Langfristigkeit der Betrachtung unbedenklich erscheint, da es zu keiner Verzerrung der Situation führt.

Ebenso ist für die räumlichen Pläne das angegebene Datum nur als ein „Veröffentlichungsdatum“ zu sehen. Der Prozess der Fortschreibung räumlicher Pläne kann sich über einen Zeitraum mehrerer Jahre erstrecken. Die Dauer der Gültigkeit aufgestellter Pläne ist vom Prozess seiner Fortschreibung abhängig. Die grundlegenden materiellen Inhalte sind über längere Zeiträume gültig und können der veränderten Entwicklungssituation angepasst werden.

Aufgrund des fortlaufenden Prozesses der Siedlungsentwicklung ist die Festlegung eines Untersuchungszeitraums nur im Rahmen einer Zeitspanne sinnvoll, die lang genug ist, um räumliche Veränderungen erkennen zu können. Von einem Stand der

Siedlungsentwicklung ausgehend sollen Festlegungen zu Entwicklungszielen und die tatsächliche Entwicklung überprüft werden. Die Siedlungsentwicklung kann gegenüber der heutigen Situation[207] anhand von topographischen Karten aus den dreißiger, sechziger und siebziger Jahren ermittelt werden. Ein Zeitpunkt in den 1960er Jahren scheint als Beginn des Untersuchungszeitraums geeignet zu sein, da seitdem die räumliche Entwicklung relativ konstante Rahmenbedingungen besaß.[208] Die Einbeziehung des Standes der Siedlungsentwicklung aus den 1930er Jahren scheint aufgrund der Einflüsse der Veränderungen des politischen Systems, des 2. Weltkrieges und der Wiederaufbauphase als ungeeignet.

Die für das Land und die Region existierenden räumlichen Pläne und deren Fortschreibung(en) sind jüngeren Datums, so dass diese innerhalb des Untersuchungszeitraumes liegen, wenn der Beginn auf Mitte der 1960er Jahre festgelegt wird. Aufgrund des fortlaufenden Prozesses der Siedlungsentwicklung ist es nicht sinnvoll, einen „exakten Stichtag" festzulegen.

Ein jüngerer Stand der Siedlungsentwicklung, der einen Vergleich der Entwicklung ermöglichen soll, ist ebenso vom verfügbaren Stand der topographischen Karten für den gesamten Untersuchungsraum abhängig. Karten aus jüngerer Zeit variieren in ihrem Stand um die Mitte der 1990er Jahre. Der Stand der Siedlungsentwicklung soll für den gesamten Untersuchungsraum für das Jahr 1995 festgestellt werden. Dieser Stand der Siedlungsentwicklung und die Verfügbarkeit des umfangreichen Datenmaterials aus dem Forschungsprojekt WUMS, welches sich auf das Jahr 1995 bezieht, bestimmen hier das Ende des Untersuchungszeitraums. Damit wird der in Abbildung 15 dargestellte Zeitabschnitt - von etwa der Mitte der 1960er Jahre bis 1995 - als Zeitraum für die Untersuchungen ausgewählt. Zunächst ist es sinnvoll, die Situation der Siedlungsentwicklung zu Beginn der Untersuchung darzustellen. Es bietet sich hierzu an, die Siedlungsentwicklung in einen ersten Abschnitt von 1965 bis 1974 und in einen zweiten Abschnitt von 1974 bis 1995 zu teilen. Im Folgenden soll als „Untersuchungszeitraum" der Zeitabschnitt von 1974 bis 1995 gelten. Wenn die Daten ab

---

206 Die Angaben der Jahreszahlen für den Stand der topographischen Karten beziehen sich auf das Jahr, für das eine Ermittlung des Standes der Siedlungsentwicklung anhand der Karten für den Untersuchungsraum entspricht.

207 Unter "heutiger Situation" soll hier der Stand der Siedlungsentwicklung aus der Mitte der 1990er Jahre verstanden werden, was von der Verfügbarkeit der zuletzt aufgestellten topographischen Karten abhängig ist.

208 Seit 1965 existiert in der BRD das Bundesraumordnungsgesetz, womit der bis heute geltende (zwischenzeitlich novellierte) gesetzliche Rahmen zur räumlichen Entwicklung in Deutschland geschaffen wurde.

1965 einbezogen werden, soll das als „erweiterter Untersuchungszeitraum" bezeichnet werden.

Abbildung 15: Auswahl des Untersuchungszeitraums mit Übersicht über die vorhandenen Daten und der Bevölkerungsentwicklung im Untersuchungsraum

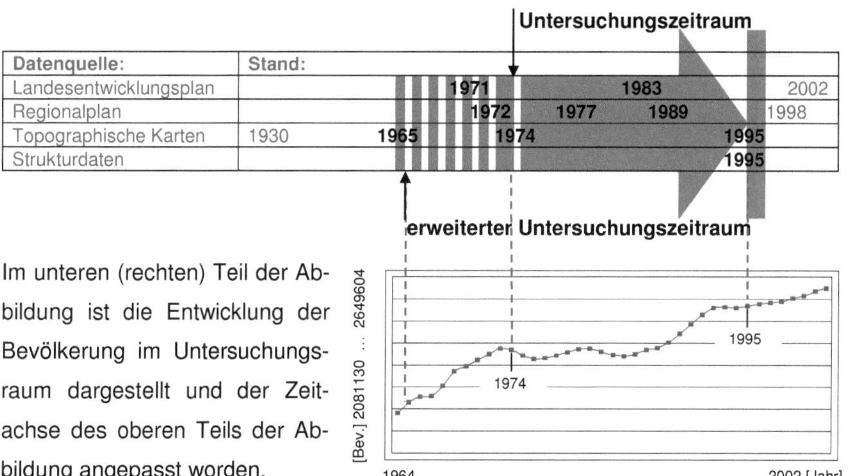

Im unteren (rechten) Teil der Abbildung ist die Entwicklung der Bevölkerung im Untersuchungsraum dargestellt und der Zeitachse des oberen Teils der Abbildung angepasst worden. Datengrundlage dieser Abbildung stellt Tabelle XII dieses Kapitels dar. Auf der Abszisse ist die Zeit [Jahr] (1964 bis 2002) abgetragen, die Ordinate stellt die Entwicklung der Bevölkerungszahlen [Bev.] (2 081 130 im Jahr 1964 auf 2 649 604 Einwohner im Jahr 2002) dar. Die Abbildung verdeutlicht, dass während des Untersuchungszeitraumes eine Stagnation bei den Bevölkerungszahlen herrschte. Eine Entwicklung setzt erst zum Ende des definierten Untersuchungszeitraumes hin ein. Eine steigende Bevölkerungsentwicklung ist auch erkennbar, wenn der erweiterte Untersuchungszeitraum in die Betrachtung einbezogen wird, denn in den Jahren von 1965 bis 1974, also vor dem (engeren) Untersuchungszeitraum, ist ein Bevölkerungswachstum zu erkennen. Bei der späteren Überprüfung der Regionalpläne von 1977 und 1989 wird sich zeigen, ob bzw. welche Festlegungen zur Siedlungsentwicklung getroffen wurden, um bei gleich bleibender Gesamtbevölkerungszahl den Dekonzentrationsprozessen entgegenzuwirken, da die Aufstellung bzw. Fortschreibung dieser Pläne in die Phase der stagnierenden Bevölkerungsentwicklung der Region gefallen ist.

3.4 Das Forschungsprojekt WUMS

Im Frühjahr 2000 wurde der Endbericht des Forschungsprojekts „Wege zu einer umweltverträglichen Mobilität – am Beispiel der Region Stuttgart“ (WUMS) vorgelegt. Bei diesem interdisziplinären Projekt arbeiteten sechs Institute aus drei Fakultäten der Universität Stuttgart, das Steinbeis Transferzentrum für Angewandte Systemanalyse, SSP-Consult Beratende Ingenieure GmbH und die Akademie für Technikfolgeabschätzung in einem Forschungsverbund zusammen. Ziel des Forschungsprojektes war es, mit interdisziplinären Ansätzen die Zusammenhänge zwischen Siedlungsstruktur und Mobilität zu erkennen und durch gezielte Maßnahmen bei Umwelt-, Stadt- und Regionalplanung Einfluss auf die Mobilität in der Region auszuüben. Die Wechselwirkungen zwischen räumlicher Struktur, Mobilität, Umwelt und Ökonomie sollten bei der Modellierung eines Trendszenarios berücksichtigt werden. Durch verschiedene Maßnahmen wurde daraus eine veränderte Situation modelliert, um eine umweltverträgliche Mobilität in der Region zu erzielen. Dabei wurde mit einem dynamisch vernetzten Standort- und Verkehrsmodell gearbeitet, welches aus verschiedenen Teilmodellen bestand. Die Ergebnisse eines Teilmodells lieferten den Input für ein weiteres Teilmodell, etc.. Die im Verkehrsmodell benötigten Strukturdaten wurden im Standortmodell generiert. Die Modellierung der Verkehrssituation hatte dann wieder Einfluss auf die Attraktivitäten des Wohnstandorts und damit auch dessen zukünftige Entwicklung hinsichtlich der Bevölkerungszunahme.
Etwa zeitgleich zur Bearbeitung des Forschungsprojektes begannen die Arbeiten zur Erstellung eines Regionalverkehrsplanes für die Region Stuttgart.[209] Da als Untersuchungsraum für das Projekt WUMS die Region Stuttgart diente, konnten von der im Rahmen der Erstellung des Regionalverkehrsplanes geschaffenen Datenbasis ausgewählte Informationen übernommen werden. Unter anderem war das bei der Abgrenzung der räumlichen Untersuchungseinheiten der Fall. Der Untersuchungsraum Region Stuttgart wurde in 624 Untersuchungseinheiten (Verkehrsbezirke) unterteilt. Außerdem wurden 136 Verkehrsbezirke außerhalb der Region verwendet.
Bei der Abgrenzung wurden bestimmte Anforderungen an die räumlichen Einheiten gestellt, die jeweils erfüllt sein mussten. Eine Anforderung war das Vorhandensein von mindestens je einem Knoten im Netz des Individualverkehrs (IV) und des öffent-

[209] Zu den Aufgaben des Verbandes Region Stuttgart gehört die Erstellung des Regionalverkehrsplans, der am 28. März 2001 von der Regionalversammlung verabschiedet wurde.

lichen Personennahverkehrs (ÖPNV). Nur so war es möglich, die Attraktivität im Hinblick auf Erreichbarkeiten abzubilden. Die zweite Forderung bestand darin, dass die Untersuchungseinheiten vergleichbar sind. Hinsichtlich der Einwohnerzahl und der Fläche gab es jedoch erhebliche Unterschiede zwischen den Verkehrsbezirken, insbesondere zwischen den Bezirken innerhalb und außerhalb der Region. Die Einwohnerzahlen für das Bezugsjahr 1995 schwankten zwischen 0 Einwohner (Verkehrsbezirk Aspach/Backnang) und 275 690 Einwohnern (Verkehrsbezirk Karlsruhe). Ein ähnliches Bild zeigt die Betrachtung der Fläche. Hier variieren die Bezirke zwischen 0,06 km^2 (Verkehrsbezirk Stuttgart Mitte) und 453,09 km^2 (Verkehrsbezirk Ellwangen-Jagstzell). Die Unterschiede sind darauf zurückzuführen, dass es sich bei der Einteilung der Verkehrsbezirke innerhalb der Region i. d. R. pro Einheit um einen Ortsteil bzw. Siedlungskörper handelt, während außerhalb der Region mehrere Gemeinden zu einem Bezirk zusammengefasst wurden.

Um festzustellen, welche Wechselwirkungen zwischen räumlicher Struktur, Mobilität und Umweltqualität in den Untersuchungseinheiten bestehen, wurde mit verschiedenen Teilmodellen gearbeitet. Das Standortmodell lieferte die benötigten Strukturdaten für die einzelnen Verkehrsbezirke, die nicht exogen vorgegeben wurden, sondern modellendogen ermittelt wurden. So konnte ermöglicht werden, dass Veränderungen in den einzelnen Verkehrsbezirken bspw. hinsichtlich der verkehrlichen Erreichbarkeiten oder der Umweltsituation auf die Attraktivität als Wohnstandort Einfluss hatten, was auf die Bevölkerungsentwicklung des jeweiligen Bezirks Einfluss hatte. Anhand der Strukturdaten wurden im Verkehrsmodell die täglichen Quell- und Zielverkehre erzeugt (Verkehrserzeugung). Im nächsten Schritt wurden die Ziele des Quellverkehrs und das gewählte Verkehrsmittel bestimmt (Verkehrserzeugung und Verkehrsaufteilung) und schließlich einzelnen Routen im Netz zugewiesen (Umlegung).[210] Zu den Fahrten wurden die verbundenen Emissionen berechnet. Von den Emissionen des Verkehrs ausgehend wurden die Immissionen berechnet, denn Einflüsse des Verkehrs haben wesentlichen Einfluss auf die Umweltqualität der Verkehrsbezirke. Zur Bewertung der Umweltqualität in den Verkehrsbezirken wurden Umweltqualitätsstandards[211] festgesetzt. Für diesen Zweck wurde eine umfangreiche Umweltdatenbank erstellt, die Informationen für die Verkehrsbezirke lieferte, da für

[210] Es handelt sich von der Herangehensweise um den klassischen 4-Stufen-Algorithmus, der hier Anwendung fand.

[211] Die Umweltqualitätsstandards beziehen sich auf Lärm- und Schadstoffimmissionen, Zerschneidung und Versiegelung sowie Verkehrssicherheit.

alle Verkehrsbezirke die Umweltqualitäten ermittelt wurden. Die Umweltqualitätsstandards der Verkehrsbezirke wurden in Grenz-, Vorsorge- und Zielwerte unterteilt.[212] Die Entscheidung, ob es sich bei einer bestimmten Entwicklung der Mobilität (ausgedrückt als Verkehrsgeschehen) um eine umweltverträgliche Entwicklung[213] handelt, wird danach getroffen, ob die vereinbarten Umweltqualitätsstandards in den Verkehrsbezirken überschritten werden oder nicht. Wird ein Umweltqualitätsstandard überschritten, sollen innerhalb des vernetzten Verkehrs- und Standortmodells Maßnahmen abgeleitet werden, die zur Einhaltung der Standards führen.
Ausgehend von der Situation des Jahres 1995 wurde die Bevölkerungsentwicklung in Jahresschritten ermittelt, die als Zielhorizont in einem Trendszenario die Entwicklung bis 2010 darstellt. Verkehrsprojekte werden nur berücksichtigt, sofern sie bereits im Bau bzw. beschlossen waren.
Bei der Bestimmung der Wanderungen nehmen die Attraktivitäten der Verkehrsbezirke eine tragende Rolle ein. Sie werden auf Grundlage von empirisch ermittelten Teilindikatoren beschrieben, mit den Attraktivitätskomponenten Beschäftigung, Versorgung, Verkehrsanbindung, Freizeitqualität und Umweltqualität. Über Regressionsberechnungen wurde ermittelt, welche der Attraktivitätskomponenten die Attraktivität der Verkehrsbezirke signifikant beeinflusst. Dabei wurde berücksichtigt, dass es Indikatoren gibt, deren Attraktivität lokal sehr begrenzt ist und im Wesentlichen nur Auswirkungen auf einen Verkehrsbezirk hat. Ein typisches Beispiel hierfür ist die Ausstattung mit einer Grundschule, deren Einzugsbereich i. d. R. nicht die Grenzen des Verkehrsbezirkes überschreitet. Andere Indikatoren wirken auch auf die Attraktivität anderer Verkehrsbezirke, weil deren Einzugsbereich über die Grenzen des Verkehrsbezirks hinaus geht. Ein Beispiel hierfür wäre die Ausstattung mit einer Hochschule. Deshalb wurden bei der Ermittlung der Attraktivität eines Verkehrsbezirks auch die Erreichbarkeiten von Einrichtungen benachbarter Verkehrsbezirke einbezogen. Die Ergebnisse des Trendszenarios wurden für die Standortebene, die Verkehrsebene und den Umweltbereich einzeln dargestellt. Danach wurde ein umfangreicher Maßnahmenkatalog zusammengestellt, der zur Erreichung einer umweltverträglichen Mobilität beitragen soll. Ausgehend von der Situation 1995 wurden die Än-

---

[212] Grenzwerte sind wissenschaftlich medizinisch bzw. ökotoxikologisch zu begründen, Vorsorge- und Zielwerte sind Ergebnis eines politischen Abwägungs- und Entscheidungsprozesses. Vgl. Forschungsverbund WUMS 2000, S. 16ff.

[213] Der Begriff „umweltverträglich“ wird hier verwendet, weil er Verwendung im Bericht zum Forschungsvorhaben findet. Ob eine heute übliche Form der Mobilität überhaupt als „umweltverträglich“ bezeichnet werden kann, soll an dieser Stelle nicht weiter kommentiert werden.

derungspotentiale infolge der Konzentration von Bevölkerung und Arbeitplätzen auf ÖPNV-Achsen ermittelt. Dazu wurde angenommen, dass 80% der Bevölkerung und der Arbeitsplätze in ÖPNV-affinen Verkehrsbezirken konzentriert sind. Das Modell ermittelt in diesen Verkehrsbezirken eine starke relative Zunahme an Bevölkerung, während die übrigen Verkehrsbezirke relativ Bevölkerungsverluste hinnehmen mussten. Ein Ergebnis des Szenarios gegenüber der Ausgangssituation war die Zunahme der ÖPNV-Leistungen und die Abnahme der Fahrleistungen im IV, wodurch auch geringere Unfall-, Emissions- und Klimabelastungskosten, etc. verbunden sind. Allerdings findet eine stärkere Konzentration des IV auf den Hauptverkehrsachsen statt, was dort wiederum mit erhöhten Staufahrleistungen und damit einhergehenden Umweltbelastungen verbunden ist. Deshalb konnte kein eindeutiger Beweis dafür geliefert werden, ob eine Konzentration von Bevölkerung und von Arbeitsplätzen an den ÖPNV-Achsen zu einer Verringerung der Umweltkosten des Verkehrs führt. Es konnte der Nachweis über den Einfluss der Siedlungsstruktur auf die Umweltbelastung durch Verkehr erbracht werden. Zu den Ergebnissen des Forschungsprojektes WUMS zählt auch, dass ein Instrumentarium zur Verfügung steht, aus dem Kombinationen von verkehrs- und regionalpolitischen Maßnahmen abgeleitet werden können, wenn ökologische Zielwerte überschritten werden.[214]

[214] vgl. Stuttgarter Unikurier, 1999.

4 Analyse der Siedlungsentwicklung im Untersuchungsraum

In diesem Kapitel wird eine Analyse der Siedlungsflächenentwicklung des Untersuchungsraums für den definierten Untersuchungszeitraum auf der Basis kleinräumiger Untersuchungseinheiten vorgenommen. Diese Entwicklung wird mit der angestrebten räumlichen Situation verglichen. Dort, wo Siedlungsflächeninanspruchnahme in verstärktem Maße außerhalb der vorgesehenen Entwicklungsachsen (oder anderer zu entwickelnder Siedlungsbereiche) stattfand, müssen bestimmte Gründe bei der Entscheidung zur Siedlungsflächeninanspruchnahme Relevanz besitzen. Gegenstand des nächsten Kapitels wird dann sein, herauszufinden, ob bzw. welche Kriterien abgeleitet werden können, die Einfluss auf die Siedlungsflächeninanspruchnahme besitzen. Dazu werden die hier ermittelten Untersuchungseinheiten mit starken Umfängen an Flächeninanspruchnahme untersucht werden.

4.1 Verwendete Daten

Der Untersuchungsraum ist das Gebiet der heutigen Region Stuttgart, die aus der bis 1994 existierenden Region Mittlerer Neckar hervorging und aus der Landeshauptstadt Stuttgart und den Landkreisen Böblingen, Esslingen, Göppingen, Ludwigsburg und dem Rems-Murr-Kreis besteht. Der erweiterte Untersuchungszeitraum erstreckt sich von Mitte der sechziger Jahre bis 1995.
Zur Analyse der Siedlungsstrukturentwicklung sollen, wie in Kapitel 3 beschrieben, topographische Karten für die Region, sowie Raumordnungspläne und Daten, die im Zuge der Bearbeitung des Forschungsprojektes WUMS erstellt wurden, herangezogen werden. Die in die Untersuchung einzubeziehenden räumlichen Pläne sind der Landesentwicklungsplan Baden-Württemberg und der Regionalplan der Region Mittlerer Neckar bzw. der Region Stuttgart. Der Landesentwicklungsplan stammt aus dem Jahr 1971 und wurde 1983 und 2002 fortgeschrieben. In die Untersuchung werden die Fassungen des Plans von 1971 und 1983 einbezogen. Aussagekräftiger für die Entwicklung in der Region ist der Regionalplan für die Region. Er wurde 1977 aufgestellt und in den Jahren 1989 (noch als Regionalplan für die Region Mittlerer Neckar) und 1998 (bereits als Regionalplan für die Region Stuttgart) fortgeschrieben. Hier sind die Grundsätze und Ziele der räumlichen Entwicklung der Region festge-

legt. Ein Teil der Untersuchung soll die Überprüfung der darin enthaltenen Festlegungen und der tatsächlich eingetretenen Entwicklung beinhalten. Die den Plänen beigefügten Raumnutzungskarten dienen der Überprüfung der Siedlungsmuster. Insbesondere die Raumnutzungskarte des Regionalplans 1998, die im Maßstab 1 : 50 000 aufgestellt wurde, ist für die Unterscheidung der Flächennutzungsarten geeignet. Die Raumnutzungskarten der Pläne von 1977 und 1989 sind im Maßstab 1 : 100 000. In die Untersuchung sollen der Regionalplan von 1977 und beide Fortschreibungen von 1989 und 1998 einbezogen werden.

Für die Region Stuttgart existiert ein Landschaftsrahmenplan aus dem Jahr 1999. Die Landschaftsrahmenplanung unterstützt die räumliche Gesamtplanung bei koordinierenden Aufgaben durch die Bereitstellung der Belange von Naturschutz und Landschaftspflege für die spätere Abwägung im Regionalplan. Dem Landschaftsrahmenplan ist eine Landschaftsfunktionskarte im Maßstab 1 : 100 000 mit Stand von 1995 beigefügt. Der Landschaftsrahmenplan 1999 wird mit in die Untersuchung einbezogen.

Die Siedlungsflächeninanspruchnahme wird anhand der entstandenen Siedlungsmuster untersucht. Dazu mussten topographische Karten für die gesamte Region zu jeweils vergleichbaren Zeiträumen ausgewertet werden. Mit welchen Schwierigkeiten das verbunden ist, wurde in Kapitel 3 bereits beschrieben, als die Auswahl des Untersuchungszeitraums begründet wurde. Im Rahmen der Bearbeitung eines Forschungsprojektes sind durch das Institut für Landschaftsplanung und Ökologie der Universität Stuttgart (ILPÖ) topographische Karten für die Region Stuttgart digitalisiert worden, die den Stand der räumlichen Entwicklung zu verschiedenen Zeitpunkten abbilden.[215] Für die vorliegende Untersuchung sind die Formen der Flächeninanspruchnahme zu Siedlungszwecken der Region Stuttgart interessant. Dazu sind die in den topographischen Karten erkennbaren Bebauungsgrenzen der Orte[216] als Grenze des zu digitalisierenden Siedlungskörpers verwendet worden. Es wurde nicht zwischen verschiedenen Nutzungsarten unterschieden. Unter Einbeziehung von topographischen Karten unterschiedlicher Jahre konnte der Stand der Ausdehnung der Siedlungskörper für verschiedene Zeitpunkte aufgenommen werden.

[215] Ein Teil dieser Daten wurde freundlicherweise vom ILPÖ zur Verfügung gestellt.

[216] Unter dem Begriff „Orte" werden nach Definition die genau bestimmbaren Punkte im Raum bezeichnet, die einen festgelegten Ort menschlicher Wohnstätte abbilden (vgl. Akademie für Raumforschung und Landesplanung 1994, S. 695). Darüber hinaus sollen bei der Verwendung des Begriffes hier auch andere Flächennutzungsarten beinhaltet sein, die zur Siedlungs- und Verkehrsfläche zählen.

Damit liegt ein vergleichbarer Stand der Entwicklung für die Jahre 1965, 1974 und 1992 vor.[217] Diese digitalisierten Flächen unterscheiden sich vermutlich von der Siedlungs- und Verkehrsfläche der amtlichen Statistik, was auf die Methodik der Erzeugung der Datensätze zurückzuführen ist. Wichtig ist jedoch, die Entwicklung (im Sinne von Ausdehnung) der Siedlungskörper zu verschiedenen Zeitpunkten erkennen zu können, was mit den vorhandenen Daten gewährleistet ist. Wenn im Folgenden die Analyse der Siedlungsflächen anhand der digitalisierten topographischen Karten beschrieben wird, dann sind mit „digitalisierter Siedlungsfläche“ die Abgrenzungen der Flächen gemeint, die definitionsgemäß als Siedlungs- und Verkehrsfläche zu bezeichnen wären, aber „nur“ den Stand der Ausdehnung der Bebauung zu einem bestimmten Zeitpunkt abbilden.

Die in einem späteren Schritt vorgesehene Überprüfung von Standortkriterien wird anhand von Daten erfolgen, die sich auf das Jahr 1995 beziehen. Deshalb wurde unter Zuhilfenahme der Landschaftsfunktionskarte aus dem Landschaftsrahmenplan[218] und der Raumnutzungskarte aus dem Regionalplan 1998[219] der Stand der Siedlungsentwicklung für das Jahr 1995 ermittelt. Bei der Anpassung des Standes 1992 an den Entwicklungsstand 1995 wurde eine Vielzahl von Fehlern bei den digitalisierten Objekten (Siedlungskörpern) entdeckt, so dass eine Überprüfung jedes einzelnen Objektes vorgenommen werden musste. Mit größeren Verkehrsflächen (bspw. Eisenbahntrassen), die einen Siedlungskörper durchqueren, wurde nicht eindeutig bei der Digitalisierung verfahren. Mitunter werden Verkehrsflächen dem Siedlungskörper zugerechnet, an anderer Stelle ausgespart. Mit ein und derselben Fläche wurde aber konsequent einheitlich verfahren, d. h. zu allen Zeitpunkten zugehörig oder nicht zugehörig, falls vorhanden. Auf die Ermittlung der absoluten Siedlungsflächenentwicklung hat das keinen Einfluss und kann daher vernachlässigt werden.

Darüber hinaus waren im Wesentlichen zwei Typen von Fehlern auffällig:

a) die Abnahme von Siedlungsfläche von einem früheren gegenüber einem späteren Zeitpunkt und
b) das Fehlen von Siedlungen bzw. Teilen einer Siedlung.

[217] Die Jahreszahlen zum Stand der Siedlungsentwicklung beziehen sich auf die Angaben des ILPÖ. Es wurde auf die Richtigkeit des Standes vertraut, da nicht im Einzelnen überprüft werden konnte, ob die Grundlage zur Digitalisierung (die topographischen Karten) tatsächlich alle diesem Stand entsprechen.

[218] vgl. Landschaftsrahmenplan Region Stuttgart 1999

[219] vgl. Regionalplan Region Stuttgart, 1998

Punkt a) könnte mit Siedlungsreduktionen erklärt werden.[220] Betrachtet man den Prozess der Siedlungsentwicklung, dann können auf längere Sicht Phasen von Siedlungsexpansion und Siedlungsreduktion auftreten.[221] Nach Prüfung der Einzelfälle wurde eine Art dieser Entwicklung ausgeschlossen. Es handelte sich dabei um Ungenauigkeiten bei der Digitalisierung. Ebenso sind die Fehler vom Typ b) auf Ungenauigkeiten beim Digitalisieren zurückzuführen. Beispielsweise waren Siedlungskörper für den Stand 1965 vorhanden, die für 1974 nicht vorhanden waren und 1992 wieder erschienen, oder für 1992 nicht vorhanden waren, aber vorher erschienen sind. Alle diese Fälle wurden mit Hilfe der Karten aus den räumlichen Plänen bzw. unter Zuhilfenahme der topographischen Karten 1 : 25 000 (TK25) vom Landesvermessungsamt Baden-Württemberg überprüft und fehlerhafte, respektive fehlende Objekte nachdigitalisiert. Für das Jahr 1995 konnte der Stand der Siedlungserweiterungen relativ einfach und zuverlässig ermittelt werden. Nach Überprüfung anhand der Karten der räumlichen Pläne ist davon auszugehen, dass die Fehlerquote für den Stand der Siedlungsentwicklung 1995 minimiert wurde. Bei der Überprüfung des Standes für die Jahre 1965 und 1974 kam es zu den bereits erwähnten Problemen der TK25-Verfügbarkeit für die entsprechenden Jahre. Hier wurde die verfügbare Karte verwendet, die einen Siedlungsstand möglichst zeitnah abbildet. Im Hinblick auf das Untersuchungsziel ist interessant, wo und in welchem Zeitabschnitt es zu Siedlungserweiterungen kam. Bei geringen Abweichungen einzelner Fälle für die Jahre 1965 und 1974 ist keine negative Beeinflussung des Untersuchungsergebnisses absehbar. Es liegt für die gesamte Region der Stand der Siedlungsentwicklung – wie in Abbildung 16 dargestellt – in überprüfter Form für verschiedene Zeitpunkte vor. Für einen Untersuchungsraum von der Größe der Region Stuttgart ist es erforder-

Abbildung 16: Siedlungsflächen in digitalisierter Form

Stand der Siedlungsexpansion der Gemeinde Neuhausen auf den Fildern:
1965
1974
1995

Quelle: eigene Darstellung

[220] Gründe für eine Siedlungsreduktion können auf Bevölkerungsverluste oder die Aufgabe eines Produktionsstandortes zurückzuführen sein.

[221] vgl. Akademie für Raumforschung und Landesplanung, 1994, S. 696 ff.

lich, kleinräumige Untersuchungseinheiten zu bilden, um aussagefähige Ergebnisse zu erhalten. Für die spätere Einbeziehung der Erreichbarkeitspotentiale und der Umweltkriterien, die im Forschungsprojekt WUMS in umfangreicher Weise ermittelt wurden, wird die Verwendung der bereits dort genutzten räumlichen Untersuchungseinheiten notwendig.[222] Die bei WUMS erzeugten Daten zur Abbildung der Standortattraktivitäten beziehen sich auf die Verkehrsbezirke als kleinste räumliche Einheit. Eine abweichende Einteilung von Untersuchungseinheiten würde die Verwendung der umfangreichen – und in ihrer Qualität so nicht ersetzbaren – WUMS-Daten unmöglich machen. Die Größe der räumlichen Einheiten ist für die vorliegende Untersuchung auch deshalb geeignet, weil untersucht werden soll, wie die Siedlungsflächeninanspruchnahme in einem Untersuchungsraum von der Größe einer Region erfolgt ist. Kleinräumigere Fragestellungen zu den Bedingungen des Umfeldes einzelner Baugebiete sollen hier nicht beantwortet werden.

Flächenmäßig entspricht das Gebiet der Region Stuttgart 624 Verkehrsbezirken, die in dieser Arbeit als räumliche Untersuchungseinheiten dienen sollen und in Abbildung 17 dargestellt sind.[223] Wenn in dieser Arbeit der Begriff „Bezirk“ verwendet wird, dann im Zusammenhang mit der Bezeichnung der räumlichen Untersuchungseinheiten im Regionalverkehrsplan und im Forschungsprojekt WUMS.

Bei der Einteilung dieser Untersuchungseinheiten wurde von den Bearbeitern des Regionalverkehrsplans bei neun Bezirken jeweils eine Exklave gebildet. In einem Bezirk sogar zwei Exklaven. Somit sind 10 Bezirke betroffen und es bestehen 11 Exklaven. Dabei handelt es sich im Wesentlichen um Flächen, die aufgrund der geschichtlichen Entwicklung zu einer bestimmten Gemeinde gehören aber vollständig von einer anderen Gemeinde umschlossen sind. Da bei der Bildung der Bezirke darauf geachtet wurde keine Gemeindegrenzen zu schneiden, wurde die Situation bei der Bildung der Bezirke übernommen. In neun der elf Fälle handelt es sich um unbebaute Flächen, hauptsächlich Waldflächen. In zwei Fällen besitzen die Exklaven Siedlungsflächen mit Wohnbebauung. In beiden Fällen ist auf eine funktionale Zugehörigkeit zur Untersuchungseinheit zu schließen. Es sei an dieser Stelle vorweggenommen, dass es während des Untersuchungszeitraumes[224] in diesen Exklaven zu keiner Neuinanspruchnahme von Flächen kam, womit es unbedenklich wird, für die

[222] Bei der Bearbeitung des Forschungsprojektes WUMS wurden die gleichen räumlichen Untersuchungseinheiten wie bei den Arbeiten für den Regionalverkehrsplan verwendet.
[223] vgl. auch Abbildung II im Anhang I
[224] Einschließlich des erweiterten Untersuchungszeitraumes.

weitere Arbeit diese Exklaven bestehen zu lassen. Ermittelt man die Anzahl der Zellen, so erhält man bei der Einteilung in 624 Bezirke tatsächlich 635 räumliche Einheiten. Da aber für die Exklaven keine separaten Indikatoren gebildet wurden, sondern die Standorteigenschaften des Bezirks übernommen wurden, zu dem sie „gehören", wird auch im Weiteren mit 624 Bezirken gearbeitet.

Jeder Bezirk ist mit je einem Knoten im Netz des Individualverkehrs und des ÖPNV ausgestattet. In ihrer Größe variieren die Bezirke hinsichtlich der Fläche zwischen 0,06 km² (Stuttgart-Mitte) und 33,58 km² (Pfahlbronn im Welzheimer Wald). Die Zahl der Einwohner liegt zwischen 42 (Stuttgart-Mitte[225]) und 19 780 (Bad Cannstatt).

In der Regel besteht ein Bezirk aus einem Siedlungskörper.

Abbildung 17: Die Einteilung des Untersuchungsraums in 624 räumliche Untersuchungseinheiten

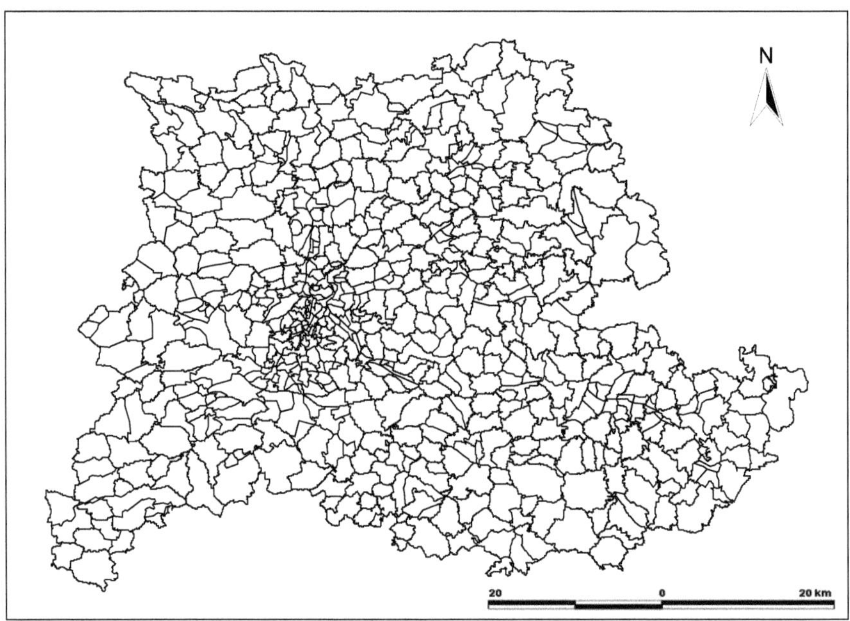

Quelle: eigene Darstellung

Die Abgrenzung der Bezirke wurde so gewählt, dass durch Aggregation mehrerer Bezirke die Bildung von Verwaltungseinheiten, bspw. von Gemeinden, vorgenommen werden kann.

225 Zum Bezirk „Stuttgart-Mitte" gehören vorwiegend Büro und Geschäftsgebäude, was den Anteil an Einwohnern sehr gering werden lässt.

Abbildung 18 zeigt die Möglichkeit der Aggregation der Bezirke zu einer Gemeinde (als Verwaltungseinheit). Dargestellt ist die Gemeinde Ostfildern (zu verschiedenen Zeitpunkten), zum einen die digitalisierten Siedlungsflächen mit der Einteilung in Untersuchungseinheiten und zum anderen als Ausschnitt aus einer topographischen Karte, bei der die politische Einheit der Gemeinde erkennbar gemacht wurde.

Die Aggregation ist bspw. dann wichtig, wenn es zur Überprüfung der Siedlungsentwicklung entlang der Entwicklungsachsen kommt. Die Abgrenzung der Siedlungsbereiche zur Gliederung der Entwicklungsachsen erfolgt durch die Regionalplanung anhand der Benennung von Gemeinden und Teilen von Gemeinden entlang der Achsen.

Abbildung 18: Aggregation von Bezirken (linke Abbildung) und im Vergleich dazu die Abgrenzung der Gemeinde als Gebietskörperschaft (rechte Abbildung)

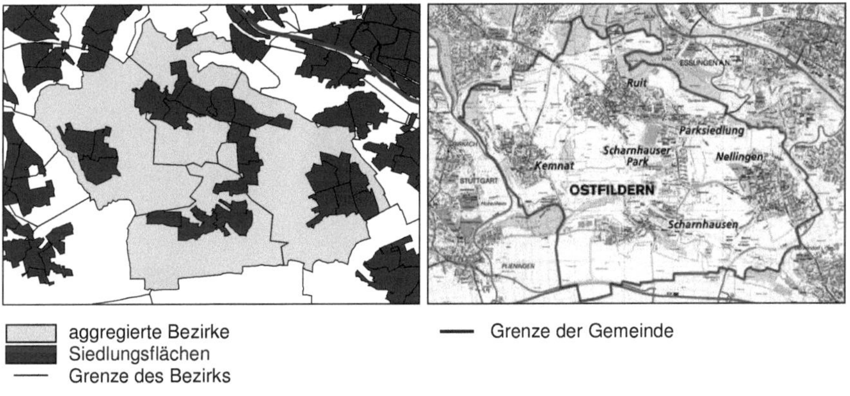

Quelle: eigene Darstellung

Quelle: Stadt Ostfildern, 2004

4.2 Die Ausgangssituation zur Siedlungsentwicklung

Betrachtet man die Siedlungsentwicklung in der Region Stuttgart über einen längeren Zeitraum, so wird schnell die Polyzentralität der räumlichen Entwicklung deutlich. In Abbildung 19 ist die Siedlungsflächeninanspruchnahme von 1930 der von 1995 gegenübergestellt. Augenfällig ist, dass die Siedlungsflächeninanspruchnahme nicht nur im Zentrum der (heutigen) Region, sondern auch dezentral stattfand. Die Darstellung des für das Jahr 1995 entstandenen Siedlungsmusters lässt – ohne an dieser Stelle weiter darauf einzugehen – die Entwicklung anhand von Entwicklungsachsen erkennen. Die Entwicklung entlang der Achsen könnte für eine stärkere Berücksichtigung der Erreichbarkeitskriterien im Sinne der Arbeitshypothese 1 sprechen. Jedoch

ist auch in den Achsenzwischenräumen eine nicht minder ausgeprägte Siedlungsentwicklung erkennbar, was den hohen Stellenwert von Umweltkriterien bedeuten könnte und eine Entwicklung nach Hypothese 2 unterstützen könnte. Inwieweit die räumliche Entwicklung einer gewünschten Richtung folgte bzw. ob oder inwieweit eine Umsetzung gelungen ist, wird an späterer Stelle überprüft.
Zur Untersuchung von Erreichbarkeitskriterien und Umweltqualitäten soll analysiert werden, wo es während des erweiterten Untersuchungszeitraums in signifikantem Umfang zur Flächeninanspruchnahme kam. Die Analyse erfolgt auf Basis der beschriebenen kleinräumigen Untersuchungseinheiten.

Abbildung 19: Region Stuttgart, Stand der Siedlungsentwicklung 1930 (links) und 1995 (rechts)

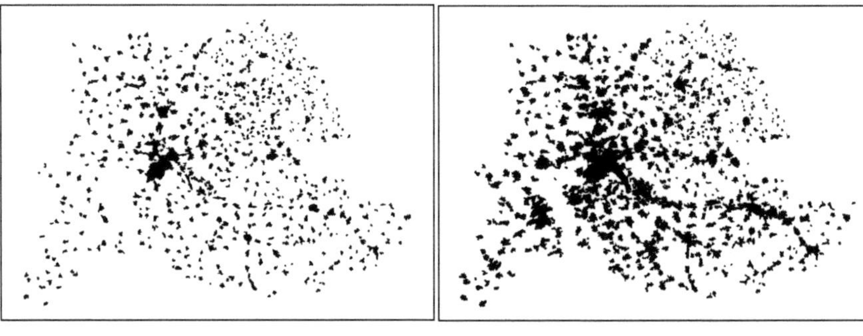

Quelle: eigene Darstellung (beide Abbildungen) ■ Siedlungsfläche

Anhand der Gegenüberstellung der Siedlungsmuster eines Zeitpunktes zu einem früheren Zeitpunkt wird die Zunahme der Siedlungsfläche ermittelt. Ausgehend von der Entwicklungssituation[226] des Jahres 1974 wird festgestellt, wo und in welchem Umfang Flächeninanspruchnahme erfolgte. Außerdem wird überprüft, welche Aussagen dazu in den räumlichen Plänen dieser Zeit vorgenommen wurden, um zu ermitteln, welche Siedlungsentwicklung angestrebt wurde. Dazu stehen der Landesentwicklungsplan und der Regionalplan[227] zur Verfügung. Die Verbindlichkeit dieser Festlegungen wurde bereits in früheren Kapiteln beschrieben. Aufschlussreich wird dabei sein, festzustellen, ob oder inwieweit die angestrebte räumliche Situation erreicht werden konnte. Der Planungszeitraum des Regionalplans von 1977 liegt innerhalb des erweiterten Untersuchungszeitraums, so dass eine Überprüfung durch-

[226] Und auch der Tendenzen, die aus der Siedlungsflächeninanspruchnahme von 1965 bis 1974 erkennbar sind.
[227] Mit den Fortschreibungen in bereits beschriebener Form.

geführt werden kann.[228] Damit ist es möglich festzustellen, ob Siedlungsflächeninanspruchnahme signifikant an beabsichtigten oder an „ungewollten" Standorten vollzogen wurde. Fand Flächeninanspruchnahme zu Siedlungszwecken im Wesentlichen dort statt, wo sie beabsichtigt war, waren die Instrumente zur räumlichen Entwicklung offenbar wirksam genug, die Siedlungsentwicklung in gewünschte Formen zu steuern. Sind aber im Gegensatz dazu Flächen vorwiegend an anderer Stelle in Anspruch genommen worden, so müssen Gründe – im Hinblick auf Standorteigenschaften – dafür existieren, die diese Standorte offenbar als attraktiv erscheinen lassen.

Zur Analyse soll zunächst eine Ausgangssituation der Siedlungsstruktur festgestellt werden, die am Anfang des Untersuchungszeitraums liegt. Von dieser Form des Siedlungsmusters ausgehend, werden die angestrebte Form der Siedlungsentwicklung (in den räumlichen Plänen manifestiert) und die tatsächlich eingetretene Situation gegenübergestellt und danach ein Zwischenfazit gezogen.

Zur Analyse der Flächeninanspruchnahme wird eine Ausgangssituation festgelegt. Dazu soll das Siedlungsmuster von 1974 dienen. Für diesen Betrachtungszeitpunkt kann für den Untersuchungsraum:

i) der Stand der Siedlungsflächeninanspruchnahme

abgebildet werden sowie festgestellt werden, welche Untersuchungseinheiten einer

ii) stärkeren Flächeninanspruchnahme

unterliegen und schließlich,

iii) in welchen Untersuchungseinheiten Siedlungswachstum

gezielt stattfinden soll. Die beiden ersten Punkte sollen eine Situation beschreiben, die als „Ausgangssituation" bezeichnet und im Folgenden näher beschrieben wird. Letzterer Punkt, die Überprüfung, in welchen Bezirken eine Entwicklung stattfinden soll, folgt anhand der räumlichen Pläne dieser Zeit und schließt sich dem an.

4.2.1 Zum Stand der Siedlungsentwicklung zu Beginn des Untersuchungszeitraums

Der Stand der Siedlungsentwicklung wird durch die digitalisierten topographischen Karten dargestellt. Es ist darauf hinzuweisen, dass es sich dabei um die von den topographischen Karten manuell digitalisierten Siedlungskörper handelt. Dabei orien-

[228] Der Planungszeitraum des Regionalplans von 1977 erstreckt sich bis 1990, der des Regionalplans von 1989 bis zum Jahr 2000.

tierte man sich an der in den Karten erkennbaren Bebauung und so wurde die Abgrenzung der Siedlungskörper definiert. Somit ist gewährleistet, dass das tatsächliche Wachstum der Siedlungskörper erfasst werden kann. Wie bereits erwähnt, können dabei Unterschiede zu den in den Statistiken geführten Daten zu „Siedlungs- und Verkehrsflächen" auftreten, was mit der Methodik bei der Digitalisierung verbunden ist. Die digitalen Karten wurden mit einem GIS-Programm georeferenziert.[229] Dabei erfolgte eine Überprüfung der einzelnen Objekte, um mögliche Digitalisierungsfehler entdecken zu können. Damit liegt das Siedlungsmuster für das Jahr 1974 in überprüfter Form vor, wie in Abbildung 20 dargestellt.[230] Betrachtet man die Graphik, so lässt sich der polyzentrale Charakter der Entwicklung in der Region bereits erkennen. Dezentrale Konzentrationen, durch Achsen verbunden, lassen auf ein punkt-axial angelegtes System der Siedlungsentwicklung schließen.

Abbildung 20: Siedlungsflächen 1974 im Untersuchungsraum

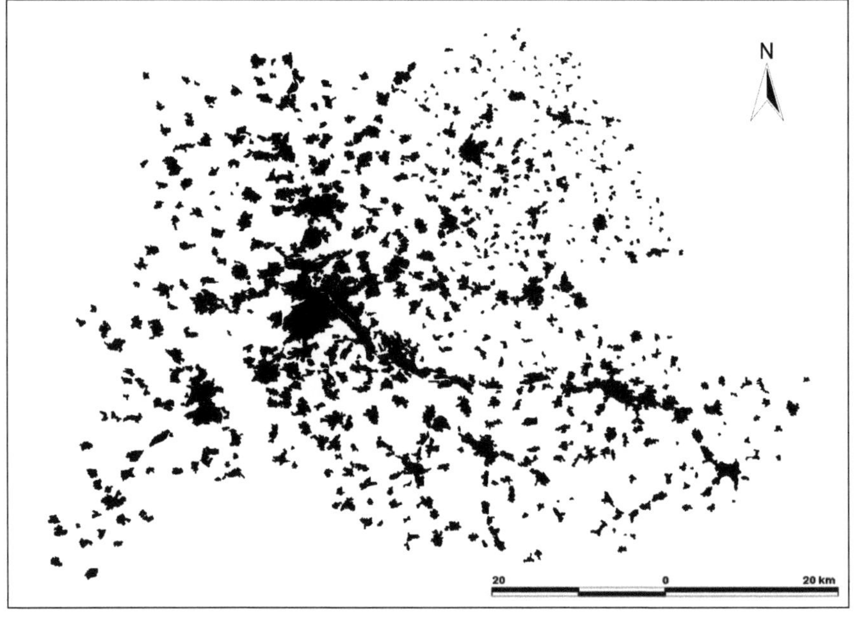

Quelle: eigene Darstellung

Siedlungsfläche 1974

Neben dem für das Jahr 1974 entstandenen Siedlungsmuster – was lediglich als Momentaufnahme eines bestimmten Zeitpunktes gelten kann – sollen auch die Un-

229 Dazu wurde das Programm ArcView GIS 3.1 verwendet.

230 vgl. auch Abbildung I im Anhang I

tersuchungseinheiten ermittelt werden, in denen bis zu diesem Zeitpunkt die Flächeninanspruchnahme höher war. Die Ermittlung erfolgte anhand der Analyse der Siedlungsflächenentwicklung von 1965 bis 1974. Dabei handelt es sich um einen relativ kurzen Zeitraum. Die Ermittlung soll zeigen, in welchen Untersuchungseinheiten – im Vergleich zu den übrigen Untersuchungseinheiten – die Flächeninanspruchnahme stärker ausgeprägt war, um sie den von der Regionalplanung gewünschten Untersuchungseinheiten gegenüberstellen zu können.

Zunächst steht die Neuinanspruchnahme von Flächen zu Siedlungsflächen im Mittelpunkt der Betrachtung, so dass in diesem Schritt nicht nach verschiedenen Flächennutzungsarten differenziert wurde.

Die Siedlungsflächen für das Jahr 1965 wurden in gleicher Art bearbeitet, eine Darstellung ist im Anhang als Abbildung I beigefügt. Damit soll überprüft werden, wo in den Jahren von 1965 bis 1974 die Flächeninanspruchnahme in stärkerem Maße erfolgt ist. Dazu wird eine Untersuchung anhand der beschriebenen Einteilung in 624 Untersuchungseinheiten vorgenommen. Die Ermittlung der Inanspruchnahme von Siedlungsflächen erfolgte durch die Bestimmung der zu Siedlungszwecken beanspruchten Flächen in jeder Untersuchungseinheit zu den Zeitpunkten 1965 und 1974. Die Veränderung der Inanspruchnahme von Flächen zu Siedlungszwecken kann als absoluter oder als relativer Wert ausgedrückt werden. Wenn die Veränderung der Siedlungsfläche ΔI^S (t_0,t_1) die Differenz der Siedlungsflächen I^S von einem Zeitpunkt t_1 zu einem Zeitpunkt t_0 in einer Zelle j ist, dann ergibt sich daraus die absolute Veränderung der Siedlungsfläche von t_0 nach t_1.

$$\Delta I_j^S(t_0, t_1) = I_j^S(t_1) - I_j^S(t_0) \tag{4.5}$$

Wird die Veränderung der Siedlungsfläche $\Delta' I^S$ als Verhältnis der Siedlungsflächen I^S von einem Zeitpunkt t_1 zu einem Zeitpunkt t_0 in einer Zelle j ausgedrückt, dann erhält man die relative Veränderung der Siedlungsfläche von t_0 nach t_1.

$$\Delta' I_j^S(t_0, t_1) = \frac{I_j^S(t_1)}{I_j^S(t_0)} \tag{4.6}$$

Um zu entscheiden, ob die relative oder die absolute Siedlungsflächenzunahme für die Untersuchung Verwendung finden soll, werden beide Arten der Ermittlung kurz gegenübergestellt. Falls beide in ihrer numerischen Ausprägung ähnlich sind, würde die Auswahl der Methode keine große Rolle spielen. Das wäre der Fall, wenn dort wo bereits viel Fläche beansprucht war, noch mehr Flächen neu beansprucht wurden und dort, wo wenig Fläche beansprucht war, es zu entsprechend weniger Neuinanspruchnahme kam, also eine „gleichmäßig verteilte“ Entwicklung stattfand.

Zunächst wird ermittelt, wie die numerischen Ergebnisse der absoluten und relativen Flächenveränderung voneinander abweichen. Dazu wurde sowohl die absolute Siedlungsflächenveränderung ΔI^{S} als auch die relative Siedlungsflächenveränderung[231] $\Delta \acute{I}^{S}$ auf Basis der 624 Untersuchungseinheiten für den Zeitraum 1965 bis 1974 ermittelt. Hierfür war es zunächst notwendig, für jeden Bezirk die Siedlungsfläche für das Jahr 1965 und für das Jahr 1974 zu ermitteln. Dazu wurden GIS-gestützt die räumlichen Einheiten mit dem Stand der jeweiligen Siedlungsentwicklung überlagert und die Summe der Inanspruchnahme an Siedlungsfläche für jede räumliche Einheit ermittelt. Danach wurde nach o. g. Gleichungen die Siedlungsflächenveränderung berechnet, mit t_1 = 1974 und t_0 = 1965. So konnte für jede Untersuchungseinheit bestimmt werden, in welchem Umfang sich die Neuinanspruchnahme von Siedlungsfläche absolut bzw. relativ vollzog. Die Darstellung zeigt, dass absolute Flächeninanspruchnahme und relative Flächeninanspruchnahme offenbar ein bestimmtes Maß an Zusammenhang besitzen. Bei der Prüfung von Einzelfällen werden jedoch zum Teil starke Unterschiede deutlich. Die Ergebnisse sind graphisch aufbereitet und zur Übersicht in Abbildung 21 dargestellt.

Abbildung 21: Siedlungsflächenentwicklung von 1965 bis 1974
(linke Abbildung: absolute Veränderung, rechts: relative Veränderung)

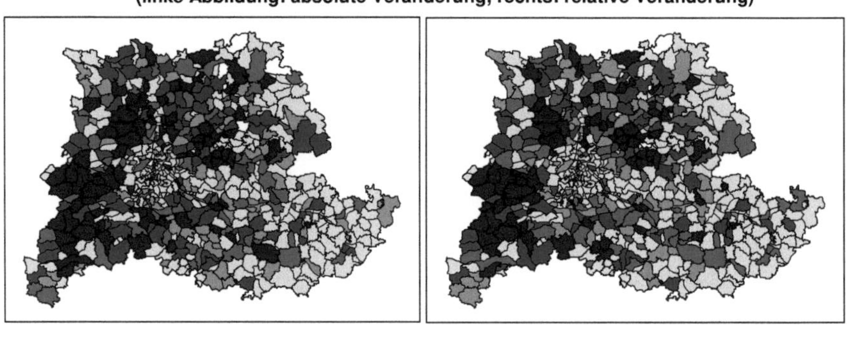

Flächenneuinanspruchnahme: keine und gering ☐ hoch ■

Quelle: eigene Darstellung (beide Abbildungen)

[231] Die relative Siedlungsflächenveränderung für den Zeitraum 1965 bis 1974 bezieht sich auf die Siedlungsfläche der jeweiligen Untersuchungseinheit des Jahres 1965.

Für die Darstellungen wurden jeweils 5 Klassen gebildet, um die Flächenveränderungen veranschaulichen zu können. Es wurden 4 gleich große Klassen gewählt, um eine Vergleichbarkeit herstellen zu können. Es soll verdeutlicht werden, ob hohe absolute und hohe relative Flächenneuinanspruchnahme vergleichbar sind. In einer Vielzahl von Bezirken wurde keine oder nur wenig Fläche in Anspruch genommen. In der Darstellung sollen aber Bezirke mit hoher Flächeninanspruchnahme besonders gut erkennbar sein. Dazu wurden die oberen 4 Klassen, die ein hohes Maß an Flächeninanspruchnahme repräsentieren, mit jeweils 80 Bezirken besetzt (dunkel dargestellt). Damit sind etwas mehr als die Hälfte[232] der Bezirke in nur 4 Klassen aufgeteilt. Bezirke mit geringerer bzw. keiner Neuinanspruchnahme sind in einer größeren (hell dargestellten) Klasse zusammengefasst. Daraus ergibt sich, dass diese Klasse mit 306 Bezirken sehr stark besetzt ist.[233]

Beim Vergleich der Graphiken wird deutlich, dass bei einer Vielzahl von Bezirken, die über ein hohes Maß an absoluter Zunahme verfügen, auch bei der relativen Darstellung ein hohes Maß an Flächenneuinanspruchnahme zu erkennen ist, jedoch augenscheinlich Unterschiede bestehen. Um festzustellen, wie groß diese Unterschiede zwischen relativer und absoluter Flächeninanspruchnahme sind, wurden beide Reihen gegenübergestellt und der lineare Zusammenhang überprüft. Bereits die Darstellung der Ergebnisse in einem Streudiagramm ließ eindeutig auf keinen linearen Zusammenhang schließen. Der Test ergab, dass zwischen der absoluten und der relativen Flächenveränderung eine Korrelation nach Pearson von 0,635 existiert.[234] Beide Reihen drücken – für sich interpretierbare aber voneinander abweichende – Ergebnisse aus. Es ist daher notwendig, sich für eine Art der Ermittlung zu entscheiden. Wird die absolute Siedlungsflächenveränderung ermittelt, kann sehr deutlich dargestellt werden, wo und in welchem Umfang es zur Neuinanspruchnahme von Flächen kam. Es kann unterstellt werden, dass die dort existierenden Standortkriterien – in welcher Form auch immer – die Flächeninanspruchnahme beschleunigten. Der Umfang an Fläche der Inanspruchnahme bildet die Summe der Einzelentscheidungen ab, die zum Entschluss führten, in einer bestimmten Zelle Fläche in Anspruch zu nehmen.

[232] 320 Bezirke in 4 Klassen zu je 80 Bezirken

[233] In dieser Klasse sind 306 Bezirke und zusätzlich die erwähnten neun Exklaven von Bezirken (in denen keine Flächeninanspruchnahme stattfand), so dass insgesamt 315 Elemente in dieser Klasse sind.

[234] Die Korrelation ist auf dem Niveau von 0,01 zweiseitig signifikant.

Im Gegensatz dazu wird bei einer relativen Veränderung immer der Bezug zu einem Ausgangszustand der Siedlungsflächeninanspruchnahme hergestellt. Da aber der Siedlungsflächenanteil in den Untersuchungseinheiten zum Teil stark voneinander abweicht, kann es dabei zu verzerrten Abbildern kommen. So kann beispielsweise der gleiche absolute Betrag an Neuinanspruchnahme von Siedlungsfläche in einer Untersuchungseinheit einen verschwindend kleinen relativen Anteil einnehmen, wenn der Siedlungsflächenanteil in diesem Bezirk bereits sehr groß war, oder der Anteil kann sehr groß ausfallen – obwohl die absolute Inanspruchnahme nur gering ist – wenn in diesem Bezirk bislang wenig Fläche zu Siedlungszwecken genutzt wurde. Fälle dieser Art sind zahlreich vorhanden. So besitzen beispielsweise die Bezirke 34 220 (Herrenberg) und 10 120 (Remseck Hochdorf) mit einem Wert von 1,189 die gleiche relative Flächenveränderung, was aber absoluten Beträgen von 37,10 ha für Herrenberg und 5,74 ha für Hochdorf entspricht.
Um solche Fälle auszuschließen, soll die absolute Flächenveränderung Anwendung finden, da der Umfang – im Sinne des numerischen Wertes – der tatsächlichen Flächeninanspruchnahme für das Untersuchungsziel wichtig ist.
Die Ermittlung der absoluten Flächeninanspruchnahme erfolgte in bereits beschriebener Form. Bei der Darstellung des Ergebnisses soll nun darauf geachtet werden, dass erkennbar ist, in welchen Bezirken besonders viel Flächenneuinanspruchnahme vollzogen wurde. In Abbildung 22 wurde das Ergebnis so dargestellt, dass solche Bezirke hervorgehoben wurden. Es wurden dazu 5 Klassen hinsichtlich der Neuinanspruchnahme von Siedlungsflächen gebildet. Dazu wurden Klassen mit gleicher Breite[235] gewählt. So ist es möglich graphisch abzubilden, wo Bezirke mit ähnlich starker Flächenneuinanspruchnahme räumlich angeordnet sind. Die gleiche Klassenbreite erlaubt außerdem anhand der Anzahl der Untersuchungseinheiten pro Klasse einen schnellen Überblick darüber zu vermitteln, wie die Flächenneuinanspruchnahme auf die Untersuchungseinheiten verteilt ist.
Mit steigender Flächeninanspruchnahme nimmt die Größe der Klassen ab. Die Klasse, in der die Bezirke mit der größten Neuinanspruchnahme sind, ist mit 3 Elementen besetzt, die folgende Klasse mit 9. In diesen beiden Klassen sind Untersuchungseinheiten mit einer Flächenneuinanspruchnahme zwischen 61,1 und 101,9 ha enthalten.[236] Die größte Klasse mit 281 Elementen wird durch die Untersuchungseinheiten

[235] Klassenbreite: 20,4

[236] Die Zunahme an Siedlungsfläche bezieht sich auf das Jahr 1974 und wurde anhand der Veränderung gegenüber der Situation von 1964 ermittelt.

mit einer Inanspruchnahme bis 20,3 ha gebildet. Ein Teil der Untersuchungseinheiten – 232 Untersuchungseinheiten – hat keine Neuinanspruchnahme von Flächen zu verzeichnen. Während des betrachteten Zeitraumes wurde für den Untersuchungsraum eine Neuinanspruchnahme von Flächen zu Siedlungszwecken von 6 809,7 ha ermittelt, was einer durchschnittlichen Zunahme von 757 ha pro Jahr entspricht. Dieser Betrag entspricht auch in seiner Größenordnung den Angaben der amtlichen Statistik. Aufgrund der Unterschiede bei der Erhebung kann es aber geringfügig zu voneinander abweichenden Ergebnissen kommen.

Abbildung 22: Absolute Siedlungsflächenzunahme in den Untersuchungseinheiten 1965-1974

Flächenneuinanspruchnahme und Anzahl der Fälle pro Klasse: [a)]

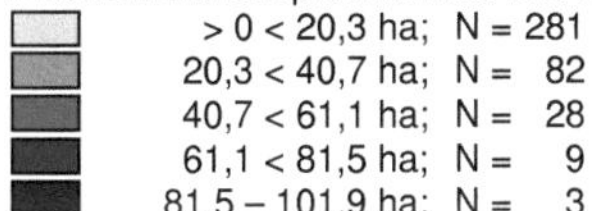

> 0 < 20,3 ha; N = 281
20,3 < 40,7 ha; N = 82
40,7 < 61,1 ha; N = 28
61,1 < 81,5 ha; N = 9
81,5 – 101,9 ha; N = 3

[a)] Exklaven von Bezirken wurden eigenständig behandelt.

Quelle: eigene Darstellung

Die Ermittlung der Neuinanspruchnahme erfolgte für jede räumliche Einheit und wurde für die elf bestehenden Exklaven von Bezirken unabhängig durchgeführt, so dass die Gesamtzahl der hier dargestellten räumlichen Untersuchungseinheiten in allen Klassen 635 beträgt.

4.2.2 Entwicklungsschwerpunkte aus regionalplanerischer Sicht zu Beginn des Untersuchungszeitraums

Um festzustellen, welche räumliche Struktur im Untersuchungsraum zu Beginn des Untersuchungszeitraumes angestrebt wurde, wird überprüft, welche Festlegungen dazu von Seiten der Landes- und (später so genannten) Regionalplanung existieren. Für den Untersuchungsraum liegen, wie in Kapitel 3 beschrieben, räumliche Entwicklungspläne vor. Für die hier betrachtete Entwicklung im erweiterten Untersuchungszeitraum wird der Landesentwicklungsplan von 1971 (LEP 71) herangezogen. Am 1. Januar 1973 sind in Baden-Württemberg das Regionalverbandsgesetz und das Kreisreformgesetz in Kraft getreten. Der Landesentwicklungsplan vom 22. Juni 1971 wurde an die neuen Verwaltungsgrenzen angepasst und ist damit in der Fassung vom Januar 1973 gültig. Die alte Verwaltungsstruktur wird jedoch immer noch deutlich. Den Untersuchungsraum – dessen heutige Grenzen seit dem Inkrafttreten dieser Gesetze gültig sind – betrifft das dahingehend, dass ein großer Teil der neu entstandenen Region Mittlerer Neckar bis zu diesem Zeitpunkt als Gebiet Mittlerer Neckarraum existierte. Zum Mittleren Neckarraum gehörten der Stadtkreis Stuttgart und die Landkreise Böblingen, Leonberg, Vaihingen/Enz, Ludwigsburg, Backnang, Waiblingen, Esslingen, Göppingen und Nürtingen, die heute zum Teil nicht mehr existieren. Im Nord-Osten und Nord-Westen hatte das Gebiet Mittlerer Neckarraum eine größere Ausdehnung als die Region Mittlerer Neckar.

Im Folgenden soll ermittelt werden, welche räumlichen Entwicklungsziele angestrebt werden.

Als „Ziele für das ganze Land“ wird im Teil „Allgemeine Grundsätze und Entwicklungsziele“ formuliert:[237]

> *... „Es ist eine räumliche Entwicklung anzustreben, in der ...*
> *- eine dezentrale Siedlungsstruktur und die Vorteile der dadurch bedingten Sozialstruktur erhalten bleiben; ...*
> *- die weitere Verdichtung von Wohn- und Arbeitsstätten sich nicht auf die Verdichtungsräume beschränkt, sondern sich auch außerhalb der Verdichtungsräume mittlere und kleine Verdichtungen ausbilden und entwickeln können, insbesondere in den Entwicklungsachsen, außerhalb der Entwicklungsachsen im Bereich geeigneter zentraler Orte.“...*

[237] vgl. Landesentwicklungsplan, Baden-Württemberg 1971, S. 13

Auf die Besonderheiten und Vorteile einer Entwicklung der dezentralen Siedlungsstruktur bzw. von Entwicklungsachsen und Zentralen Orten wurde zu Beginn der Arbeit bereits eingegangen, und dies soll an dieser Stelle nicht noch einmal erfolgen. Wichtig ist hier festzuhalten, dass für die Entwicklung des Landes dieses Ziel unter Anwendung der genannten Instrumente verfolgt wird. Zur Funktion der Entwicklungsachsen beschreibt der LEP 71, dass durch

> ... *„die Konzentration der Siedlungsentwicklung in Entwicklungsachsen einer flächenhaften Ausbreitung der Verdichtung um den Verdichtungskern entgegengewirkt und die Erhaltung von Freiräumen zwischen den Entwicklungsachsen ermöglicht werden.“...*[238] .

Zur Ausformung der Entwicklungsachsen wird dann bei deren Begründung formuliert:

> ... *„Entwicklungsachsen sind eine unterschiedlich dichte Folge von Siedlungsschwerpunkten; sie zeigen in einem schematischen Netzzusammenhang – zusammen mit den zentralen Orten – das Grundgerüst der angestrebten räumlichen Verflechtungen auf. ... Entwicklungsachsen sollen keine ununterbrochenen Siedlungsbänder sein; nach dem Prinzip einer ‚punkt-axialen Entwicklung' soll die bauliche Verdichtung vielmehr – unterbrochen von Freiräumen – bevorzugt im Bereich von zentralen Orten und anderen Entwicklungsschwerpunkten angestrebt werden.“...*[239]

Das Anstreben einer punkt-axialen Siedlungsstruktur ist damit bereits im LEP 71 festgelegt worden. In diesem Landesentwicklungsplan ist auch ein Teil zu „Zielen der Landesplanung für räumliche Bereiche (Regionen)“ enthalten.[240] Hier werden die Entwicklungsachsen konkretisiert. Für die Region Mittlerer Neckar (Untersuchungsraum) wird als Ziel formuliert, durch den Ausbau von Entwicklungsachsen einer ringförmigen Ausbreitung des Verdichtungsraumes entgegenzuwirken. Als Entwicklungsachsen gelten: [241]

- Stuttgart-Böblingen/Sindelfingen,
- Stuttgart-Ludwigsburg/Kornwestheim-Bietigheim/Besigheim,
- Stuttgart-Waiblingen/Fellbach-Schorndorf,
- Stuttgart-Esslingen-Plochingen-Göppingen-Geislingen,
- Plochingen-Nürtingen,
- Bietigheim/Besigheim-Vaihingen,
- Waiblingen/Fellbach-Winnenden-Backnang-Sulzbach an der Murr,
- Böblingen/Sindelfingen-Herrenberg.

Auf den rahmenhaften Charakter von Zielsetzungen in Landesentwicklungsplänen wurde bereits in einem früheren Kapitel eingegangen. Für den Untersuchungsraum

[238] vgl. Landesentwicklungsplan Baden-Württemberg 1971, S. 15
[239] ebenda, S. 110 ff.
[240] In der ursprünglichen Fassung des Landesentwicklungsplans von 1971 wurde anstelle des Begriffs „Regionen“ der Begriff „Gebiete“ verwendet.

wurden sie im Gebietsentwicklungsplan für den Mittleren Neckarraum konkretisiert, dessen Planungsraum das Territorium des Untersuchungsraums einschließt. Mit der Änderung der Verwaltungsgrenzen zum 1. Januar 1973 wurden auch die Regionsgrenzen geändert. Sachlich ist diese Änderung zur Feststellung der Entwicklungssituation kaum von Bedeutung. Auf die Steuerung der Siedlungsentwicklung und den Verlauf der Entwicklungsachsen hatte die Gebietsreform nur geringen Einfluss. Der Gebietsentwicklungsplan greift die im LEP 71 bereits erwähnten Entwicklungsachsen auf. Als Ziel zur Entwicklung der Siedlungsstruktur wird vor allen anderen Punkten auf die Bedeutung der Entwicklungsachsen eingegangen. Der Gebietsentwicklungsplan formuliert im ersten Plansatz zum Teil Siedlungsstruktur (Plansatz 2.21), dass die Entwicklung

> *... „vor allem in den noch aufnahmefähigen Orten der Entwicklungsachsen zu fördern (ist).“...*[242]

In den Plansätzen 1.331 und 1.332 [243] wird zwischen den Entwicklungsachsen unterschieden, zum einen wo durch Ordnungsmaßnahmen die Weiterentwicklung der Leistungskraft geboten ist und zum anderen, wo durch Fördermaßnahmen wenig genutzte Entwicklungsmöglichkeiten besser ausgeschöpft werden sollen. Zum zweiten Typ (Plansatz 1.332) zählen die Achsen Bietigheim/Besigheim-Mühlacker, Waiblingen/Fellbach-Winnenden-Backnang-Sulzbach an der Murr und Böblingen/Sindelfingen-Herrenberg. Zusätzlich zu den im LEP 71 genannten wird die Entwicklungsachse Stuttgart-Weil der Stadt aufgenommen. Ein dritter Typ Entwicklungsachse soll der Verbesserung des Erholungswesens dienen (Plansatz 1.333) und betrifft die Entwicklungsachse Sulzbach an der Murr-Murrhardt-Gaildorf. [244]

Weiterhin wird konkretisiert, dass zur Siedlungsentwicklung verstärkt die

> *... „Besiedlung der Entwicklungsachsen Böblingen-Horb mit Schwerpunkt in Herrenberg und Winnenden-Gaildorf mit Schwerpunkt in Backnang mit ihren Nahbereichen...“* [245]

angestrebt wird. In Plansatz 2.21 wird als Ziel zur Entwicklung der Siedlungsstruktur festgelegt, dass

> *... „neue Siedlungsflächen in Anlehnung an das Nahverkehrsnetz und damit an die bestehende Siedlungsstruktur ausgewiesen werden.“...*[246]

[241] vgl. Landesentwicklungsplan, Baden-Württemberg 1971, S. 110 ff.
[242] vgl. Gebietsentwicklungsplan für den Mittleren Neckarraum 1972, S. 12
[243] ebenda, S. 42
[244] Gaildorf gehört nach der Gebietsreform nicht mehr zum Regionalverband Mittlerer Neckar.
[245] vgl. Gebietsentwicklungsplan für den Mittleren Neckarraum 1972, S. 51
[246] ebenda, S. 52

Sowohl bei der Förderung des Wohnungsbaues (Plansatz 2.24 bis 2.245) als auch bei der Verstärkung des produzierenden Gewerbes (Plansatz 2.32) wird die Zielsetzung zum Ausbau der Entwicklungsachsen wiederholt.

In Abbildung 23 sind die für den Untersuchungsraum relevanten Entwicklungsachsen des Gebietsentwicklungsplans von 1972 dargestellt. Zur Orientierung wurden die Untersuchungseinheiten und der Stand der Siedlungsentwicklung von 1974 der Graphik hinterlegt.

Abbildung 23: Entwicklungsachsen nach dem Gebietsentwicklungsplan 1972 im Untersuchungsraum

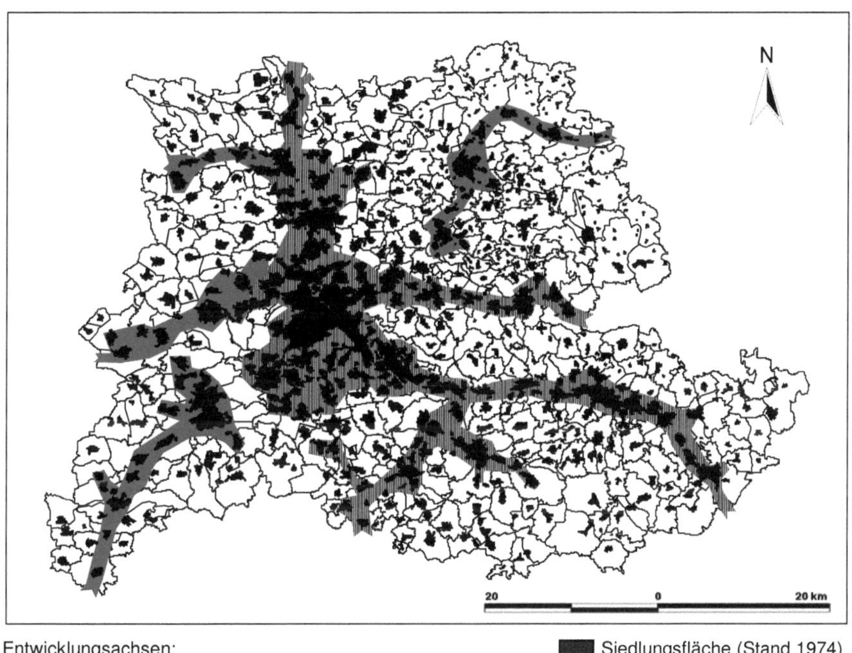

Entwicklungsachsen:
nach Plansatz 1.331
nach Plansatz 1.332 und 1.333

Siedlungsfläche (Stand 1974)

Quelle: eigene Darstellung, Entwicklungsachsen nach Gebietsentwicklungsplan 1972

Die Abgrenzung der Entwicklungsachsen erfolgt wie oben dargestellt. Die dem Gebietsentwicklungsplan beigefügte Karte „Besondere Entwicklungsziele“ [247] stellt die Entwicklungsachsen dar. Eine gemeindescharfe Abgrenzung erfolgt nicht, weder

[247] vgl. Gebietsentwicklungsplan für den Mittleren Neckarraum 1972, Anlage 1

textlich noch kartographisch. Zum Teil ist es schwer zu erkennen, wo die Grenze verläuft, da in der kartographischen Darstellung nur wenige Orte eingezeichnet sind. Offenbar war der „Drang" vieler Gemeinden zu dieser Zeit noch nicht so stark ausgeprägt auf einer Entwicklungsachse zu liegen, was zu den in Kapitel 2 und 3 beschriebenen Vorteilen führen kann. Anderenfalls wäre sicher eine exaktere Abgrenzung der Entwicklungsachsen durch die Verfasser vorgenommen worden.
In Abbildung 24 sind die Bezirke dargestellt, die eine überdurchschnittlich hohe Flächenneuinanspruchnahme besitzen.

Abbildung 24: Entwicklungsachsen und Untersuchungseinheiten mit hoher Flächenneuinanspruchnahme im Zeitraum 1965 bis 1974

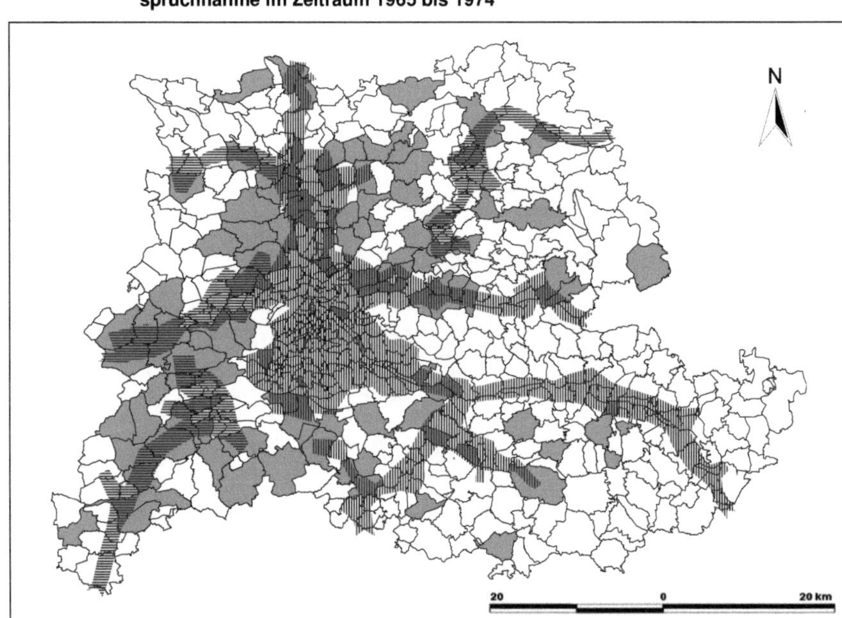

Entwicklungsachsen
Untersuchungseinheiten mit hohem Zuwachs an Siedlungsfläche

Quelle: eigene Darstellung, Entwicklungsachsen nach Gebietsentwicklungsplan 1972

Zur Veranschaulichung wurde der Verlauf der Entwicklungsachsen des Gebietsentwicklungsplans 1972 noch einmal in der Abbildung hinterlegt. Die Abbildung verdeutlicht, dass die räumliche Verteilung von Untersuchungseinheiten mit hohem Potential an Siedlungsflächeninanspruchnahme nicht mit dem Verlauf der Entwicklungsachsen identisch ist.

Vergleicht man die in den räumlichen Plänen festgelegten Entwicklungsachsen von 1971 bzw. 1972 mit der Entwicklung der Siedlungsflächeninanspruchnahme des Zeitraums 1965 bis 1974, dann wird deutlich, dass es eine Reihe von Untersuchungseinheiten mit hoher Flächenneuinanspruchnahme gibt, die auf einer Entwicklungsachse liegen, aber ein größerer Anteil an Untersuchungseinheiten in den Achsenzwischenräumen liegt.

Die Bestimmung der Untersuchungseinheiten erfolgte anhand der im Kapitel 4.2.1 gebildeten Klassen. Es wurden nur Bezirke einbezogen, in denen Flächenneuinanspruchnahme stattfand. Die Untersuchungseinheiten in der Klasse mit keiner bzw. geringer Flächeninanspruchnahme wurden nicht berücksichtigt. Von 301 Bezirken besitzen demzufolge 116 Untersuchungseinheiten überdurchschnittliche Flächenzunahme mit einer Neuinanspruchnahme von mehr als 21,85 ha.

Als für diese Arbeit wichtige Charakteristika der Siedlungsentwicklung zu Beginn des Untersuchungszeitraums lassen sich in folgender Kurzzusammenfassung darstellen:

- Die im Landesentwicklungsplan 1971 und im Gebietsentwicklungsplan 1972 formulierte, unerwünschte ringförmige Verdichtung um Stuttgart zeichnete sich bereits ab.
- Das Wachstum außerhalb der bestehenden Verdichtungen ist ein Zeichen für einsetzende Desurbanisierungsprozesse.[248]
- Es soll diesen Tendenzen durch den Ausbau von Entwicklungsachsen entgegengewirkt werden.
- Im Landesentwicklungsplan wird eine punkt-axiale Siedlungsstruktur als angestrebte Entwicklungsform festgehalten.

4.3 Siedlungsflächeninanspruchnahme im Untersuchungszeitraum

Mit der Betrachtung der Siedlungsentwicklung im erweiterten Untersuchungszeitraum konnte eine Ausgangssituation festgestellt werden. Im Folgenden soll die Siedlungsentwicklung von 1974 bis 1995 – womit es sich um den definierten Untersuchungszeitraum handelt – untersucht werden. Dazu wird in ähnlicher Art und Weise vorge-

[248] Auf die mit Desurbanisierungsprozessen verbundenen Entwicklungsprobleme wurde bereits in Kapitel 2 eingegangen. Darauf soll an dieser Stelle verwiesen werden.

gangen und die Entwicklung des in Abbildung 24 dargestellten Siedlungsmusters für das Jahr 1995 seit 1974 überprüft.[249]

Die Darstellung lässt einen Zuwachs an Siedlungsfläche erkennen, wenn der Vergleich zum in Abbildung 21 dargestellten Siedlungsmuster für das Jahr 1974 vorgenommen wird. In welchen Bezirken die Flächenneuinanspruchnahme in größerem Umfang vollzogen wurde, soll im Folgenden untersucht werden.

Darüber hinaus soll ermittelt werden, welche Festlegungen bezüglich einer anzustrebenden räumlichen Entwicklungssituation aus regionalplanerischer Sicht getroffen wurden, die der tatsächlich stattgefundenen Flächenneuinanspruchnahme gegenübergestellt werden sollen.

Abbildung 25: Siedlungsflächen 1995 im Untersuchungsraum

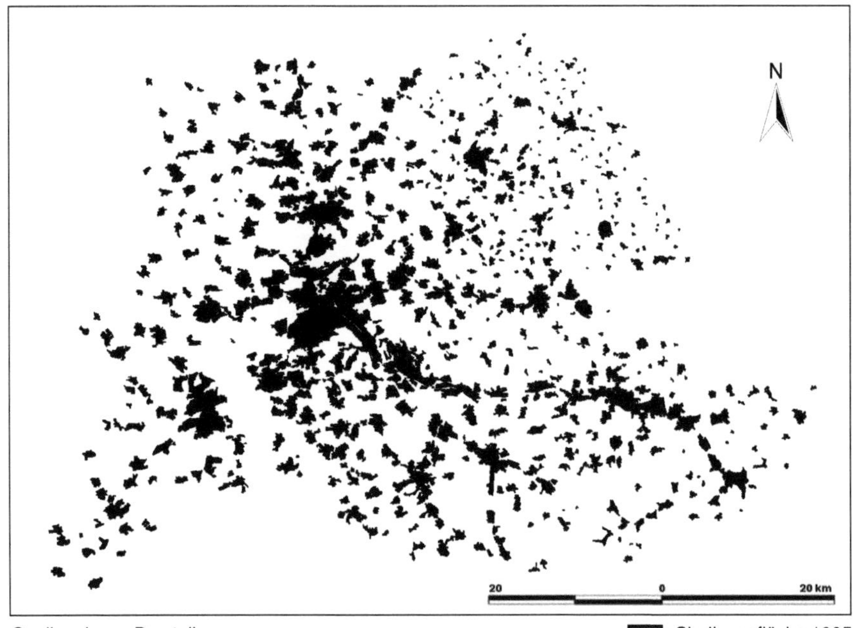

Quelle: eigene Darstellung

Siedlungsfläche 1995

4.3.1 Ermittlung von Bezirken mit hoher Flächenneuinanspruchnahme

In einem ersten Schritt soll ermittelt werden, wo die Zunahme an Siedlungsfläche während des Untersuchungszeitraumes besonders stark war, ohne nach Flächen-

[249] vgl. auch Abbildung I im Anhang I

nutzungsarten zu differenzieren. Damit soll überprüft werden, ob es gelungen ist, räumliche Entwicklung in einer gewünschten Form zu realisieren oder ob weniger erwünschte Entwicklungen noch verstärkt wurden.

Zur Ermittlung der Flächenneuinanspruchnahme im Untersuchungsraum steht der Stand der Siedlungsentwicklung von 1974 und 1995 in digitaler Form wie oben beschrieben zur Verfügung. In Anhang I ist in Abbildung I der Stand der Siedlungsflächenexpansion für diese Jahre dargestellt.

Bei der Ermittlung der Siedlungsflächenneuinanspruchnahme für diesen Zeitraum wird in gleicher Weise vorgegangen wie für den Zeitraum 1965 bis 1974. Auch hier stellt sich die Frage, ob relative oder absolute Zunahme für das weitere Vorgehen berechnet werden soll und inwieweit die Arten der Ermittlung verschiedenartig interpretierbare Ergebnisse liefern. Zunächst werden beide Arten nach der in Kapitel 4.2.1 beschriebenen Vorgehensweise bestimmt. Dazu werden in die Gleichungen 4.1 und 4.2 für die Berechnung der absoluten Neuinanspruchnahme von Siedlungsfläche ΔI^S und für die Berechnung der relativen Neuinanspruchnahme $\Delta\acute{I}^S$ mit $t_0 = 1974$ und $t_1 = 1995$ verwendet.

Die Ergebnisse sind zur Übersicht in Abbildung 26 in ähnlicher Form wie für den Zeitraum 1965 bis 1974 graphisch dargestellt.

Für die Darstellungen wurden auch hier jeweils 5 Klassen gebildet, um die Flächenveränderungen veranschaulichen zu können. Es wurden 4 gleich große Klassen gewählt, um die Vergleichbarkeit zu vereinfachen. Die oberen 4 Klassen, die ein hohes Maß an Flächeninanspruchnahme repräsentieren, wurden wieder mit jeweils 80 Bezirken besetzt (dunkel dargestellt). Bezirke mit geringer bzw. keiner Neuinanspruchnahme sind in einer größeren (hell dargestellten) Klasse zusammengefasst.

Die Bildung der Klassen erfolgte wie bereits bei der Betrachtung des Zeitraums 1965 bis 1974, womit auch hier die Vergleichbarkeit geschaffen ist. Es wurden jeweils 5 Klassen gebildet, wobei die oberen 4 Klassen mit jeweils 80 Bezirken besetzt sind. Je höher die absolute bzw. relative Flächenneuinanspruchnahme ist, um so dunkler ist diese Klasse dargestellt. Damit sind über die Hälfte der Bezirke in 4 Klassen verteilt[250], und Bezirke mit hohen Ausprägungen werden gut sichtbar. In der übrigen Klasse sind jeweils die Bezirke mit keiner bzw. geringer Neuinanspruchnahme zusammengefasst.[251]

[250] 320 der insgesamt 624 Bezirke.

[251] Dazu kommen noch die 9 Exklaven von Bezirken. In den Exklaven fand keine Neuinanspruchnahme statt.

Beim Vergleich der Graphiken werden Unterschiede schneller deutlich als bei der vorangegangenen Periode. Eine größere Anzahl von Bezirken gehört je nach Art der Ermittlung verschiedenen Klassen an.

Um festzustellen, wie groß die Unterschiede zwischen relativer und absoluter Ergebnisdarstellung sind, wurden beide Reihen gegenübergestellt. Die Aussagen beider Ergebnisreihen sind einander sehr ähnlich, wenn ein linearer Zusammenhang festgestellt werden kann. Allerdings ließ bereits die Darstellung in einem Streudiagramm keinen linearen Zusammenhang erkennen.

Der weitere Test ergab, dass zwischen der absoluten und der relativen Flächenveränderung eine Korrelation nach Pearson von 0,456 existiert.[252] Die Arten der Darstellung der Ergebnisse sind voneinander verschieden und für sich interpretierbar. Noch stärker als bei der Analyse der Periode 1965 bis 1974 wird die Entscheidung für eine Art der Ergebnisdarstellung notwendig. Auch hier soll, unter Verweis auf die o. g. Begründung, die absolute Flächeninanspruchnahme zur Darstellung der Siedlungsflächenexpansion Verwendung finden.

Abbildung 26: Siedlungsflächenentwicklung von 1974 bis 1995
(linke Abbildung: absolute Veränderung, rechts: relative Veränderung)

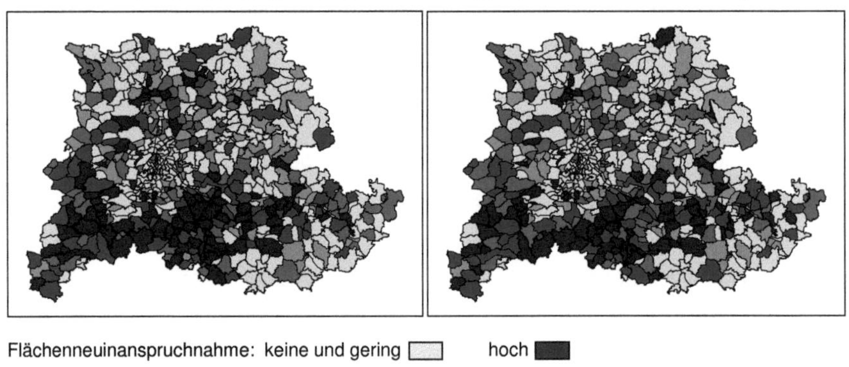

Flächenneuinanspruchnahme: keine und gering ▭ hoch ■

Quelle: eigene Darstellung (beide Abbildungen)

In Abbildung 27 ist das Ergebnis der Ermittlung der absoluten Zunahme an Siedlungsfläche dargestellt. Hier wurde eine Einteilung in Klassen gewählt, die Bezirke mit hohem Zuwachs an Siedlungsfläche besonders gut erkennen lässt.

Die Ermittlung der Neuinanspruchnahme erfolgte – wie für die Periode davor – für jede räumliche Einheit und wurde (unabhängig der bestehenden Exklaven) für alle

[252] Die Korrelation ist auf dem Niveau von 0,01 zweiseitig signifikant.

635 räumlichen Untersuchungseinheiten durchgeführt. Farbig hinterlegt sind nur Untersuchungseinheiten mit Flächenneuinanspruchnahme. Für die Darstellung erfolgte die Einteilung der Bezirke in 5 Klassen mit gleicher Klassenbreite.[253] Dieses Vorgehen wurde bereits bei der Darstellung des Ergebnisses für den Zeitraum 1965 bis 1974 gewählt, um die Untersuchungseinheiten mit besonders großem Umfang an Neuinanspruchnahme deutlich hervorheben zu können.

Abbildung 27: Absolute Siedlungsflächenzunahme in den Untersuchungseinheiten 1974-1995

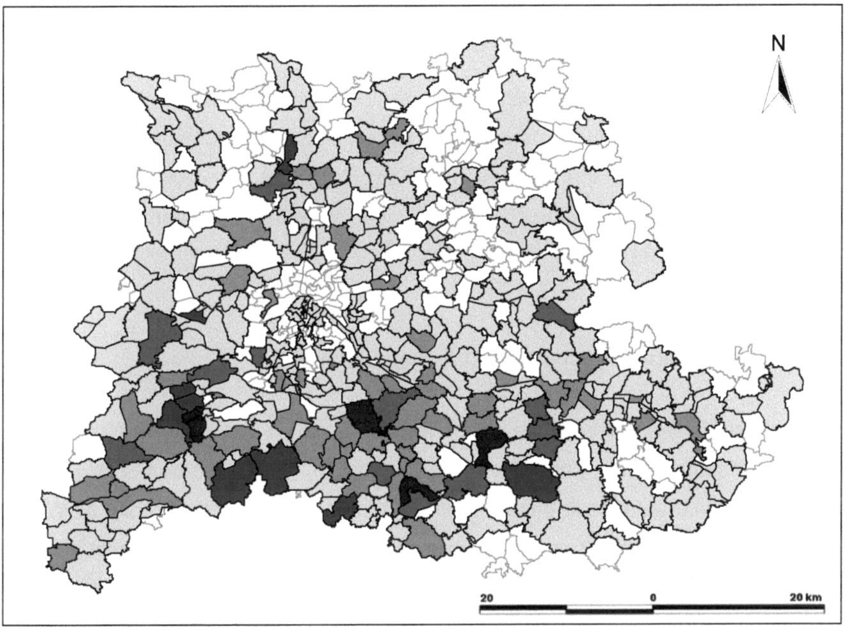

N

20 0 20 km

Flächenneuinanspruchnahme und Anzahl der Fälle pro Klasse: [a)]

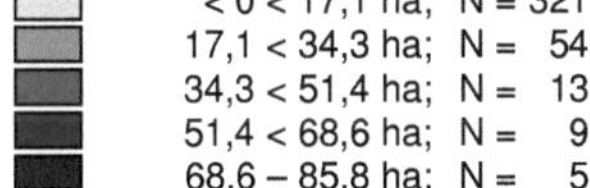

< 0 < 17,1 ha; N = 321
17,1 < 34,3 ha; N = 54
34,3 < 51,4 ha; N = 13
51,4 < 68,6 ha; N = 9
68,6 – 85,8 ha; N = 5

[a)] Exklaven von Bezirken wurden eigenständig behandelt.

Quelle: eigene Darstellung

Die Klasse mit den Elementen, in denen der größte Umfang an Flächenneuinanspruchnahme stattfand, ist mit 5 Untersuchungseinheiten besetzt, in denen die Inanspruchnahme zwischen 68,6 und 85,8 ha beträgt. In den am Umfang an der Flächenneuinanspruchnahme gemessenen folgenden Klassen sind 9 Untersuchungs-

[253] Die Klassenbreite beträgt 17,1.

20 0 20 km

einheiten, die jeweils einen Umfang von Neuinanspruchnahme zwischen 51,4 und 68,6 ha repräsentieren, 13 Untersuchungseinheiten, in denen zwischen 34,3 und 51,4 ha beansprucht wurden, 54 Untersuchungseinheiten, die einen Zuwachs zwischen 17,1 und 34,3 ha hatten und die größte Klasse, die mit 321 Untersuchungseinheiten besetzt ist, die eine Neuflächeninanspruchnahme bis 17,1 ha besitzen. Darüber hinaus existiert ein großer Teil an Untersuchungseinheiten (N=233), in denen keine Neuinanspruchnahme stattfand. Für den Zeitraum 1974 bis 1995 wurde eine Fläche der Neuinanspruchnahme zu Siedlungszwecken von 4 409,7 ha für den Untersuchungsraum ermittelt.
Das entspricht für den Untersuchungsraum einer jährlichen durchschnittlichen Zunahme von 210 ha und ist mit dem aus der amtlichen Statistik zu entnehmenden Umfang an Flächeninanspruchnahme vergleichbar. Aufgrund der verschiedenen Erhebungsmethoden existieren jedoch Abweichungen zwischen den Statistiken und den hier ermittelten Werten.

4.3.2 Differenzierung nach Art der Flächennutzung

Da die Ansprüche an eine Fläche vom Zweck der Nutzung abhängig sind, soll bei der Art der Flächennutzung eine Differenzierung vorgenommen werden. Zur weiteren Bearbeitung wird unterstellt, dass sich die Anforderungen an Flächen, die zu Wohnzwecken genutzt werden und an Flächen, die als Gewerbeflächen genutzt werden, unterscheiden. Erreichbarkeitskriterien für Gewerbeflächen besitzen einen anderen Charakter als für Flächen, die ausschließlich Wohnzwecken dienen. Von größeren gewerblich genutzten Flächen geht dazu i. d. R. ein höheres Emissionspotential aus als von Flächen, die zu Wohnzwecken genutzt werden. Neben Lärm- und Luftbelastungen der Gewerbestandorte gehören dazu auch die Belastungen des induzierten Verkehrs, beispielsweise durch An- und Ablieferung, der Beschäftigten, Kunden und Besucher, um nur einige Aspekte zu nennen, so dass sich dort die Umweltqualitäten verschlechtern. Es ist zu vermuten, dass seitens der Bauleitplanung Flächen mit begünstigten Umweltqualitäten nicht als größere Gewerbeflächen ausgewiesen werden. Um Lieferanten- und Abnehmerbeziehungen zu verbessern bzw. das Potential an Kunden im Einzugsbereich zu erhöhen ist eine leistungsfähige Verkehrsinfrastruktur erforderlich. Selbst wenn die Flächeninanspruchnahme für Wohnzwecke der in Kapitel 2 formulierten These 1 folgt und Erreichbarkeitskriterien im Wesentlichen die Ent-

scheidungen bei der Inanspruchnahme von Flächen beeinflussen, so ist dennoch keine Gleichartigkeit der Nachfrage für die Flächennutzungsraten zu vermuten.
Den größten Anteil an der Siedlungs- und Verkehrsfläche besitzen die zu Wohnzwecken genutzten Flächen. Bei der späteren Bewertung der Untersuchungseinheiten werden Indikatoren verwendet, die die Situation der Erreichbarkeit und der Umweltqualität der jeweils betrachteten Untersuchungseinheiten abbilden sollen. Auch die Indikatoren, mit denen die Erreichbarkeit eines Bezirks beschrieben wird, hängen von der Nutzungsart ab. Einzelindikatoren, wie beispielsweise die Erreichbarkeit von Schulen und Freizeiteinrichtungen oder die örtliche Versorgung mit Arztpraxen, sind für Siedlungsflächen, die zu Wohnzwecken genutzt werden, relevant, spielen aber für Gewerbestandorte – wenn überhaupt – nur eine untergeordnete Rolle. Untersuchungseinheiten, die einen größeren Anteil an Siedlungsflächenzuwachs für gewerbliche Zwecke als für andere Nutzungsarten besitzen, könnten dann das Ergebnis in unerwünschter Art beeinflussen, wenn nicht nach Art der Nutzung unterschieden wird. Eine hohe Zunahme an Siedlungsfläche (die beispielsweise größtenteils gewerblich genutzt ist) könnte positive Korrelationen zu niedrigen Umweltqualitäten oder schlechten Erreichbarkeiten von Bildungs- oder Freizeiteinrichtungen besitzen.
Deshalb wird eine Unterscheidung nach Art der Nutzung bei der Neuflächeninanspruchnahme durchgeführt.
Welche Flächennutzungsarten detailliert in einer Untersuchungseinheit vorkommen, kann nicht festgestellt werden. Es ist für diese Untersuchung auch nicht erforderlich, in alle (theoretisch möglichen) Arten der Flächennutzung zu unterscheiden. Im Hinblick auf die später zu verwendenden Indikatoren zur Beschreibung von Erreichbarkeit bzw. Umweltqualitäten soll eine grundsätzliche Trennung in gewerbliche Nutzung und Nutzung zu Wohnzwecken vorgenommen werden.
Nach ihrer baulichen Nutzung können Flächen gemäß Baunutzungsverordnung[254] in:

- Wohnbauflächen,
- gemischte Bauflächen,
- gewerbliche Bauflächen und
- Sonderbauflächen[255]

unterschieden werden.[256]

---

[254] Zur Darstellung im Flächennutzungsplan. Vgl. Verordnung über die bauliche Nutzung der Grundstücke (BauNVO).

[255] Zu Sonderbauflächen zählen z. B. im Flächennutzungsplan des Nachbarschaftsverbandes Stuttgart Sonderflächen des Bundes, Gartenhausgebiete, Wochenendhausgebiete oder sonstige Sonderbauflächen mit Angabe der Zweckbestimmung. Vgl. Flächennutzungsplan 1990.

Für einen Untersuchungsraum der hier verwendeten Größe können nicht alle Einzelflächen mit vertretbarem Aufwand nach Nutzungsart differenziert, erfasst werden, so dass eine Vereinfachung vorgenommen werden soll. Dazu soll zwischen Gewerbe- / Industrieflächen auf der einen Seite und allen anderen Nutzungsarten auf der anderen Seite unterschieden werden. Diese prinzipielle Trennung zwischen Gewerbe und anderen Nutzungen wird vollzogen, indem gewerbliche Bauflächen, Gewerbegebiete und großflächige Einzelhandelsgebiete gesondert erfasst werden.

Diese Flächen sind – wie in Kapitel 2 beschrieben – ein Teil der Gebäude- und Freiflächen, die den größten Anteil der Siedlungs- und Verkehrsflächen ausmachen. Dominierend bei den Gebäude- und Freiflächen ist der Anteil der für das Wohnen genutzten Flächen, für die ein starker funktionaler Zusammenhang zu den anderen Flächennutzungsarten innerhalb der Kategorie Gebäude- und Freiflächen[257] existiert. Für die weitere Bearbeitung ist eine gemeinsame Betrachtung[258] der letztgenannten Flächennutzungsarten mit den Flächen für Wohnen möglich und sinnvoll.

Im Folgenden soll unterschieden werden in Flächenneuinanspruchnahme für

a) *größere Gewerbeflächen* und

b) *Siedlungsflächen im engeren Sinne*,

wo der Anteil der zu Wohnzwecken genutzten Flächen sehr hoch ist aber noch andere Nutzungsarten existieren. Der Begriff „Siedlungsflächen im engeren Sinne“ (Siedlungsflächen i. e. S.) wurde gewählt, weil es inhaltlich falsch wäre, diese Flächen als Wohnbauflächen zu bezeichnen (wie in Kapitel 4.3.2.2 ausführlich dargestellt wird).

Die Siedlungsfläche I^S einer Zelle j soll demnach die Summe der Siedlungsfläche für größere Gewerbegebiete I^G und der Siedlungsfläche im engeren Sinne I^{SeS} dieser Zelle j sein:

$$I_j^S = I_j^G + I_j^{SeS} \tag{4.7}$$

mit: $I^G \geq 0$ und $I^{SeS} \geq 0$.

[256] Quelle: BauNVO, §1(1)

[257] Dazu zählen z. B. Flächen für öffentliche Zwecke, Ver- und Entsorgungsanlagen, ungenutzte Flächen, etc..

[258] Im Sinne von keiner weiteren Differenzierung der Flächennutzung.

4.3.2.1 Flächeninanspruchnahme größerer Gewerbeflächen

Die Ermittlung dieser Flächen erfolgte anhand der Raumnutzungskarte des Regionalplans von 1998[259], der als Anlage die Raumnutzungskarte für die Region Stuttgart im Maßstab 1 : 50 000 enthält. In dieser Karte werden „größere Gewerbeflächen" gesondert dargestellt. Wichtig ist hier festzuhalten, dass es sich um Flächen handelt, die nicht den Flächennutzungsarten der amtlichen Statistiken entsprechen. Bei „größeren Gewerbeflächen" kann es sich innerhalb der Nutzungsartengruppe „Gebäude- und Freifläche" um Flächen der Nutzungsart Handel und Dienstleistungen aber auch der Nutzungsart Gewerbe und Industrie handeln. Wenn hier der Begriff „größere Gewerbeflächen" verwendet wird, bezieht sich das inhaltlich im Wesentlichen auf die genannten Nutzungsarten.

Nach der Kalibrierung der Raumnutzungskarte mit dem digitalisierten Stand der Siedlungsfläche von 1995 wurde überprüft, ob eine bestimmte Siedlungsfläche dieser Art von Flächennutzung entspricht oder nicht. Auf diese Art und Weise wurden im Untersuchungsraum für den Stand der Siedlungsentwicklung 1995 in 435 Bezirken Flächen ermittelt, was einem Volumen von 8 804 ha für diese Nutzungsart entspricht. In Abbildung 28 ist die Siedlungsfläche für die Gemeinde Ostfildern dargestellt (vgl. zur Abgrenzung auch Abbildung 18 dieses Kapitels). Die Gewerbeflächen sind schraffiert angelegt. Damit liegt der Stand der Entwicklung bzw. die Flächeninanspruchnahme für größere Gewerbeflächen für das Jahr 1995 für den Untersuchungsraum vor.

Abbildung 28: Siedlungsflächen mit Gewerbeflächen 1995

größere Gewerbeflächen
Siedlungsflächen i. e. S.
Grenze des Bezirks

Quelle: eigene Darstellung

Um Aussagen darüber treffen zu können, wo die Neuinanspruchnahme von Flächen für diese Flächennutzungsart in größerem Umfang erfolgte, muss ein vergleichbarer Stand der Gewerbeflächeninanspruchnahme für einen früheren Zeitpunkt ermittelt werden. Dazu wurde der Stand der Siedlungsflächeninanspruchnahme von 1974

[259] Quelle: Regionalplan Region Stuttgart 1998, Raumnutzungskarte

überprüft und alle Flächen, die im Jahr 1995 Gewerbeflächen des Typs nach oben beschriebener Art der Ermittlung waren und bereits 1974 schon als Siedlungsflächen genutzt wurden, sind als Gewerbeflächen für das Jahr 1974 erfasst worden. In Abbildung 29 ist der Stand der Siedlungsflächeninanspruchnahme für das Jahr 1974, differenziert nach größeren Gewerbeflächen und übrigen Siedlungsflächen, und die Zunahme an Siedlungsfläche mit dem Stand 1995 mit der gleichen Differenzierung dargestellt. Dazu wurde der gleiche Kartenausschnitt wie für Abbildung 28 gewählt, um dem Leser einen Vergleich zu ermöglichen. Bei dieser Art der Ermittlung wurden in 428 Bezirken Flächen mit einem Gesamtumfang von 7 173 ha festgestellt.

Abbildung 29: Siedlungsflächen mit Gewerbeflächen 1974 und 1995

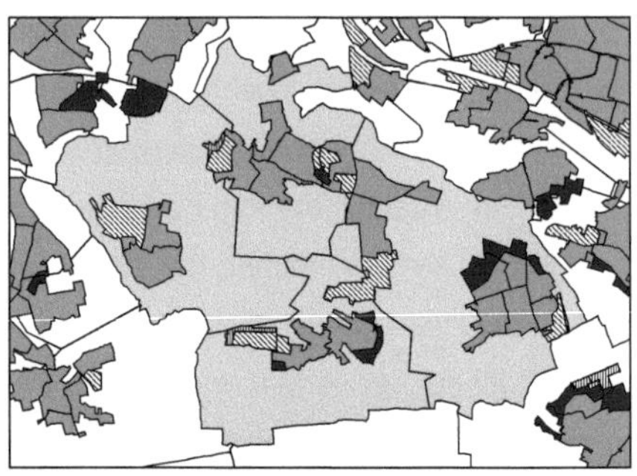

Siedlungsflächen 1974:
größere Gewerbeflächen
Siedlungsflächen i. e. S.
Flächenzunahme, Stand 1995:
größere Gewerbeflächen
Siedlungsflächen i. e. S.
Grenze des Bezirks

Quelle: eigene Darstellung

Um zu ermitteln, in welchen Bezirken eine Flächenneuinanspruchnahme in größerem Umfang erfolgte, wurde Gleichung 1 modifiziert. Die Flächeninanspruchnahme von Siedlungsflächen zur Nutzung als größere Gewerbeflächen soll mit ΔI^G bezeichnet werden. Für die absolute Veränderung von einem Zeitpunkt t_0 zu einem Zeitpunkt t_1 in einer Zelle j ergibt sich dann:

$$\Delta I_j^G(t_0,t_1) = I_j^G(t_1) - I_j^G(t_0) \tag{4.8}$$

Wird für t_0 1974 und für t_1 1995 gesetzt, kann die absolute Inanspruchnahme für größere Gewerbeflächen während des Zeitraumes von 1974 bis 1995 bestimmt werden. Die Ermittlung erfolgte für jede Untersuchungseinheit. Demnach kam es in 304 Untersuchungseinheiten zu einer Zunahme an Gewerbefläche dieses Typs. Für die Darstellung des Ergebnisses in Abbildung 30 wurden 10 Klassen gebildet.

Um die Bezirke mit hoher Neuinanspruchnahme gut erkennen zu können, wurden Klassen gleicher Breite gewählt.[260]

Durch diese Art der Darstellung ist es möglich, dass Untersuchungseinheiten mit großem Umfang an Neuinanspruchnahme gut erkennbar werden und aufgrund der

[260] Die Klassenbreite beträgt 6,7.

Besetzung der Klassen deutlich wird, ob Untersuchungseinheiten mit einem bestimmten Maß an Neuinanspruchnahme stärker vertreten sind und als repräsentativ gelten. Die Darstellung der Klassen in Abbildung 30 stellt die Verteilung der Untersuchungseinheiten auf die Klassen dar, wobei der große Anteil an Untersuchungseinheiten deutlich wird, in denen es zu Flächenneuinanspruchnahme in geringerem Umfang kam.

Abbildung 30: Histogramm der Inanspruchnahme für größere Gewerbeflächen

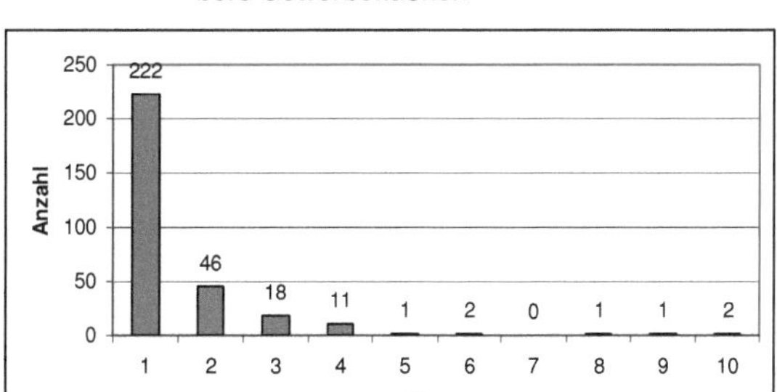

Quelle: eigene Darstellung

Die Klassen mit den Untersuchungseinheiten mit den größten Umfängen an Flächenneuinanspruchnahme sind schwach besetzt. In den oberen sechs Klassen sind jeweils nur 1 oder 2 Untersuchungseinheiten, eine Klasse ist nicht besetzt.[261] Die folgende Klasse ist mit 11 Untersuchungseinheiten besetzt. Die 18 Untersuchungseinheiten dieser oberen Klassen besitzen zusammen in ihrer Fläche lediglich einen Anteil von 4,2 % Gesamtfläche des Untersuchungsraums, aber 36,7 % der Neuflächeninanspruchnahme finden dort statt. Die Anzahl der Untersuchungseinheiten in den folgenden Klassen – die weniger Flächeninanspruchnahme besitzen – nimmt zu.

Das entspricht der Situation, dass Neuinanspruchnahme von Gewerbeflächen aufgrund von Erweiterung oder Neuansiedlung in geringem Umfang in einer Vielzahl von Untersuchungseinheiten stattfindet, während die Neuinanspruchnahme von großen Flächen konzentriert in wenigen Untersuchungseinheiten vollzogen wird.

Andere Arten der Ergebnisdarstellung sind möglich, wurden aber nicht gewählt, da die hier gewählte Art der Festsetzung der Klassengrenzen zur Erreichung des Untersuchungsziels – der Ermittlung der Untersuchungseinheiten mit großem Umfang an Flächenneuinanspruchnahme – geeignet scheint. Durch die gewählte Darstellungsart kommen diese Untersuchungseinheiten gut zum Ausdruck.

[261] Diese Klassen beinhalten Untersuchungseinheiten mit einer Flächenneuinanspruchnahme zwischen 27,1 und 67,9 ha (Maximalwert).

Abbildung 31: Flächenneuinanspruchnahme für größere Gewerbeflächen in den Untersuchungseinheiten von 1974-1995

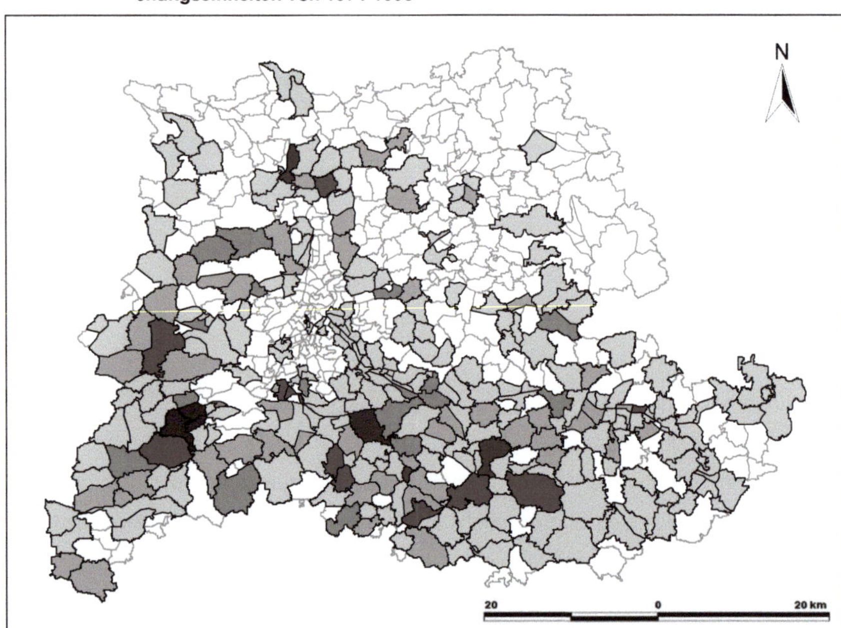

Flächenneuinanspruchnahme für größere Gewerbeflächen:

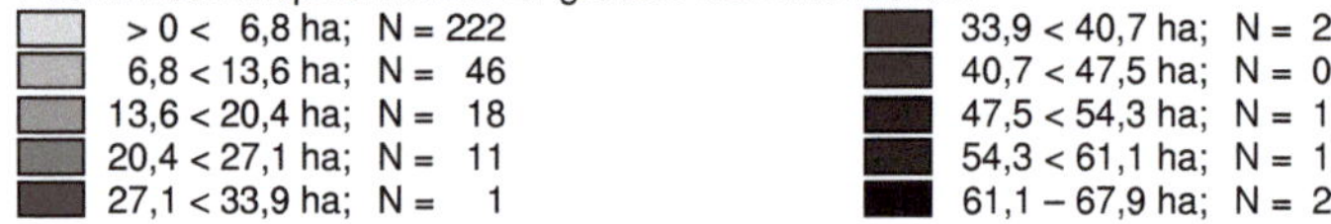

Quelle: eigene Darstellung

4.3.2.2 Inanspruchnahme von Siedlungsflächen im engeren Sinne

Wenn für die Inanspruchnahme von Siedlungsflächen größere Gewerbeflächen gesondert betrachtet wurden, dann bleiben noch in Anspruch genommene Siedlungsflächen, die verschiedenen anderen Nutzungsarten unterliegen. Eine Bezeichnung dieser Flächen als Wohnbauflächen wäre unkorrekt, weil noch eine Reihe anderer Nutzungsarten möglich sein können. Ein Teil davon ist funktional mit der Nutzungsart Wohnen verbunden und deshalb in gewisser Weise zwangsläufig vorhanden, sobald Wohnbauland in Anspruch genommen wird, wie beispielsweise Verkehrsflächen oder Ver- und Entsorgungsanlagen.

In diesem Kapitel soll die Neuinanspruchnahme von Siedlungsflächen im engeren Sinne (i. e. S.) beschrieben werden. Dazu wird zunächst dargestellt, um welche Arten von Flächennutzungen es sich dabei handeln kann. Es wurde bereits kurz bei der Begründung zur Unterscheidung der Nutzungen auf die einzelnen Nutzungsarten eingegangen. An dieser Stelle sollen dazu ergänzend die Anteile der Nutzungsarten beispielhaft dargestellt werden. Dazu werden die Erhebungen aus der amtlichen Statistik verwendet und die Anteile der einzelnen Nutzungsarten beispielhaft dargestellt. In Baden-Württemberg hat im Jahr 2001 der Anteil der Siedlungs- und Verkehrsflächen an der gesamten Landesfläche 13,2 % betragen, wovon 52,9 % Gebäude- und Freiflächen waren, was auch in etwa den Anteilen dieser Nutzungsarten auf Bundesebene entspricht.[262] Dort hatte im Jahr 2001 der Anteil der Siedlungs- und Verkehrsfläche 12,4 % an der gesamten Bodenfläche betragen. Von diesen Siedlungs- und Verkehrsflächen nahmen Gebäude- und Freiflächen einen Anteil von 52,5 % ein.[263] Betrachtet man, wie sich Gebäude- und Freiflächen zu diesem Zeitpunkt durch die verschiedenen Nutzungsarten zusammengesetzt haben, ergibt das für das Gebiet des Bundes, wie in Tabelle XIII dargestellt, folgendes Bild: den größten Anteil daran besitzen mit 46,2 % Flächen, die Wohnzwecken dienen. Gewerbe und Industrie nehmen nur 15,4 % der Flächen ein.

Tabelle XIII: Anteile einzelner Nutzungsarten an der Gebäude- und Freifläche für das Gebiet der Bundesrepublik Deutschland und Baden-Württemberg (Stand 31.12.2001)

Nutzungsart	Bundesrepublik [%]	Baden-Württemberg [%]
Wohnen	46,2	51,1
öffentliche Zwecke	5,6	6,4
Handel und Dienstleistungen	3,1	4,3
Gewerbe und Industrie	15,4	15,9
Mischnutzung mit Wohnen	3,1	
Verkehrsanlagen	1,0	
Ver- und Entsorgungsanlagen	1,5	1,5
Land- und Forstwirtschaft	15,7	10,7
Erholung	1,8	1,7
Ungenutzt	6,4	
nicht weiter untergliedert	0,3	8,4
Gebäude- und Freifläche	**100,0**	**100,0**

Quelle: Bundesamt für Bauwesen und Raumordnung, 2003a (Angaben für den Bund) und Statistisches Landesamt, 2003b (Angaben für Baden-Württemberg)

[262] Quelle: Statistisches Landesamt 2003b, S. 36

[263] Stand: 31.12.2001. Quelle: Statistisches Bundesamt, 2003a.

In Baden-Württemberg ist der Anteil der zu Wohnzwecken genutzten Flächen gegenüber dem Anteil auf Bundesebene höher, ebenso wie die Anteile für Handel und Dienstleistungen sowie Gewerbe und Industrie. Für Baden-Württemberg sind in der Tabelle nicht alle Nutzungsarten so detailliert wie auf Bundesebene dargestellt, was auf die verschiedenen Quellen zurückzuführen ist, aber die Aussagekraft über die Dominanz der Nutzungsart Wohnen nicht schmälert.

Die Ermittlung der Flächennutzungsarten für den Untersuchungsraum lässt sich aufgrund der Erhebungsmethodik nicht in Nutzungsarten differenziert, wie nach dieser Statistik durchführen. Im ersten Schritt der Ermittlung der Neuinanspruchnahme von Flächen wurden die Anteile für größere Gewerbeflächen bestimmt, wozu (nach Tabelle XIII) neben Flächen für Industrie und Gewerbe auch Flächen für Handel und Dienstleistungen, sofern sie eine bestimmte Größe einnehmen, zählen.

Für die Nutzungsarten Land- und Forstwirtschaft bzw. ungenutzte Flächen kann im Untersuchungsraum bei der Neuinanspruchnahme von Siedlungsflächen davon ausgegangen werden, dass sie aufgrund des geringen Umfangs keine negativ beeinflussenden Wirkungen auf das Ergebnis haben. Für die anderen Nutzungsarten werden die Abhängigkeiten zur Nutzungsart Wohnen unterstellt, die verschiedenartig ausgeprägt sein können, deren Grad der Abhängigkeit hier jedoch nicht untersucht werden soll. Unter dem Begriff Siedlungsflächen i. e. S. sind im Wesentlichen Flächen zusammengefasst, die den hier dargestellten Nutzungsarten entsprechen und von der Flächennutzungsart für Wohnzwecke klar dominiert werden.

Die Bestimmung der Neuinanspruchnahme der Siedlungsfläche i. e. S. erfolgt, indem mit Hilfe einer GIS-Software die Flächen ermittelt werden, die zum beschriebenen digitalisierten Stand der Siedlungsentwicklung zu den entsprechenden Zeitpunkten vorhanden waren und nicht zu der oben bestimmten Nutzungsart „größere Industrieflächen" gehören. Damit konnten die Anteile der Siedlungsflächen i. e. S. für die verschiedenen Zeitpunkte der Siedlungsflächeninanspruchnahme ermittelt werden. Für jede Untersuchungseinheit wurden die Flächen bestimmt, die davon in Anspruch genommen wurden. Damit liegt der Stand der Inanspruchnahme von Siedlungsflächen i. e. S. für die Untersuchungseinheiten vor.

Zur Ermittlung des Umfangs an Flächeninanspruchnahme dieses Typs wurde die Inanspruchnahme von Siedlungsfläche i. e. S. mit I^{SeS} zu einem Zeitpunkt t bezeichnet.

Die absolute Veränderung ΔI^{SeS} von einem Zeitpunkt t_0 zu einem Zeitpunkt t_1 in einer Zelle j ergibt sich dann:

$$\Delta I_j^{SeS}(t_0, t_1) = I_j^{SeS}(t_1) - I_j^{SeS}(t_0) \tag{4.9}$$

Wird für t_0 1974 und für t_1 1995 gesetzt, kann die absolute Inanspruchnahme für Siedlungsflächen i. e. S. während des Zeitraumes von 1974 bis 1995 bestimmt werden.

Bei dieser Ermittlung wurde festgestellt, dass es in 346 Untersuchungseinheiten zu einer Inanspruchnahme von Flächen dieses Typs kam.

Für die Darstellung des Ergebnisses in Abbildung 32 wurden 10 Klassen gebildet. Um einerseits die Untersuchungseinheiten mit hoher Neuinanspruchnahme gut erkennen zu können und andererseits zu verdeutlichen, ob ein ähnlicher Umfang an Flächenneuinanspruchnahme in mehreren Bezirken zu erkennen ist, wurden gleiche Klassenbreiten gewählt. Für zehn Klassen ergibt sich dabei eine Klassenbreite von 7,58 ha. In der Mehrzahl der Untersuchungseinheiten kam es zu einer geringen Neuinanspruchnahme. Die Klasse mit einer Inanspruchnahme bis 7,58 ha ist mit einer Anzahl von 222 besetzt. Die folgende Klasse ist nur noch mit 67 Untersuchungseinheiten, die darauf folgenden Klassen sind mit 27, 14, 7, 5, 1, 2, 0 und 1 besetzt. Die Besetzung der Klassen ist in Abbildung 32 dargestellt und verdeutlicht die Situation, dass in mehr als der Hälfte der Untersuchungseinheiten des Untersuchungsraumes Flächenneuinanspruchnahme stattfand, wobei ein Großteil der Untersuchungseinheiten lediglich geringes Siedlungswachstum zu verzeichnen hatte, was im Rahmen der Eigenentwicklung durchaus den Zielen der Regionalplanung entspricht. Ein deutlich höheres Maß an Neuinanspruchnahme fand in ausgewählten einzelnen Untersuchungseinheiten statt. In den sieben Klassen mit dem größten Umfang an Neuinanspruchnahme[264] sind lediglich 30 Un-

Abbildung 32: Histogramm der Inanspruchnahme für Siedlungsflächen i. e. S.

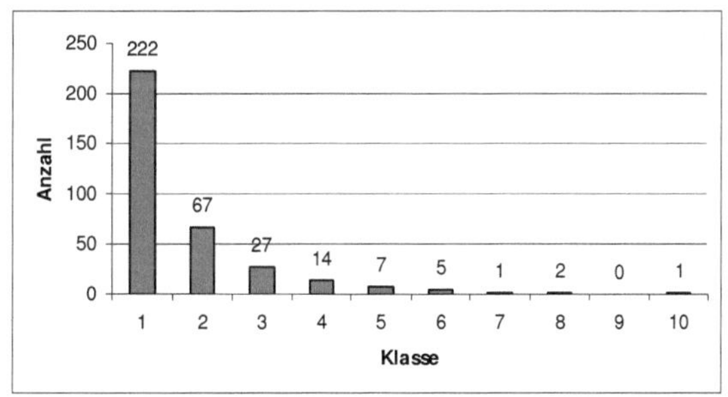

Quelle: eigene Darstellung

[264] Wobei eine Klasse nicht besetzt ist.

tersuchungseinheiten, in denen aber zusammen 37,2 % der Neuinanspruchnahme während des Untersuchungszeitraumes stattfand.[265]

Abbildung 33: Flächenneuinanspruchnahme für Siedlungsflächen i. e. S. in den Untersuchungseinheiten von 1974-1995

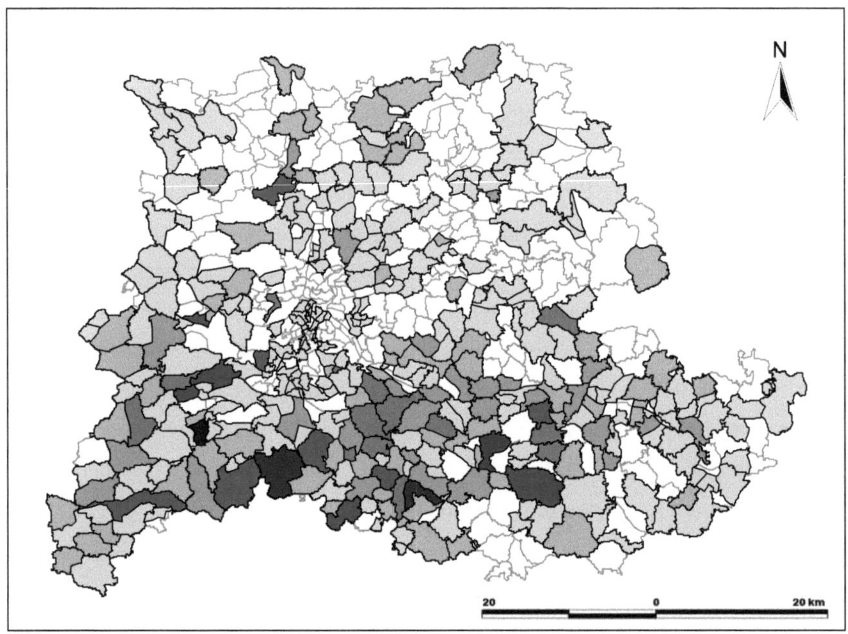

Flächenneuinanspruchnahme für Siedlungsflächen i. e. S.:

> 0 < 7,58 ha	N = 222	37,90 < 45,48 ha	N = 5
7,58 < 15,16 ha	N = 67	45,48 < 53,06 ha	N = 1
15,16 < 22,74 ha	N = 27	53,06 < 60,64 ha	N = 2
22,74 < 30,32 ha	N = 14	60,64 < 68,22 ha	N = 0
30,32 < 37,90 ha	N = 7	68,22 – 75,80 ha	N = 1

Quelle: eigene Darstellung

Andere Arten der Ergebnisdarstellung sind möglich. Die angewendete Art der Festsetzung der Klassengrenzen zur Darstellung der Flächenneuinanspruchnahme lässt Untersuchungseinheiten mit großem Umfang gut erkennbar werden und zeigt, dass die Besetzung der Klassen nach oben nahezu gleichmäßig abnimmt.

[265] Dabei handelt es sich um weniger als 10 % der Untersuchungseinheiten (8,6 %), deren Fläche zusammen (Gesamtfläche der Untersuchungseinheiten) lediglich 7,5 % der Gesamtfläche des Untersuchungsraums ausmacht.

4.3.3 Entwicklungsschwerpunkte aus regionalplanerischer Sicht während des Untersuchungszeitraums

Zur Gegenüberstellung der tatsächlichen Entwicklungstrends mit der angestrebten räumlichen Situation sollen nun die Grundsätze und Ziele der Landes- bzw. Regionalplanung für den Untersuchungszeitraum dargestellt werden.
Für den Untersuchungsraum existieren Festlegungen zur räumlichen Entwicklung im Landesentwicklungsplan und im Regionalplan, die in beschriebener Form vorliegen. In der als Untersuchungsraum definierten Periode wurden der Landesentwicklungsplan einmal und der Regionalplan zweimal fortgeschrieben. Zunächst soll der Landesentwicklungsplan 1983 (LEP 83) überprüft werden.

a) Landesentwicklungsplan 1983

Ziele für eine anzustrebende Siedlungsstruktur werden bereits im Plansatz 1.3 (Ziele für das ganze Land) formuliert, wo eine dezentralisierte Siedlungsstruktur als anzustrebende räumliche Entwicklung verankert ist.[266]
Im zweiten Teil des LEP 83 werden Grundsätze und Ziele der Raumordnung und Landesplanung für Sachgebiete formuliert. Auf die angestrebte Entwicklung der Siedlungsstruktur wird im Plansatz 2.2 eingegangen. Zur Verwirklichung der Zielsetzung die Wohnqualität und die Standortvoraussetzungen für Industrie-, Gewerbe- und Dienstleistungsbetriebe zu sichern und zu verbessern, wird u. a. formuliert, dass

> *... „Bauflächen für Wohn- und Arbeitsstätten so bemessen und einander zugeordnet werden, daß gegenseitige Störungen und aufwendige Pendelwege möglichst vermieden werden ... und Erholungsräume in zumutbarer Entfernung erreichbar sind.“...*[267]

Dabei handelt es sich um ein allgemeines Entwicklungsziel. Eine Umsetzung dieses Plansatzes könnte eine Entwicklung nach Hypothese 1 begünstigen, indem den Erreichbarkeitskriterien eine wesentliche Rolle zukommt und die Minimierung der Pendelwege im Vordergrund steht. Die Realisierung einer „zumutbaren“ Erreichbarkeit von Erholungsräumen lässt auch Interpretationsspielraum dazu offen, dass Umweltqualitäten nicht minder Berücksichtigung finden sollen, was Anlass zur Vermutung gibt, dass eine Entwicklung nach Hypothese 2 begünstigt wird.

[266] vgl. Landesentwicklungsplan Baden-Württemberg 1983, Plansatz 1.3.4
[267] ebenda, Plansatz 2.2.12

Konkretisiert werden die Vorstellungen zur Entwicklung der Siedlungstätigkeit in Plansatz 2.2.2:

> ... *„Die weitere Siedlungstätigkeit soll sich nach Umfang und Standortwahl in die vorhandene Siedlungsstruktur und die Landschaft organisch einfügen."* ...[268]

Ein Plansatz solcher Art mit Beschränkungen bezüglich Ökologie und Festlegungen zur Eigenentwicklung stellte ein Novum im LEP 83 dar, der dazu beitragen soll, die gewachsene dezentrale Siedlungsstruktur zu sichern. Als Instrumente einer Siedlungspolitik nennt der LEP die Zentralen Orte und die Entwicklungsachsen. Jede weitere Siedlungstätigkeit soll danach mit den landschaftlichen Gegebenheiten vereinbar sein und die Inanspruchnahme von Landschaft soll so gering wie möglich gehalten werden.[269]

Eine Konkretisierung erfolgt durch die folgenden Plansätze. Bei der Ausweisung von Bauland durch die Gemeinden soll in Bedarf aus

- Eigenentwicklung

und aufgrund von

- Wanderungsgewinnen

unterschieden werden. Plansatz 2.2.21 formuliert dazu:

> ... *„Zur Eigenentwicklung einer Gemeinde gehört die Befriedigung des Bedarfs an Bauflächen für die natürliche Bevölkerungsentwicklung und für den inneren Bedarf (Eigenbedarf). Ein Bedarf für Wanderungsgewinne und für größere Gewerbeansiedlungen gehört nicht zum Eigenbedarf."* ...[270]

Der Bedarf aus Eigenentwicklung setzt sich zusammen aus dem Bedarf an Bauflächen aufgrund der natürlichen Bevölkerungsentwicklung und des inneren Bedarfs, der aufgrund der Verringerung der Belegungsdichte und durch die Verbesserung der Wohnverhältnisse den größeren Anteil darstellt. Dabei soll die gewachsene Gemeindestruktur erhalten bzw. weiterentwickelt werden. Erweiterungen von Gewerbeflächen oder die Ansiedlung kleinerer Betriebe gelten als Eigenentwicklung. Jede Gemeinde kann Bedarf an Bauflächen aufgrund der Eigenentwicklung geltend machen. Bedarf an Flächen, der aus Wanderungsgewinnen und größeren Gewerbeansiedlungen resultiert, ist nicht Bestandteil des inneren Bedarfs. An welchen Schwerpunkten der über den inneren Bedarf hinausreichende Bedarf zu konzentrieren ist, sollen die Regionalpläne vorgeben. Dort können auch regionale Entwicklungsachsen ausgewiesen werden. Die großräumig bedeutsamen Entwicklungsachsen sind im LEP 83

[268] ebenda, Plansatz 2.2.2
[269] ebenda, S. 144
[270] ebenda, Plansatz 2.2.21

ausgewiesen. Diese sind in Teil 3 des LEP als Ziele der Raumordnung und Landesplanung für die Regionen festgelegt.

Für den Untersuchungsraum – damals als Region Mittlerer Neckar bezeichnet – wird in Plansatz 3.1.5 festgelegt, dass, um die Verdichtung von Wohn- und Arbeitsstätten zu ordnen und der ringförmigen Ausbreitung des Verdichtungsraumes entgegenwirken zu können, die weitere Siedlungsentwicklung auf die Entwicklungsachsen auszurichten ist.[271] Die im LEP ausgewiesenen Entwicklungsachsen sind:[272]

- Stuttgart-Böblingen/Sindelfingen-Herrenberg (-Horb),
- Stuttgart-Ludwigsburg/Kornwestheim-Bietigheim-Bissingen/Besigheim (-Heilbronn),
- Waiblingen/Fellbach-Winnenden-Backnang-Murrhardt (-Schwäbisch Hall),
- Stuttgart-Waiblingen/Fellbach-Schorndorf (-Schwäbisch Gmünd),
- Stuttgart-Esslingen-Plochingen-Göppingen-Geislingen (-Ulm/Neu-Ulm),
- Plochingen-Nürtingen (-Reutlingen/Tübingen),
- Bietigheim-Bissingen/Besigheim-Vaihingen (-Mühlacker).

Die Entwicklungsachsen entsprechen im Wesentlichen jenen, die bereits im LEP 71 festgelegt und zum Teil verlängert wurden.

In der Begründung zum Ausbau der Entwicklungsachsen wird vor allem auf die Gefahr der Ausbreitung von Überlastungserscheinungen der am stärksten verdichteten Teile des Verdichtungsraumes auf die angrenzenden Räume hingewiesen. Dort soll eine flächenhafte ringförmige Ausbreitung von Arbeitsplätzen, Wohnstätten und Verkehrsanlagen vermieden werden.[273] Durch den Ausbau der Entwicklungsachsen wird eine geordnete Entwicklung des Verdichtungsraumes und die Lenkung des weiteren Verdichtungsprozesses in den Randzonen erhofft. Bei der Ausweisung der Entwicklungsachsen wurde sich an der bis dahin stattgefundenen siedlungsgeographischen Entwicklung orientiert und mit dem auszubauenden S-Bahn-System abgestimmt.

Im Landesentwicklungsplan werden die Grundzüge der zu entwickelnden Siedlungsstruktur vorgezeichnet, die in den Regionalplänen konkretisiert werden sollen. In den Untersuchungszeitraum fällt die Aufstellung des Regionalplans 1977 und dessen Fortschreibung 1989. Zunächst soll der Regionalplan von 1977 (RP 77) überprüft werden, dessen Aufstellung auf Basis des Landesplanungsgesetztes von 1972 er-

[271] ebenda, Plansatz 3.1.5
[272] ebenda, Plansatz 3.1.5
[273] vgl. Landesentwicklungsplan Baden-Württemberg 1983, Begründung zu Plansatz 3.1.5, S. 250

folgte und der der erste Regionalplan war, dessen Planungsgebiet den Abgrenzungen des Untersuchungsraums entspricht.

b) Regionalplan 1977

Der Planungszeitraum dieses Regionalplans erstreckt sich bis 1990. Für die Siedlungsstrukturentwicklung relevante und deshalb hier festzuhaltende Grundsätze im RP 77 sind die Weiterentwicklung der polyzentrischen Siedlungsstruktur (Plansatz 1.42) und die Funktionsteilung zwischen Entwicklungsachsen und Räumen zwischen den Achsen (Plansatz 1.44). Die künftige Siedlungsentwicklung soll sich auf Entwicklungsachsen konzentrieren. Die dazwischen liegenden Freizonen sollen der Erholung der Menschen und der Regeneration von Luft, Wasser und Klima dienen.
Zur Siedlungsentwicklung in der Region wird in Plansatz 7.1 formuliert, dass:

> *„...aufnahmefähige Standorte in den Entwicklungsachsen sowie in zentralen Orten als „Siedlungsbereiche" zu entwickeln sind. Die weitere Siedlungsentwicklung soll sich bevorzugt in diesen Siedlungsbereichen vollziehen." ...*[274]

Obwohl erst in der Fortschreibung des LEP 1983 in Gemeinden unterschieden wird, deren Bauflächenbedarf aus Eigenentwicklung bzw. aus Eigenentwicklung und Wanderungsgewinnen resultieren kann, wird bereits im RP 77 eine Differenzierung zwischen

- Orten mit Eigenentwicklung

und

- Siedlungsbereichen mit verstärkter Entwicklung

vorgenommen.[275]
Die im Verlauf der Entwicklungsachsen liegenden Siedlungsbereiche mit verstärkter Entwicklung können der Aufnahme zusätzlicher Bevölkerung, der Sicherung und Verbesserung der Arbeitsplatzsituation bzw. der öffentlichen und privaten Dienstleistungen dienen. In Orten mit Eigenentwicklung soll die Siedlungsentwicklung durch den örtlichen Bedarf bestimmt werden. Anhand der Raumnutzungskarte wird festgelegt, welche Orte als Siedlungsbereiche mit verstärkter Entwicklung gelten. Alle anderen Orte sind Orte mit Eigenentwicklung. Eine Obergrenze, in welchem Umfang Siedlungsentwicklung in Orten mit Eigenentwicklung stattfinden kann, legt der RP 77 nicht fest. Es kann dennoch als sehr fortschrittlich betrachtet werden, dass noch bevor es eine rahmensetzende Festlegung im Landesentwicklungsplan gab, hier eine

[274] vgl. Regionalplan Mittlerer Neckar 1977, Plansatz 7.1
[275] ebenda, Plansatz 7.4 und 7.6

solche Unterscheidung vorgenommen wurde. Die fehlende Begrenzung einer zulässigen Siedlungsentwicklung in Abhängigkeit der Zugehörigkeit zu einem Siedlungstyp kann darin begründet liegen, dass bei der Aufstellung des RP 77 davon ausgegangen wurde, dass ein Großteil der Siedlungsentwicklung aufgrund von Eigenentwicklung stattfindet. Zuwachs an Bevölkerung und Gewerbeansiedlungen von außen wurden nur als kleiner Teil bei der Siedlungsentwicklung bewertet. Im RP 77 wird formuliert, dass die Siedlungsentwicklung bis 1990 in den Gemeinden überwiegend aus Eigenentwicklung heraus resultieren wird und der Unterschied zu „Siedlungsbereichen mit verstärkter Entwicklung" nur gering ausfällt. Im Begründungsteil zum Plansatz 7.6 im RP 77 heißt es dazu:

> *... „Soweit sich der Umfang des dafür benötigten Bruttobaulandes heute abschätzen lässt, dürfte er* [276] *etwa 70 bis 80 % des gesamten Baulandbedarfs bis 1990 ausmachen, m. a. W. in „Orten mit Eigenentwicklung" kann die Möglichkeit zur Baulandausweisung fast eine Höhe wie in „Bereichen mit verstärkter Siedlungsentwicklung" erreichen."...* [277]

Auch wenn bei der Aufstellung des RP 77 davon ausgegangen wird, dass die Unterschiede bei der Flächeninanspruchnahme zwischen beiden Entwicklungstypen nur gering ausgeprägt sind, werden dennoch Siedlungsbereiche mit verstärkter Entwicklung den Entwicklungsachsen zugeordnet. Dazu werden die im zu diesem Zeitpunkt aktuellen Landesentwicklungsplan[278] festgelegten Entwicklungsachsen übernommen und durch eine regionale Entwicklungsachse ergänzt. Die im LEP 71 festgelegten Entwicklungsachsen wurden bereits genannt. Bei der regionalen Entwicklungsachse handelt es sich um die Entwicklungsachse:[279]

- Stuttgart-Ditzingen-Leonberg-Weil der Stadt (-Calw).

Damit wird eine Verbindung des Verdichtungsraums mit dem westlich des Oberzentrums Stuttgart liegenden Raum hergestellt. In der dem RP 77 beigefügten Strukturkarte sind die Entwicklungsachsen des Landesentwicklungsplanes und die regionale Entwicklungsachse dargestellt. Vergleicht man diese mit der Darstellung der Entwicklungsachsen im Gebietsentwicklungsplan 1972, wird die Verbindungsfunktion zwischen den Zentralen Orten stärker deutlich. Die Darstellung in der Strukturkarte erfolgt durch eine abstrakt wirkende Verbindung zwischen den Zentralen Orten, die mit einer Schraffur hinterlegt erkennen lässt, welche Orte einer Entwicklungsachse an-

[276] Mit „er" ist der Anteil der Siedlungsentwicklung aufgrund der Eigenentwicklung gemeint.
[277] vgl. Regionalplan Mittlerer Neckar 1977, Begründung zu 7.6, S. 122
[278] Aktuell war zu diesem Zeitpunkt der Landesentwicklungsplan 1971.
[279] vgl. Regionalplan Mittlerer Neckar 1977, Plansatz 2.5

gehören. Eine Konkretisierung erfolgt in Plansatz 2.6, in dem alle Gemeinden aufgeführt sind, die Flächen im Verlauf der Entwicklungsachsen besitzen.
Im Verlauf dieser Entwicklungsachsen liegen die beschriebenen „Siedlungsbereiche mit verstärkter Entwicklung". In der dem Regionalplan beigefügten Raumnutzungskarte sind die Siedlungsbereiche mit verstärkter Entwicklung durch Schraffur gekennzeichnet. Solche Bereiche liegen ausnahmslos im Verlauf von Entwicklungsachsen. Orte mit Eigenentwicklung sind alle Orte und Ortslagen außerhalb der dargestellten Siedlungsbereiche. Welche Ortslagen zu welchem Entwicklungstyp gehören, wird in Tabelle 1 zu Plansatz 7 bestimmt.[280]

Abbildung 34: Entwicklungsachsen nach dem Regionalplan 1977 im Untersuchungsraum

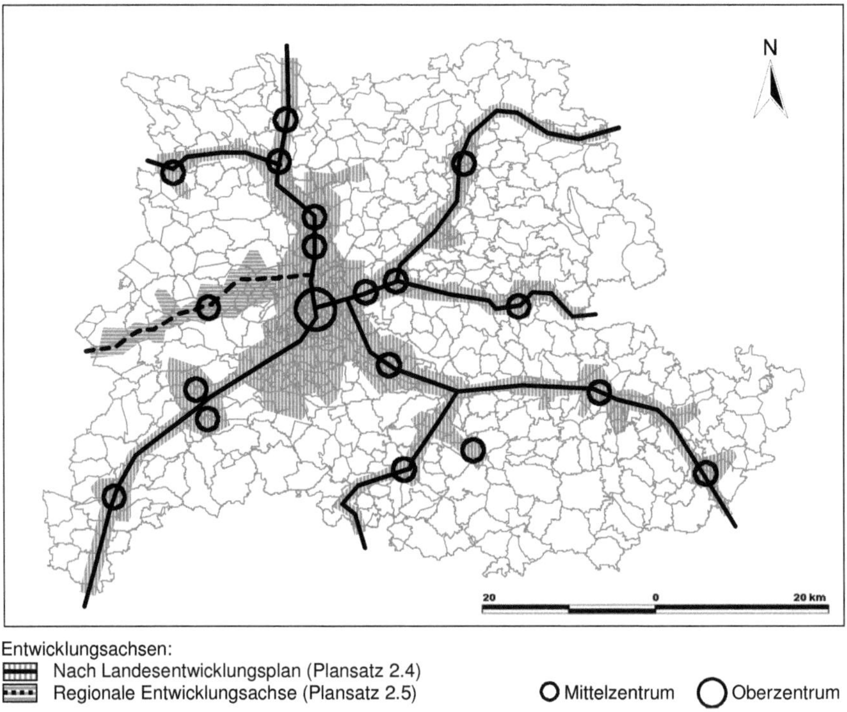

Entwicklungsachsen:
Nach Landesentwicklungsplan (Plansatz 2.4)
Regionale Entwicklungsachse (Plansatz 2.5)
Mittelzentrum
Oberzentrum

Quelle: eigene Darstellung, Entwicklungsachsen nach Regionalplan 1977

Unmissverständlich wird die planerische Absicht deutlich, die weitere Siedlungsentwicklung auf diese Bereiche zu konzentrieren. Sie stellen die aus regionalplaneri-

[280] ebenda, S. 125 ff.

scher Sicht erwünschten Flächen dar, in denen schwerpunktmäßig die Entwicklung erfolgen soll.[281] Die Ortslagen, in denen verstärkte Entwicklung stattfinden soll, sind in Anhang I, Tabelle I beigefügt. Mit dem Wissen darüber, wo Siedlungsentwicklung gewünscht war und wo sie tatsächlich stattfand, was aus der Analyse zu Beginn des Kapitels hervorging, kann ein Vergleich zwischen Angebot und tatsächlicher Inanspruchnahme vorgenommen werden.

Die Untersuchungseinheiten, die diesen Bereichen angehören, sind am Ende des Abschnitts – zusammen mit den Siedlungsbereichen aus dem RP 89 – dargestellt.

In Abbildung 34 sind die im Untersuchungsraum verlaufenden Entwicklungsachsen dargestellt, wie sie im Regionalplan 1977 festgelegt wurden. Um die verbindende Funktion der Entwicklungsachsen zu zeigen, wurden auch die Mittelzentren und das Oberzentrum der Region abgebildet.

c) Regionalplan 1989

Eine weitergehende Konkretisierung der Siedlungsbereiche, wie sie im LEP 83 gefordert wurde, konnte erst bei der Fortschreibung des RP 77 mit dem Regionalplan 1989 (RP 89) erfolgen. Als Grundsatz für die Siedlungsentwicklung wird auch hier die Weiterentwicklung der polyzentrischen Siedlungsstruktur festgelegt (Plansatz 1.4.3.1) und die Bedeutung der Entwicklungsachsen unterstrichen. Noch stärker als im RP 77 wird auf die Funktionsteilung zwischen Entwicklungsachsen und Räumen zwischen den Achsen hingewiesen. Bereits als Grundsatz wird in Plansatz 1.4.3.3 formuliert, dass

> ... *„Siedlungsentwicklung aus Wanderungsgewinnen auf die dafür geeigneten Siedlungsbereiche der Entwicklungsachsen und Zentrale Orte zu konzentrieren..."* (sind).[282]

Der Verlauf der Entwicklungsachsen wird in Plansatz 2.2 ausgewiesen. Zum einen ist hier der Verlauf der vorgegebenen Entwicklungsachsen aus dem Landesentwicklungsplan von 1983 als auch zum anderen der Verlauf der regionalen Entwicklungsachse dargestellt. Diese Entwicklungsachsen entsprechen noch denen des vorherigen Regionalplanes, obwohl indes der Landesentwicklungsplan fortgeschrieben wurde. Zur Aufgliederung der Entwicklungsachsen werden für einzelnen Abschnitte Siedlungsbereiche festgelegt, die der schwerpunktmäßigen Siedlungstätigkeit aus Eigenentwicklung und aus Wanderungsbewegungen heraus dienen sollen. Die Differenzie-

[281] ebenda, S. 120
[282] ebenda, Plansatz 1.4.3.3

rung in Bedarf aus „Eigenentwicklung" und aus „Wanderungsbewegungen" heraus ist aus dem RP 77 bekannt und erfüllt die Forderung des LEP 83 nach dieser Einteilung. Im Plansatz 2.3.4 des RP 89 sind die Gemeinden aufgeführt, deren Siedlungsentwicklung über die Eigenentwicklung hinausgehen kann. Außerdem findet eine zeichnerische Darstellung in der Raumnutzungskarte statt. Die Siedlungsbereiche liegen alle im Verlauf einer Entwicklungsachse, mit einer Ausnahme, der Stadt Welzheim, die auf keiner Siedlungsachse liegt. Der Status als Unterzentrum ermöglicht es jedoch, Welzheim als Siedlungsbereich auszuweisen. Eine Obergrenze, bis zu der eine Entwicklung als Eigenentwicklung gilt, wird nicht festgelegt.

Zur Ausformung der Siedlungsbereiche und deren räumlicher Einfügung in die Struktur der Region wird im RP 89 auf die Rolle der Bauleitplanung hingewiesen. Das Phänomen der Verknappung von Freiflächen wird erkannt. Bei der Überprüfung des Bedarfs an Bauflächen und der raumordnerischen Eignung der Flächen soll der Bauleitplanung eine besondere Bedeutung zukommen. Dazu soll im Zuge der Bauleitplanung eine qualitative Überprüfung einer zu besiedelnden Fläche im Hinblick auf die im Regionalplan festgelegten Grundsätze für die Siedlungsentwicklung stattfinden. Insbesondere werden dabei die Grundsätze der Plansätze 1.4.3.4 ff.[283] genannt, die besagen, dass:

- Erweiterungen der Siedlungskörper der bestehenden Versorgungsinfrastruktur und dem öffentlichen Schienennahverkehr zuzuordnen sind (Plansatz 1.4.3.4),
- zunächst die Möglichkeit der Verbesserung der Siedlungsbestandsflächen zu prüfen ist (Plansatz 1.4.3.5) und
- in stark belasteten Bereichen sowie in Bereichen stark zurückgehenden Bedarfs an Bauflächen ein Rückbau, eine Zurücknahme von Planungen oder eine Einschränkung von Realisierungsmaßnahmen zu prüfen ist. (Plansatz 1.4.3.6)

Das Handeln nach diesen Grundsätzen wurde umso notwendiger, wenn die in Kapitel 3 dargestellte Stagnation der Bevölkerungszahlen in der Region Stuttgart in Erinnerung gerufen wird.

Die in Plansatz 2.3.4 tabellarisch aufgelisteten und in der Raumnutzungskarte durch Symbole dargestellten Siedlungsbereiche sind in Anhang I, Tabelle I dieser Arbeit dargestellt. Die Tabelle enthält die Gemeinde und den betreffenden Ortsteil. Bei dieser Art von Festlegung im Regionalplan ist für die Bauleitplanung durchaus ein Spiel-

[283] ebenda, Plansatz 1.4.3.4 ff

raum gegeben, die genaue Abgrenzung der Flächen durch die Bauleitplanung nach Prüfung und Abwägung selbst festzulegen, solange nicht andere Zielsetzungen des Regionalplanes verletzt werden. Eine weitere Konkretisierung erfolgt, indem innerhalb der Siedlungsbereiche „Räume"[284] gekennzeichnet werden, die sich für die weitere Siedlungsentwicklung besonders eignen und wo die Siedlungsentwicklung schwerpunktmäßig stattfinden soll. Diese Bereiche werden für die weitere Siedlungsentwicklung ausdrücklich als regionalplanerisch erwünscht charakterisiert und sind für die vorliegende Arbeit von großer Bedeutung. Eine Darstellung erfolgt gemeinsam mit den entsprechenden Bereichen aus dem RP 77 – von denen es durchaus Abweichungen gibt – am Ende dieses Abschnitts.
Zentrale Orte sind – ebenso wie die Entwicklungsachsen – ein Instrument zur Ordnung und Entwicklung der Siedlungsstruktur. Die Zentralen Orte höherer Stufe[285] des Untersuchungsraums liegen im Wesentlichen im Verlauf der Entwicklungsachsen.
Zur Deckung der Grundversorgung dienen Klein- und Unterzentren, die damit auch eine Entlastungsfunktion besitzen. Auf die Funktionen der Zentralen Orte wurde bereits eingegangen. Die im Landesentwicklungsplan formulierte Aussage zum Erhalt und weiteren Ausbau der Zentralen Orte wird im Regionalplan mit der Ausweisung der in Tabelle II des Anhangs I dargestellten Unterzentren und Kleinzentren umgesetzt. Hier soll keine verstärkte Siedlungsentwicklung wie in den Siedlungsbereichen stattfinden. Zur Deckung der Grundversorgung (und darüber hinaus) wird eine Entwicklung über die aus dem Eigenbedarf resultierende erforderlich sein, es sei denn, eine andere Festlegung wird hierzu getroffen.
Die Unterzentren sind alle als Siedlungsbereiche ausgewiesen und liegen im Verlauf der Entwicklungsachsen,[286] so dass hier eine Entwicklung über den Eigenbedarf hinaus zulässig ist. In Plansatz 2.5 sind alle Gemeinden mit Eigenentwicklung genannt. Dazu gehören die Kleinzentren, die nicht in den Siedlungsbereichen liegen. Sie haben Grundversorgungsfunktion zu übernehmen, ohne jedoch Siedlungstätigkeit über den Bedarf an Eigenentwicklung hinaus stattfinden zu lassen. In Tabelle II des Anhangs I sind diese gesondert aufgelistet. Abbildung 35 zeigt durch eine Schraffur gekennzeichnet die Untersuchungseinheiten, in denen Ortslagen von Gemeinden der

[284] Formulierung aus dem Regionalplan Mittlerer Neckar 1989, Begründung zu Plansatz 2.3.3.
[285] Das Oberzentrum Stuttgart und die Mittelzentren/Mittelbereiche.
[286] Mit Ausnahme des Unterzentrums Welzheim, was außerhalb der Entwicklungsachsen liegt aber dennoch als Siedlungsbereich gilt.

Siedlungsbereiche liegen. Daneben sind die Zentralen Orte dargestellt, in denen eine Entwicklung über die Eigenentwicklung hinaus zulässig ist.

Abbildung 35: Untersuchungseinheiten mit Ortslagen der Gemeinden, die nach Regionalplan 1989 als Siedlungsbereiche gelten

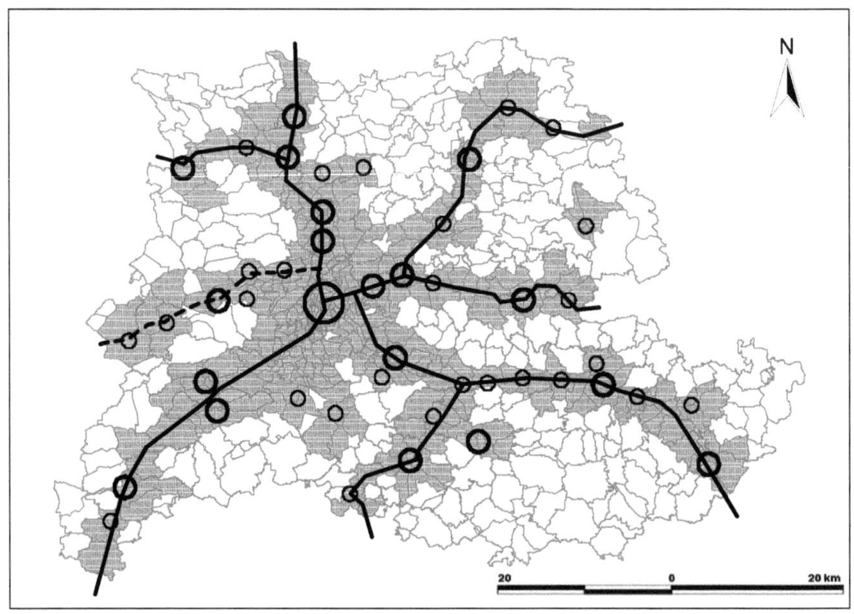

Untersuchungseinheiten mit Siedlungsbereichen (Plansatz 2.3)
Entwicklungsachsen (Plansatz 2.2)
Zentrale Orte (Plansatz 2.1.1 bis 2.1.4)

Quelle: eigene Darstellung

Aufgrund der besonderen Bedeutung der in den Regionalplänen von 1977 und 1989 innerhalb der Siedlungsbereiche ausgewiesenen Räume, in denen schwerpunktmäßig die Siedlungsentwicklung stattfinden soll, werden die Untersuchungseinheiten, in denen solche Räume beider Fortschreibungsstufen sind, in Abbildung 36 dargestellt. Die Anzahl dieser Untersuchungseinheiten ist im RP 77 noch höher als im RP 89. Da der Untersuchungszeitraum in die Gültigkeit beider Fortschreibungsstufen fällt, müssen beide Pläne in die Untersuchung einbezogen werden. Dabei handelt es sich insgesamt um 69 Untersuchungseinheiten, die als regionalplanerisch gewünschte, mit den Untersuchungseinheiten gegenübergestellt werden, in denen tatsächlich hohe Umfänge an Siedlungsflächen beansprucht wurden. Eine Auflistung der in den Siedlungsbereichen liegenden Räume für eine weitere Entwicklung aus dem RP 89 (gemäß Plansatz 2.3.3) ist in Tabelle I des Anhangs I in der Spalte „weitere Entwicklung" zu finden. Zur Orientierung wurden in der Abbildung die Entwicklungsachsen und Zentrale Orte höherer Stufe (gemäß RP 89) hinterlegt, wodurch deutlich wird, dass die Zentralen Orte höherer Stufe im Kern des Untersuchungsraums nicht mehr zu Aufnahme der verstärkten Entwicklung vorgesehen sind.

Abbildung 36: Untersuchungseinheiten, in denen schwerpunktmäßig Siedlungsentwicklung (nach RP 77 und RP 89) stattfinden soll

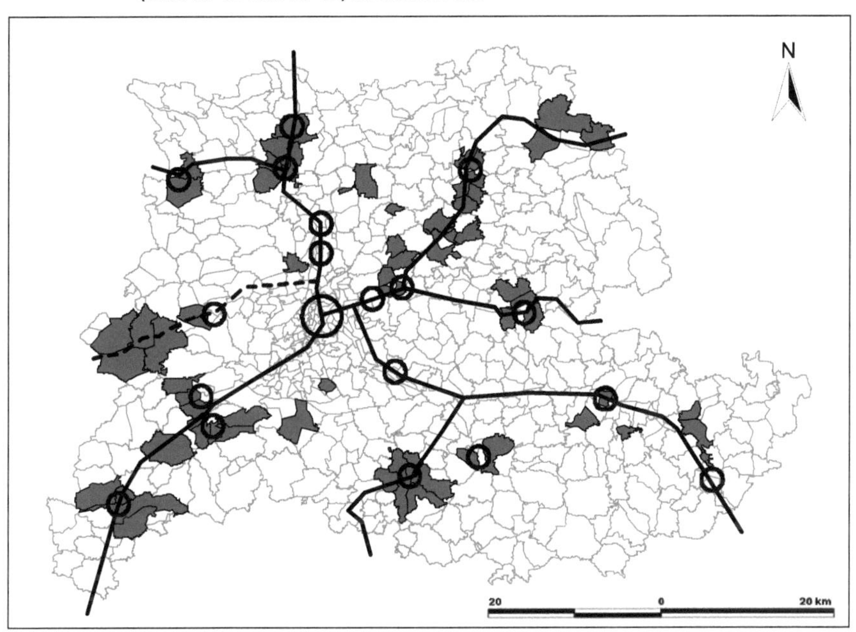

Untersuchungseinheiten, in denen gemäß RP 77 und RP 89 schwerpunktmäßig Siedlungsentwicklung stattfinden soll

zur Orientierung (gemäß RP 89):

— Entwicklungsachsen

O Zentrale Orte höher Stufe

Quelle: eigene Darstellung

4.4 Gegenüberstellung und Fazit zur Siedlungsentwicklung

Als Instrument zur Steuerung der Siedlungsentwicklung in der Region nahmen im Untersuchungszeitraum die Entwicklungsachsen eine zunehmend wichtigere Rolle ein. Die Tendenz zu einer ringförmigen Verdichtung um Stuttgart herum wurde durch die Betrachtungsweise mit Hilfe der Analyse der Entwicklungssituation des erweiterten Untersuchungszeitraumes nachgewiesen. Durch die Überprüfung der Grundsätze zur Siedlungsentwicklung in den räumlichen Plänen wurde die Umsetzung des Leitbildes der dezentralen Konzentration dargestellt. Im Laufe der Fortschreibung des Landesentwicklungsplans und des Regionalplans wird die angestrebte Funktionstrennung zwischen Entwicklungsachsen und Räumen zwischen den Achsen immer deutlicher. Mit den Fortschreibungen der Raumordnungspläne werden auch die Aussagen zur Siedlungsentwicklung immer weiter konkretisiert. Festlegungen früherer Pläne wurden konsequent weiterentwickelt und lassen die Umsetzung des Leitbildes der dezentralen Konzentration durch die Ausrichtung auf ein punktaxiales Siedlungssystem erkennen. Zur Beschreibung der angestrebten räumlichen Entwicklung werden daher die Festsetzungen des Regionalplanes 1989 herangezogen. Damit sind im Wesentlichen auch die Grundsätze zur Siedlungsentwicklung der räumlichen Pläne von 1972 und 1977 beinhaltet. Der Planungszeitraum des Regionalplans 1989 erstreckte sich bis zum Jahr 2000, so dass eine Beschreibung der angestrebten Situation für den gesamten Untersuchungszeitraum vorliegt. Im Regionalplan von 1989 ist die räumliche Festlegung der Siedlungsentwicklung bereits in einem hohen Maße detailliert, ohne jedoch in die kommunale Zuständigkeit der Bauleitplanung einzugreifen und der Siedlungsentwicklung eine quantitative Grenze zu setzen.[287]

Während der Zeit der Aufstellung der Regionalpläne war der Untersuchungsraum von einer Stagnation der Bevölkerungszahlen geprägt. Bei der Aufstellung der Grundsätze einer zukünftigen Siedlungsentwicklung wurde selbst im Regionalplan 1989 noch von keiner wesentlichen Zunahme der Bevölkerungszahlen und keiner nennenswerten Steigerung der Arbeitsplatzzahl ausgegangen. Das bedeutet für die Neuinanspruchnahme von Siedlungsflächen aufgrund von Wanderungsgewinnen, dass das Wachstum in Gemeinden zu Lasten anderer Gemeinden im Untersuchungsraum geht. Als ein Grundsatz für die Siedlungsentwicklung wurde die Funktionsteilung zwischen Achsen einerseits und Räumen zwischen den Achsen andererseits festgelegt. Dieser Grundsatz wurde im Zuge der Fortschreibungen immer weiter konkretisiert, indem in einem immer detaillierteren Maße beschrieben wurde, welche Gemeinden oder Teile einer Gemeinde einer Entwicklungsachse oder dem Raum zwischen den Achsen angehören. Findet Flächenneuinanspruchnahme im signifikan-

[287] In der nächsten Fortschreibung, dem Regionalplan von 1998, wird dazu noch eine quantitative Grenze gesetzt. Dabei wird Gemeinden in den Siedlungsbereichen ein höherer Bauflächenbedarf zugebilligt als den Gemeinden mit Eigenentwicklung. Dass es diese quantitativen Vorgaben im Regionalplan 1998 gibt, soll nur informativ genannt werden und nicht Untersuchungsgegenstand sein, weil diese Festlegung außerhalb des Untersuchungszeitraumes getroffen wurde.

ten Umfang außerhalb der ausgewiesenen Siedlungsbereiche statt, ist sie aus Sicht der Regionalplanung weniger erwünscht. Hier müssen Gründe existieren, die diese Standorte für siedlungswillige Akteure bei der Entscheidung zur Inanspruchnahme von Flächen attraktiv erscheinen lassen. Die Aufgaben und die daraus resultierenden Eigenschaften der Entwicklungsachsen wurden bereits in einem früheren Kapitel beschrieben. Die Anordnung der Zentralen Orte im Verlauf der Entwicklungsachsen und die Bündelung der Infrastruktureinrichtungen begünstigen die Erreichbarkeit der Gemeinden in deren Verlauf, während die Gemeinden, die in den Räumen zwischen den Achsen liegen, die durch zusammenhängende Freiräume gekennzeichnet sein sollten, gute Erholungs- und Regenerationsmöglichkeiten bieten, aber für die beispielsweise der Zugang zu leistungsfähiger Verkehrsinfrastruktur erschwert ist. Für größere Gewerbeflächen wurde für den gesamten Untersuchungsraum während des Untersuchungszeitraums eine Neuinanspruchnahme von ca. 1 585 ha ermittelt. Davon wurden außerhalb 477 ha und 1 108 ha innerhalb der Siedlungsbereiche in Anspruch genommen, was einem Anteil von etwa 70 % in den Siedlungsbereichen entspricht.

Bei Siedlungsflächen i. e. S. fällt das Verhältnis für die Inanspruchnahme innerhalb der Siedlungsbereiche schlechter aus. Für diesen Nutzungstyp fanden nur etwa 61 % der Neuinanspruchnahme innerhalb statt. Außerhalb der Siedlungsbereiche wurden ca. 1 090 ha der insgesamt ca. 2 780 ha in Anspruch genommen. Trotz des etwas schlechteren Verhältnisses ist eindeutig die Konzentration der Siedlungsentwicklung auf die Siedlungsbereiche zu erkennen. In Tabelle XIV sind die ermittelten Anteile während des Untersuchungszeitraums gegenübergestellt.

Tabelle XIV: Flächeninanspruchnahme im gesamten Untersuchungsraum 1974 – 1995

Inanspruchnahme für	innerhalb der Siedlungsbereiche	außerhalb der Siedlungsbereiche	gesamt
Siedlungsflächen i. e. S.	1 690 ha	1 090 ha	2 780 ha
größere Gewerbeflächen	1 108 ha	477 ha	1 585 ha

Quelle: eigene Ermittlung

Bei dieser Betrachtungsweise darf nicht vernachlässigt werden, dass der Anteil der Fläche der Siedlungsbereiche an der Gesamtfläche des Untersuchungsraumes geringer ist als der, der nicht als Siedlungsbereich gilt.

Ein solcher Vergleich ist deshalb nur eingeschränkt und unter Beachtung der verschiedenen Anteile möglich und kann nur zur Veranschaulichung der Entwicklungssituation dienen.[288]

Zieht man die räumliche Lage der Untersuchungseinheiten mit größerer Neuinanspruchnahme in die Betrachtungsweise ein, muss zunächst eine Auswahl der zu betrachtenden Untersuchungseinheiten getroffen werden. Untersuchungseinheiten mit einem größeren Umfang an Siedlungsflächenneuinanspruchnahme wurden durch Klassifizierung in diesem Kapitel ermittelt. Wird betrachtet, wo diese Flächeninanspruchnahme räumlich stattgefunden hat und wird sie dem Verlauf der Siedlungsbereiche gegenübergestellt, so wird deutlich, dass eine Reihe an Untersuchungseinheiten existieren, in denen Flächeninanspruchnahme in größeren Umfängen auch außerhalb der Siedlungsbereiche stattgefunden hat.

Von den in Kapitel 4.3.2 ermittelten dreißig Untersuchungseinheiten, die eine Neuinanspruchnahme für Siedlungsflächen i. e. S. von jeweils mehr als 22,74 ha besitzen, sind zwanzig in Siedlungsbereichen und zehn liegen außerhalb der Entwicklungsachsen. Gemessen an der Flächeninanspruchnahme wurden 69 % der Flächen in Siedlungsbereichen und 31 % außerhalb davon in Anspruch genommen.[289] Von den Untersuchungseinheiten, in denen aus regionalplanerischer Sicht bevorzugt Siedlungsentwicklung stattfinden soll (bzw. hätte stattfinden sollen), sind lediglich neun unter diesen zwanzig Untersuchungseinheiten der Siedlungsbereiche.

Bei der Inanspruchnahme größerer Gewerbeflächen ist die absolute Anzahl der ausgewählten Untersuchungseinheiten[290] innerhalb mit dreizehn (bzw. 76 % der Inanspruchnahme) mehr als doppelt so hoch, wie die der Bezirke außerhalb der Siedlungsbereiche (fünf Untersuchungseinheiten bzw. 24 % der Inanspruchnahme). Die in die Betrachtungen einbezogenen achtzehn Untersuchungseinheiten verfügen jeweils über eine Neuinanspruchnahme von größeren Gewerbeflächen von mehr als 20,4 ha.

---

[288] Werden die Gesamtflächen der Untersuchungseinheiten, in denen Siedlungsbereiche liegen, zusammengefasst, so ergibt sich ein Anteil von 43 % an der Gesamtfläche des Untersuchungsraums. Trotz des größeren Anteils an Untersuchungseinheiten die außerhalb der Siedlungsbereiche liegen, ist die Siedlungsflächenneuinanspruchnahme dort geringer.

[289] Dabei handelt es sich um die Untersuchungseinheiten der „oberen sieben Klassen" (vgl. Kap. 5.3.2.2), in denen 37,4 % der Flächenneuinanspruchnahme vollzogen werden.

[290] Die Untersuchungseinheiten der „oberen sieben Klassen" (vgl. Kap. 5.3.2.1) in denen 37,8 % der Flächenneuinanspruchnahme vollzogen werden, damit ist ein vergleichbarer Umfang an Flächenneuinanspruchnahme gewählt.

In Tabelle XV ist der Umfang nach Neuinanspruchnahme für die ausgewählten Untersuchungseinheiten unter Berücksichtigung der Klassifizierung als Siedlungsbereich dargestellt.

Tabelle XV: Ausgewählte Untersuchungseinheiten mit Umfang an Flächeninanspruchnahme innerhalb und außerhalb der Siedlungsbereiche 1974 – 1995

Inanspruchnahme für	innerhalb der Siedlungsbereiche	außerhalb der Siedlungsbereiche	gesamte Auswahl
Siedlungsflächen i. e. S. (N=30)	726 ha	313 ha	1 039 ha
größere Gewerbeflächen (N=18)	453 ha	147 ha	599 ha

Quelle: eigene Ermittlung

In Abbildung 37 sind die Untersuchungseinheiten dargestellt, die über ein höheres Maß an Flächenneuinanspruchnahme verfügen, differenziert nach Siedlungsflächen i. e. S. und größeren Gewerbeflächen. Die Auswahl der Untersuchungseinheiten erfolgte nach der bei der Analyse im Kapitel 4.3.2 getroffenen Klassenbildung nach dem Umfang an Flächenneuinanspruchnahme und für die jeweilige Art der Nutzung und zusammen etwa 37 % des Gesamtumfangs an Neuinanspruchnahme für diesen Nutzungstyp repräsentieren.

Abbildung 37: Entwicklungsachsen (nach RP 89) und Untersuchungseinheiten mit großem Umfang an Neuinanspruchnahme von Siedlungsflächen i. e. S. (linke Abbildung) und größeren Gewerbeflächen (rechte Abbildung)

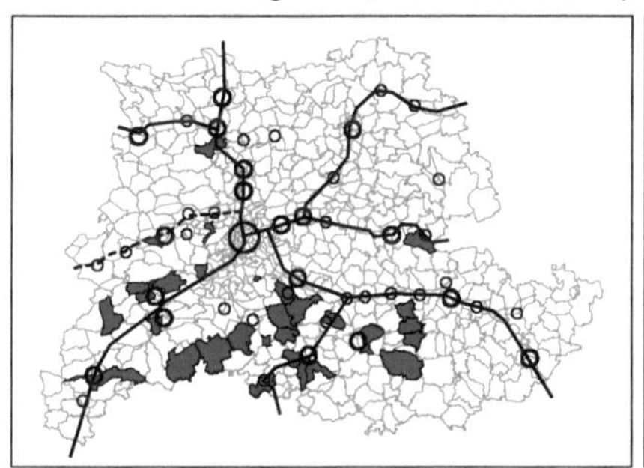

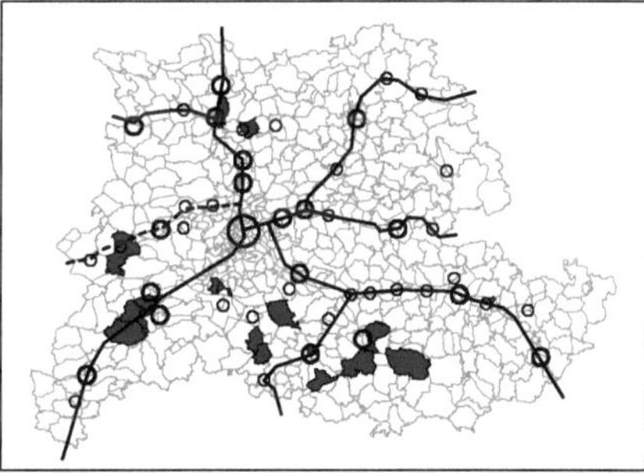

-O- Entwicklungsachse und Zentrale Orte in Siedlungsbereichen
Neuinanspruchnahme von:
Siedlungsflächen i. e. S.
größere Gewerbeflächen

Quelle: eigene Darstellung (beide Abbildungen)

Es sind die Bezirke abgebildet, die den jeweils oberen sieben Klassen angehören und den größten Umfang an Flächenneuinanspruchnahme besitzen.[291] Daneben sind die Entwicklungsachsen und Zentrale Orte verschiedener Stufen, die nach dem Regionalplan von 1989 Siedlungsbereiche sind, dargestellt. Den Überlegungen der Arbeitshypothesen folgend, könnte daraus interpretiert werden, dass die Entscheidung zu Siedlungsflächeninanspruchnahme in Siedlungsbereichen der Entwicklungsachsen erreichbarkeitsorientierter getroffen wurde, während die Inanspruchnahme in den Räumen zwischen den Achsen Kriterien der Umweltqualitäten folgt. Dass die Gewerbeflächenentwicklung stärker auf die Entwicklungsachsen konzentriert ist, unterstützt diese Interpretation. Siedlungsflächen i. e. S. wurden in wesentlich stärkerem Maße auch außerhalb der Siedlungsbereiche in Anspruch genommen. Räumlich sind diese Untersuchungseinheiten aber nicht isoliert, sondern befinden sich in direkter Nachbarschaft zu einer Entwicklungsachse oder zwischen zwei Achsen. Vom Oberzentrum Stuttgart breiten sich die Entwicklungsachsen nahezu sternförmig aus. Die Anordnung der Achsen lässt zu, dass auch – insbesondere mit abnehmendem Abstand zum Oberzentrum Stuttgart – die Räume zwischen den Achsen gute Erreichbarkeitspotentiale besitzen. Eine Überprüfung erfolgt mittels eines Indikatorenansatzes.

[291] Diese Klassen werden für Siedlungsflächen i. e. S. durch 30 Untersuchungseinheiten gebildet, in denen jeweils eine Inanspruchnahme von mehr als 22,74 ha erfolgte. Für größere Gewerbeflächen sind es 18 Untersuchungseinheiten, in denen jeweils mehr als 20,4 ha Fläche beansprucht wurden.

5 Erreichbarkeitskriterien und Umweltqualitäten bei der Siedlungsflächeninanspruchnahme

5.1 Untersuchung auf regionaler Ebene anhand von Indikatoren

5.1.1 Indikatoren zur Abbildung von Standorteigenschaften

Die Überprüfung der Siedlungsflächeninanspruchnahme in den Untersuchungseinheiten erfolgt mittels Indikatoren, die als Kriterien zur Beschreibung der Situation in den Untersuchungseinheiten dienen. Dazu werden die im Rahmen des WUMS-Projektes empirisch ermittelten Teilindikatoren verwendet. Die Auswahl der Indikatoren erfolgte dort im Hinblick auf die in der Literatur verwendeten Teilindikatoren, die die Attraktivitätskomponenten Beschäftigung, Versorgung, Verkehrsanbindung, Freizeitqualität, Umweltqualität und Wohnungsmarktsituation beschreiben. Ausgehend von den verfügbaren Daten sind im Projekt WUMS nachfolgende Teilindikatoren für die einzelnen Untersuchungseinheiten ermittelt worden.

Bei der Bildung der Indikatoren wurde berücksichtigt, dass es einerseits Typen von Indikatoren gibt, die Merkmale abbilden, die aufgrund ihrer geringen Reichweite lediglich für die jeweilige Untersuchungseinheit von Bedeutung sind und andererseits Typen von Indikatoren existieren, die Merkmale abbilden, die eine höhere Reichweite besitzen und auch über die Grenzen der Untersuchungseinheit hinaus Bedeutung besitzen. Letztere Indikatoren beeinflussen die Attraktivität der benachbarten Untersuchungseinheiten in zunehmendem Maße mit abnehmender Entfernung. Diesem Umstand wird mit der Anwendung eines Potentialansatzes Rechnung getragen, der den Bedeutungsüberschuss eines Merkmals in der jeweiligen Untersuchungseinheit und den Einfluss auf die benachbarten Untersuchungseinheiten berücksichtigt. Um die Untersuchungseinheiten in Randlagen der Region nicht in verschiedenen Indikatorausprägungen zu niedrig zu bewerten, wurden durch die Bearbeiter auch Einrichtungen außerhalb der Region einbezogen, die Einfluss auf die Ausstattungsqualität haben. Um nicht nur die räumliche Nähe sondern auch die zeitliche Nähe zu berücksichtigen, wurden die Reisezeiten zur Hauptverkehrszeit im Individualverkehr und im öffentlichen Personennahverkehr als Maß für die Erreichbarkeit verwendet. Die Reisezeiten wurden mit einem unteren und einem oberen Grenzwert versehen. Der untere Grenzwert gewährleistet, dass ein Angebotsmerkmal, das innerhalb der betrachteten Untersuchungseinheit verfügbar ist, nicht in den umliegenden Untersuchungseinheiten nachgefragt wird, wenn die verglichene interne Zugangszeit geringer ist. Anhand des oberen Grenzwertes wurde vereinbart, dass ein bestimmtes Attraktivitätsmerkmal nur attraktiv ist, wenn es innerhalb einer begrenzten Fahrtzeit zu erreichen ist. Diese Grenzen wurden auf der Grundlage einer im Rahmen der Erstellung des Regionalverkehrsplanes durchgeführten Erhebung des Fahrverhaltens der Bevölkerung durchgeführt. Die Bewertungsfunktion und die verwendeten Grenzwerte sind in Kapitel 3.2.4 des Endberichts zum Forschungsbericht WUMS detailliert beschrieben.[292] Auf die Herleitung der einzelnen Teilindikatoren wird dort ebenfalls im Detail eingegangen, die hier nicht beschrieben wird. Im Anhang II dieser Arbeit sind die Beschreibungen der Bildung der Indikatoren aus dem WUMS Endbericht angefügt und können dort nachgelesen werden.

Die Teilindikatoren wurden in fünf Gruppen von Indikatoren differenziert.

Diese sind:

- der Beschäftigungsindikator,
- die Versorgungsindikatoren,
- die Indikatoren zur Beschreibung der Verkehrsanbindung,
- die Indikatoren zur Beschreibung der Freizeitattraktivität und die
- Umweltqualitätsindikatoren.

Diesen Gruppen gehören unterschiedlich viele Teilindikatoren an, die sich in ihrer Dimension voneinander unterscheiden. Die Indikatoren werden in Dimensionen wie Anzahl oder Reisezeit ausgedrückt und variieren in ihrer numerischen Ausprägung natürlich auch sehr stark voneinander. Darüber hinaus repräsentieren hohe bzw. niedrige Ausprägungen der Teilindikatoren unterschiedlich gute bzw. nachteilige Situationen. Eine hohe Erreichbarkeit an Einzelhandelseinrichtungen kann eine vorteilhafte Standortcharakteristik ausdrücken, während hohe Ausprägungen der Luftbelastung für negative Standorteigenschaften stehen.

Um eine Vergleichbarkeit herstellen zu können müssen deshalb sowohl die Dimensionen und die numerische Ausprägung auf ein vergleichbares Maß gebracht werden als auch festgestellt werden, ob hohe Werte oder niedrige Werte des Merkmals eine positive Situation ausdrücken. Dazu wurde das Verfahren der Normierung angewendet. Die Normierung erfolgte nach:

[292] vgl. Forschungsverbund WUMS, 2000

$$z_{i,r} = \frac{x_{i,r} - x_{i,r}(\min)}{x_{i,r}(\max) - x_{i,r}(\min)} \tag{5.10}$$

wenn hohe Werte eine positive Situation ausdrücken, bzw. nach:

$$z_{i,r} = \frac{x_{i,r}(\max) - x_{i,r}}{x_{i,r}(\max) - x_{i,r}(\min)} \tag{5.11}$$

wenn niedrige Indikatorwerte eine positive Situation ausdrücken.

Die beobachteten Werte x des Merkmals i in der Untersuchungseinheit r werden mit diesem Verfahren zu Werten z zwischen 0 und 1 transformiert, wobei „1" die günstigen Situationen ausdrückt. Dieses Verfahren wurde für alle Indikatoren angewendet. Somit liegen für jede Untersuchungseinheit die normierten Teilindikatoren vor. Damit ist untersuchungseinheitsscharf die Situation hinsichtlich der verschiedenen Indikatoren abgebildet.

Zur Methode der Bildung der Teilindikatoren wurde bereits auf die Beschreibungen des WUMS-Projektes verwiesen, die im Anhang II dieser Arbeit nachgelesen werden können. Im Folgenden werden lediglich die Inhalte der Teilindikatoren in kurzer Form dargelegt und die verschiedenen numerischen Ausprägungen der Teilindikatoren in graphischer Form dargestellt, die mit dem bereits zur Analyse der Siedlungsentwicklung verwendeten GIS Programm bearbeitet wurden.[293]

Abbildung 38: Die Erreichbarkeit von Arbeitsplätzen

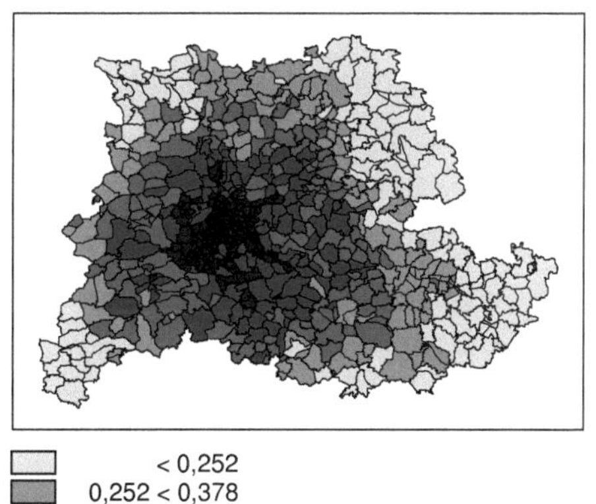

< 0,252
0,252 < 0,378
0,378 < 0,519
0,519 < 0,701
0,701 – 1

Quelle: eigene Darstellung

Der Beschäftigungsindikator XB (vgl. Abbildung 28) bildet die Erreichbarkeit von Arbeitsplätzen ab, die im motorisierten Individualverkehr und im öffentlichen Personennahverkehr aus der jeweils betrachteten Untersuchungseinheit innerhalb einer durch Bewertungsfaktoren begrenzten Zeit erreich-

[293] Die Beschreibung der Teilindikatoren beziehen sich im Wesentlichen auf das Kapitel 3.2.4 des Endberichts des Forschungsprojekts WUMS. Quelle: Forschungsverbund WUMS, 2000.

bar sind. Zur Darstellung wurden fünf Klassen mit jeweils 127 Untersuchungseinheiten gebildet. Dort, wo der Indikator den Wert 1 einnimmt, ist die größte Anzahl an Arbeitsplätzen zu erreichen. Die graphische Darstellung des normierten Indikators lässt erkennen, dass die Erreichbarkeit von Arbeitsplätzen der Untersuchungseinheiten im Kern der Agglomeration besser bewertet ist – was sich durch höhere Indikatorwerte ausdrückt, die dunkler dargestellt sind – und sowohl auf die hohe Anzahl der dort angesiedelten Arbeitsplätze als auch auf die Verkehrserschließung zurückzuführen ist.

Die Versorgungsindikatoren sollen die Ausstattungssituation der Untersuchungseinheiten mit haushaltsorientierten Versorgungseinrichtungen widerspiegeln. Dazu wurden Einrichtungen des Gesundheitswesens, Bildungseinrichtungen und Einzelhandelseinrichtungen erfasst, wodurch eine quantitative Aussage über diese Einrichtungen getroffen werden kann, eine qualitative Aussage aber nicht möglich ist.

Die Versorgung mit ärztlichen Dienstleistungen wird durch drei Einzelindikatoren abgebildet. Die örtliche Versorgung mit ärztlichen Dienstleistungen wird durch die Anzahl der Praxen von Allgemein- und Fachärzten pro 1 000 Einwohner ausgedrückt. Es werden hier nur die Praxen berücksichtigt, die in der betrachteten Untersuchungseinheit liegen. Die Darstellung des Indikators XV_1 zur örtlichen Versorgung mit ärztlichen Dienstleistungen (Abbildung 39) erfolgte unter Bildung von vier Klassen, was trotzdem nicht dazu führte, die Klassen mit der gleichen Anzahl an Untersuchungseinheiten zu besetzen, da die Bezirke mit keiner Ausstattung oder sehr geringer Ausstattung in der deutlichen Überzahl sind. Die räumliche Anordnung der gut ausgestatteten Untersuchungseinheiten folgt keinem so deutlichen Muster wie die der Arbeitsplatzerreichbarkeit. Ein anderes Bild ergibt die Darstellung des Indikators zur überörtlichen Erreichbarkeit von Fachärzten XV_2. Dazu wurden nur die Facharztpraxen, aber dazu auch ihr Einzugsbereich über die Grenzen der Untersuchungseinheit hinaus, betrachtet. Die graphische Darstellung (vgl. Abbildung 40)

Abbildung 39: Die örtliche Versorgung mit ärztlichen Dienstleistungen

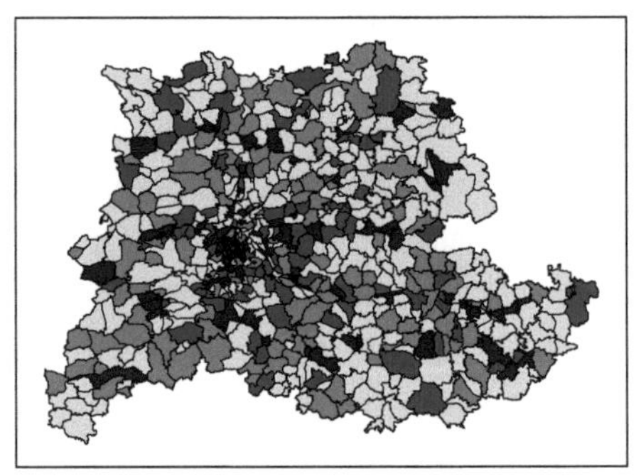

< 0,001
0,001 < 0,002
0,002 < 0,004
0,004 – 1

Quelle: eigene Darstellung

lässt eine Tendenz zur räumlichen Konzentration des Indikators zur Versorgung mit ärztlichen Dienstleistungen vermuten, was wiederum eine gute Erreichbarkeit der Untersuchungseinheiten im Agglomerationskern erkennen lässt. Es wurden fünf gleich große Klassen zur Darstellung gebildet. Die Untersuchungseinheiten mit einer geringeren Ausstattung überwiegen auch hier.

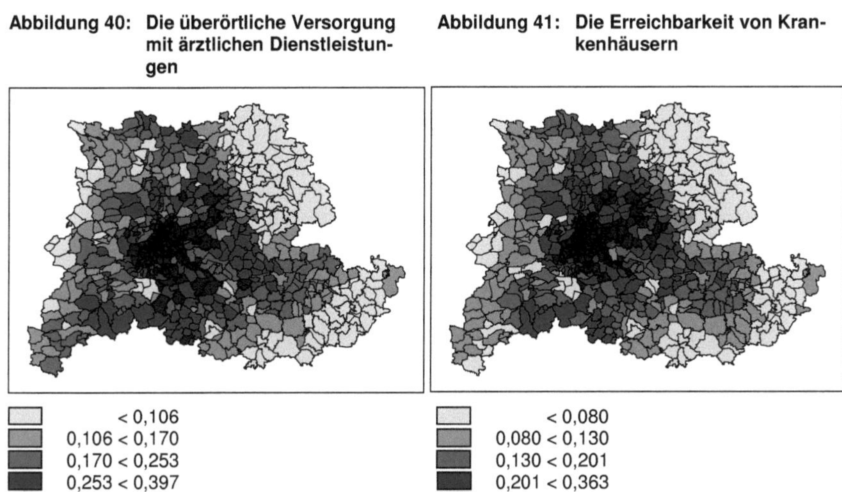

Abbildung 40: Die überörtliche Versorgung mit ärztlichen Dienstleistungen

Abbildung 41: Die Erreichbarkeit von Krankenhäusern

Dem Indikator zur Erreichbarkeit von Krankenhäusern XV$_3$ (vgl. Abbildung 41) liegen die Krankenhausbetten in Akutkrankenhäusern mit den entsprechenden Reisezeiten aus der jeweils betrachteten Untersuchungseinheit zugrunde. Für die Darstellung wurden ebenfalls fünf Klassen gleicher Größe gebildet. Die Untersuchungseinheiten mit geringerer Indikatorausprägung überwiegen auch hier. Hohe Indikatorwerte sind wieder in größerer Anzahl im Verdichtungskern zu finden. Neben der Konzentration von Krankenhäusern im Oberzentrum und den umliegenden Mittelzentren beeinflussen die guten Zugänglichkeiten im IV und ÖPNV die Indikatorwerte.

Weitere Indikatoren bilden die Situation der Versorgung mit Einrichtungen des Bildungswesens ab. Hier sollen nur die Teilindikatoren für Grundschulen, Realschulen und Gymnasien einbezogen werden.

Zur Bildung des Indikators Versorgung mit Grundschulen (XV$_4$) wird die Anzahl der Grund- und Hauptschulen, bezogen auf die Siedlungsfläche der jeweiligen Untersuchungseinheit, ermittelt. Der Einzugsbereich wurde nicht berücksichtigt, was zu dem Ergebnis führt, dass beim überwiegenden Teil der Untersuchungseinheiten der Indikatorwert sehr schwach ausgeprägt ist. Zur Darstellung (vgl. Abbildung 42) wurden 4 Klassen gebildet. Untersuchungseinheiten mit starker Indikatorausprägung sind über den gesamten Untersuchungsraum verteilt, was für die Versorgung mit Grundschulen aufgrund des begrenzten Einzugsbereichs auch notwendig ist.

Wird der Einzugsbereich mit einbezogen, zeigt sich ein anders Bild. Der Erreichbarkeit von Gymnasien (vgl. Abbildung 43) wurden die Zugangszeiten im ÖPNV zugrunde gelegt, da Schüler i. d. R. öffentliche Verkehrsmittel nutzen. Die graphische Darstellung des Teilindikators XV_5 erfolgte in drei Klassen, der Anteil der Untersuchungseinheiten mit hohen Indikatorwerten überwiegt. Mehr als die Hälfte der Untersuchungseinheiten besitzt eine sehr gute Erreichbarkeit zu Gymnasien. Damit kommt die Versorgungsaufgabe des Staates zum Ausdruck, niemandem den Besuch (im Sinne von Zugang) eines Gymnasiums aufgrund des Wohnortes zu verweigern, was durch die Anzahl der Gymnasien und des ÖPNV-Angebots realisiert werden kann. Die Versorgung mit Realschulen zeigt ein ähnlich gutes Bild der Zugänglichkeiten und wird daher nicht gesondert dargestellt.

Abbildung 42: Die Versorgung mit Grundschulen

Abbildung 43: Die Erreichbarkeit von Gymnasien

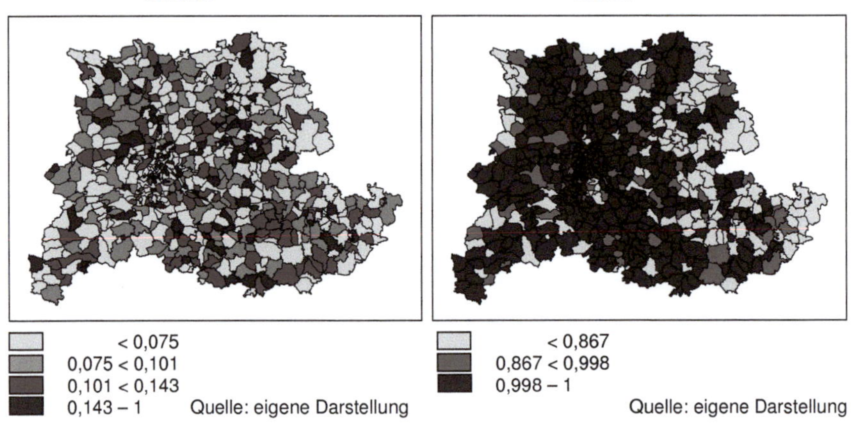

Quelle: eigene Darstellung

Quelle: eigene Darstellung

Neben der Versorgung mit Einrichtungen des Gesundheitswesens und des Bildungswesens gehören auch die vorhandenen Einzelhandelsdienstleistungen zu den Versorgungsindikatoren. Der Indikator XV_8 wurde gebildet, indem die Verkaufsflächen im Einzelhandel in jeder Untersuchungseinheit erfasst und dazu die Reisezeiten im IV und ÖPNV betrachtet wurden. Die Verkehrsmittelwahl wurde anhand der im

Rahmen der Begleituntersuchungen zum Regionalverkehrsplan ermittelten Anteile definiert.

Für die Darstellung wurden fünf Klassen mit der gleichen Anzahl an Untersuchungseinheiten gewählt. Auch bei der Darstellung dieses Indikators wird eine räumliche Konzentration der Untersuchungseinheiten mit besserer Versorgungssituation (hier an Einzelhandelsdienstleistungen) deutlich. Ursachen hierfür liegen im Bedeutungsüberschuss der Untersuchungseinheiten mit zentralörtlich höherer Stufe aber auch in der guten verkehrlichen Anbindung.

Abbildung 44: Die Erreichbarkeit von Einzelhandelsdienstleistungen

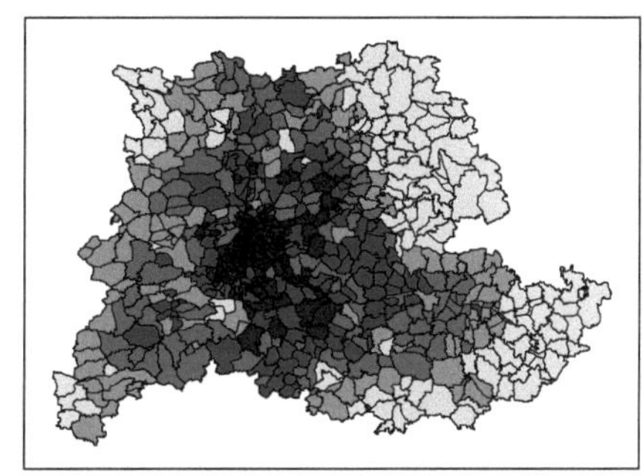

< 0,160
0,160 < 0,252
0,252 < 0,350
0,350 < 0,518
0,518 – 1

Quelle: eigene Darstellung

Die Verkehrsanbindung wird durch Indikatoren beschrieben, die eine Unterscheidung in einerseits die Anbindung hinsichtlich des Fernverkehrs und andererseits die Erreichbarkeit der Untersuchungseinheit innerhalb des Untersuchungsraums abbilden sollen. Die Anbindung an das Fernverkehrsnetz wird über die Erreichbarkeit von dafür relevanten Verkehrsinfrastruktureinrichtungen beschrieben, die als Zugang zum Fernverkehrsnetz dienen. Dabei werden Autobahnanschlussstellen, Haltepunkte von Fernzügen und der internationale Flughafen berücksichtigt. Der Beschreibung der Anbindung an das Autobahnnetz XT_1 liegen die Reisezeiten im IV zur nächstmöglichen Anschlussstelle einer Autobahn oder einer vierspurig ausgebauten, kreuzungsfreien Bundesstraße, die dann auch einen autobahnähnlichen Ausbaucharakter besitzt, zugrunde. Die graphische Darstellung dieses Indikators (vgl. Abbildung 45) macht die gute Erschließung des überwiegenden Teils des Untersuchungsraums durch Autobahnen und autobahnähnliche Straßen deutlich. Lediglich in

Abbildung 45: Die Anbindung an das Autobahnnetz

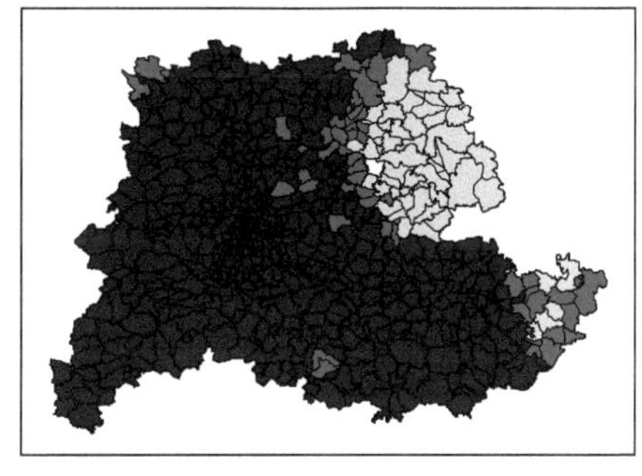

< 0,72
0,72 – 0,99
= 1

Quelle: eigene Darstellung

106 der 635 Untersuchungseinheiten nimmt der Indikator nicht den bestmöglichen Wert 1 ein. Bei der Erzeugung des Indikators im WUMS-Projekt hätten die Grenzwerte verändert werden können, um die Anzahl der sehr gut bewerteten Untersuchungseinheiten zu verringern. Die Anordnung der Autobahnen und der hervorragende Ausbaustand des Bundesstraßennetzes im Untersuchungsraum rechtfertigen jedoch die Bewertung zur Bildung des Indikators, da sie der guten Erreichbarkeitssituation tatsächlich entspricht.

Die Anbindung an das Eisenbahnfernverkehrsnetz wird durch Indikatoren ausgedrückt, die die Erreichbarkeit von Fernbahnhöfen, in denen Züge der Kategorien Interregio (IR), Intercity (IC), Intercityexpress (ICE) bzw. Eurocity (EC) halten, im Individualverkehr und im öffentlichen Verkehr beschreiben.[294] Dem Indikator zur Anbindung an den Eisenbahnfernverkehr XT_3 liegen ICE-Haltepunkte zugrunde (vgl. Abbildung 47). Die Erreichbarkeit des ICE-Haltepunktes Stuttgart wird mit zunehmender Entfernung schlechter, am süd-östlichen Rand wieder besser, weil sich hier die Erreichbarkeit des ICE-Haltepunktes Ulm begünstigend auswirkt. Als Eisenbahnfernverkehr werden nach aktuellem Diskussionsstand in der Verkehrswissenschaft die Fahrten bezeichnet, die eine Distanz von mehr als 50 km zurücklegen und / oder länger als eine Stunde dauern. Zugverkehre über geringere Distanzen bzw. mit kürzerer Fahrtdauer und einer höheren Haltepunktfolge können aber nicht generell als Nahverkehr bezeichnet werden.

Abbildung 46: Die Anbindung an den interregionalen Eisenbahnverkehr **Abbildung 47: Die Anbindung an das Eisenbahnfernverkehrsnetz**

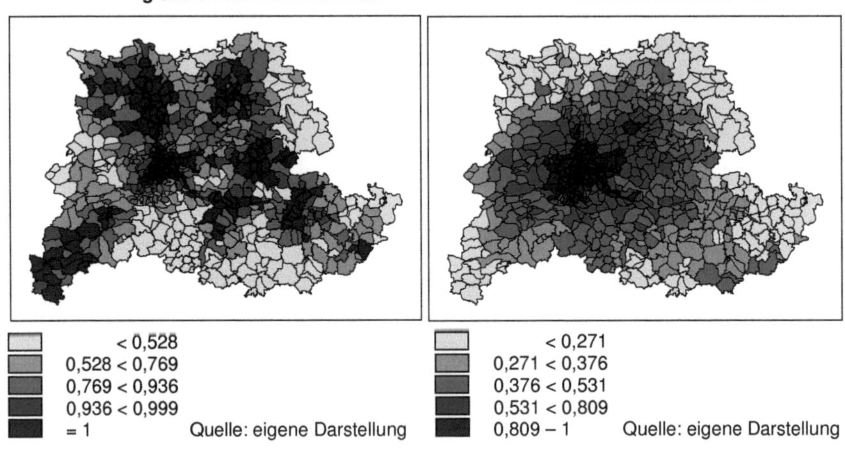

[294] Die genannten Produkte der Deutschen Bahn existierten in der Zeitspanne der Projektbearbeitung des Forschungsprojektes WUMS und liegen innerhalb des Untersuchungszeitraums dieser Arbeit.

Es existieren Angebote, die nicht dem Nahverkehr zuzuordnen sind aber auch noch kein Fernverkehr sind. In der Literatur haben sich dafür die Begriffe „interregionaler Verkehr" bzw. „schneller regionenverbindender Verkehr" durchgesetzt.[295] Die Abbildung der Erreichbarkeiten dafür werden in einem eigenen Indikator XT_2 abgebildet (vgl. Abbildung 46), dessen Bildung die Haltepunkte der IR-Züge zugrunde liegen. Die Anzahl gut bewerteter Untersuchungseinheiten nimmt zu, und deren räumliche Verteilung wird dispers. Für die Darstellung wurden fünf Klassen gebildet, wobei die Klasse mit den Untersuchungseinheiten, die den Indikatorwert 1 einnehmen am größten ist, was auf die hohe Anzahl gut bewerteter Untersuchungseinheiten zurückzuführen ist. Für die anderen Klassen konnten gleiche Klassengrößen gewählt werden. Der Bildung des Indikators zur Anbindung an das Luftverkehrsnetz XT_4 liegt die Reisezeit zum nächsten internationalen Flughafen zugrunde. Dazu werden die Reisezeiten in IV und im ÖPNV zum Flughafen Stuttgart berücksichtigt. Weitere internationale Flughäfen liegen nicht in der Region und die internationalen Flughäfen in München, Frankfurt oder Straßburg liegen zu weit entfernt als dass sie für die Bildung dieses Indikators Bedeutung besitzen. Zur Darstellung (vgl. Abbildung 48) wurden fünf gleich große Klassen gebildet. Die gute Bewertung der Erreichbarkeitssituation der Untersuchungseinheiten, nicht nur in unmittelbarer Nachbarschaft zum Flughafen, sowie in dessen östlicher und westlicher Verlängerung, sind Ausdruck für die sehr gute Anbindung des Flughafens an das Individualverkehrsnetz, realisiert durch die in Ost-West-Richtung verlaufende A 8 und die autobahnähnlich ausgebaute B 27 in Nord-Süd-Richtung. Zur Beschreibung der intraregionalen Verkehrsanbindung wurden zwei Indikatoren gebildet, die auf den Reisegeschwindigkeiten der jeweils betrachteten Untersuchungseinheit zu allen anderen im Untersuchungsraum basie-

Abbildung 48: Die Erreichbarkeit internationaler Flughäfen

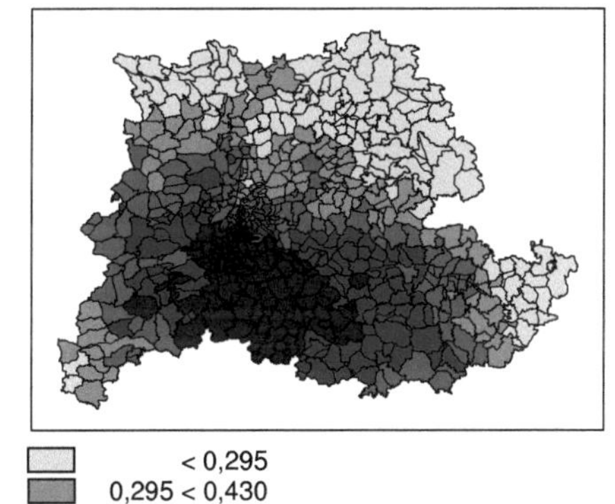

Quelle: eigene Darstellung

[295] Ein typisches Produkt für diese Kategorie war zum Zeitpunkt der WUMS Projektbearbeitung der Interregio.

ren. Die Indikatoren XTI_5 und XTP_5 wurden als intraregionale Erreichbarkeitsindizes bezeichnet (vgl. Abbildung 49 und Abbildung 50). Sie sollen ausdrücken, dass das Netz im jeweiligen Verkehrsmodus unterschiedlich stark belastet ist und bei schwächer belastetem Netz die Reisegeschwindigkeiten hoch sind. Zur Darstellung wurden jeweils fünf gleich große Klassen gebildet. Untersuchungseinheiten mit hoher Indikatorausprägung repräsentieren eine positive Situation mit hohen Reisegeschwindigkeiten, die ausdrücken sollen, dass in der Hauptverkehrszeit das Verkehrsnetz in der betrachteten Untersuchungseinheit noch leistungsfähig ist.

Abbildung 49: Intraregionaler Erreichbarkeitsindex im IV

Abbildung 50: Intraregionaler Erreichbarkeitsindex im ÖPNV

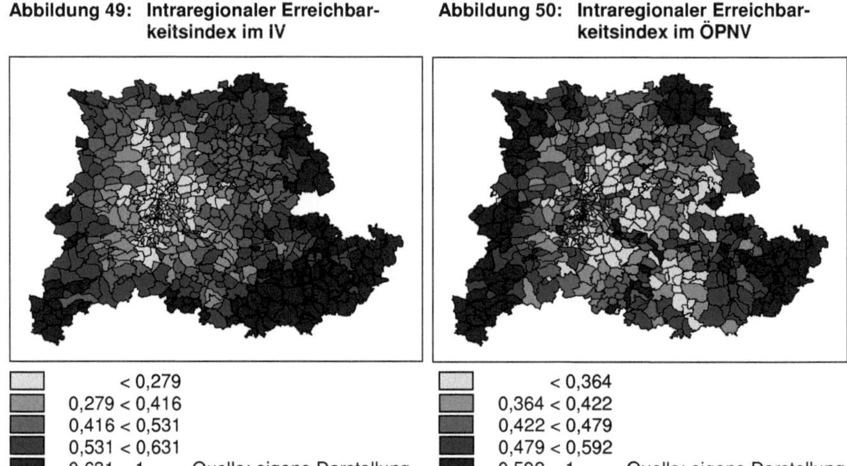

Quelle: eigene Darstellung

Quelle: eigene Darstellung

Im Umkehrschluss dazu drücken niedrige Indikatorenausprägungen niedrige Reisegeschwindigkeiten aus, was als Indiz für ein überlastetes Verkehrsnetz gilt. Deshalb nehmen beide Indikatoren am Rand des Untersuchungsraums hohe Werte und mit zunehmender Verdichtung niedrigere Werte ein. Dieser Indikator stellt ein Maß zur Beschreibung der Qualität von Verkehrsleistungen dar, neben dem aber noch andere existieren. Aus diesem Indikator kann noch nicht die Qualität der gesamten Ortsveränderung abgeleitet werden.[296]

Für die Beschreibung der Freizeitattraktivität einer Untersuchungseinheit wurden die Bereiche naturnahe Erholung, Freizeitgestaltung durch Sport und freizeitorientierte Versorgung betrachtet. Der Indikator zur Beschreibung der Möglichkeiten zur naturnahen Erholung XF_1 wird auf der Grundlage der Verfügbarkeit von naturnahen Flä-

[296] vgl. Rüger, Siegfried, 1984, S. 156

chen gebildet, die in geringer Entfernung zu Siedlungsflächen liegen (vgl. Abbildung 51). Bei der Erstellung wurde das Kriterium der „Erreichbarkeit zu Fuß" zugrunde gelegt. Die dafür möglichen Flächen einer Untersuchungseinheit wurden je nach Erholungseignung in fünf Klassen unterteilt, um den verschiedenen Grad der Erholungsmöglichkeit berücksichtigen zu können. Für den Indikator wurden die vorhandenen Flächen jeder Untersuchungseinheit zusammengefasst, eine Betrachtung über dessen Grenzen hinaus erfolgte nicht. Dieses Vorgehen ist akzeptabel, da die Untersuchungseinheiten so gebildet wurden, dass i. d. R. eine Untersuchungseinheit einem Siedlungskörper zugeordnet ist. Die Darstellung, zu der fünf gleich große Klassen gebildet wurden, zeigt die gute Bewertung von Untersuchungseinheiten im peripheren Bereich des Untersuchungsraumes. Größere Waldflächen tragen hier offenbar zu einer guten Bewertung bei. Gut bewertete Untersuchungseinheiten liegen beispielsweise im Mainhardter Wald, im Welzheimer Wald, im Schurwald, am Rand der Schwäbischen Alb, am Rand des Schönbuchs oder auf den Fildern. Dem Indikator zur Abbildung der Möglichkeiten der Freizeitgestaltung durch Sport (XF_2) liegen das Vorhandensein größerer Sportanlagen, einer Sporthalle, eines Hallenbades, eines Freibades mit beheiztem Becken bzw. Spezialsportanlagen[297] zugrunde.

Abbildung 51: Die Verfügbarkeit naturnaher Flächen pro Untersuchungseinheit

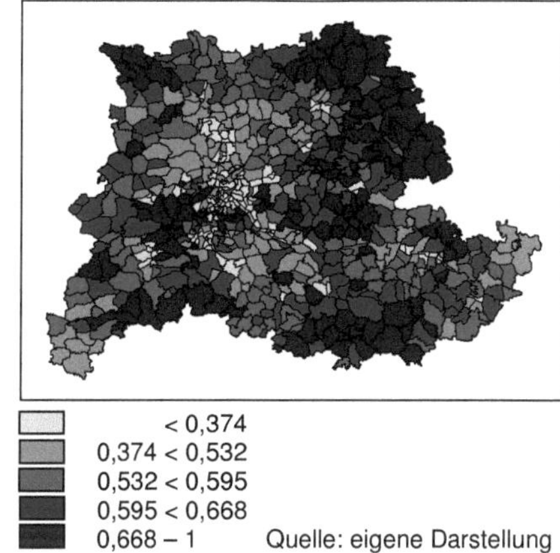

Quelle: eigene Darstellung

Die Sporteinrichtungen wurden in fünf Klassen unterteilt, die mit verschiedenen Bewertungsfaktoren versehen wurden. Mit Hilfe eines Potentialansatzes wurden die Erreichbarkeiten der vorhandenen Sporteinrichtungen aus der jeweils betrachteten Untersuchungseinheit abgebildet und dabei berücksichtigt, dass je nach Sporteinrichtung verschieden lange Anfahrtswege in Kauf genommen werden. Die Darstellung erfolgte anhand von fünf gleich großen Klassen (vgl. Abbildung 52), wobei bestimmte Konzentrationen hoher Ausprägungen dieses Indikators nicht nur im Agglomerationskern deutlich werden. Die Konzentration auf den Agglomerationskern wird im In-

297 z. B. eine Tennisanlage

dikator zur Abbildung von freizeitorientierter Versorgung (XF_3) stärker deutlich (vgl. Abbildung 53). Dazu wurden die Beschäftigten im Gastgewerbe pro Untersuchungseinheit addiert und die Erreichbarkeit dieser Untersuchungseinheit betrachtet.

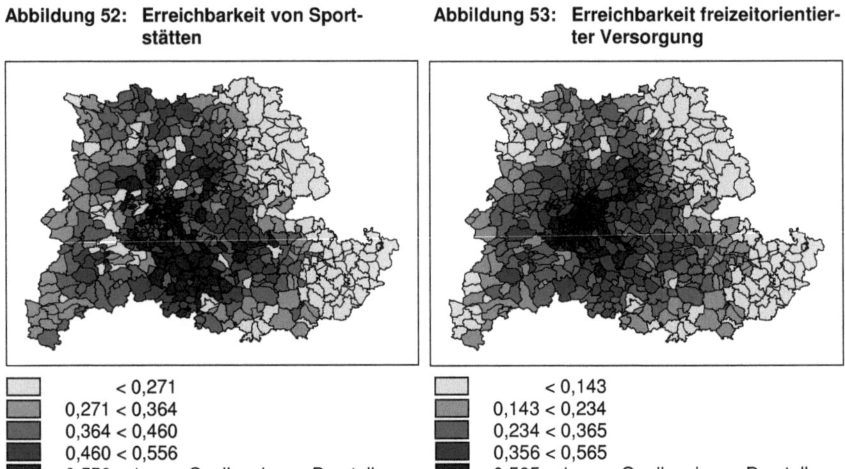

Abbildung 52: Erreichbarkeit von Sportstätten

Abbildung 53: Erreichbarkeit freizeitorientierter Versorgung

Als Umweltqualitätsindikatoren werden zwei Indikatoren bezeichnet, die die Lärmbelastung (XU_1) und die Luftbelastung (XU_2) einer Untersuchungseinheit beschreiben sollen. Auf die Rolle von Lärmbeeinträchtigung bei der Standortentscheidung wurde bereits in Kapitel 2 eingegangen. Eine Schwierigkeit bei der Abbildung des Indikators besteht in den unterschiedlichen und individuellen Toleranzgrenzen.

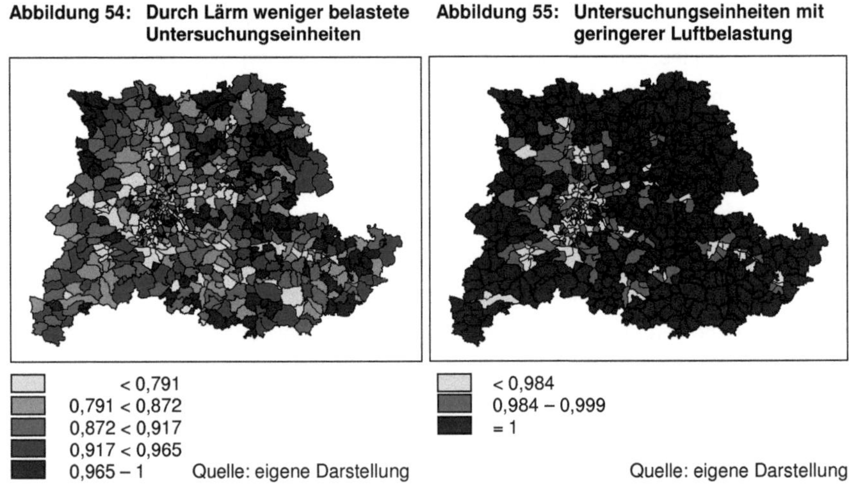

Abbildung 54: Durch Lärm weniger belastete Untersuchungseinheiten

Abbildung 55: Untersuchungseinheiten mit geringerer Luftbelastung

Für den Indikator wurde der Anteil an „nicht verlärmten" Siedlungsflächen (gemessen an einem Grenzwert) ermittelt. Die Darstellung erfolgt anhand von fünf Klassen, die gleich groß gewählt sind (vgl. Abbildung 54). Hohe Indikatorausprägungen stehen für eine gut zu bewertende Situation, d. h. geringere Lärmbelastung. Zur Abbildung der Luftbelastung wurde ein Indikator gebildet, dem der Anteil an Siedlungsflächen mit geringerer NO_2 Belastung zugrunde liegt. Es wurde der Anteil an Siedlungsflächen ermittelt, der weniger belastet ist. Dieser Indikator ist vergleichsweise grob gewählt, und ein Großteil der Untersuchungseinheiten ist mit dem Indikatorwert 1 bewertet. Zur Darstellung (vgl. Abbildung 55) war es deshalb sinnvoll, nur drei Klassen zu bilden. Die mit niedrigeren Indikatoren bewerteten Untersuchungseinheiten besitzen höhere Belastungen.
In Tabelle XVI sind die Indikatoren zur Übersicht dargestellt.

Tabelle XVI: Übersicht über die Indikatoren

Indikatorkürzel	Beschreibung des Inhalts
XB	Erreichbarkeit von Arbeitsplätzen
XV_1	örtliche Versorgung mit ärztlichen Dienstleistungen
XV_2	überörtliche Versorgung mit ärztlichen Dienstleistungen
XV_3	Erreichbarkeit von Krankenhäusern
XV_4	Versorgung mit Grundschulen
XV_5	Erreichbarkeit von Gymnasien
XV_8	Erreichbarkeit von Einzelhandelseinrichtungen
XT_1	Anbindung an das Autobahnnetz
XT_2	Anbindung an den interregionalen Eisenbahnverkehr
XT_3	Anbindung an den Eisenbahnfernverkehr
XT_4	Erreichbarkeit internationaler Flughäfen
XTI_5	intraregionale Erreichbarkeit im IV
XTP_5	intraregionale Erreichbarkeit im ÖPNV
XF_1	Verfügbarkeit naturnaher Flächen
XF_2	Erreichbarkeit von Sportstätten
XF_3	Erreichbarkeit freizeitorientierter Versorgung
XU_1	Lärmbelastung
XU_2	Luftbelastung

Die dargestellten Teilindikatoren können nur eine Auswahl von Kriterien repräsentieren, mit denen eine Untersuchungseinheit hinsichtlich ihrer Ausstattungsqualität beschrieben wird. Eine Beschreibung mit Hilfe von Indikatoren wird die tatsächliche Situation nie vollständig abbilden können, was Vereinfachungen notwendig macht. Nicht nur die Größe des Untersuchungsraums stellt eine Schwierigkeit dar, sondern auch die kleinräumigen Untersuchungseinheiten, die eine Verwendung weiterführender Daten aus den Gemeindestatistiken ausschließen. Diese Daten beziehen sich i. d. R. auf die Ebenen der Gemeinden und lassen eine Zuordnung zu den verwendeten räumlichen Einheiten nicht zu. Der Ausschluss der Möglichkeit der Disaggregierung würde bedeuten, dass bei Aufnahme weiterer Indikatoren die Kleinräumigkeit der Untersuchungseinheiten aufgegeben werden müsste. Für die Betrachtung der Standortcharakteristika ist jedoch ein möglichst hohes Maß an Kleinräumigkeit gefordert, so dass eine Aggregation von räumlichen Einheiten zugunsten der Abbildung eines weiteren Indikators ausgeschlossen wird.

5.1.2 Überprüfung der Indikatorenausprägungen in ausgewählten Untersuchungseinheiten

5.1.2.1 Auswahl geeigneter Untersuchungseinheiten

Nach der Kurzbeschreibung der verfügbaren Teilindikatoren sollen Untersuchungseinheiten ausgewählt werden, anhand derer die Ausprägungen der Indikatoren überprüft werden. Im Sinne der aufgestellten Arbeitshypothesen gibt es Teilindikatoren, die die Qualität der Erreichbarkeiten einer Untersuchungseinheit ausdrücken und andere, die die Umweltsituation beschreiben. Eine Überprüfung der Ausprägungen gibt Aufschluss darüber, ob und wenn ja, welche Arten, von durch die Indikatoren ausgedrückten Charakteristika, stärkere Bedeutung haben könnten. Dazu ist es nicht sinnvoll, die Teilindikatoren aller Untersuchungseinheiten zu überprüfen, da in dieser Arbeit die Abhängigkeiten der Flächenneuinanspruchnahme Untersuchungsgegenstand ist. Zur Überprüfung der aufgestellten Hypothesen ist die Inanspruchnahme für Siedlungsflächen i. e. S. primär von Interesse, weil diese Nutzung den größten Anteil am Gesamtumfang der Neuinanspruchnahme hat und zudem der überwiegende Anteil an Flächenneuinanspruchnahme außerhalb der Siedlungsbereiche stattfand (64 %). Die Inanspruchnahme für größere Gewerbeflächen erfolgte in diesem Vergleich stärker an den gewünschten Standorten (nur 43 % außerhalb der Siedlungsbereiche). Die vorliegenden Teilindikatoren stellen eine gute Grundlage zur Beschreibung der Untersuchungseinheiten hinsichtlich ihrer Attraktivität als Wohnstandort dar, sind aber für die Abbildung der Ansprüche an einen Gewerbestandort nur bedingt aussagefähig. Erreichbarkeiten von Einrichtungen des Bildungswesens und des Gesundheitswesens sind für Gewerbestandorte von nachgeordneten Interesse. Anforderungen an Gewerbestandorte können mit den zur Verfügung stehen-

den Indikatoren nicht hinreichend erklärt werden. Die Überprüfung der Indikatorausprägungen wird ausschließlich für Siedlungsflächen i. e. S. durchgeführt.
Die begriffliche und inhaltliche Abgrenzung von *Siedlungsflächen i. e. S.* und die Unterscheidung zu *größeren Gewerbeflächen* erfolgte in Kapitel 4 und wird beibehalten. Zunächst wird definiert, in welchen Untersuchungseinheiten die Überprüfung der Indikatorenausprägungen erfolgt.
Die Überprüfung der Indikatorenausprägung wird anhand ausgewählter Untersuchungseinheiten durchgeführt. Dafür sind die relevant, in denen es in einem höheren Maße zu Flächenneuinanspruchnahme gekommen ist. Untersuchungseinheiten, in denen wenig oder keine Neuinanspruchnahme von Flächen stattfand, werden zur Ermittlung der Indikatorenausprägung nicht herangezogen, da nicht im einzelnen festgestellt werden kann, warum es gerade dort nicht zu Siedlungsexpansionen kam. So könnten beispielsweise Erreichbarkeitskriterien oder Umweltqualitäten gut ausgeprägt sein, aber die Ziele der Bauleitplanung ein Siedlungswachstum einschränken. Es kann nicht überprüft werden, ob Siedlungsflächeninanspruchnahme aufgrund fehlender Flächenkapazitäten ausblieb. Grundannahme ist, dass die Verfügbarkeit optimaler Siedlungsflächen grundsätzlich limitiert ist und die Inanspruchnahme dort stattfindet, wo die Charakteristika den Ansprüchen der siedlungswilligen Akteure am besten entsprachen. Zur Verfügung stehen dafür Flächen in Untersuchungseinheiten, die der Verschiedenartigkeit der Nachfrager und der anschließenden Inanspruchnahme gerecht werden können. Die Untersuchungseinheiten, die den tatsächlich größten Umfang an Neuinanspruchnahme verzeichnen können, besitzen höhere Attraktivität.[298]
Zur Überprüfung der Arbeitshypothesen wird eine Auswahl an Untersuchungseinheiten vorgenommen, anhand derer die Ausprägung der Teilindikatoren überprüft werden. In Kapitel 4 wurden Untersuchungseinheiten mit hohem Umfang an Neuinanspruchnahme während des Untersuchungszeitraums ermittelt. Es wurde festgestellt, dass es in 346 Untersuchungseinheiten zur Neuinanspruchnahme bis zu einem Maximalwert von 75,8 ha kam. In Abbildung 56 sind zur Übersicht diese Untersuchungseinheiten mit den verschiedenen Umfängen an Inanspruchnahme dargestellt. Bei der Analyse in Kapitel 4 wurde eine Einteilung in 10 Klassen vorgenommen, wobei ermittelt wurde, dass in den dreißig Untersuchungseinheiten der oberen sieben Klassen mehr als ein Drittel der Flächenneuinanspruchnahme stattfand. Die oberen

[298] Welcher Art diese höher Attraktivität ist, sei an dieser Stelle dahingestellt.

vier Klassen sind lediglich mit vier Untersuchungseinheiten besetzt. Dazu zählen Untersuchungseinheiten, in denen mit bis zu 75 ha Neuinanspruchnahme an Siedlungsflächen i. e. S. nahezu doppelt so viel Fläche beansprucht wurde, wie in den Untersuchungseinheiten der folgenden Klassen. Die Darstellung der Untersuchungseinheiten – aufsteigend nach Flächenneuinanspruchnahme geordnet – in Abbildung 57 veranschaulicht den hohen Umfang einzelner Untersuchungseinheiten. Für die Auswahl der zu untersuchenden räumlichen Einheiten werden die oberen 4 Klassen nicht herangezogen, es erfolgt die Auswahl der Klassen 3 bis 6. Darin sind insgesamt 53 Untersuchungseinheiten, in denen jeweils zwischen 15,1 und 40,6 ha neu beansprucht wurden. Die ausgewählten Untersuchungseinheiten liegen innerhalb der dargestellten Grenzen.

Abbildung 56: Histogramm der Flächeninanspruchnahme für Siedlungsflächen i. e. S.

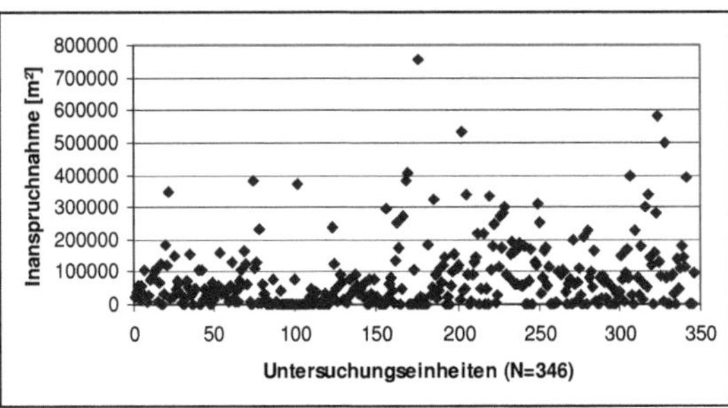

Quelle: eigene Darstellung

Abbildung 57: Auswahl von Untersuchungseinheiten und deren Umfänge an Inanspruchnahme für Siedlungsflächen i. e. S.

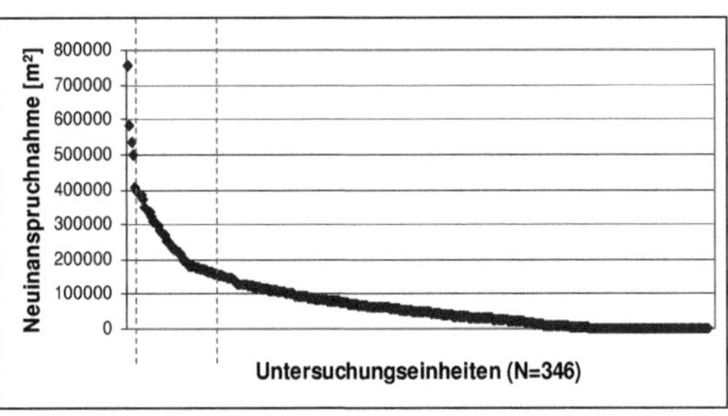

Quelle: eigene Darstellung

Damit werden die Untersuchungseinheiten zur weiteren Überprüfung herangezogen, in denen es in stärkerem Maße zur Neuinanspruchnahme kam, ohne die absolut höchsten Werte einzubeziehen, da es sich dabei um solch hohe Umfänge handelt, dass nicht auszuschließen ist, dass dadurch das Ergebnis zu stark beeinflusst wird. Abbildung 58 stellt die räumliche Lage der ausgewählten Untersuchungseinheiten dar, zusätzlich wurde der Verlauf der Entwicklungsachsen und die Lage Zentraler Orte in Siedlungsbereichen hinterlegt. Von der Auswahl liegen 16 Untersuchungseinheiten außerhalb von Siedlungsbereichen, demzufolge gehören 37 Einheiten

Siedlungsbereichen an.[299] Die räumliche Konzentration der Untersuchungseinheiten im südlichen Teil des Untersuchungsraums ist deutlich zu erkennen. Insbesondere in den Achsenzwischenräumen zwischen den Entwicklungsachsen Stuttgart-Herrenberg, Plochingen-Nürtingen und Stuttgart-Göppingen wurde ein Großteil der Flächenneuinanspruchnahme vollzogen.

Abbildung 58: Räumliche Lage der ausgewählten Untersuchungseinheiten

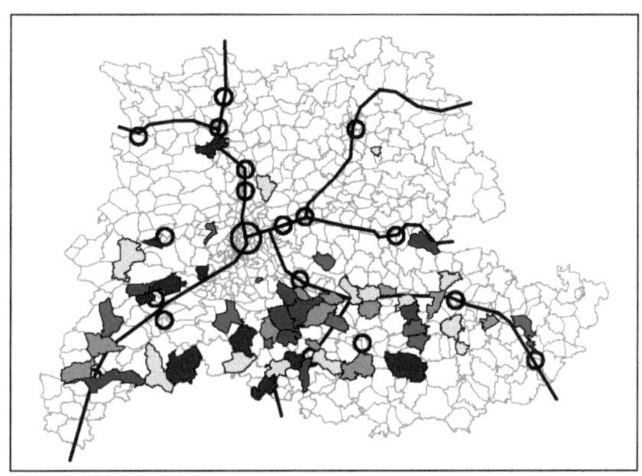

Quelle: eigene Darstellung

Die Überprüfung der Ausprägungen der Teilindikatoren erfolgt für diese Untersuchungseinheiten anhand der normierten Werte. Diese werden mit einer Bezugsgröße dargestellt, um deren Ausprägungen besser einordnen zu können und um einen Überblick zu erhalten, ob es sich bei einer ausgewählten Untersuchungseinheit um eher überdurchschnittliche oder unterdurchschnittliche Merkmalsausprägungen handelt. Die Auswahl dieser Vergleichsgröße muss so erfolgen, dass eine sinnvolle Einschätzung der Ausprägungen der Teilindikatoren der ausgewählten Untersuchungseinheiten möglich ist. Idealerweise müsste das durch die Gegenüberstellung der Teilindikatoren der Untersuchungseinheiten, in denen Flächenneuinanspruchnahme stattfand, mit der Gesamtheit derer, wo Flächenneuinanspruchnahme hätte stattfinden können, erfolgen. Es kann jedoch nicht ermittelt werden, in welchen Untersuchungseinheiten Siedlungsflächeninanspruchnahme (theoretisch) möglich gewesen wäre. In Kapitel 4 wurden die Untersuchungseinheiten ermittelt, die aus regionalplanerischer Sicht zur weiteren Siedlungsentwicklung besonders geeignet sind. Mittels regionalplanerischer Instrumente können die potentiellen Siedlungsflächen dieser Untersuchungseinheiten für siedlungswillige Akteure attraktiv gestaltet werden, was dann den Umfang an Inanspruchnahme beeinflusst. Da nicht festgestellt werden konnte, wo überall Inanspruchnahme – zumindest theoretisch – hätte stattfinden kön-

[299] Bei den ausgewählten Untersuchungseinheiten kam es zu Neuinanspruchnahme von Siedlungsflächen innerhalb der Siedlungsbereiche von insgesamt 894 ha und außerhalb zu 384 ha.

nen, ist die Information darüber, wo Inanspruchnahme hätte stattfinden sollen, sehr hilfreich. Werden diese Untersuchungseinheiten denen gegenübergestellt, in denen verstärkt Flächenneuinanspruchnahme stattfand, so kann von einem Vergleich zwischen Untersuchungseinheiten, wo Inanspruchnahme stattfinden soll, mit Untersuchungseinheiten, wo Inanspruchnahme tatsächlich stattfand, ausgegangen werden. Dass zwischen regionalplanerisch gewollten und tatsächlich in Anspruch genommenen Flächen Diskrepanzen bestehen, hat die Analyse der Siedlungsentwicklung gezeigt. Konkret zeigte die Analyse in Kapitel 4, dass auch außerhalb der Siedlungsbereiche Flächeninanspruchnahme in stärkerem Umfang stattfindet, als für die im Zuge der Eigenentwicklung erforderlich gewesen wäre. Dafür müssen Gründe existieren, die, wenn sie auf eine der aufgestellten Thesen zurückzuführen sind, mit der Ausprägung von Erreichbarkeits- oder Umweltqualitäten erklärt werden könnten.

Bei der Betrachtung der Ausprägungen der Teilindikatoren wird als Vergleichswert der Durchschnitt der Untersuchungseinheiten verwendet, die aus regionalplanerischer Sicht für Siedlungsentwicklung besonders geeignet sind. Mit einem durchschnittlichen Wert sind natürlich noch keine qualitativen Aussagen zu den einzelnen Teilindikatoren möglich; er gestattet jedoch, dass die Ausprägungen in ihrer Größenordnung einzuordnen sind. Um in den Darstellungen die verschiedenen Umfänge an Flächenneuinanspruchnahme zwischen den Untersuchungseinheiten unterscheiden zu können, sind die Untersuchungseinheiten in Abbildung 59 nach dem Umfang an Neuinanspruchnahme sortiert und mit einer Ordnungsnummer versehen (an der Abszisse dargestellt) worden. In den folgenden Diagrammen zur Gegenüberstellung der Indikatorenausprägungen wird diese Reihenfolge der Untersuchungseinheiten beibehalten. Untersuchungseinheiten mit hohem Umfang an Neuinanspruchnahme sind immer auf der linken Diagrammseite zu finden. Die Darstellung erfolgt so, dass der Schnittpunkt von Abszisse und Ordinate in dem Punkt erfolgt, der als Vergleichswert gilt und den beschriebenen Durchschnitt

Abbildung 59: Flächenneuinanspruchnahme [m²] der 53 ausgewählten Untersuchungseinheiten

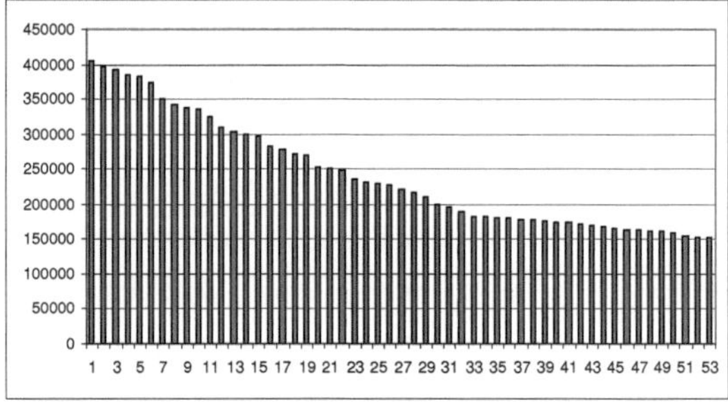

Quelle: eigene Darstellung

der regionalplanerisch bevorzugt zu entwickelnden Untersuchungseinheiten darstellt, um vergleichsweise überdurchschnittliche oder unterdurchschnittliche Ausprägungen zur definierten Basis erkennen zu können. In Abbildung 60 sind die normierten Teilindikatoren der 53 ausgewählten Untersuchungseinheiten in dieser Reihenfolge dargestellt.[300] In der Abbildung wurden die einzelnen Diagramme jeweils mit dem Teilindikator bezeichnet, dessen Ausprägung dargestellt wird. Neben der Kurzbezeichnung des Indikators ist der numerische Wert des Durchschnitts aller Untersuchungseinheiten angegeben.[301] Die Ordinate drückt den normierten Wert des jeweiligen Teilindikators aus, an der Abszisse ist die Auswahl der Untersuchungseinheiten mit einer Ordnungsnummer versehen.

Abbildung 60: Ausprägung der Teilindikatoren der 53 ausgewählten Untersuchungseinheiten im Vergleich zum Durchschnitt aller 624 Untersuchungseinheiten

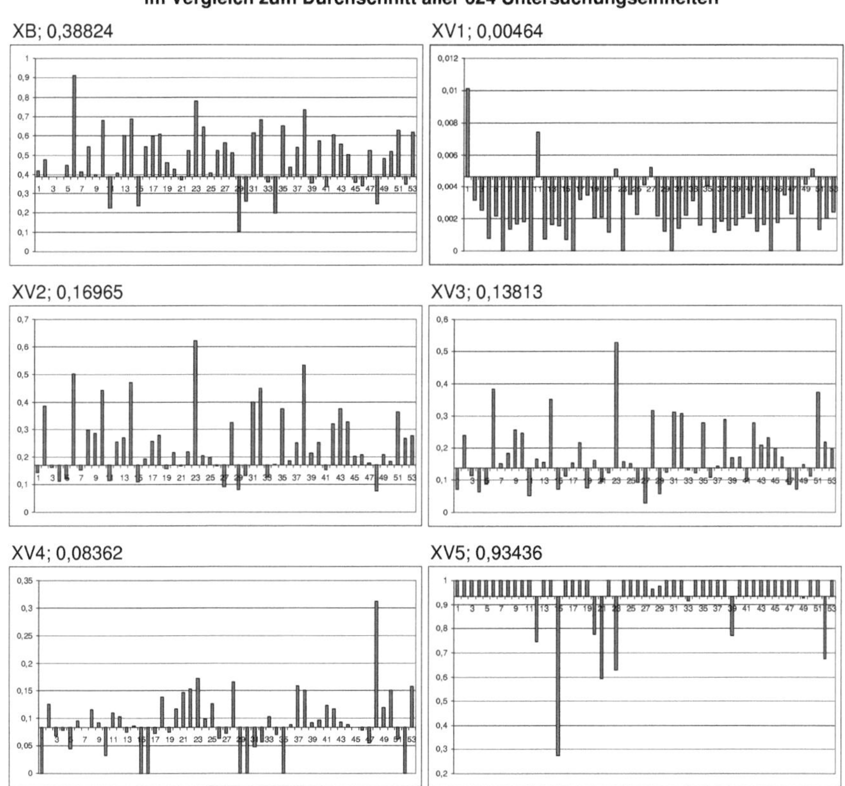

[300] Eine Zusammenfassung der Teilindikatoren der ausgewählten Untersuchungseinheiten ist in Anhang I, Tabelle III beigefügt.

[301] Der Durchschnittswert dient nur der Orientierung der Ausprägung der Einzelindikatoren und soll noch keine Bewertung über deren Ausprägung vornehmen.

(Fortsetzung Abbildung 60)

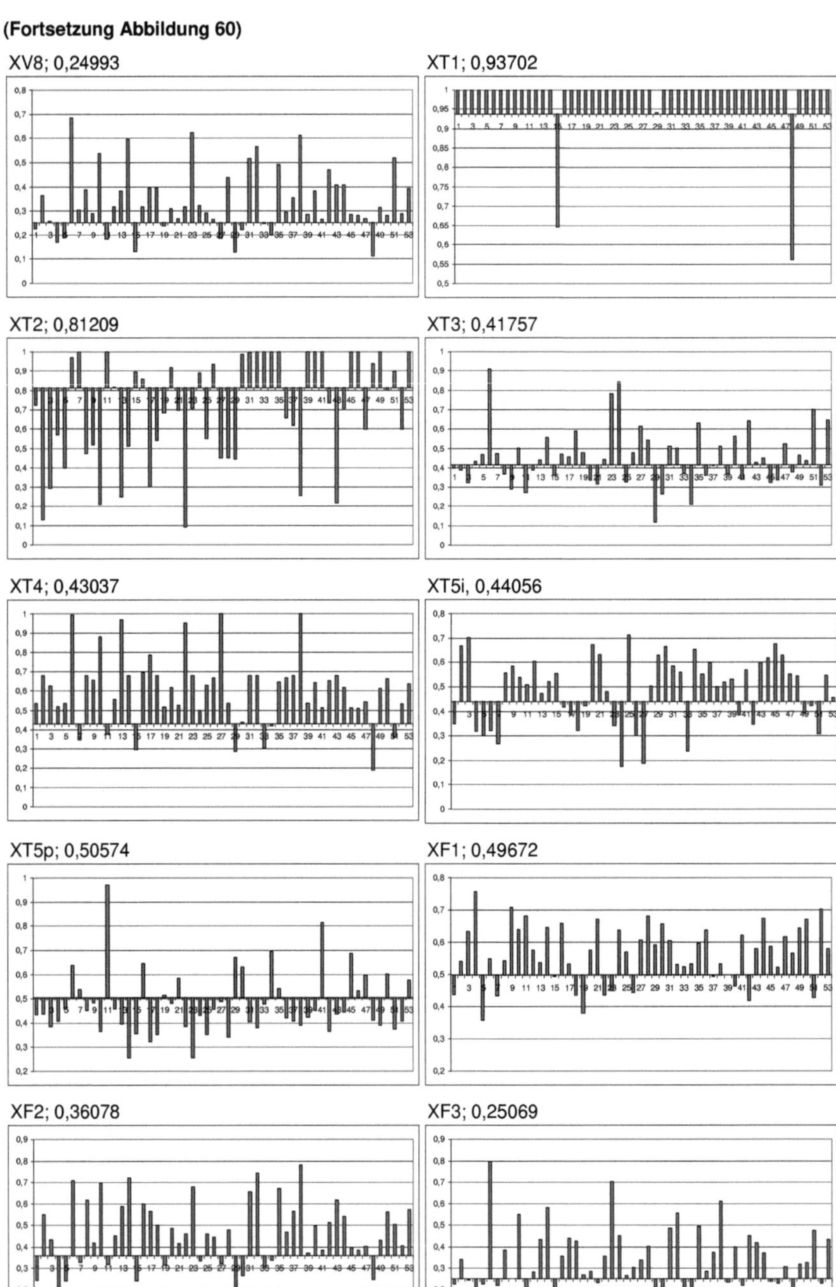

(Fortsetzung Abbildung 60)

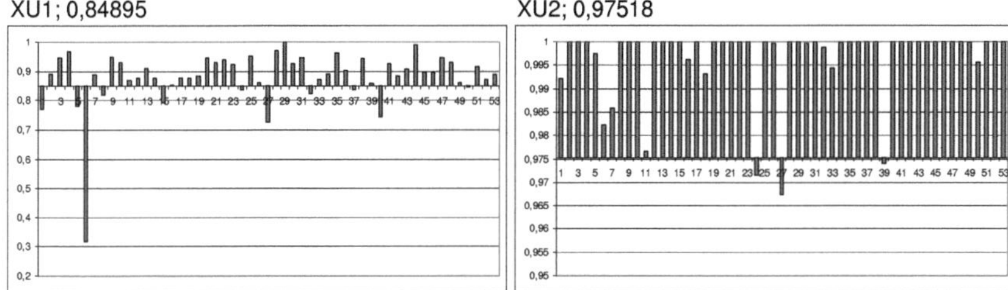

Quelle: eigene Darstellung

Aufgrund der Größe der Darstellungen sind die Ausprägungen einzelner Teilindikatoren nur schwer erkennbar, was hier im einzelnen nicht relevant ist und im Anhang nachgelesen werden kann. Wichtig ist, einen Überblick über die Ausprägung der Auswahl zu bekommen.

5.1.2.2 Indikatorausprägungen hinsichtlich Erreichbarkeitskriterien und Umweltqualität

Schon ein bloßer optischer Vergleich der Diagramme macht deutlich, dass die Teilindikatoren der Untersuchungseinheiten zum Teil eine klare unter- bzw. überdurchschnittliche Situation – gemessen an der definierten Bezugsgröße – ausdrücken und in einigen Fällen stark variieren. Eine Abbildung der Funktion der Flächeninanspruchnahme mit den betrachteten Indikatoren – ob nun negativ oder positiv – scheint nicht erkennbar zu sein. Zunächst werden die Ausprägungen der Teilindikatoren der ausgewählten Untersuchungseinheiten, die die Erreichbarkeitssituation beschreiben und derer, die die Umweltqualitäten beschreiben, gegenübergestellt.

Teilindikatoren, die die Erreichbarkeit einer Untersuchungseinheit charakterisieren, sind a) der Beschäftigungsindikator, b) alle Versorgungsteilindikatoren, c) alle Teilindikatoren zur Beschreibung der Verkehrsanbindung, d) die Teilindikatoren zur Beschreibung der Erreichbarkeit von Sportstätten und e) der freizeitorientierten Versorgung.

Zur Beschreibung der Umweltqualitäten wurden die Teilindikatoren herangezogen, die i) die Verfügbarkeit naturnaher Flächen, ii) die Lärmbelastung und iii) die Luftbelastung ausdrücken.

Die Ausprägungen der Teilindikatoren lassen nur sehr begrenzt auf stärkere oder schwächere Einflüsse bestimmter Indikatoren schließen. Eine vergleichende Betrachtung der Teilindikatorausprägungen der Untersuchungseinheiten, die zur Entwicklung aus regionalplanerischer Sicht erwünschte Flächen besitzen, mit den Untersuchungseinheiten, in denen hohe Umfänge an Flächenneuinanspruchnahme vollzogen wurden, könnte Aufschlüsse über eine stärkere Berücksichtigung verschiedener Indikatoren liefern. In Abbildung III im Anhang I sind die Ausprägungen jeweils für den selben Teilindikator in einem Diagramm dargestellt. Unterschiede, die auf stärkere Bedeutungen bestimmter Teilindikatoren schließen lassen, sind mittels dieser graphischen Unterstützung nicht eindeutig wahrzunehmen.

In Kapitel 2 wurden eine Reihe von Kriterien und Motiven bei Standortentscheidungen zusammengetragen, die zur Formulierung der Arbeitshypothesen veranlassten. Als ein wichtiges Kriterium wurde dabei die Erreichbarkeit von Arbeitsplätzen herausgestellt. Der hier verwendete Teilindikator zur Erreichbarkeit von Arbeitsplätzen (Teilindikator XB) bringt dazu noch den Vorteil mit sich, dass er für den Gesamtraum annähernd einer Normalverteilung entspricht. Als Indikator zur Abbildung der Umweltqualität soll der Indikator zur Beschreibung der Verfügbarkeit naturnaher Flächen in die Betrachtung einbezogen werden (Teilindikator XF_1). Auch dieser Teilindikator folgt für den Gesamtraum annähernd einer Normalverteilung.

Die Ausprägungen dieser beiden Teilindikatoren sollen exemplarisch als ein Erreichbarkeits- und ein Umweltindikator in einem gemeinsamen Diagramm dargestellt werden. Zur Unterscheidung erfolgt die Darstellung (vgl. Abbildung 61) für regionalplanerisch bevorzugte (-) und tatsächlich stark beanspruchte (o) Untersuchungseinheiten mit unterschiedlichen Symbolen. Bei der Betrachtung dieses Diagramms wird deutlich, dass sowohl die zur Entwicklung vorgesehenen Untersuchungseinheiten mit schlechter Erreichbarkeit von Arbeitsplätzen als auch die, deren Verfügbarkeit an naturnahen Flächen geringer ist, nicht zu den Untersuchungseinheiten mit großen Umfängen an Neuinanspruchnahme zählen. Die Lage der Untersuchungseinheiten im Diagramm ist bei dieser Darstellung zwar breiter gestreut, lässt aber auch erkennen, dass beide Indikatoren günstige Werte ausdrücken, wenn hohe Umfänge an Flächen neu beansprucht wurden. Der Vergleich zwischen den Untersuchungseinheiten mit regionalplanerisch gewollten Entwicklungsflächen und den tatsächlich stark in Anspruch genommenen Flächen, lässt für diese Teilindikatoren erkennen, dass Inanspruchnahme dort stärker vollzogen wurde, wo die Erreichbarkeit von Arbeitsplätzen und naturnaher Flächen ein besseres Verhältnis einnehmen. Auch bei anderen Teilindikatoren ist zum Teil eine breite Streuung der Ausprägungen zu erkennen, was darauf schließen lässt, dass diese Indikatoren nicht uneingeschränkt mit guten oder schlechten Ausprägungen auf die Attraktivität der jeweiligen Untersuchungseinheit hinweisen. Bei Entscheidungen zur Flächeninanspruchnahme kommt es zu Abwägungsprozessen. Eine Betrachtung einzelner Indikatoren lässt noch keine Aussagen über Gesetzmäßigkeiten zu, da ein Teil möglicher Einflüsse unbeachtet bleibt.

Abbildung 61: Ausprägung der Teilindikatoren Erreichbarkeit von Arbeitsplätzen und Verfügbarkeit naturnaher Flächen

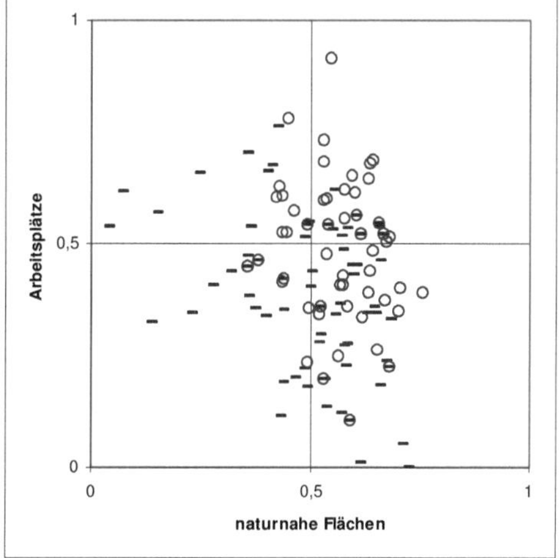

Untersuchungseinheiten
- zur Entwicklung vorgesehen
o tatsächlich stark beansprucht

Quelle: eigene Darstellung

Für eine Betrachtung unter Berücksichtigung aller verwendeten Teilindikatoren werden einzelne Teilindikatoren zunächst für jede Untersuchungseinheit – differenziert nach ihrem Inhalt bezüglich Erreichbarkeit bzw. Umwelt – aggregiert, um sie gegenüberstellen zu können. Dazu wurde das Verfahren der additiven Aggregation gewählt, weil eine mögliche Teilindikatorausprägung mit „Null“ kein Ausschlusskriterium für die jeweilige Untersuchungseinheit darstellen darf.[302] Bei der Aggregation werden alle Teilindikatoren gleich gewichtet, weil kein Anlass bzw. zu rechtfertigende Begründung besteht, bestimmten Indikatoren stärkere Wichtigkeiten beizumessen. Nach der additiven Aggregation erhält man für jede Untersuchungseinheit aggregierte Indikatorwerte für Umweltbedingungen und Erreichbarkeitssituationen, wodurch

[302] Die additive Aggregation erfolgt nach:

$$I = \frac{1}{\sum_{i=1}^{n} g_i} \left(g_i I_i + g_2 I_2 + g_3 I_3 + \ldots g_n I_n \right)$$ mit:

I...Gesamtindikator; I_i...Teilindikator; g_i...Gewicht der Teilindikatoren;
n...Anzahl der verwendeten Teilindikatoren

eine zweidimensionale Darstellung ermöglicht wird und in Abbildung 62 vorgenommen wurde. Betrachtet man die Ausprägungen der Indikatoren, so entsteht der Eindruck, als ob der aggregierte Umweltindikator (Skalierung an der Abszisse) weit stärkere Ausprägungen besitzt (und damit wohl stärker Beachtung findet), als der aggregierte Erreichbarkeitsindikator (Skalierung an der Ordinate). Bei der Interpretation der Abbildung muss jedoch relativierend beachtet werden, dass einige Teilindikatoren keiner Normalverteilung unterliegen. Die aggregierten Indikatorwerte besitzen nun eine viel geringere Streuung, so dass kein Anlass besteht das Aggregationsverfahren zu ändern, was die verwendeten Gewichtungen der Teilindikatoren einschließt. Die Darstellung kann nur mit Hilfe einer Vergleichsgröße sinnvoll interpretiert werden. Daher wird die Aggregation der umweltrelevanten und erreichbarkeitsrelevanten Teilindikatoren auch für die Untersuchungseinheiten durchgeführt, in denen Siedlungsentwicklung bevorzugt stattfinden sollte und für die Gesamtheit aller Untersuchungseinheiten, um sie in einem Diagramm dazustellen (vgl. Abbildung 63).

Abbildung 62: Ausprägung der aggregierten Teilindikatoren der 53 ausgewählten Untersuchungseinheiten

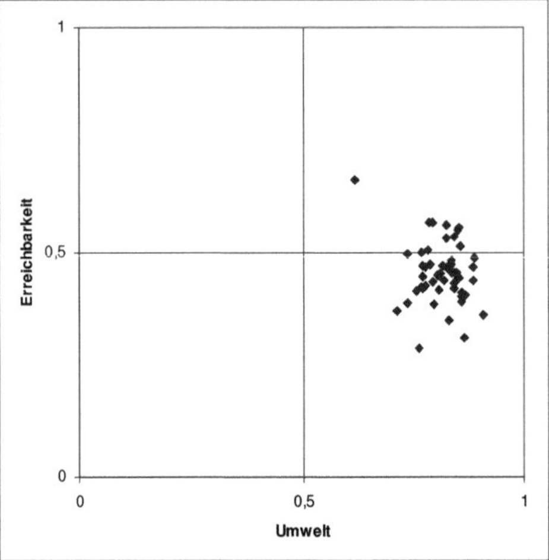

Quelle: eigene Darstellung

Die Darstellungen für die regionalplanerisch bevorzugten Siedlungsgebiete erfolgt unter Verwendung der in Kapitel 4 ermittelten 69 Untersuchungseinheiten mit verstärkter Entwicklung innerhalb der Siedlungsgebiete, für die Gesamtheit werden alle 624 Untersuchungseinheiten einbezogen.

Unter Einbeziehung der Indikatorausprägungen dieser Auswahl zeigt sich, dass die Umweltindikatoren insgesamt eine relativ hohe Ausprägung besitzen. Deren starke Ausprägung in vorheriger Darstellung ist damit relativiert. Der Erreichbarkeitsindikator der vorherigen Auswahl ist vergleichsweise eher unterdurchschnittlich ausgeprägt.

Abbildung 63: Ausprägung der aggregierten Teilindikatoren der zur Entwicklung regionalplanerisch bevorzugten (linke Darstellung) und der Gesamtheit der Untersuchungseinheiten (rechte Darstellung)

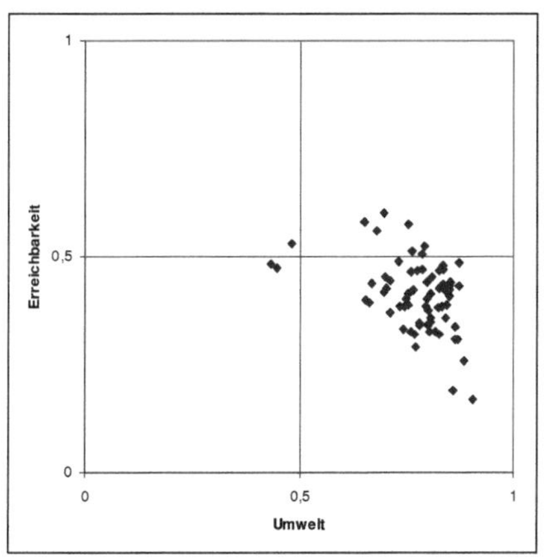

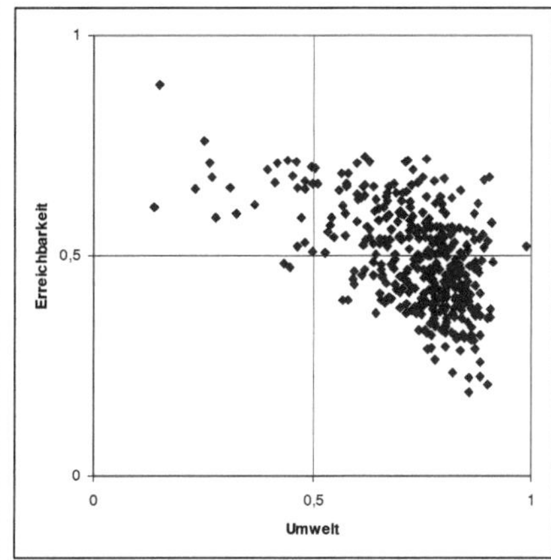

Quelle: eigene Darstellung

Die Gegenüberstellung der tatsächlich beanspruchten mit den bevorzugt vorgesehenen Untersuchungseinheiten soll noch einmal in einer gemeinsamen Abbildung erfolgen (vgl. Abbildung 64). Die regionalplanerisch für die Siedlungsentwicklung bevorzugten Untersuchungseinheiten sind mit einem anderen Symbol (-) gekennzeichnet als die Untersuchungseinheiten, in denen tatsächlich ein hoher Umfang an Flächenneuinanspruchnahme stattfand (o). Der Vergleich der Ausprägungen lässt dennoch für die Untersuchungseinheiten mit tatsächlich stattgefundener stärkerer Inanspruchnahme auf eine größere Bedeutung des Umweltindikators als auch des Erreichbarkeitsindikators schließen. Es wird deutlich, dass Untersuchungseinheiten, in denen eine stärkere Entwicklung beabsich-

Abbildung 64: Indikatorenausprägungen ausgewählter Untersuchungseinheiten (für die Entwicklung vorgesehen (-) und tatsächlich starke Inanspruchnahme (o))

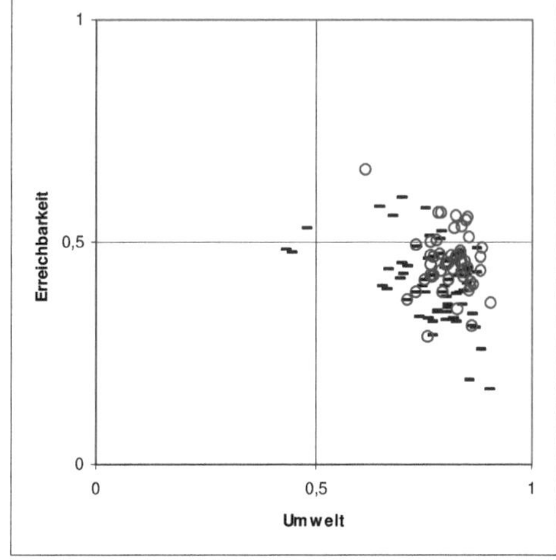

Quelle: eigene Darstellung

tigt war und die nur mit einem hohen Umwelt- oder einem hohen Erreichbarkeitsindikator ausgestattet sind, nicht zur Auswahl derer gehören in denen hohe Neuinanspruchnahme an Flächen vollzogen wurde. Wenn Flächen, für die der regionalplanerische Wille zur weiteren Entwicklung existiert und deren Funktion im Regionalplan manifestiert wurde, nicht bei den „Spitzenwerten" der Neuinanspruchnahme zu finden sind, dann war ein Teil deren Eigenschaften bei einem Abwägungsprozess offenbar weniger attraktiv. Die Darstellung der regionalplanerisch gewünschten Flächen zur Entwicklung lässt eine relativ breite Streuung erkennen, im Gegensatz zu den Untersuchungseinheiten mit starker Inanspruchnahme, die eine „Punktwolke" bilden. Dadurch wird die Situation konkretisiert und Interpretationen möglich. Aggregierte Erreichbarkeits- und Umweltkriterien sind bei Untersuchungseinheiten mit hohen Umfängen an Flächenneuinanspruchnahme überwiegend besser ausgeprägt. In und am Rande dieser „Punktwolke" sind Untersuchungseinheiten zu finden, die sowohl regionalplanerisch gewollt sind als auch hohe Umfänge an Neuinanspruchnahme besitzen.

Bei der Gegenüberstellung zwischen Untersuchungseinheiten, für die stärkere Entwicklung beabsichtigt war und derer, in denen hohe Umfänge an Neuinanspruchnahme für die hier betrachteten Siedlungsflächen i. e. S. stattfand, lassen sich folgende Feststellungen treffen:

- Die aggregierten Erreichbarkeits- und Umweltindikatoren streuen bei den Untersuchungseinheiten mit hohem Umfang an Flächenneuinanspruchnahme nur gering und lassen auf eine Abwägung zwischen den Teilindikatoren schließen, was durch Substitutionalität zu ähnlichen Gesamtindikatoren führt („Punktwolke").
- Die höchsten Umfänge an Flächenneuinanspruchnahme wurden dort vollzogen, wo sowohl Umwelt- als auch Erreichbarkeitskriterien vergleichsweise besser ausgeprägt sind.
- Nur ein Teil der regionalplanerisch für die Entwicklung beabsichtigten Flächen gehören zu den Untersuchungseinheiten, in denen die größten Umfänge an Flächenneuinanspruchnahme vollzogen wurde.
- Regionalplanerisch für die Entwicklung beabsichtigte Flächen liegen in den Untersuchungseinheiten mit den größten Umfängen an Flächenneuinanspruchnahme, wenn der aggregierte Erreichbarkeits- und auch der Umweltindikator in einem ausgewogenen Verhältnis zueinander stehen.

Bei der Aggregation von Teilindikatoren tritt zum einen das Problem der Substitutionalität und zum anderen das der unzureichenden Begründbarkeit spezifischer Gewichtungen auf. Außerdem ist bei dieser Betrachtung bislang das Maß an Flächenneuinanspruchnahme ebenso wenig beachtet worden, wie der Einfluss einzelner Variablen auf die Inanspruchnahme. Aufschluss darüber, wie stark Indikatorausprägungen die Flächeninanspruchnahme beeinflussen und inwiefern diese zur Erklärung der tatsächlichen Inanspruchnahme beitragen, wird ein Analyseverfahren geben, das im nächsten Abschnitt durchgeführt wird.

5.1.2.3 Prüfung der Abhängigkeiten zwischen Flächeninanspruchnahme und Indikatorausprägungen

Um die Art des Zusammenhanges zwischen Siedlungsflächenneuinanspruchnahme und den Ausprägungen der Teilindikatoren herauszufinden, wird das statistische Analyseverfahren der Regressionsanalyse durchgeführt. Damit wird überprüft, ob und wie stark Zusammenhänge bestehen. Die Voraussetzung der metrischen Skalierung der Variablen ist gegeben.

Die Vorgehensweise bei einer Regressionsanalyse besteht im Wesentlichen aus dem Dreischritt Formulierung des Modells, Schätzung der Regressionsfunktion und Prüfung der Regressionsfunktion.

Bei der Formulierung des Modells muss die vermutete Ursache-Wirkungs-Beziehung implementiert werden. In vorliegender Arbeit ist das die Abhängigkeit der Inanspruchnahme von Siedlungsflächen von den Erreichbarkeits- bzw. Umweltkriterien. Vermutete Zusammenhänge werden überprüft um herauszufinden, ob bzw. welchen Einfluss gute Erreichbarkeitsverhältnisse und / oder vorteilhafte Umweltbedingungen bzw. auch andere Faktoren – wie es in den Arbeitshypothesen formuliert wurde – haben könnten.

Bei der Aufstellung der Arbeitshypothesen wurde grundsätzlich in vier mögliche Fälle unterschieden. Dabei soll die Flächenneuinanspruchnahme stärker von Erreichbarkeitskriterien (Hypothese 1) abhängig sein oder von Umweltkriterien (Hypothese 2) oder einer Kombination aus Erreichbarkeits- und Umweltkriterien (Hypothese 4) oder mehr von anderen Faktoren beeinflusst werden, wobei Umwelt und Erreichbarkeiten eine untergeordnete Rolle spielen.

Als abhängige Variable wird die Neuinanspruchnahme von Fläche im Untersuchungszeitraum für die einzelnen Untersuchungseinheiten festgelegt, die unabhängigen Größen sind die Ausprägungen der Teilindikatoren.[303]

Dazu ist zu überprüfen, ob die unabhängigen Variablen auch voneinander unabhängig sind. Bei starker Abhängigkeit der Variablen untereinander kann das Problem der Multikollinearität bestehen, was das Ergebnis unzuverlässig macht. In der Literatur wird darauf hingewiesen, dass bei empirischen Daten immer ein gewisser Grad an Multikollinearität auftritt.[304]

Einen Anhaltspunkt darauf kann der Korrelationskoeffizient liefern. Daher wird zunächst die Korrelation der unabhängigen Variablen untereinander geprüft. Hohe Korrelationskoeffizienten (nahe |1|) deuten auf Multikollinearität hin.[305] Da kein genauer Wert festgelegt ist, ab welchem der Korrelationskoeffizient auf eine ernsthafte Multikollinearität hinweist, wird hier der Betrag von 0,75 gewählt, wie er in ähnlichen Arbeiten verwendet wurde.[306]

Dieser Test wird für alle Teilindikatoren der ausgewählten Untersuchungseinheiten durchgeführt. Die ermittelten Korrelationskoeffizienten können in Tabelle IV im Anhang I nachgelesen werden.

Bei den Teilindikatoren für die Auswahl an Untersuchungseinheiten wurde festgestellt, dass die Korrelationskoeffizienten für die Teilindikatoren XB, XV_2, XV_3, XV_8, XF_2, XF_3 und XT_3 über der festgelegten Grenze liegen. Für das weitere Vorgehen werden hoch korrelierende Variablen ausgeschlossen und nur mit einer der Variablen weiter gearbeitet. Es wurde entschieden, mit dem Teilindikator XB weiter zu arbeiten, da die Erreichbarkeit von Arbeitsplätzen als ein wichtiger Indikator eingestuft wird. Das bedeutet nicht, dass die übrigen Teilindikatoren bedeutungslos für die Standortqualität sind. Die Entscheidung fiel auf den Teilindikator zur Abbildung der Erreichbarkeit von Arbeitsplätzen, aufgrund dessen Bedeutung bei den empirisch ermittelten Standortentscheidungen und die Verwendung dieser Einflussgröße bei theoretischen Ansätzen zur Standortwahl (vgl. Kapitel 2.4 zu beiden Punkten).

Die Korrelationskoeffizienten der übrigen Variablenpaare liegen unter der Grenze.

---

303 In der Literatur sind weitere Bezeichnungen für die abhängige Variable (wie Regressand, endogene Variable, erklärte Variable, etc.) und für die unabhängigen Variablen (wie Regressoren, exogene Variablen, erklärende Variablen, etc.) bekannt.

304 vgl. Backhaus, Klaus, u. a., 1987, S. 34 f.

305 ebenda

306 vgl. Junesch, Richard, 1996, S. 121

Da bei der Betrachtung der Korrelationsmatrix nur paarweise Abhängigkeiten untersucht wurden, kommt eine weitere Methode zur Prüfung auf Multikollinearität zur Anwendung. Dabei wird für jede unabhängige Variable X_j das Bestimmtheitsmaß r_j^2 ermittelt, das bei der Regression mit den anderen unabhängigen Variablen ermittelt wird. Ist r_j^2 gleich 1, dann wird durch die Variable X_j keine zusätzliche Information ausgedrückt und trägt nicht weiter zur Klärung der abhängigen Variable Y bei. Als Toleranz wird der Wert $1 - r_j^2$ bezeichnet, wobei kleine Werte eine ernsthafte Multikollinearität bedeuten.[307] Ein Schwellenwert für die Toleranz liegt nicht vor, deshalb wird ein Schwellenwert von 0,1 verwendet, wie er bereits in anderen wissenschaftlichen Arbeiten angewendet wurde.[308] Die Ermittlung der Toleranzen wurde durchgeführt und die Ergebnisse sind in Tabelle IV des Anhangs I beigefügt. Es wird festgestellt, dass keiner der Werte über dem Schwellenwert liegt und somit keine ernsthafte Multikollinearität vorliegt.

Zur Durchführung einer Analyse mit mehreren unabhängigen Variablen bietet sich die Anwendung einer multiplen Regressionsanalyse an. Die Aufnahme mehrerer unabhängiger Variablen führt zu einem sog. System von Normalgleichungen, dessen Lösung rechnergestützt erfolgt.[309] Ergebnis der Analyse sind die Koeffizienten der Regressionsgleichung, die bereits Anhaltspunkte auf die Stärke des Zusammenhanges zwischen abhängigen und unabhängigen Variablen geben. Je höher der absolute Betrag des Regressionskoeffizienten ist, umso größer ist der vermutete Einfluss der Variablen auf die abhängige Größe. Da die numerischen Werte nur schwerlich vergleichbar sind, wird eine Umformung in standardisierte Regressionskoeffizienten (b*) vorgenommen, mit dem Ziel die direkte Vergleichbarkeit herzustellen. So sind die Einflussstärken der abhängigen Variablen erkennbar, wobei die Vorzeichen belanglos sind. [310]

Die standardisierten Regressionskoeffizienten (b*) als Ergebnis der Regressionsanalyse sind in Tabelle XVII dargestellt. Das Ergebnis zeigt, dass die Variablen XT_2 und XU_1 die höchsten standardisierten Regressionskoeffizienten auf signifikanten Niveau besitzen und damit offenbar den größten Erklärungsbeitrag in der Regressionsfunktion liefern.

[307] vgl. Backhaus, Klaus, u. a., 1987, S. 35 f.
[308] vgl. Junesch, Richard, 1996, S. 122
[309] Die Durchführung der Regressionsanalyse erfolgte unter Zuhilfenahme des Computerprogramms SPSS, Version 11.5.1.
[310] vgl. Backhaus, Klaus, u. a., 2000, S. 18 f.

Tabelle XVII: Standardisierte Koeffizienten (erste Auswahl)[311]

Variable	b*	Sig
XB1	-,008	,997
XV1	,063	,675
XV4	-,147	,300
XV5	-,048	,754

Variable	b*	Sig
XT1	,063	,717
XT2	-,647	,001
XT4	-,315	,235
XT5I	-,021	,915

Variable	b*	Sig
XT5P	,019	,921
XF1	,036	,809
XU1	-,459	,018
XU2	-,028	,872

b* ... standardisierter Regressionskoeffizient
Sig ... Signifikanz

Die anderen Teilindikatoren verfügen nur über geringe standardisierte Koeffizienten und scheinen hier weniger Bedeutung zu besitzen.

Nun haben die Regressionskoeffizienten der Variablen, die offenbar einen Erklärungsbeitrag leisten, negative Vorzeichen, was auf negative Zusammenhänge schließen lässt. Das würde für die Interpretation der Variable XT_2 bedeuten, dass eine gute Anbindung an den interregionalen Eisenbahnverkehr sich negativ auf die Inanspruchnahme für Siedlungsflächen i. e. S. auswirkt oder Siedlungsflächen werden dort stärker in Anspruch genommen, wo kein Haltepunkt für den interregionalen Eisenbahnverkehr ist. Eine plausible Erklärung für diesen Zusammenhang kann darin liegen, dass hohe Indikatorwerte fast ausschließlich im Ober- und in den Mittelzentren des Untersuchungsraums auftreten, in denen eine verstärkte Siedlungsentwicklung (verbunden mit hoher Flächenneuinanspruchnahme) bereits vor der als Untersuchungszeitraum definierten Periode erfolgte. Auch aus diesem Grund wurde die Siedlungsflächeninanspruchnahme auch für eine frühere Periode analysiert, die innerhalb des erweiterten Untersuchungszeitraums liegt und in Kapitel 4 beschrieben ist. Während des Untersuchungszeitraums konnten vermutlich dort nur Flächen in geringerem Umfang nachgefragt werden. Die Darstellung der Untersuchungseinheiten mit hohen Umfängen an Flächenneuinanspruchnahme in Kapitel 4 hatte gezeigt, dass die Untersuchungseinheiten mit den höchsten Umfängen südlich vom Agglomerationskern liegen, nahezu ungeachtet dessen, ob es sich dabei um Siedlungsbereiche handelt oder nicht.

Die Interpretation der Variablen XU_1, die auf negative Zusammenhänge zwischen Lärmbelastung und Flächeninanspruchnahme hinweist, d. h. hoher Umfang an Flächenneuinanspruchnahme steht mit höherer Lärmbelastung in Verbindung, scheint ebenfalls logisch erklärbar zu sein und weist dazu noch auf ein Grundproblem dieser

[311] Regressionsanalyse nach dem Einschlussverfahren mit 12 aufgenommenen Variablen und der „Inanspruchnahme von Siedlungsflächen i. e. S." als abhängige Variable.

Untersuchung hin, das sich bei der Verwendung von Indikatoren ergibt, die lediglich die Situation am Ende des Untersuchungszeitraums darstellen. Nicht dort, wo die Lärmbelastung hoch war, wurde Flächenneuinanspruchnahme vollzogen, sondern Flächenneuinanspruchnahme fand statt und hatte dort auch Lärmbelastungen zur Folge. Möglicherweise war die Belastung durch Lärm zum Zeitpunkt der Inanspruchnahme dieser Flächen noch geringer und hat mit der Bebauung der Flächen und dem induzierten Verkehr zugenommen.

Dass die anderen Teilindikatoren nur sehr geringe Bedeutung haben, bzw. bedeutungslos erscheinen, kann auch eine Ursache in der generell sehr guten Ausstattungssituation der Untersuchungseinheiten haben, wo Unterschiede mit den Indikatorausprägungen messbar sind aber in der Realität möglicherweise unbedeutend klein ausfallen.

Um festzustellen, inwieweit das Modell zur Erklärung der realen Situation geeignet ist, stehen zur Betrachtung der Güte der Schätzung verschiedene Maße zur Verfügung. Da keine Parameter für Fortrechnungen, etc. ermittelt werden, die für Wirkungsprognosen oder Zeitreihenanalysen verwendet werden, sondern es sich um eine Ursachenanalyse handelt, bei der es um die Gewinnung einer Trendaussage geht, um zu ermitteln, wie stark der Einfluss der unabhängigen Variablen auf die abhängige Variable ist, kann auf eine exaktere Prüfung des Ergebnisses verzichtet werden. Wichtig ist jedoch die Überprüfung, wie gut die abhängige Variable durch das Regressionsmodell erklärt wurde. Mit dem Bestimmtheitsmaß (r^2) lässt sich die Güte der Anpassung ausdrücken, d. h. wie gut sich die Regressionsfunktion an die ermittelten Daten anpasst. Der Wertebereich dieser normierten Größe liegt zwischen Null und Eins, wobei ein großer Wert für einen hohen Anteil der erklärenden Streuung an der Gesamtstreuung steht. Im durchgeführten Fall liegt das Bestimmtheitsmaß (r^2) bei 0,360. Das besagt, dass 36 % der Streuung auf die Erklärung durch die verwendeten Variablen zurückzuführen sind. Gleichzeitig wird aber auch ausgedrückt, dass 64 % der Einflüsse auf die abhängige Variable „Siedlungsflächenneuinanspruchnahme“ nicht erfasst sind. Die Erklärung der Flächeninanspruchnahme durch die verwendeten Teilindikatoren scheint zwar gegeben – wenn auch nur bedingt sinnvoll interpretierbar – zu sein, wird aber durch andere Einflüsse stark überlagert.

Aufgrund der unplausiblen Ergebnisse wurde entschieden, die Regression auch für die Auswahl der Untersuchungseinheiten durchzuführen, in denen regionalplanerisch Entwicklung vorgesehen war. Problematisch bei dieser Auswahl ist, dass die Zuordnung der tatsächlich betroffenen Untersuchungseinheit mit der im Regionalplan vorgesehenen Fläche funktionieren muss und eine Fehlerquelle birgt, was aber durch exakte Prüfung minimiert worden ist. Diffiziler ist, dass hier lediglich die Flächen zur Auswahl stehen, die aus regionalplanerischer Sicht zur Entwicklung vorgesehen sind und der siedlungswillige Akteur nicht „frei auswählen" konnte. Dass es in Siedlungsbereichen nicht nur den Idealtyp an Fläche gibt, zeigt der Umstand, dass auch ein großer Teil der Flächenneuinanspruchnahme außerhalb der Siedlungsbereiche stattfand. Unter den Untersuchungseinheiten mit den höchsten Umfängen an Neuinanspruchnahme befindet sich ein Teil außerhalb der Siedlungsbereiche. Die Analyse dieser Auswahl kann daher nur eingeschränkte Aussagen darüber liefern, welche Teilindikatoren innerhalb der Siedlungsbereiche Einfluss hatten.

Die Durchführung der multiplen Regressionsanalyse fand wie in oben beschriebener Form, mit der Flächenneuinanspruchnahme als abhängige Variable und den Teilindikatoren als unabhängige Variablen, statt, die in Tabelle V in Anhang I beigefügt sind. Um die Beeinflussung durch Multikollinearität auszuschließen, wurde auch hier der beschriebene Test durchgeführt. Dazu wurden zunächst die Korrelationskoeffizienten bestimmt und dann die Toleranzen ermittelt, die in Tabelle VI in Anhang I beigefügt sind. Aufgrund der Ergebnisse wurde ein Teil der Variablen ausgeschlossen, für den offenbar Multikollinearität vorliegt. Die Regressionsanalyse wurde dann unter Einbeziehung der Variablen XB, XV_1, XV_4, XV_5, XT_1, XT_2, XT_4, XTI_5, XTP_5, XF_1, XU_1, und XU_2 durchgeführt.

Die standardisierten Regressionskoeffizienten (b*) als Ergebnis der Regressionsanalyse sind in Tabelle XVIII dargestellt. Das Ergebnis zeigt, dass die Variablen XT_4, XT_2, XB und XTI_5 die höchsten standardisierten Regressionskoeffizienten auf signifikanten Niveau besitzen und damit offenbar den größten Erklärungsbeitrag in der Regressionsfunktion liefern. Das Bestimmtheitsmaß (r^2) liegt mit 0,399 bei einem vergleichbaren Wert wie bei der vorher durchgeführten Analyse.

Allerdings besitzt nur der Teilindikator XT_4 ein positives Vorzeichen. Die anderen Teilindikatoren verfügen nur über geringe standardisierte Koeffizienten und scheinen hier weniger Bedeutung zu haben.

Tabelle XVIII: Standardisierte Koeffizienten (zweite Auswahl)[312]

Variable	b*	Sig
XB1	-,480	,009
XV1	-,317	,040
XV4	,046	,709
XV5	,244	,075

Variable	b*	Sig
XT1	-,030	,831
XT2	-,331	,009
XT4	,605	,002
XT5I	-,256	,054

Variable	b*	Sig
XT5P	,116	,380
XF1	-,150	,422
XU1	,156	,352
XU2	-,130	,404

b* ... standardisierter Regressionskoeffizient
Sig ... Signifikanz

Vor der Interpretation der Koeffizienten sei noch einmal auf die räumliche Verteilung der Untersuchungseinheiten mit hohen Umfängen an Flächenneuinanspruchnahme hingewiesen. Die Darstellung des Umfangs an Flächenneuinanspruchnahme in Kapitel 4 hatte gezeigt, dass in Zentralen Orten im nördlichen Teil des Untersuchungsraums weniger Flächenneuinanspruchnahme vollzogen wurde, jedoch südlich des Agglomerationszentrums die Umfänge sehr hoch waren.

Wie schon bei der vorherigen Auswahl an Untersuchungseinheiten ist der Teilindikator XT_2 mit einem negativen Vorzeichen versehen, was mit ähnlicher Argumentation begründbar ist. Die Analyse in Kapitel 4 hatte bereits gezeigt, dass Zentrale Orte im Kern des Untersuchungsraums nicht weiter für die verstärkte Entwicklung vorgesehen sind. Hier ist sowohl in der eingeschränkten Entwicklungsmöglichkeit der Zentralen Orte im Kern des Untersuchungsraums ein Erklärungsgrund zu finden, wie auch in der weniger starken Inanspruchnahme von Flächen in den Zentralen Orten im nördlichen Teil des Untersuchungsraums.

Damit ist auch der negative Zusammenhang des Indikators XTI_5 zu erklären, dessen Ausprägungen zum Rand des Untersuchungsraumes hin bessere Werte einnehmen. Stärkere Inanspruchnahme vollzog sich weniger stark am Rand des Untersuchungsraums als vielmehr am Rand des Verdichtungskerns. So ist auch der negative Zusammenhang zum Teilindikator XB1 erklärbar, da die Erreichbarkeit von Arbeitsplätzen am Rand des Agglomerationskerns abnimmt. Aufgrund der Multikollinearität wurde eine Reihe von Teilindikatoren, für die ähnliches gilt und die auch Erreichbarkeitsindikatoren sind, ausgeschlossen.

Lediglich für den Teilindikator XT_4 wird durch einen positiven Koeffizienten auf einen positiven Zusammenhang zwischen Indikatorausprägung und Flächenneuinanspruchnahme hingewiesen. Die Interpretation dieses Zusammenhangs könnte be-

312 Regressionsanalyse nach dem Einschlussverfahren mit 12 aufgenommenen Variablen und der „Inanspruchnahme von Siedlungsflächen i. e. S." als abhängige Variable.

deuten, dass die Erreichbarkeit internationaler Flughäfen sich auf die Inanspruchnahme von Siedlungsfläche positiv auswirkt bzw., dass das Flugzeug als modernes Verkehrsmittel starken Einfluss bei der Entscheidung zur Flächeninanspruchnahme hatte. Vergegenwärtigt man sich die räumliche Lage des internationalen Flughafens Stuttgart, so stellt man fest, dass dieser südlich des Agglomerationskerns, zwischen zwei Entwicklungsachsen gelegen ist. Entlang dieser Achsen war die Entwicklung besonders stark. Die Bedeutung des Flughafens soll für die Entwicklung dieser Achsen nicht überbewertet werden, weil gleichzeitig andere Erreichbarkeitsindikatoren auf keine oder nur negative Zusammenhänge schließen lassen. Auch wenn bereits das Flugzeug zum Verkehrsmittel für regelmäßige Pendler geworden ist und hochwertige Güter damit transportiert werden, kann die Ausrichtung der Siedlungstätigkeit auf Flughäfen aus diesem Grund nur eingeschränkt als Regelhaftigkeit interpretiert werden. Wesentliche Grundlage zur Bildung des Teilindikators stellen die Reisezeiten im Individualverkehr und für den ÖPNV dar (vgl. Anhang II). Es kann daher festgestellt werden, dass ein Indikator zur Abbildung von Erreichbarkeiten für diese Auswahl an Untersuchungseinheiten zu einer Erklärung der Abhängigkeiten von Flächenneuinanspruchnahme beiträgt.
Sowohl bei der Auswahl der Untersuchungseinheiten, in denen ein hohes Maß an Flächenneuinanspruchnahme vollzogen wurde, als auch bei der Auswahl der Untersuchungseinheiten, in denen aus Sicht der Regionalplanung verstärkt Entwicklung stattfinden sollte, lieferte die Regressionsanalyse keine sinnvolle und eindeutige Lösung, die darauf schließen lässt, ob bestimmte Indikatoren einen größeren Erklärungsbeitrag bei der Flächeninanspruchnahme liefern. Auch eine Regressionsanalyse unter Einbeziehung beider Arten der Auswahl[313] an Untersuchungseinheiten lieferte keine anderen Ergebnisse, weshalb auf deren Darstellung hier verzichtet wird.

Bei der Auswahl der Methode wurde beachtet, dass erklärte und erklärende Variablen korrekt definiert sind und eine metrische Skalierung vorliegt. Die Auswahl der Stichprobe wurde groß genug gewählt. In der Literatur wird ein Umfang von wenigstens der doppelten Anzahl der Beobachtungen gegenüber der Anzahl der Variablen empfohlen. Dies wurde erfüllt.[314] Kritisch bleibt zu erwähnen, dass einige der Störgrößen keiner Normalverteilung unterliegen. Eine Regressionsanalyse nach Ausschluss eines Teils der Variablen führte jedoch zu keinem grundlegend anderen Er-

[313] Der Durchschnitt der Mengen wurde nur einmal in die Auswahl einbezogen.

gebnis. Da die übrigen Annahmen den Voraussetzungen entsprachen und in der Literatur die Regressionsanalyse als ein recht unempfindliches Verfahren gegenüber kleineren Verletzungen[315] beschrieben wird, wurde grundsätzlich am Analyseverfahren festgehalten und die schwierige Interpretierbarkeit der Ergebnisse auf die Art der Zusammenhänge zurückgeführt.

5.2 Kriterienuntersuchung anhand von Befragungsdaten

Neben der Untersuchung anhand von Indikatoren für den gesamten Untersuchungsraum wurden für ausgewählte Untersuchungseinheiten zusätzlich Befragungsdaten ausgewertet, die im Rahmen von Forschungsprojekten erhoben wurden. Dazu wurde das abgeschlossene Forschungsvorhaben Transecon herangezogen, bei dem Wirkungen von Verkehrsinfrastrukturmaßnahmen untersucht wurden. Bei der Bearbeitung vorliegender Untersuchung standen nicht nur die Ergebnisse in Form der Veröffentlichung des Endberichtes dieses Projekts zur Verfügung, sondern es konnte in der gesamtem Datenbasis recherchiert werden, die bei der Projektbearbeitung ermittelt wurde. Hier soll auf eine Expertenbefragung zurückgriffen werden, in deren Rahmen Interviews geführt wurden und deren Befragungsprotokolle in Hinblick auf das in der vorliegender Arbeit gestellte Untersuchungsziel ausgewertet wurden.

5.2.1 Hintergrund und Inhalt von Befragungen im Rahmen des Projekts Transecon

Für das im 5. Rahmenprogramm der Europäischen Kommission geförderten Forschungsprojekts Transecon[316] wurden langfristige Auswirkungen von Verkehrsinfrastrukturinvestitionen auf die Siedlungsentwicklung von Städten bzw. deren Umland untersucht. Dazu wurden eine Reihe von Fallstudien in verschiedenen europäischen Städten und deren Umland durchgeführt. Zur Auswahl dieser 13 europäischen Städte gehörte auch Stuttgart und hier im speziellen die Entwicklungsachse entlang der Autobahn A81 bzw. der S-Bahn Linie S1 zwischen Stuttgart und Herrenberg.
Ein Ziel des Projektes Transecon war herauszufinden, ob, bzw. wie groß der Einfluss verschiedener Infrastrukturinvestitionen auf die sozio-ökonomische Entwicklung der

[314] vgl. Backhaus, Klaus, u. a., 1987, S. 41
[315] vgl. Backhaus, Klaus, u. a., 2000, S. 44

jeweilig betroffenen Region ist. Im Rahmen des Projekts wurden im Fallbeispiel Stuttgart Folgen sozio-ökonomischer Art untersucht, die der Ausbau von Verkehrsinfrastruktur für den Individualverkehr und den öffentlichen Verkehr auf der Relation Stuttgart – Herrenberg mit sich brachte. Zwischen dem südlich im Untersuchungsraum gelegenen Herrenberg und dem Oberzentrum Stuttgart wurde die Autobahn A81 im Jahr 1980 fertig gestellt. Zwölf Jahre später, im Jahr 1992 nahm die S-Bahn Linie S1 ihren Betrieb zwischen Stuttgart und Herrenberg auf. Die Entwicklungsachse Herrenberg – Stuttgart ist im Regionalplan verankert und entlang dieser Achse sind zahlreiche Industrie-, Dienstleitungs- und Handelsunternehmen ansässig. Dementsprechend hoch ist das damit verbundene Potenzial an Arbeitsplätzen. Anhand der Entwicklung der Beschäftigtenzahlen konnten zusätzlich die Folgen eines Infrastrukturausbaues identifiziert werden, die aufgrund des gewöhnlich langsamen Entwicklungsprozesses der räumlichen Planung erst zeitverzögert deutlich werden. Welche Effekte im Einzelnen untersucht wurden bzw. wie Effekte sozio-ökonomischer Art definiert wurden soll hier nicht Gegenstand der Ausführungen sein. Weitere Details hierüber können im Abschlußbericht des Forschungsprojektes Transecon nachgeschlagen werden.[317]

Im Beispielfall Stuttgart wurden in der Zeit von September bis Dezember 2002 insgesamt 15 Experten im Rahmen von Interviews befragt. Die Auswahl der Experten erfolgte aufgrund ihres Tätigkeitsschwerpunktes aus den Bereichen

- Öffentliche Verwaltung
- Transportunternehmungen
- Wohnbauunternehmen / Wohnungswirtschaft
- Mittelständischen Gewerbe- bzw. Handelsunternehmen
- Lokale politische Entscheidungsträger.

Im Rahmen der geführten Interviews wurden die Experten um ihre Einschätzung bezüglich der Wirkungen des Verkehrsinfrastrukturausbaus zu einer Reihe von Punkten gebeten. Diese Punkte lagen den befragten Personen vor, so dass eine Abwägung der Punkte untereinander erfolgen konnte. Damit kann ermittelt werden, welche Wirkungen hinsichtlich Mobilität, wirtschaftlicher Entwicklung bzw. Umweltqualität nach Expertenmeinung stärker bzw. weniger stark „wichtig“ erscheinen. Die Fragen nach

[316] vgl. Transecon 2003
[317] vgl. Transecon 2003, S. 8 f.

den Auswirkungen des Infrastrukturausbaus waren auf Veränderungen grundsätzlicherer Art gerichtet und sollten von den Befragten Experten ein Urteil abverlangen, inwiefern sich eine Veränderung der Situation auf ihrem Arbeitsgebiet bemerkbar machte. Dabei sollte herausgefunden werden, wie die einzelnen Einschätzungen der Experten beispielsweise hinsichtlich der Verbesserung der Mobilität, auf lokale Gebietsaufwertungen oder auf die Umweltqualität in den betroffenen Gebieten gerichtet sind. Die Bewertung dieser Wirkungen erfolgte auf einer Skala von 1 bis 10. Darüber hinaus wurden Fragen gestellt, die ausführlicher zu bestimmten Wirkungen Detailinformationen liefern sollten. Einige diese detaillierten Fragen richteten sich insbesondere auf sozioökonomische Veränderungen, die der Infrastrukturausbau nach sich zog. Bei der Einschätzung dieser spezielleren Fragen zu den Effekten konnten die Experten in ihrer Einschätzung zwischen 4 Möglichkeiten von „sehr stark“ bis „unbedeutend“ wählen.

Die Ergebnisse dieser Befragungen (Befragungsprotokolle) wurden von den Autoren des Projektes Transecon für vorliegende Arbeit freundlicherweise zur Verfügung gestellt und bilden eine nützliche und wertvolle Ergänzung zur Indikatorenuntersuchung. Einerseits kann festgestellt werden wie der Einfluss von Infrastrukturmaßnahmen bei politischen Entscheidungsträgern, mittelständischen Unternehmern / Investoren bzw. bei der Wohnungswirtschaft angesehen wird und welche Effekte daraus andererseits erwartet werden. Denn daran orientieren sich (politische) Langfristentscheidungen, auf die die Planungen zur Ordnung und Entwicklung des Raumes (der Region) ausgerichtet werden.

5.2.2 Auswertung der Befragungsergebnisse im Hinblick auf Standortentscheidungen

Zunächst werden die Befragungen auf die Gewichtung der Wirkungen ausgewertet. Im Rahmen der Befragungen wurden Einschätzungen der Experten auf bestimmte vorgegebene Wirkungen abverlangt. So kann festgestellt werden, inwieweit – nach Meinung des befragten Experten – die Realisierung der Verkehrsinfrastrukturprojekte Auswirkungen auf folgende Punkte hatte:

(1) Verbesserung der Mobilität
(2) Verbesserung des Angebots für den privaten Verkehr
(3) Verbesserung des Angebots des öffentlichen Verkehrs
(4) Reisezeitreduktion
(5) Beschäftigungseffekte durch den Bau und den Betrieb des Projekts
(6) Lokale Gebietsaufwertungen
(7) Wirtschaftliche Entwicklung in der Region
(8) Beitrag zur Verwirklichung der lokalen/regionalen Verkehrspolitik
(9) Wirtschaftliche Effizienz
(10) Verbesserung der Verkehrssicherheit
(11) Verbesserung der Umweltqualität

Bei der Beurteilung wurden den befragten Personen alle Punkte vorgelegt, so dass eine Abwägung auch untereinander möglich werden konnte. Danach musste eine Einschätzung vorgenommen werden, wobei jeder Punkt mit einem dem Schulnotensystem vergleichbaren Bewertungsschema bewertet wurde, allerdings reichte die Bewertungsspanne von 1 (sehr wichtige Wirkung der Maßnahmen) bis 10. Es war möglich, die gleiche „Note" mehrfach zu vergeben, wenn beispielsweise die Wichtigkeit mehrerer Punkte vergleichbar eingeschätzt wurde.

Abbildung 65: Einschätzungen über die Wichtigkeit der Wirkungen der Verkehrsinfrastrukturmaßnahme durch die Befragten insgesamt

Wirkungen	Wichtigkeit
Verbesserung der Mobilität	höher
Verbesserung der Umweltqualität	
Verbesserung des Angebots des öffentlichen Verkehrs	
Reisezeitreduktion	
Verbesserung des Angebots für den privaten Verkehr	
Verbesserung der Verkehrssicherheit	
Wirtschaftliche Entwicklung in der Region	
Beitrag zur Verwirklichung der lokalen/regionalen Verkehrspolitik	
Lokale Gebietsaufwertungen	
Wirtschaftliche Effizienz	
Beschäftigungseffekte durch den Bau und den Betrieb des Projekts	niedriger

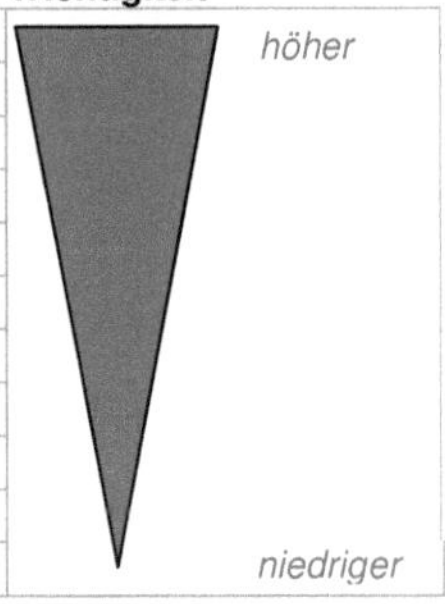

Das Ergebnis dieser Einschätzung ist eindeutig eine Aussage in Richtung Verbesserung der Mobilität im betroffenen Gebiet durch die realisierten Projekte. Die Auswertung der Einzelbefragungen zeigte, dass Punkt (1) (vgl. oben dargestellte Aufstellung) eindeutig am meisten genannt wurde, d.h. hier die wichtigste Wirkung gesehen wird. Hier liegen die Experteneinschätzungen auch weniger weit auseinander, was eine vergleichsweise niedrige statistische Standardabweichung bei der Zusammenfassung der Einzelergebnisse voneinander zeigt. Insgesamt wird der Eindruck vermittelt, dass die Wirkungen, die auf die Verbesserung der Erreichbarkeitsverhältnisse abzielen, mehr Bedeutung zugemessen wird.

Wesentlich geringer wurden die Wirkungen eingestuft, die auf Folgen der Maßnahme hinsichtlich der lokalen Gebietsaufwertungen und der wirtschaftlichen Effizienz hinzielen. Erstaunlich am Befragungsergebnis ist, dass nach Einschätzung der befragten Experten die Verbesserung der Mobilität klar herausgestellt wird, die Wichtigkeit der Projektwirkungen hinsichtlich der lokalen Gebietsaufwertungen deutlich geringer eingeschätzt wird, obwohl die im Projekt untersuchte Linie entlang einer im Regionalplan festgelegten Entwicklungsachse verläuft und zahlreiche Wohnbaugebiete entstanden sind. Eine Auswertung der Einzelbefragungen muss zeigen, wie stark Zusammenhänge zwischen der Verbesserung der Mobilitätsverhältnisse in einem bestimmten Gebiet und den daraus resultierenden lokalen Gebietsaufwertungen eingeschätzt werden.
Hinsichtlich von Wohnstandortentscheidungen würde die Einschätzung eines starken Zusammenhangs zwischen Verkehrsinfrastrukturausbau und lokalen Gebietsaufwertungen einer Entwicklung einer nach Hypothese 1 entsprechen (Wohnstandortentscheidungen fallen primär im Hinblick auf Erreichbarkeitskriterien). Es bedarf jedoch einer detaillierten Untersuchung der Expertenbefragungen, um eine gesicherte Einschätzung ableiten zu können. Im Rahmen der Interviews wurden weiterführende Fragen gestellt. Von Bedeutung zur Ermittlung der Einflüsse auf Wohnstandortentscheidungen ist hier eine Reihe von Fragen, die auf die Entwicklungssituation vor Projektrealisierung bzw. auf sozio-ökonomische Veränderungen abzielen, die durch die Projektrealisierung zurückzuführen sind. Innerhalb von 6 gestellten Hauptfragen, auf die die Experten im Rahmen des Interviews eingehen mussten, wurden durch weitere Einzelfragen insgesamt 34 Einschätzungen abgeleitet. Daraus wurde eine Einteilung der Expertenmeinungen zu den gestellten Fragen in 4 Kategorien von

„sehr stark“, „deutlich“, „eher schwach“ bis „unbedeutend“ eingestuft, um eine Vergleichbarkeit herstellen zu können.[318]

Für die Einschätzung der Expertenbefragungen, um zu einer - gemäß der in den Arbeitshypothesen formulierten Annahmen zu Wohnstandortentscheidungen - Aussage zu gelangen, sind zwei der gestellten Hauptfragen von besonderen Interesse, deren Antworten hier herangezogen werden sollen. Unter der Fragestellung:

> *„Führt die neue Linie in ein Gebiet, welches an sich schon über ein hohes Entwicklungspotenzial verfügt?“*[319]

wurden Einzelfragen zum Entwicklungsstand des Untersuchungsgebietes vor Realisierung der Infrastrukturmaßnahme gestellt. Innerhalb dieses Fragekomplexes wurde durch Einzelbefragungen beispielsweise hinterfragt, ob das durch die Infrastrukturmaßnahme betroffene Gebiet eine höhere Attraktivität als vorher besitzt und wie sich die Attraktivität von Vergleichsgebieten unterscheidet. Der Begriff der Attraktivität richtete sich dabei auf die Inhalte: landschaftliche Attraktivität, die Umweltqualität, Angebote an Erholungseinrichtungen, der Baulandpreise, der Baulandreserven, das Dienstleistungsangebot, das Image des Gebietes etc.. Bei der Klassifizierung der Aussagen nach den Befragungen wurde stark herausgestellt, dass die Standortattraktivität des Gebietes als Wohnstandort bereits vor dem Verkehrsinfrastrukturausbau sehr hoch war. Die Einschätzungen lagen überwiegend bei einer „deutlichen“ bis „sehr starken“ Standortattraktivität für das Wohnen bereits vor Projektrealisierung. Zu gleichen Einschätzungen gelangte man auf die Fragen der Standortattraktivität des Gebietes für Einwohner mit gutem Einkommen und für Familien mit kleinen Kindern. Auch hier waren die Einschätzungen bei „deutlicher“ bis „sehr starker“ Standortattraktivität bereits vor Projektrealisierung. Keiner der befragten Experten schätze den Untersuchungsraum so ein, dass die Standortattraktivität für Wohnzwecke vor Projektrealisierung schlecht gewesen sei.

[318] vgl.: Transecon, Protokolle der Expertenbefragungen

[319] Aus den in 6 gestellten Hauptfragen wurden insgesamt 34 Einzeleinschätzungen abgeleitet Die Fragen zur sozio-ökonomischen Entwicklung wurden innerhalb der Hauptfrage 2 gestellt. (Quelle: Transecon, Protokolle der Expertenbefragungen)

Deutliche Einigkeit bei den Expertenmeinungen bestand darin, dass das untersuchte Gebiet bereits gut mit Dienstleistungsangeboten und Schulen, etc. ausgestattet war und die Abhängigkeit von der Kernstadt gering war.
Die Einschätzungen zur Abhängigkeit des Gebietes von den Arbeitsplätzen in der Kernstadt spaltete die Experten klar in zwei Lager: Es gab eine Gruppe, die eine deutliche Abhängigkeit des Gebietes von den Arbeitsplätzen in der Kernstadt sahen und eine andere Gruppe, die diesen Zusammenhang „eher schwach" einschätzten. Ist die Abhängigkeit des Gebiets von den Arbeitsplätzen der Kernstadt gering, dann wird diese von einer verbesserten ÖPNV Anbindung beeinflusst werden, die sich später mit einer Projektrealisierung einstellen kann. Sollte im anderen Fall tatsächlich eine hohe Abhängigkeit auch ohne der realisierten ÖPNV-Verbindung bestehen, kann daraus geschlossen werden, dass Erreichbarkeitskriterien – zumindest was den ÖPNV betrifft – die Attraktivität nicht primär bestimmen, da bereits Pendlerverflechtungen auch ohne den ÖPNV Ausbau im starken Maße existierten.
Diese Einschätzungen zeigen deutlich, dass das untersuchte Gebiet bereits vor der ÖPNV Infrastrukturmaßnahme eine hohe Standortattraktivität besaß.

Aufschluss über die Einschätzungen der Wirkungen, die auf die Projektrealisierung zurückzuführen sind, geben die Antworten, die bei den Interviews unter der Hauptfragestellung:

> *„Welche Bodennutzungs- und sozioökonomischen Veränderungen hat das Bezugsgebiet in den letzten Jahren durchgemacht und inwiefern sind diese auf das Projekt, die bereits vorhandenen Potenziale und entwicklungsorientierte Akteure zurückzuführen?"*

gestellt wurden.
Die Mehrzahl der Experten sahen eine deutliche bis sehr starke „Ankurbelung" von Entwicklungen[320] bereits vor Projektrealisierung in Erwartung möglicher Wirkungen durch das Projekt. So waren Bodenpreissteigerungen vor der Projektrealisierung deutlich bis sehr stark zu beobachten. Nach der Projektrealisierung waren die Experten in ihren Meinungen über Bodepreissteigerungen aufgrund der Projektrealisierung

in zwei Lager geteilt. Hier schwanken die Meinungen zwischen „deutliche Preissteigerungen“ und „eher schwache Preissteigerungen“. Auch auf die Einschätzung, inwieweit das Verkehrsinfrastrukturprojekt zum Eindämmen der Zersiedlung beitragen kann, konnte keine einheitliche Position bei den Meinungen erkannt werden. Die Mehrzahl der Befragten sieht durch das Projekt keine Möglichkeit, Einfluss auf die weitere Zersiedlung auszuüben. Der andere Teil der Experten ist der Meinung, durch das Projekt deutlich einen Einfluss gegen die weitere Zersiedlung ausüben zu können. Mehr Einigkeit bestand in der Einschätzung über den Einfluss des Projektes auf Gebietsaufwertungen. Hier wurde mehrheitlich eingeschätzt, dass es zu Gebietsaufwertungen aufgrund der Realisierung des Verkehrsinfrastrukturprojekts kam. Ein Zusammenhang zwischen Verkehrsinfrastrukturausbau und lokalen Gebietsaufwertungen wird demnach nach Expertenmeinung mehrheitlich erkannt. Eine deutliche Übereinstimmung der abgegebenen Einschätzungen bestand in dem Punkt, dass sich die Entwicklung[321] in dem durch den Infrastrukturausbau betroffenem Gebiet deutlich von einem Kontrollgebiet unterscheidet, in dem kein vergleichbarer Infrastrukturausbau erfolgte.

Bei der Interpretation der Aussagen, dass es zu Bodenpreissteigerungen bereits vor Projektrealisierung kam und nach dessen Realisierung – folgt man einem Teil der Einschätzungen – die Einflüsse auf die Bodenpreissteigerungen eher schwach waren, muss berücksichtigt werden, dass bereits 10 Jahre vor Realisierung der ÖPNV Infrastrukturmaßnahme auf dieser Entwicklungsachse mit der Bundesautobahn A81 eine leistungsfähige Straßenverbindung fertig gestellt wurde. Der Einfluss von Verkehrsinfrastrukturmaßnahmen ist damit größer als die Einschätzungen verdeutlichen, da primär die Realisierung der S-Bahn Verbindung bei den Befragungen im Vordergrund stand. Die Auswertung der Protokolle der Interviews zeigte, dass bei Einzelantworten von Experten – die aufgrund ihrer Tätigkeit mit der Entwicklungssituation im betroffenen Gebiet eng vertraut sind und die Historie der Bodennutzungsveränderungen lückenlos verfolgt haben – eine deutliche Veränderung bei der Baulandnachfrage mit dem Bau der Autobahn A81 in den 1980er Jahren in Verbindung brachten. Die erhöhte Nachfrage an Bauland wurde sogar als „Trend“ bezeichnet, der sich mit dem Bau der S-Bahn Linie 1 (Abschnitt zwischen Stuttgart und Herren-

[320] Mit „Ankurbelung von Entwicklungen“ waren Ansiedlungen von Arbeitsplätzen, Investitionen von Industrieunternehmen, Steigerungen bei den Wohnungsbauaktivitäten, etc. gemeint.
[321] Im oben genannten Sinne.

berg) zehn Jahre später fortsetzte. Eine Expertenmeinung zur Bodennutzungsveränderung im Zusammenhang mit dem Verkehrsinfrastrukturausbau sei an dieser Stelle zitiert:

> ...(*Verkehrsinfrastrukturausbau) „und die Ausweisung neuer Wohngebiete ging Hand-in-Hand“.*[322]

Ebenso wurde festgestellt, dass in der Nähe der S-Bahn Haltepunkte Wohngebiete entstanden und sich soziale Einrichtungen (auch privater Trägerschaften) ansiedelten und so „Bündelungseffekte“ zu beobachten waren, die der „Zersiedlung“ entgegenwirken können.
Anhand der Auswertungen der Befragungsdaten wurde festgestellt, dass für das gleiche festgestellte Phänomen durch die Experten verschiedene Interpretationen vorlagen. So wird die (gewollte und im Regionalplan verankerte) verstärkte Siedlungstätigkeit entlang der Entwicklungsachsen durch Befragte aus der Kernstadt (Stuttgart) bereits als „Zersiedlung“ verstanden. Hier überlagern sich Effekte des Bevölkerungsrückgangs der Kernstadt mit Wanderungsverlusten ins Umland und dem Begriff „Zersiedlung“ schon diese Wanderungsbewegungen zugeordnet werden. Die klassifizierten Befragungsergebnisse spalten die Experten wie oben bereits dargestellt bei ihrem Standpunkt in dieser Frage deutlich in zwei Lager. Eine Gruppe sah in einem Ausbau der Verkehrsinfrastruktur auf der Entwicklungsachse einen „deutlichen Einfluss“ auf das Eindämmen der Zersiedlung, die andere Gruppe sah den Einfluss des Ausbaus „eher schwach“ auf die Eindämmung der Zersiedlung. Das genauere Studium der Befragungsprotokolle zeigt aber ein eindeutiges Bild: Die Befragten sahen alle eine verstärkte Siedlungstätigkeit entlang der Realisierungsachsen der S-Bahn. Lediglich die Interpretation von „Eindämmung der Zersiedlung“ war verschieden. Die Befragten, die in der Kernstadt (Stuttgart) befragt wurden, sahen in den Wanderungsverlusten des Agglomerationsraums zu Gunsten des Umlandes eine „Zersiedlung“, während die Befragten im Raum entlang der untersuchten Achse keine Zersiedlungstendenzen sahen, da in diesen Gemeinden Wanderungszuwächse zu verzeichnen waren und im Rahmen der gemeindlichen Bauleitplanungen koordiniert und gesteuert werden konnten.

---

[322] Quelle: Transecon, Protokolle der Expertenbefragungen; Befragung eines Vertreters einer lokalen Administrativen im betroffenen Gebiet.

Dort, wo Wanderungsverluste bemerkbar und Zersiedlung wahrgenommen wurde, wird der Einfluss der verbesserten Verkehrsanbindung der Entwicklungsachse Stuttgart – Herrenberg nicht als Beitrag zu deren Eindämmung verstanden. Bei den Befragten, die Wanderungsgewinne in ihrer Gemeinde verzeichnen konnten, wurde der Zuwachs an Siedlungsfläche (und Einwohnern) als positiver Beitrag und Bündelung der Siedlungsaktivitäten gewertet. Die Einschätzungen sind daher stark subjektiv geprägt haben aber in ihrer Aussage den gleichen Kern, dass Siedlungsaktivitäten verstärkt entlang der Verkehrsachsen stattfand und es zu Gebietsaufwertungen durch den Infrastrukturausbau kam.

5.2.3 Interpretation der Befragungsergebnisse hinsichtlich der Bedeutung von Erreichbarkeitskriterien und Umweltqualität auf Standortentscheidungen

Im Projekt Transecon wurden die Wirkungen von Verkehrsinfrastrukturinvestitionen hinsichtlich regionaler ökonomischer Effekte untersucht. Als Ergebnis werden anhand der Fallstudien verschiedener europäischer Städte Beschäftigungseffekte von rd. 30 Personen pro Jahr pro 1 Million Euro Investition ermittelt. Beschäftigungswachstum bringt oft Bevölkerungszuwächse im Umfeld mit sich. Gemeinden entlang der untersuchten Entwicklungsachse Stuttgart – Herrenberg können Bevölkerungszuwächse verzeichnen, die nicht nur auf die positive Entwicklung der Beschäftigtenzahlen zurückzuführen ist.

Die Auswertung der Befragungen zeigt, dass durch die befragten Experten starke Zusammenhänge zwischen der Verbesserung der Mobilitätsverhältnisse und den daraus resultierenden lokalen Gebietsaufwertungen unterstellt werden. Hier wurde mehrheitlich eingeschätzt, dass es zu Gebietsaufwertungen aufgrund der Realisierung des untersuchten Verkehrsinfrastrukturprojekts kam. Ein Zusammenhang zwischen Verkehrsinfrastrukturausbau und lokalen Gebietsaufwertungen wird demnach nach Expertenmeinung mehrheitlich erkannt. Da entlang der untersuchten Entwicklungsachse zunächst in den 1980er Jahren der Bau der Bundesautobahn A81 abgeschlossen wurde und rd. 10 Jahre später die Erreichbarkeit der Gemeinden durch den Bau der S-Bahn Verbindung zwischen Stuttgart und Herrenberg weiter verbessert wurde, kann der Verkehrsinfrastrukturausbau als Förderer für die Siedlungsflächeninanspruchnahme gesehen werden. Sollten Erreichbarkeitspotenziale des jeweiligen Standorts primär dazu beitragen, dass Siedlungsflächen zu Wohnzwecken nachgefragt werden, dann entspricht dies einer Entwicklung nach *Hypothese 1*: Siedlungsflächeninanspruchnahme folgt primär den Erreichbarkeitspotenzialen des potenziellen Standorts.

Relativiert werden muss diese Aussage durch die Auswertung weiterer Fragen zur Qualität des Umlands. Die Gegend südwestlich von Stuttgart gilt als landschaftlich reizvoll und bietet ein attraktives Wohnumfeld mit hoher landschaftlicher Qualität. Östlich der Entwicklungsachse Stuttgart – Herrenberg befindet sich der Schönbuch, ein fast vollständig bewaldetes Gebiet, welches als Naherholungsgebiet der Region Stuttgart gilt und nur von wenigen Straßen durchzogen wird. Das Kerngebiet des Schönbuchs wurde bereits 1972 zum ersten Naturpark in Baden-Württemberg erklärt. Unweit westlich der Entwicklungsachse beginnt der Naturpark Schwarzwald Mitte/Nord, der aufgrund seiner landschaftlichen Vielfalt sowohl als Naherholungs- als auch als Urlaubsregion sehr beliebt ist. Die Ausläufer beider Naturräume reichen bis an die Entwicklungsachse Stuttgart – Herrenberg heran und bestimmen damit deren landschaftliches Umfeld. Mit nur geringem Aufwand kann man von den Siedlungsgebieten zu einem der Naturparks gelangen. Damit gilt diese Gegend als landschaftlich attraktive Wohngegend. Auch die Befragungsergebnisse spiegeln dieses Bild wider. Den Aussagen der Befragten nach war die Standortattraktivität des Gebietes als Wohnstandort bereits vor dem Verkehrsinfrastrukturausbau sehr hoch und als Wohnstandort beliebt. Die Einschätzungen lagen überwiegend bei einer „deutlichen“ bis „sehr starken“ Standortattraktivität für das Wohnen bereits vor Projektrealisierung. Betrachtet man diese Aussage herausgelöst von den anderen Befragungsergebnissen würde dieses Ergebnis eine Entwicklung nach *Hypothese 2* unterstützen, dass bei der Entscheidung, Flächen für Siedlungszwecke in Anspruch zu nehmen, primär Umweltqualitäten des entsprechenden Standorts berücksichtigt werden.

Im untersuchten Gebiet entlang der Entwicklungsachse Stuttgart – Herrenberg waren demnach Siedlungsaktivitäten aufgrund der landschaftlichen Attraktivität bereits vor Ausbau der Verkehrsinfrastrukturmaßnahmen zu verzeichnen. Nach dem Bau der Autobahn und der S-Bahn Verbindung wurde diese Tendenz noch verstärkt. Für den untersuchten Siedlungsraum entlang der Entwicklungsachse Stuttgart – Herrenberg bedeutet dies, dass aufgrund der Umweltqualitäten verstärkt Siedlungsaktivitäten stattfanden. Dazu kam, dass die Erreichbarkeiten durch den Ausbau der Verkehrsinfrastruktur verbessert wurden und die entsprechenden Gemeinden noch an Attraktivität gewannen. Als Schlussfolgerung der Auswertung der Expertenbefragung kann abgeleitet werden: <u>Bei der Entscheidung, eine bestimmte Fläche als Siedlungsfläche in Anspruch zu nehmen, spielen sowohl Umweltkriterien als auch Erreichbarkeitspotentiale entscheidende Rollen.</u>

5.3 Fazit und Interpretation der Ergebnisse bezüglich der aufgestellten Hypothesen

Zur Überprüfung der zu Beginn der Arbeit aufgestellten Hypothesen hinsichtlich der Bedeutung von Umwelt und Erreichbarkeiten bei der Flächeninanspruchnahme, wurden Indikatoren eingeführt, mit deren Hilfe Aussagen über die Situation hinsichtlich dieser Kriterien für jede einzelne Untersuchungseinheit möglich waren. Da im Mittelpunkt die Flächenneuinanspruchnahme stand, war es nicht sinnvoll, die Überprüfung der Indikatorausprägungen anhand aller Untersuchungseinheiten durchzuführen. Aus diesem Grund wurde eine Auswahl an Untersuchungseinheiten herangezogen, in denen die größten Umfänge an Neuinanspruchnahme von Siedlungsflächen i. e. S. vollzogen wurden. Mittels einer graphischen Unterstützung wurden die Ausprägungen der verwendeten Indikatoren überprüft und es konnte festgestellt werden, dass die Indikatoren zum Teil sehr breite Streuungen einnehmen, so dass der stärkere Einfluss bestimmter Indikatoren nicht sichtbar wurde und auch keine Abhängigkeiten zur Flächeninanspruchnahme zu erkennen waren. Um Aussagen über die Indikatorausprägungen anstellen zu können, musste eine Vergleichsgröße verwendet werden. Dazu wurden die Untersuchungseinheiten herangezogen, die aus Sicht der Regionalplanung bevorzugt zur Entwicklung vorgesehen sind. Beim Vergleich der Ausprägungen der einzelnen Teilindikatoren für die beiden Arten der Auswahl wurde aufgrund der breiten Streuung keine Ausprägung bestimmter Teilindikatoren deutlich, die auf deren stärkere Bedeutung schließen lässt. Erst nach der Zusammenführung der Teilindikatoren mittels einer Aggregation, was dem Abwägungsprozess zur Entscheidung über die Inanspruchnahme einer bestimmten Fläche nahe kommt, konnte eine Präferenz bezüglich Umwelt- und Erreichbarkeitskriterien bei den Untersuchungseinheiten mit hohen Umfängen an Neuinanspruchnahme festgestellt werden.

Die aggregierten Indikatoren, für die nach den Kriterien Erreichbarkeit und Umwelt differenziert wurde, verlieren ihre starke Streuung, und bilden in einem zweidimensionalen Diagramm eine „Punktwolke". Diese „Punktwolke" repräsentiert für die Untersuchungseinheiten mit hoher Flächenneuinanspruchnahme ähnliche Situationen bezüglicher der Ausprägung der aggregierten Indikatoren, was Aussagen über die Tendenz der Ausprägungen zulässt. Insbesondere deshalb, weil die Ausprägungen gegenüber den Untersuchungseinheiten, in denen Entwicklung beabsichtigt war, bessere Werte einnehmen.

Eine statistische Analysemethode zur Überprüfung der Einflüsse der verschiedenen Ausprägungen auf die Flächeninanspruchnahme konnte keine stärkere Bedeutung eines bestimmten Teilindikators für die ausgewählten Untersuchungseinheiten nachweisen. Erst nachdem die Auswahl der Untersuchungseinheiten verändert wurde, konnte eine stärkere Bedeutung eines Erreichbarkeitsteilindikators festgestellt werden. Dazu wurden die aus regionalplanerischer Sicht zur weiteren Entwicklung vorgesehenen Untersuchungseinheiten herangezogen, womit auch Untersuchungseinheiten einbezogen sind, in denen trotz planerischer Absicht nur in begrenztem Maße Flächeninanspruchnahme stattfand aber dabei auch ein Teil der „attraktiven" Untersuchungseinheiten, in denen viel Fläche neu beansprucht wurde, unbeachtet bleibt, weil sie nicht der Auswahl angehören. So wird auch deutlich, wie stark der Einfluss der Stichprobenauswahl auf das Ergebnis der Analyse ist.
Die statistische Analyse ergab zudem, dass ein großer Teil der Einflüsse auf die Siedlungsflächenneuinanspruchnahme nicht durch die verwendeten Variablen erklärt werden kann. Annähernd zwei Drittel der Erklärung (64 %) sind nicht durch die Einbeziehung der verwendeten Variablen erfasst.

Als Fazit der Analyse der hier verwendeten Indikatoren, die Umweltqualitäten und Erreichbarkeitsverhältnisse im Hinblick auf die Inanspruchnahme von Siedlungsflächen i. e. S. für eine Auswahl an Untersuchungseinheiten abbilden, in denen die größten Umfänge an Neuinanspruchnahme vollzogen wurden, kann festgestellt werden:

- Umwelt- und Erreichbarkeitskriterien werden miteinander abgewogen.
- Weder für Umweltqualitäten noch für Erreichbarkeitsverhältnisse lässt sich eine eindeutige Präferenz feststellen.

- Die Neuinanspruchnahme von Flächen ist nur zu einem bestimmten Teil auf den Einfluss von Umweltqualitäten oder Erreichbarkeitsverhältnissen zurückzuführen, der überwiegende Teil ist auf nicht erfasste Einflüsse zurückzuführen. Der Einfluss von Umwelt und Erreichbarkeit ist erkennbar, wird aber durch andere Einflüsse überlagert.

Die zu Beginn der Arbeit aufgestellten Hypothesen, die Erreichbarkeitspotentialen und Umweltqualitäten verschiedene Wichtigkeiten unterstellten, können nach diesen Feststellungen überprüft werden. Da bereits bei der Formulierung der Hypothesen untereinander eine Gegensätzlichkeit verankert wurde, muss die Überprüfung zum Verwerfen wenigstens einer der Hypothesen führen. Nach Auswertung der Indikatorausprägungen und Interpretation der Ergebnisse kann für die Gültigkeit der Hypothesen festgestellt werden:

- Die in den Hypothesen 1 und 2 formulierten Zusammenhänge der stärkeren Berücksichtigung von entweder a) Erreichbarkeitspotentialen (Hypothese 1) oder b) Umweltqualitäten (Hypothese 2) können nicht nachgewiesen werden. Die Hypothesen 1 und 2 müssen daher verworfen werden.

Die Ähnlichkeit der aggregierten Indikatorausprägungen für die ausgewählten Untersuchungseinheiten und die Gegenüberstellung zu einer Vergleichsauswahl bestätigen Hypothese 3 insoweit, als dass von einer Abwägung zwischen Umweltkriterien und Erreichbarkeitspotentialen ausgegangen werden kann und letztendlich mehr Inanspruchnahme dort stattfand, wo die Indikatorwerte eine bessere Situation anzeigen. Für Hypothese 3 bedeutet das:

- Bei der Inanspruchnahme von Flächen werden Umweltkriterien und Erreichbarkeitspotentiale berücksichtigt, was zur Bestätigung der in Hypothese 3 formulierten Zusammenhänge führt.

> *Hypothese 3: Bei der Entscheidung, Freiflächen zu Siedlungszwecken in Anspruch zu nehmen, werden die Umweltkriterien und die Erreichbarkeitspotentiale des jeweiligen Standorts in Betracht gezogen.*

Diese Hypothese wird auch durch die Ergebnisse der Auswertung einer Expertenbefragung unterstützt, die im Rahmen des Forschungsprojekts Transecon[323] durchgeführt wurde und im Rahmen dieser Untersuchung hinsichtlich der gestellten Fragestellung erneut ausgewertet wurde. Nach Meinung der mit der räumlichen Entwicklung gut vertrauten Experten war entlang der Entwicklungsachse Stuttgart - Herrenberg aufgrund der guten Umweltqualitäten eine verstärkte Siedlungsaktivität zu beobachten. Dieser Trend wurde seit Realisierung der Bundesaustobahn A81, fortgesetzt und durch die Eröffnung der S-Bahn Linie Stuttgart – Herrenberg weiter verstärkt, deren Trassenverläufe dem Verlauf der Entwicklungsachse entsprechen.

Im Zusammenhang mit der Akzeptanz dieser Hypothese darf der schwache statistische Zusammenhang nicht unbeachtet bleiben. Ein Zusammenhang besteht, wird aber durch andere Einflüsse überlagert, die zusammengenommen einen größeren Teil zur Erklärung der Flächeninanspruchnahme beitragen. Da die untersuchten Kriterien aber auch nicht völlig bedeutungslos sind, bedeutet das für Hypothese 4:

- Hypothese 4 kann nicht verworfen werden, sondern wird konkretisiert zu:

> *Hypothese 4 (konkretisiert): Bei der Inanspruchnahme von Flächen sind sowohl die Umweltqualitäten als auch die Erreichbarkeitspotentiale von Bedeutung, werden aber durch eine Reihe anderer Einflusskriterien ergänzt und überlagert.*

Damit wird festgestellt, dass die Flächeninanspruchnahme (und zwar für die untersuchte Art an Siedlungsflächen i. e. S.) I^{SeS} einer Zelle j als Funktion von Erreichbarkeitskriterien E, Umweltqualitäten U und einer Einflussgröße C ausgedrückt werden kann. Aufgrund der Variation und des unterschiedlich starken Einflusses dieser Faktoren müssen sie mit spezifischen Skalierungsparametern α, β und γ versehen werden:

$$I^{SeS}{}_j = \alpha_j C_j \times f(\beta_j E_j, \gamma_j U_j) \qquad (5.3)$$

Es muss offen bleiben, ob sich die Einflussgröße C durch wenige aber starke Einzelkriterien oder durch eine Vielzahl von sich überlagernden und stark individuellen Kriterien zusammensetzt. Welche Kriterien das sein können, wurde auch in Kapitel 2

323 vgl. Transecon 2003

ermittelt.[324] Planerisch relevant bleiben immer die Kriterien, die beeinflussbar und zur Steuerung der Siedlungsstrukturentwicklung beitragen können. Auch wenn diese nur den Anschein einer untergeordneten Wichtigkeit innehaben.

[324] vgl. Kapitel 2, Tabelle X

6 Schlussfolgerungen

6.1 Zusammenfassung der Zielsetzung, Methodik und Ergebnisse

Die Situation der Siedlungsentwicklung ist in Deutschland nach wie vor von einer starken Neuinanspruchnahme von Siedlungsflächen geprägt. Es leben immer weniger Einwohner in immer mehr Haushalten, woraus ein zunehmender Bedarf an Wohnungen resultiert, die weitere Siedlungs- und Verkehrsflächen beanspruchen werden. Der Grundsatz eines sparsamen Umgangs mit Grund und Boden ist spätestens seit der UN-Konferenz für Umwelt- und Entwicklung von Rio de Janeiro 1992 international manifestiert. Zu dessen Umsetzung wurde das Grundgesetz durch einen entsprechenden Artikel erweitert[325] und das Prinzip der Nachhaltigkeit wurde in einer Vielzahl von Fachgesetzen verankert. Zum Zeitpunkt der Wohnungsknappheit in den Städten wurde die Siedlungsexpansion in Umlandgemeinden der Kernstädte vorangetrieben, was beispielsweise durch die Eigenheimzulage und die Kilometerpauschale noch unterstützt wurde. Profitiert davon haben sowohl die vormaligen Grundstücksbesitzer als auch die politischen Mandatsträger der Wachstumsgemeinden. Die Umwidmung von vormals landwirtschaftlicher Nutzflächen zu Bauland erwies sich vielerorts als der „lukrativste Fruchtwechsel" für die Grundstückseigentümer, und die Gemeinden profitierten in Form von Einwohnerzuwächsen und den damit verbundenen Schlüsselzuweisungen, was oft zu der Bestrebung führte, Flächen in größeren Umfang als Bauland auszuweisen.

Voll erschlossene Baugebiete, die ein Vielfaches der tatsächlichen Nachfrage aufnehmen könnten, entwickeln eine ambivalente Funktion und werden vielerorts zu Belastungen der kommunalen Haushalte. Neben den ökologischen Problemen rücken zunehmend soziale und ökonomische Gründe der Kommunen in den Focus der Bestrebungen, die Siedlungsexpansion einzudämmen. Dazu soll weder die Möglichkeit der Realisierung des eigenen Wohneigentums in Form des Neubaus untersagt werden, noch sollen die Auswahlmöglichkeiten der siedlungswilligen Akteure völlig gemaßregelt werden, aber es muss eine Flächenausweisungspolitik angestrebt werden, die sich effizient an den Bedürfnissen orientiert. Ansatzpunkte dafür existieren auf verschiedenen Ebenen der räumlichen Planung. Mit einer hinreichend genauen Kenntnis der Anforderungen an eine potentielle Siedlungsfläche kann auch die Ver-

[325] Die Erweiterung der Grundgesetzes erfolgte um Artikel 20 a.

weigerung einer Flächenumwidmung an regionalplanerisch nicht erwünschter Stelle begründet werden. Dazu sind Kenntnisse über Regelhaftigkeiten bei der Siedlungsflächeninanspruchnahme notwendig, um Entscheidungen durchführbar, transparent, nachvollziehbar und akzeptabel zu gestalten.
Zielsetzung der Arbeit war, den unterschiedlichen Einfluss ausgewählter Kriterien bei der Flächeninanspruchnahme zu untersuchen. Ein exakteres Wissen über den Prozess der letztendlich zur Siedlungsflächeninanspruchnahme führt, kann eine Hilfe bei künftigen Entscheidungen zu Flächenausweisungen oder bei deren Genehmigung darstellen. Systematischere Ausweisungen können dazu beitragen den Umfang an Umwidmung zu Siedlungsflächen zu reduzieren.
Erkenntnisse über Verhaltensweisen können auch in räumlichen Modellen Bedeutung besitzen, in denen den Akteuren oft ein rational ökonomisches Verhalten zur Minimierung der Entfernungswiderstände unterstellt wird. Das Wissen über den Einfluss bestimmter Kriterien kann dazu beitragen, planerisch auf bestimmte Phänomene reagieren zu können und damit eine Voraussetzung zur Auswahl bestimmter raumplanerischer Instrumente darstellen. So wird die Basis zur Weiterentwicklung der Steuerungsinstrumente für den Planer geschaffen.

Nach der klaren Formulierung der Zielstellung mussten zunächst die Wirkungszusammenhänge bei der Siedlungsstrukturentwicklung hinterfragt werden. Dazu wurden die Tendenzen bei der Siedlungsstrukturentwicklung und die verschiedenen Ebenen der räumlichen Planung in Deutschland beschrieben, um so auf mögliche Planungsinstrumente eingehen zu können. Aufgrund seiner besonderen Bedeutung wurde das Leitbild der dezentralen Konzentration und dessen Umsetzung auf den verschiedenen Ebenen der räumlichen Planung vorgestellt und die damit verbundenen Instrumente in diese Arbeit eingeführt.
Zur Ermittlung der bei der Siedlungsflächeninanspruchnahme einfließenden Kriterien wurden erstens Annahmen theoretischer Ansätze betrachtet, zweitens die Bewertungskriterien an Wohnstandorte aus wissenschaftlichen Arbeiten untersucht, und drittens die Auswertung empirischer Untersuchungen zur Wohnstandortwahl vorgenommen, um herauszufinden, welche Kriterien bei Wohnstandortentscheidungen zugrunde gelegt wurden bzw. offenbar von Bedeutung waren. Die Erkenntnisse daraus wurden zusammengestellt, und es wurde ermittelt, dass neben den Eigenschaften der Wohnung selbst, die relativ standortunabhängig ist, eine Reihe von individu-

ellen, spezifisch persönlichen Gründen bei der Standortwahl von Bedeutung sind, die sich von ihrem Charakter her einer planerischen Einflussnahme entziehen. Es wurde jedoch auch ermittelt, dass eine Reihe von Kriterien auf die Umweltqualitäten und die Erreichbarkeitsverhältnisse des Standorts zurückzuführen sind. Da für den Planer die beeinflussbaren Kriterien im Mittelpunkt stehen, veranlassten diese Erkenntnisse zur Formulierung von Arbeitshypothesen, in denen dem Einfluss von Umweltqualitäten und Erreichbarkeitsverhältnissen unterschiedliche Wichtigkeiten beigemessen wurden. In den Hypothesen 1 und 2 wurde jeweils den Erreichbarkeitskriterien oder den Umweltqualitäten der wesentliche Einfluss bei der Siedlungsflächenneuinanspruchnahme unterstellt. Dass es zum Abwägen zwischen diesen beiden Kriterien kommt, wird in Hypothese 3 unterstellt. Dass keines der Kriterien von besonderer Bedeutung ist wird in Hypothese 4 formuliert. Für die Überprüfung dieser Hypothesen wurde als Untersuchungsraum die Region Stuttgart ausgewählt, für die die Siedlungsentwicklung innerhalb eines bestimmten Untersuchungszeitraumes analysiert wurde. Anhand der Expansion der Siedlungskörper wurde die Situation der Inanspruchnahme analysiert, und mit Hilfe kleinräumiger Untersuchungseinheiten wurden die absoluten Umfänge der Inanspruchnahme ermittelt. Aufgrund der Langwierigkeit des Prozesses wurde dazu auch die Situation vor dem eigentlichen Untersuchungszeitraum betrachtet. Der tatsächlichen Inanspruchnahme von Flächen wurden dann die Erfordernisse der Regionalplanung gegenübergestellt. Diese Reihenfolge wurde bewusst gewählt, weil so auch deutlich wird, dass die Siedlungsstrukturentwicklung anhand einer bestimmten Entwicklungssituation Konzepte und Instrumente für eine angestrebte Situation entwickeln muss. Für den Untersuchungsraum wird eine Entwicklung nach dem Leitbild der dezentralen Konzentration angestrebt, was durch ein punktaxiales Siedlungskonzept realisiert werden soll. Dazu wurden räumliche Entwicklungspläne der Region überprüft und festgestellt, dass immer stärker eine Funktionstrennung zwischen den Entwicklungsachsen und den Räumen zwischen den Achsen angestrebt wurde. Im Zuge der Fortschreibung des Regionalplans wurde dieser Grundsatz immer weiter konkretisiert. Zur Begünstigung der verstärkten Siedlungsentwicklung wurden Infrastruktureinrichtungen entlang der Entwicklungsachsen gebündelt, und die Anordnung der Zentralen Orte im Verlauf der Entwicklungsachsen trugen zu deren Bedeutungsüberschüssen bei. Die Festlegung der für eine weitere Entwicklung vorgesehenen Gebiete wurde den bei dieser Arbeit verwendeten Untersuchungseinheiten zugeordnet.

Es kam aber auch außerhalb der für die in stärkerem Maße für die Entwicklung vorgesehenen Achsen zur Inanspruchnahme von Siedlungsflächen. Aufgrund der unterschiedlichen Anforderungen wurde bei der Betrachtung in die Inanspruchnahme von Flächen für größere Gewerbeflächen und für Siedlungsflächen im engeren Sinne differenziert. Es wurden die Untersuchungseinheiten ermittelt, in denen die höchsten Umfänge an Flächeneuinanspruchnahme vollzogen wurden. Damit konnte eine Gegenüberstellung der Untersuchungseinheiten erfolgen, für die regionalplanerisch eine stärkere Entwicklung geplant war, mit denen, in denen dann tatsächlich hohe Umfänge an Flächeninanspruchnahme vollzogen wurden (vgl. Abbildung 66).

Abbildung 66: Untersuchungseinheiten, in denen schwerpunktmäßig Siedlungsentwicklung stattfinden sollte (linke Abbildung) und wo tatsächlich die höchsten Umfänge an Flächeninanspruchnahme vollzogen wurden (rechte Abbildung)

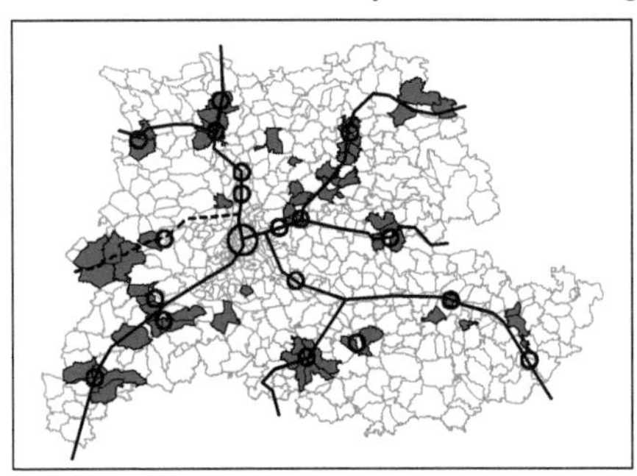

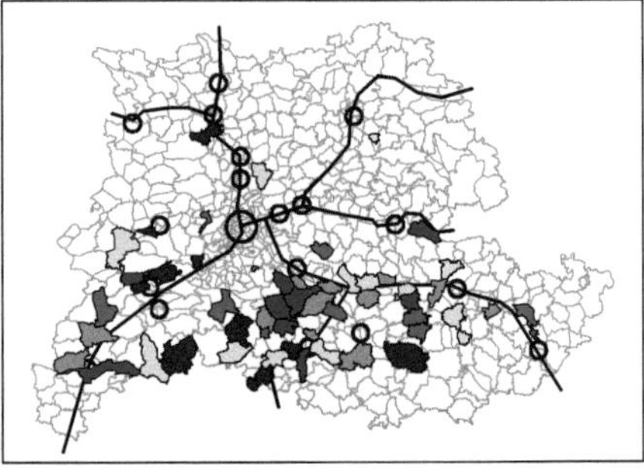

Untersuchungseinheiten, in denen gemäß RP 77 und RP 89 schwerpunktmäßig Siedlungsentwicklung stattfinden sollte

Untersuchungseinheiten, in denen während des Untersuchungszeitraumes die größten Umfänge an Flächenneuinanspruchnahme für Siedlungsflächen i. e. S. vollzogen wurden (größere Umfänge dunkler dargestellt)

zur Orientierung (gemäß RP 89):
— Entwicklungsachsen
O Zentrale Orte höherer Stufe

Quelle: eigene Darstellung

Die Darstellung verdeutlicht den Widerspruch zwischen regionalplanerisch beabsichtigter und tatsächlich vollzogener Entwicklung. Im Hinblick auf die formulierten Hypothesen müssen Gründe existieren, die eine Entwicklung der festgestellten Form begünstigten.

Bereits hier wurden Teilergebnisse geliefert, die Interpretationen über den Einsatz und die Wirksamkeit raumplanerischer Instrumente zulassen bzw. über das Maß der Umsetzung von regionalplanerischen Zielvorstellungen.

Auf Grundlage der durchgeführten Analyse wurde eine Auswahl an Untersuchungseinheiten getroffen, für die die Siedlungsflächeninanspruchnahme bezüglich der in den Hypothesen formulierten Zusammenhänge näher untersucht wird.

Um die Situation in den Untersuchungseinheiten hinsichtlich der Umweltqualität und der Erreichbarkeitsverhältnisse beschreiben zu können, werden Indikatoren verwendet, die die Situation am Ende des Untersuchungszeitraums beschreiben und im Zuge eines Forschungsprojektes mehrerer Institute der Universität Stuttgart und externer Partner aufgestellt wurden und auch damit als akzeptabel gelten, weil sie bereits in einer wissenschaftlichen Arbeit anerkannt wurden. Durch die Analyse der Indikatorausprägungen soll Aufschluss darüber erzielt werden, welche Kriterien stärkere Bedeutung eingenommen hatten.

Die Indikatorausprägungen ausgewählter Untersuchungseinheiten waren die Basis zur Beurteilung der Haltbarkeit der aufgestellten Hypothesen. Für die untersuchte Art der Flächeninanspruchnahme konnte anhand der Auswahl der Untersuchungseinheiten eine eindeutige Präferenz von entweder Umweltbedingungen oder Erreichbarkeitsverhältnissen ausgeschlossen werden, was dazu führte, dass Hypothese 1 und 2 verworfen wurden. Die Ausprägungen der Teilindikatoren für die ausgewählten Untersuchungseinheiten unterlagen einer breiten Streuung. Eine Aggregation der Teilindikatoren lieferte akzeptable Ergebnisse. Die Gegenüberstellung der aggregierten Umwelt- und Erreichbarkeitsindikatoren zeigte für die Untersuchungseinheiten mit hohen Umfängen an Neuinanspruchnahme tendenziell bessere Ausprägungen. Die Interpretation der Ergebnisse führte zu der Feststellung, dass bei der Siedlungsflächeninanspruchnahme sowohl Erreichbarkeitskriterien als auch Umweltqualitäten des betrachteten Standorts eine Rolle spielten, womit die in Hypothese 2 formulierte Annahme der Berücksichtigung von

Abbildung 67: Indikatorausprägungen im Vergleich

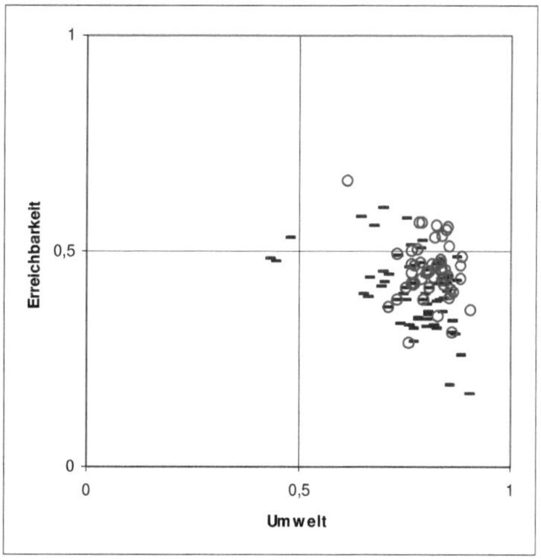

Untersuchungseinheiten:
- zur stärkeren Entwicklung vorgesehen
o mit tatsächlich starker Inanspruchnahme

Quelle: eigene Darstellung

Umwelt- und Erreichbarkeitskriterien Bestätigung fand, die miteinander abgewogen werden. Die statistische Erklärung wies jedoch darauf hin, dass noch eine Reihe anderer, nicht durch die Verwendung der Indikatoren erklärter Einflüsse bei der Inanspruchnahme von Siedlungsflächen eine Rolle spielten. Das war der Anlass Hypothese 4 so umzuformulieren, dass die Bedeutung von Umweltqualitäten und Erreichbarkeitskriterien erkannt wird, aber gleichzeitig der starke Einfluss weiterer Kriterien existiert. Die Inanspruchnahme von Siedlungsflächen i. e. S. I^{SeS} einer Zelle j kann als Funktion aus Erreichbarkeitskriterien E, Umweltqualitäten U und einer Einflussgröße C dargestellt werden, die mit spezifischen Skalierungsparametern α, β und γ versehen sind: $I^{SeS}{}_j = \alpha_j C_j \times f(\beta_j E_j, \gamma_j U_j)$.
Die Einflussgröße C kann die Summe einer Reihe von Störgrößen sein, die in Kapitel 2 festgestellt und dort in Tabelle X gruppiert wurden.
Damit kann festgestellt werden, dass die überragende Bedeutung von Erreichbarkeitskriterien bzw. die Annahme, dass bei der Siedlungsflächeninanspruchnahme hauptsächlich die Entfernungswiderstände eine zu minimierende Größe darstellen, relativiert werden muss.

6.2 Kritische Betrachtung des Ansatzes und weiterer Forschungsbedarf

Mit der bei der durchgeführten Untersuchung gewählten Methode ergeben sich eine Reihe von Problemen, auf die an dieser Stelle hingewiesen sei. Sie wurden im Rahmen der Bearbeitung deutlich und ein Lösungsansatz gewählt, bei dem der Fokus auf das Erreichen des Untersuchungsziels gerichtet wurde und abgewogen werden musste, wie weit Vereinfachungen hingenommen werden konnten.
Die vertiefende Betrachtung aller durch Vereinfachungen gelöster Fragen hätte einen möglichen Bearbeitungsrahmen weit übertroffen. Einzeln betrachtet liegen darin Möglichkeiten zur Verbesserung des Ansatzes und ein zukünftiger Forschungsbedarf. Im Wesentlichen trifft das für Folgendes zu:

Der Untersuchungsraum

Der Stand der Siedlungsentwicklung und damit das Voranschreiten der Inanspruchnahme von Siedlungsflächen war nur für bestimmte Zeitpunkte verfügbar, so dass die Analyse im Sinne einer komparativ-statischen Betrachtung erfolgte. Damit kann lediglich ermittelt werden, wo an einem bestimmten Stichtag Siedlungsfläche einer Beanspruchung unterliegt, die vorher noch unbesiedelt war. Es wurden zwar anhand des Regionalplans auch die Untersuchungseinheiten ermittelt, die regionalplanerisch für eine stärkere Entwicklung beabsichtigt waren, und es wurde festgestellt, dass dort nicht unweigerlich auch die größten Umfänge an Flächenneuinanspruchnahme vollzogen wurden, aber es konnte nicht ermittelt werden, wo, warum und in welchem Umfang Siedlungsflächenentwicklung ausbliebt, obwohl sie planerisch angestrebt wurde. Ein geringer Umfang an Flächenneuinanspruchnahme kann aus den weniger attraktiven Standorteigenschaften resultieren aber auch aus der begrenzten Flächenverfügbarkeit in den jeweiligen Untersuchungseinheiten.

Die Größe des Untersuchungsraums und die Einteilung in 635 räumliche Untersuchungseinheiten geben wenig Anlass zur Kritik im Hinblick auf die Zielerreichung der Untersuchung. Angestrebt war, Einflüsse von Erreichbarkeiten und Umweltqualitäten bei der Siedlungsstrukturentwicklung erkennen zu können. Eine Betrachtung auf noch kleinräumigerer Basis wäre für einen Untersuchungsraum dieser Größe kaum zu bewältigen. Eine Disaggregierung hätte die Verwendung der Datenbasis aus dem Forschungsprojekt WUMS ausgeschlossen, und eine Reihe von Bewertungskriterien hätten an Relevanz gewonnen, die lokal spezifisch sind und auch dort sehr stark variieren, und deren Ermittlung für einen Untersuchungsraum dieser Größe im Rahmen einer solchen Arbeit nicht möglich gewesen wäre. Schon innerhalb eines Straßenzuges oder eines Gebäudes können Lärm- oder Luftbelastungen so unterschiedlich sein, dass eine realitätsnahe Beschreibung durch Indikatoren fragwürdig erscheint.

Der Untersuchungsraum ist auf das räumliche Leitbild der dezentralen Konzentration ausgerichtet, was durch ein punktaxiales Siedlungskonzept umgesetzt werden soll und zu einer Funktionstrennung zwischen den Achsen und den Räumen zwischen den Achsen führt. Die Entwicklungsachsen verbinden die Mittelzentren mit dem Oberzentrum Stuttgart. Mit abnehmendem Abstand zu Stuttgart werden die Achsenzwischenräume geringer, und die Erreichbarkeitsverhältnisse verbessern sich auch in diesen Zwischenräumen. Ein Untersuchungsraum, bei dem die Unterschiede zwischen guten Erreichbarkeiten und guten Umweltqualitäten größer sind, hätte ggf. zu deutlicheren Ergebnissen geführt.

Die verwendeten Indikatoren

In der vorgenommenen ex-post Betrachtungsweise liegen unweigerlich Kritikpunkte, was in erster Linie mit den Indikatoren verbunden ist, die die Situation am Ende des Untersuchungszeitraumes beschreiben. Für die Darstellung der Erreichbarkeitsverhältnisse mag dieser Umstand weniger problematisch sein als für die Umweltqualitäten. Die Betrachtung der Erreichbarkeitsverhältnisse am Ende des Untersuchungszeitraumes ist sogar vorteilhafter, da so die Einrichtungen oder die Verkehrsinfrastruktur auch erfasst werden können, die bei den Baulandausweisungen noch in Planung waren, deren Realisierung bekannt war und die Umsetzung erst später erfolgte. Dazu gehören solche, die den siedlungswilligen Akteuren bei der Entscheidung zur Flächeninanspruchnahme bekannt waren aber auch andere, die erst aufgrund der dann entstandenen Nachfrage angeboten wurden.
Problematischer ist die Situation bei den Umweltindikatoren, insbesondere bei den Teilindikatoren, die die Lärm- und Luftbelastung einer Untersuchungseinheit beschreiben. Hier kann sich im Zuge der Siedlungsexpansion die Situationen verschlechtert haben. Die ceteris paribus Annahme dieser Arbeit kann insoweit akzeptiert werden, als dass – insbesondere bei Lärmbelastungen in Wohngebieten – gesetzliche Grenzwerte existieren, die eine Situationsverschlechterung verhindern, bzw. Gegenmaßnahmen (beispielsweise Lärmschutzwände) erfordern. Die Verwendung von Teilindikatoren, die auch die Situation vor der Inanspruchnahme von Siedlungsfläche in einer Untersuchungseinheit beschreiben, könnte ein genaueres Bild darüber geben, welchen Kriterien größere Bedeutung zukam. Das würde aber das Wissen darüber voraussetzen, wann es zur Inanspruchnahme bestimmter Flächen kam. Die grundsätzlich existierende Kausalität der Ursache-Wirkung-Beziehung bei der Siedlungsentwicklung konnte nicht überprüft werden.
Die Entwicklung der Indikatoren erfolgte im Rahmen des Forschungsprojektes WUMS, mit deren Hilfe die Attraktivitäten der Untersuchungseinheiten für zukünftige Wanderungen beschrieben werden sollten. Damit ist bereits die Akzeptanz der Indikatoren bei der Verwendung in wissenschaftlichen Arbeiten hergestellt. Diese Indikatoren eignen sich aufgrund ihres Charakters nur zur Beschreibung der Standortqualitäten hinsichtlich des Wohnstandorts.
Die Teilindikatoren zur Beschreibung der Erreichbarkeiten überwiegen gegenüber denen, die die Umweltqualitäten beschreiben. Ein Problem der Abbildung durch Indikatoren liegt in der individuellen Wertschätzung von Qualitäten. Die Rolle der Um-

weltqualitäten bei Wohnstandortentscheidungen wurde bereits in Kapitel 2 analysiert. Bei der Auswertung der Literatur wurde ermittelt, dass Umweltbedingungen Gründe für Wohnstandortwechsel sind. Das Wissen darüber, welche Kriterien dabei relevant waren, ist noch unvollständig. Überdies ist davon auszugehen, dass siedlungswillige Akteure bei Standortentscheidungen nur unzureichend realistisch bewerten können. Informationsdefizite bei solchen Arten von Entscheidungen sind bekannt.

Für die Beschreibung der Erreichbarkeitsverhältnisse ist die individuelle Bewertung ebenfalls relevant. Ob die verwendeten Teilindikatoren alle in gleicher Weise von Bedeutung sind, kann nicht ermittelt werden. Im Zuge der Bearbeitung wurden die Teilindikatoren mit gleichen Gewichtungsfaktoren additiv aggregiert, was zu einem plausiblen Ergebnis führte und keinen Anlass zu verschiedenen Gewichtungen gab. Sicherlich sind je nach Lebenssituation unterschiedliche Erreichbarkeiten verschiedener Ziele von Bedeutung. Wenn dahingehend differenziert werden soll, müsste aber auch eine Zuordnung bei der Inanspruchnahme vorgenommen werden. Eine größere Anzahl an Indikatoren und die Kenntnis über deren Relevanz und Signifikanz könnte zu einer besseren Erklärung beitragen, womit sich ein Feld für weitere Untersuchungen öffnet.

Das Analyseverfahren

Beim durchgeführten Analyseverfahren wurde auch der Einfluss der Auswahl an Untersuchungseinheiten sichtbar. Die Auswahl der zu analysierenden Untersuchungseinheiten wurde entsprechend begründet und erschien daraufhin am besten geeignet zu sein. Eine andere Auswahl wäre auch denkbar gewesen, hätte aber weitere Informationen bei der Flächeninanspruchnahme erfordert. Bei der Analyse der Siedlungsentwicklung konnte nicht ermittelt werden, wo und in welchem Umfang durch die kommunale Bauleitplanung zur Bebauung vorgesehene Flächen nicht beansprucht wurden bzw. nur geringe Nachfrage bestand.

Eine weitere Vereinfachung wurde dahingehend vorgenommen, dass lediglich die Expansion der Siedlungskörper beachtet werden konnte, wie sie aus den topographischen Karten hervorging. Nachverdichtungen in bestehenden Siedlungsflächen sind bei diesem Vorgehen nicht ermittelbar.

Die Unterscheidung nach verschiedenen Flächennutzungsarten wurde auf Grundlage der Ermittlung von größeren Gewerbeflächen vollzogen. Die exaktere Feststellung

der ausschließlich für Wohnzwecke genutzten Flächen könnte auch zu exakteren Ergebnissen beitragen.
Bei der Analyse der Indikatorausprägungen für die ausgewählten Untersuchungseinheiten wurde die starke Streuung einzelner Teilindikatoren und eine tendenziell bessere Ausprägung der aggregierten Indikatoren sichtbar. Auf die getroffenen Annahmen bei der Aggregation wurde bereits eingegangen.
Als statistisches Analyseverfahren, um bestehende Beziehungen zwischen der als abhängige Variable gewählten Siedlungsflächenneuinanspruchnahme und den Teilindikatorausprägungen als unabhängige Variablen erkennen zu können, wurde das Verfahren der multiplen Regression gewählt. Dieses Verfahren wird in der Literatur als recht unempfindliches Verfahren gegenüber kleineren Verletzungen bestimmter Prämissen beschrieben. Eine Reihe von Tests konnte Prämissenverletzungen weitestgehend ausschließen, jedoch unterliegen einige Teilindikatoren keiner Normalverteilung, was sich auf die Signifikanztests negativ auswirkt. Diese besitzen jedoch für das Ziel der Regression nur eine untergeordnete Rolle, so dass diese Verletzungen als unbedenklich gelten können. Ein Ergebnis der Regressionsanalyse deutete auf negative Zusammenhänge zwischen Umweltqualität und Flächeninanspruchnahme hin. Statistisch signifikante Zusammenhänge sollten aber nur dann akzeptiert werden, wenn sie auch sachlogischen Erwartungen entsprechen. Hier könnte es sich eher um ein Paradoxon der ex post facto Kausalerklärung handeln. Für eine Erklärung des Phänomens wären Indikatoren notwendig, die die Situation vor der Inanspruchnahme von Flächen abbilden.
Es wurde auch festgestellt, dass zur Erklärung von Siedlungsflächeninanspruchnahme Umweltqualitäten und Erreichbarkeitskriterien durch andere Kriterien überlagert werden, wobei unklar ist, ob es sich dabei um starke Einzelkriterien oder um eine Vielzahl stark variierender Kriterien handelt.

6.3 Fazit

Im Rahmen der Untersuchung wurde die Neuinanspruchnahme von Siedlungsflächen analysiert und die Rolle von Umweltqualitäten und Erreichbarkeitskriterien untersucht. Die unterschiedliche Bedeutung, die diesen Kriterien in wissenschaftlichen Arbeiten zukommt, bzw. die Auswertung empirischer Untersuchungen, veranlasste zur Formulierung von Arbeitshypothesen, die Umweltbedingungen und Erreichbarkeitskriterien unterschiedliche Bedeutungen bei der Flächenneuinanspruchnahme zukommen ließen. Die Überprüfung der Hypothesen erfolgte anhand der Siedlungsstrukturentwicklung der Region Stuttgart innerhalb eines definierten Untersuchungszeitraums. Bei der Analyse konnten Suburbanisierungstendenzen erkannt werden. Nahezu ringförmig sind um das Agglomerationszentrum – die Landeshauptstadt Stuttgart – die höheren Umfänge an Siedlungsflächenneuinanspruchnahme erkennbar, ungeachtet des Status der Untersuchungseinheiten als Siedlungsbereich. Die Gegenüberstellung des tatsächlichen Wachstums mit der angestrebten räumlichen Situation ließ dabei auf Zielkonflikte schließen.

Die Überprüfung der Umweltqualitäten und der Erreichbarkeitskriterien mit Hilfe eines Indikatoransatzes zeigte keine eindeutige Präferenz von Umwelt oder Erreichbarkeit bei der Siedlungsflächeninanspruchnahme. Ein gemeinsamer Einfluss wurde sichtbar, ohne jedoch bestimmten Kriterien der Umwelt oder der Erreichbarkeit besondere Bedeutung zuordnen zu können.

Die herausragende Bedeutung von Erreichbarkeitspotentialen wurde damit relativiert. Die Arbeit hat damit einen Beitrag zur Erklärung entstandener Siedlungsmuster geleistet. Die Kenntnisse darüber sind unverzichtbar, wenn zukünftiges Siedlungswachstum durch effizientere planerische Steuerung gekennzeichnet werden soll.

✶ ✶ ✶

Planung ist das Ersetzen des Zufalls durch den Irrtum.
(Sir Peter Ustinov)
Aber während wir dem Zufall schutzlos ausgeliefert sind, so haben wir als Planende die Möglichkeit vom größeren zum kleineren Irrtum fortzuschreiten.
(Anonymus)

Anhang I

Abbildung I: Region Stuttgart, Siedlungsflächen 1930 - 1995

Siedlungsflächen 1930

Siedlungsflächen 1965

Siedlungsflächen 1974

Siedlungsflächen 1995

Abbildung II: Region Stuttgart, Einteilung in 624 Untersuchungseinheiten

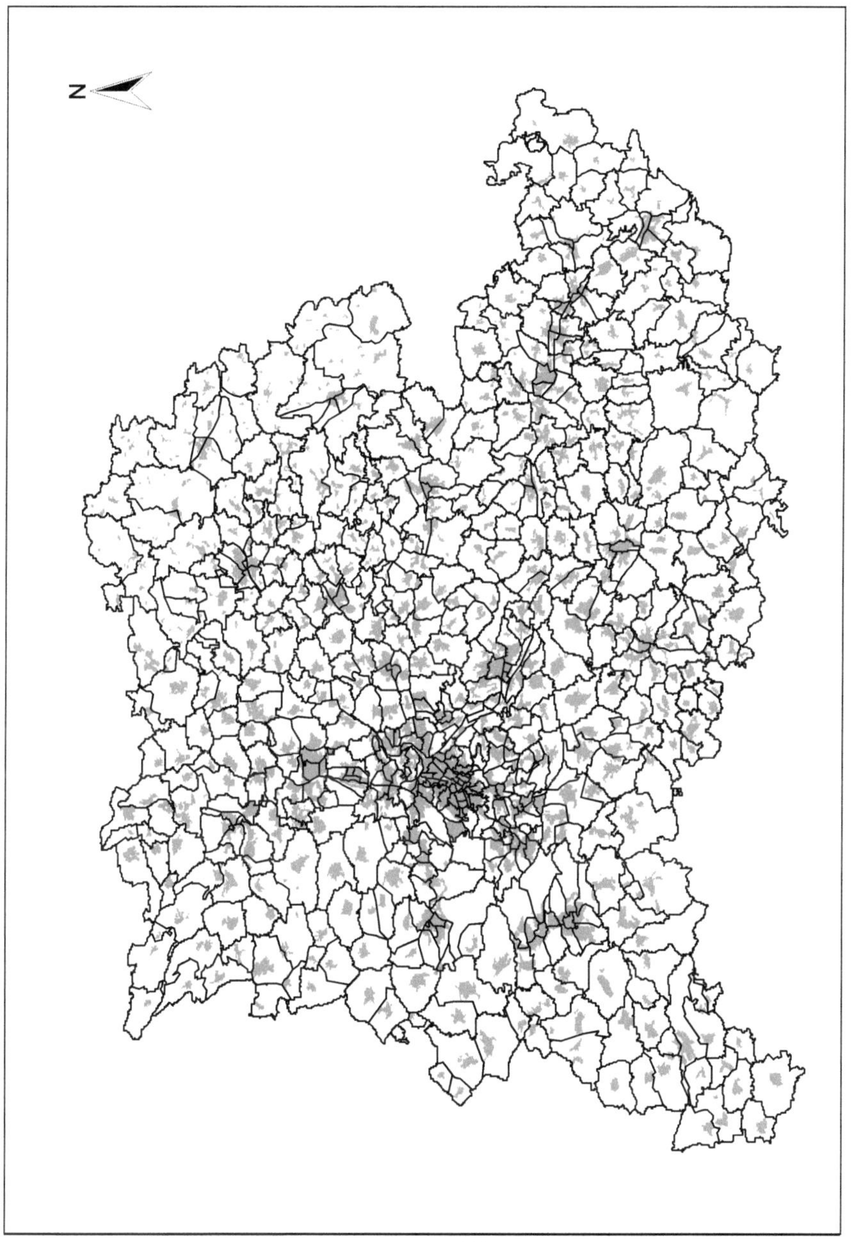

Quelle: eigene Darstellung

Abgrenzung der Untersuchungseinheiten

Abbildung III: Gegenüberstellung der Indikatorenausprägungen

Die Ausprägungen der Teilindikatoren der Untersuchungseinheiten, in denen Entwicklung regionalplanerisch gewollt ist, sind als [-] dargestellt (N=69), die Untersuchungseinheiten mit tatsächlich hohen Umfängen an Flächenneuinanspruchnahme als [♦] (N=53). Die Abszisse ist mit der Ausprägung des normierten Wertes des jeweils betrachteten Indikators skaliert, die Ordinate mit dem Umfang an Flächenneuinanspruchnahme in m². (Quelle: eigene Darstellung)

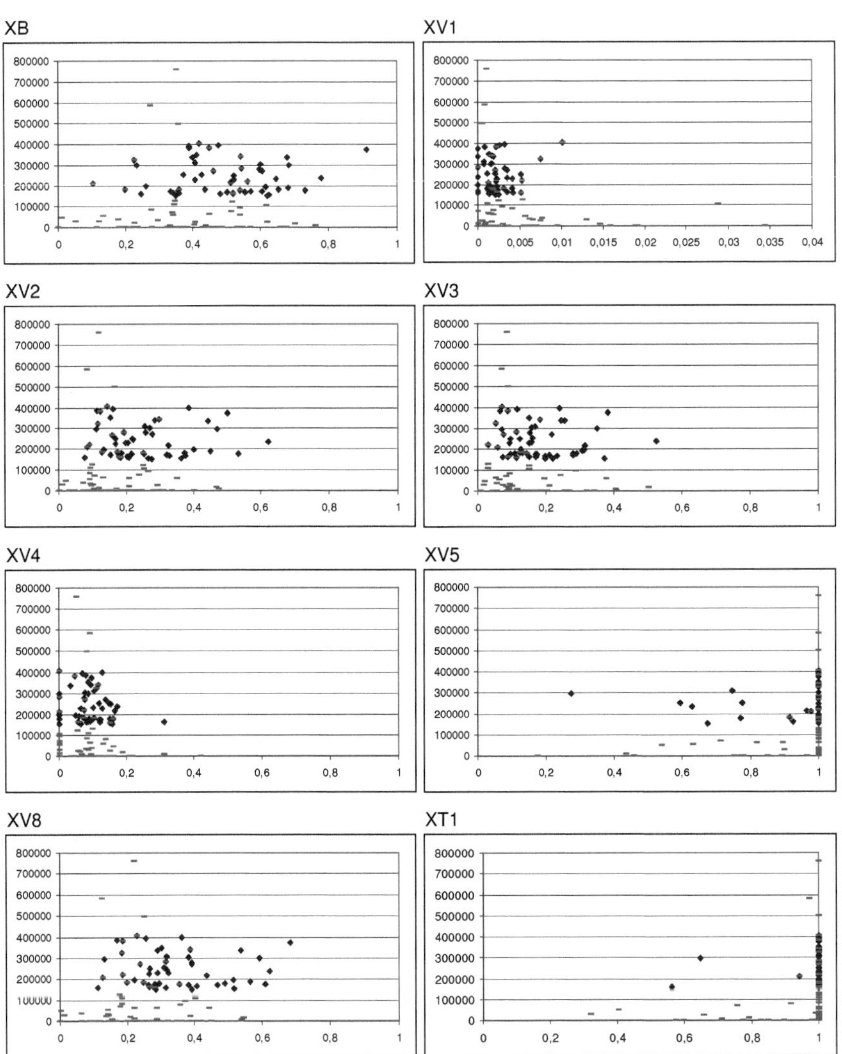

(Fortsetzung nächste Seite)

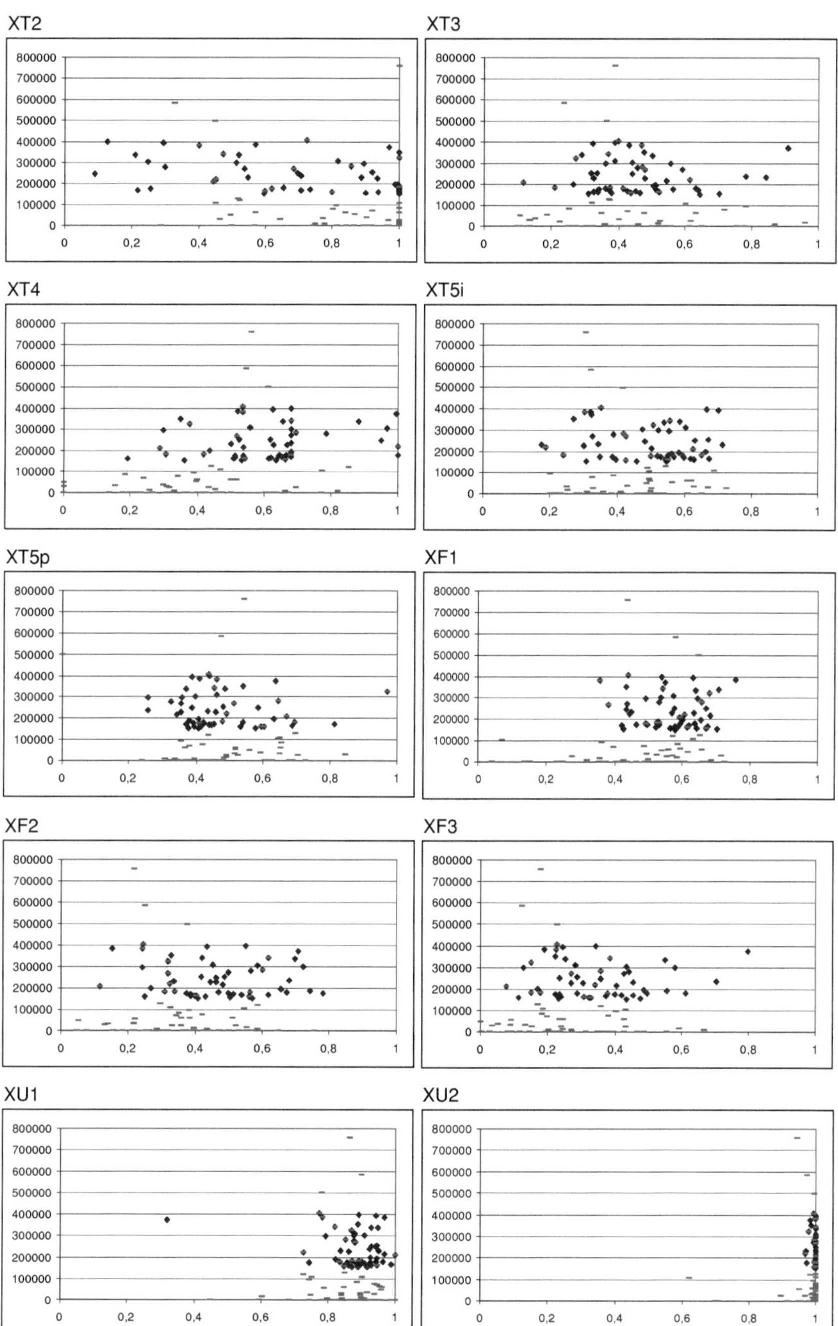
XT2
XT3
XT4
XT5i
XT5p
XF1
XF2
XF3
XU1
XU2
800000
700000
600000
500000
400000
300000
200000
100000
0
0
0,2
0,4
0,6
0,8
1

Tabelle I: Siedlungsbereiche

Zu den Siedlungsbereichen gehörende Gemeinden und Ortslagen gemäß Regionalplan 1989, Plansatz 2.3.4 und die davon für die weitere Entwicklung vorgesehenen Ortslagen nach Regionalplan 1989 und die Siedlungsbereiche mit verstärkter Entwicklung aus dem Regionalplan 1977. [1]

Gemeinde	Ortslagen	weitere Entwicklung (RP 89)	weitere Entwicklung (RP 77)
Stuttgart	alle, außer Rotenberg, Frauenkopf	Birkach, Stammheim	
Böblingen	Kernstadt, Dagersheim		Böblingen-Mitte
Sindelfingen	Kernstadt, Maichingen, Darmsheim	Maichingen-Süd	Sindelfingen-Mitte, Maichingen
Leinfelden-Echterdingen	Leinfelden, Echterdingen, Musberg	Zwischen Leinfelden und Echterdingen	
Filderstadt	Bernhausen, Sielmingen, Bonlanden, Plattenhardt		
Ehningen	gesamte Gemeinde	Nördlich des Bahnhofs	
Gärtringen	Hauptort		
Nufringen	gesamte Gemeinde		
Herrenberg	Kernstadt, Affstätt, Gültstein	Bahnbogen	Herrenberg-Mitte, Affstätt, Gülstein
Gäufelden	Nebringen, Öschelbronn		
Bondorf	gesamte Gemeinde		
Remseck	Aldingen, Neckarrems, Neckargröningen		
Kornwestheim	ganze Gemeinde		
Ludwigsburg	alle, außer Poppenweiler		
Asperg	ganze Gemeinde		
Freiberg am Neckar	ganze Gemeinde		
Benningen	ganze Gemeinde		
Marbach am Neckar	Kernstadt		Marbach-Mitte und Süd
Tamm	ganze Gemeinde		
Bietigheim-Bissingen	ganze Gemeinde		Bietigheim-Bissingen
Besigheim	Kernstadt	Schimmelfeld	Besigheim-Mitte
Löchgau	ganze Gemeinde		
Walheim	ganze Gemeinde		
Gemmrigheim	ganze Gemeinde		
Kirchheim am Neckar	ganze Gemeinde		
Fellbach	gesamte Stadt		
Waiblingen	Kernstadt, Neustadt, Hohenacker, Beinstein		Waiblingen-Mitte, -Neustadt und -Hohenacker
Schwaikheim	gesamte Gemeinde		
Winnenden	Kernstadt, Höfen, Schelmenholz, Birkmannsweiler	Nordöstlich der Kernstadt	Winnenden-Mitte Höfen Schelmenholz

Leutenbach	Leutenbach, Nellmersbach		Leutenbach
Backnang	Kernstadt, Maubach, Waldrems, Heiningen, Sachsenweiler	Backnang-Maubach	Backnang-Mitte, Maubach, Waldrems, Heiningen
Oppenweiler	Hauptort		
Sulzbach an der Murr	Hauptort		
Murrhardt	Kernstadt, Fornsbach		Murrhart-Mitte, Fronsbach
Kernen i.R.	Rommelshausen		
Weinstadt	Beutelsbach, Endersbach, Großheppach		
Remshalden	Grunbach, Geradstetten, Hebsack		
Winterbach	Hauptort		
Schorndorf	Kernstadt, Weiler		Schorndorf-Mitte Weiler-Rems
Urbach	gesamte Gemeinde		
Plüderhausen	Hauptort		
Welzheim	Welzheim		
Esslingen	gesamte Stadt		
Ostfildern	Nellingen, Ruit		
Altbach	gesamte Gemeinde		
Deizisau	gesamte Gemeinde		
Plochingen	gesamte Stadt		
Reichenbach a.d.F.	gesamte Gemeinde		
Ebersbach a.d.F.	Kernstadt, Weiler, Sulpach, Bünzwangen		
Albershausen	gesamte Gemeinde		
Uhingen	Hauptort, Holzhausen		
Göppingen	Kernstadt, Faurndau, Jebenhausen, Manzen, Ursenwang, St. Gotthardt, Holzheim, Bartenbach	St. Gotthart/Manzen/ Ursenwang	Göppingen-Mitte, Jebenhausen, Manzen, Ursenwang, St. Gotthart
Rechberghausen	Hauptort		
Eislingen	alle, außer Krummwälden		
Salach	Hauptort		
Donzdorf	Kernstadt		Donzdorf
Süssen	gesamte Gemeinde		
Gingen	gesamte Gemeinde		
Kuchen	gesamte Gemeinde		
Geislingen a.d.Steige	Kernstadt, Eybach, Weiler		
Wernau	Hauptort		
Köngen	gesamte Gemeinde		
Wendlingen	gesamte Gemeinde		

Kirchheim unter Teck	Kernstadt mit Schafhof, Ötlingen, Jesingen	Kirchheim-Süd	Kirchheim-Mitte mit Schafhof
Oberboihingen	gesamte Gemeinde		
Unterensingen	gesamte Gemeinde		
Nürtingen	Kernstadt mit Roßdorf, Oberensingen, Zizishausen, Neckarhausen, Enzenhardt	Nördlich und südlich Enzenhardt, westl. Roßdorf	Nürtingen alle Ortslagen außer Raidwangen, Reudern, Hardt
Neckartailfingen	gesamte Gemeinde		
Neckartenzlingen	gesamte Gemeinde		
Bempflingen	Hauptort		
Sachsenheim	Großsachsenheim, Kleinsachsenheim		
Sersheim	gesamte Gemeinde		
Vaihingen an der Enz	Kernstadt, Enzweihingen, Kleinglattbach	Kleinglattbach Süd / neuer Bahnhof	Vaihingen-Mitte, Kleinglattbach
Korntal-Münchingen	Korntal		
Ditzingen	Kernstadt		
Gerlingen	außer Bopser/Schillerhöhe		
Leonberg	Kernstadt, Eltingen, Höfingen	Westlich vom Krankenhaus	Leonberg-Mitte, Eltingen, Ezach
Rutesheim	Hauptort		
Renningen	gesamte Stadt		Renningen, Malmsheim
Weil der Stadt	Kernstadt, Merklingen		Weil der Stadt, Merklingen

[1] Die unter „weitere Entwicklung" aufgeführten Ortslagen sind als die aus regionalplanerischer Sicht (und in den Regionalplänen von 1977 und 1989 verankerten) bevorzugt für die Siedlungsentwicklung vorgesehenen Räume zu betrachten.

Tabelle II: Unterzentren und Kleinzentren

Gemäß Regionalplan 1989, Plansatz 2.1.3 und 2.1.4.

Zentralitätsstufe	**Deckung der Grundversorgung...**	**...jedoch nur Eigenentwicklung vorgesehen**
Unterzentren	Ditzingen, Donzdorf, Filderstadt/Bernhausen, Leinfelden-Echterdingen, Marbach am Neckar, Murrhardt, Ostfildern/Nellingen, Plochingen, Weil der Stadt, Weinstadt, Welzheim, Winnenden	
Kleinzentren	Ebersbach an der Fils, Eislingen/Fils, Freiberg am Neckar, Gäufelden, Gerlingen, Korntal-Münchingen, Neckartenzlingen, Plüderhausen, Rechberghausen, Reichenbach an der Fils, Renningen, Sachsenheim, Uhingen, Wendlingen am Neckar	Alfdorf, Böhmenkirch, Boll, Bönnigheim, Deggingen, Großbottwar/Oberstenfeld, Holzgerlingen, Lenningen, Neuffen, Rudersberg, Steinheim an der Murr, Waldenbuch, Weilheim an der Teck, Wiesensteig

Tabelle III: Die Teilindikatoren in den Untersuchungseinheiten mit hohen Umfängen an Neuinanspruchnahme von Siedlungsflächen

#1	XB1	XV1	XV2	XV3	XV4	XV5	XV8	XT1	XT2	XT3
1	0,419786273	0,010096154	0,142714913	0,070870471	0	1	0,227838007	1	0,722756406	0,39813996
2	0,477053226	0,003168974	0,385422246	0,239034479	0,12600186	1	0,362410798	1	0,128962465	0,38794002
3	0,388616665	0,002525448	0,161406733	0,115022371	0,068374264	1	0,256484401	1	0,293812804	0,32266
4	0,389118474	0,000794435	0,111933695	0,063804839	0,078284639	1	0,168214177	1	0,570953437	0,43183603
5	0,448544628	0,002170973	0,122223896	0,087820763	0,044495359	1	0,187139955	1	0,400617901	0,46921001
6	0,912743368	0	0,500656129	0,381942755	0,095551272	1	0,683498855	1	0,968780606	0,90939
7	0,412216277	0,001336796	0,153691507	0,150900339	0,083883617	1	0,302666247	1	1	0,47580402
8	0,542444946	0,001668355	0,299094996	0,183690385	0,11582971	1	0,386872199	1	0,473124483	0,36805004
9	0,399492173	0,001804899	0,286471405	0,255480706	0,091663169	1	0,289495762	1	0,519986321	0,29019001
10	0,678228727	0	0,442576455	0,245803427	0,032071374	1	0,538898122	1	0,210074659	0,50013999
11	0,224994046	0,007430377	0,115576652	0,051912942	0,109891963	1	0,184132339	1	1	0,27405998
12	0,406605959	0,000752918	0,255299054	0,166879204	0,102675966	0,74600005	0,317166895	1	0,815463795	0,38811004
13	0,601311653	0,001622687	0,270454554	0,156348897	0,075025075	1	0,381982721	1	0,248004771	0,43996001
14	0,684567558	0,00155445	0,471381978	0,350970434	0,08591326	1	0,594005294	1	0,511638222	0,55641001
15	0,234335379	0,000707106	0,110614801	0,071074014	0	0,27400005	0,13175785	0,646716081	0,893891667	0,36125
16	0,544027755	0	0,192878934	0,113526143	0	1	0,315980056	1	0,855659487	0,47073401
17	0,598019033	0,003194468	0,257668606	0,153414343	0,073441112	1	0,392229498	1	0,299064636	0,45696004
18	0,606284566	0,00347048	0,279250557	0,216803437	0,138073101	1	0,393165443	1	0,537640076	0,59174597
19	0,461640947	0,002067031	0,15681461	0,075529193	0,07491105	1	0,237399453	1	0,682553832	0,47895002
20	0,426414474	0,002084367	0,218549079	0,160906883	0,116932969	0,77666664	0,309431428	1	0,919471364	0,33659999
21	0,371381731	0,001143433	0,167329998	0,095059011	0,14693294	0,59399998	0,267199567	1	0,695735055	0,31738998
22	0,52343377	0,005116024	0,21947596	0,122128343	0,15300124	1	0,316386447	1	0,091032284	0,44234
23	0,779116824	0	0,621346228	0,525415849	0,172607371	0,62899995	0,622426273	1	0,704961812	0,78083598
24	0,645105705	0,003508239	0,204352554	0,157124013	0,099009176	1	0,322607166	1	0,887668412	0,84138998
25	0,407344264	0,002255336	0,19795047	0,150542147	0,12673162	1	0,291418046	1	0,548212495	0,32606
26	0,522766754	0,004138121	0,167853633	0,091655201	0,06356187	1	0,265597678	1	0,935662902	0,479076
27	0,562975569	0,005200323	0,090493387	0,029185785	0,072750645	1	0,185720224	1	0,449652519	0,61321005
28	0,513045993	0,002158162	0,324756722	0,316214	0,165680766	0,96433336	0,436195499	1	0,450785223	0,54349001
29	0,103599448	0,001208668	0,081566586	0,057456128	0	0,97666663	0,127725961	0,942796589	0,442917704	0,11849003
30	0,261072392	0	0,132040084	0,125040635	0	1	0,221204099	1	0,98747792	0,26605003
31	0,615251554	0,001381556	0,399912903	0,312026149	0,047459839	1	0,517268445	1	0,994947241	0,51221001
32	0,681285279	0,002200047	0,450114435	0,307938916	0,05657342	1	0,565489084	1	1	0,50286
33	0,360137404	0,003107867	0,127334626	0,130501788	0,103203158	0,91500002	0,247748199	1	1	0,37367394
34	0,197924417	0,001586822	0,172115481	0,123372129	0,070643883	1	0,198001513	1	1	0,21165002
35	0,652117669	0,004055698	0,374569107	0,279457066	0	1	0,490949186	1	1	0,63113402
36	0,437883888	0,001154258	0,185399535	0,108185906	0,088087892	1	0,296053898	1	0,654276204	0,36159002
37	0,540741583	0,001832541	0,250185408	0,142577603	0,15882969	1	0,355783696	1	0,618563477	0,41259001
38	0,732385445	0,001288357	0,533436116	0,289456019	0,150354774	1	0,611043513	1	0,257341509	0,5117
39	0,356304913	0,001592885	0,215144245	0,170966124	0,092558338	0,77166665	0,28301165	1	1	0,36838997
40	0,573587994	0,002069016	0,25279126	0,17195694	0,096682943	1	0,382013106	1	1	0,56365999
41	0,335275378	0,002353073	0,151788848	0,095725448	0,123417868	1	0,263636506	1	1	0,34042396
42	0,604603789	0,001233746	0,3203963	0,279432284	0,117219475	1	0,469254782	1	0,734180057	0,64011403
43	0,555063189	0,001650457	0,375116744	0,209592569	0,093165327	1	0,406674759	1	0,219816356	0,42619
44	0,502977139	0	0,327112144	0,23160784	0,088783633	1	0,408066414	1	0,705181533	0,44999002
45	0,358429161	0,001760957	0,203054579	0,197794318	0,083564389	1	0,282921182	1	1	0,32555004
46	0,342376702	0,003463394	0,208091789	0,171121023	0,079005485	1	0,282177278	1	1	0,33915002
47	0,520886754	0,002275991	0,17907037	0,086679633	0,05439159	1	0,266608594	1	0,597974805	0,52147005
48	0,247103119	0	0,0760538	0,072095552	0,312182462	1	0,111106944	0,561440636	0,937828851	0,37824999
49	0,482601191	0,004172324	0,208125584	0,150369182	0,119720867	0,92566669	0,314432517	1	1	0,46324999
50	0,519002886	0,005105245	0,183063633	0,111784611	0,15018221	1	0,281553448	1	0,798088115	0,43719
51	0,626644186	0,00133063	0,362581939	0,373153653	0,062136998	1	0,517989685	1	0,898505123	0,70119599
52	0,349055913	0,002025561	0,266478642	0,219520459	0	0,67500001	0,286032615	1	0,596437003	0,31109999
53	0,619385254	0,00243403	0,276860159	0,196515049	0,157459341	1	0,390937237	1	1	0,64483407

(Fortsetzung nächste Seite)

Tabelle III (Fortsetzung)

XT4	XT5I	XT5P	XF1	XF2	XF3	XU1	XU2	S89	SieS	#1
0,53465	0,350248496	0,43528817	0,438160793	0,24601336	0,228439842	0,77192564	0,992204881	1	405414,688	1
0,68000001	0,666753858	0,438321537	0,538930526	0,550407495	0,34138155	0,89019755	1	1	396339,4486	2
0,62509001	0,701543291	0,386754297	0,632020951	0,433016715	0,24603289	0,94429436	1	0	392477,4703	3
0,51884001	0,320167408	0,408493428	0,757527411	0,154307057	0,191131996	0,96752359	1	1	384068,4674	4
0,53498998	0,301334031	0,460566229	0,356799472	0,242120295	0,226301482	0,78240092	0,997407256	1	382587,294	5
0,99424	0,321998431	0,6380182	0,548215317	0,7083232	0,796881903	0,31871886	0,982222163	1	373286,3449	6
0,34815998	0,268637196	0,53892821	0,433819662	0,32769038	0,222402422	0,88923837	0,985887835	1	350544,9152	7
0,68000001	0,557154067	0,451971689	0,542495756	0,618865997	0,384171657	0,81983892	1	1	341625,6936	8
0,65449999	0,585142558	0,484327604	0,706988502	0,41833819	0,252550615	0,94855465	1	0	338111,7777	9
0,88198399	0,538582265	0,367037412	0,638558785	0,697085529	0,548470008	0,92810537	1	1	335934,3367	10
0,37564998	0,507193304	0,970677452	0,680217364	0,318019847	0,151706052	0,86908612	0,976683539	1	323835,6803	11
0,55726003	0,603452786	0,460566229	0,575058136	0,452463369	0,281424049	0,87784838	1	1	309688,9389	12
0,96863998	0,47345017	0,395854398	0,536857804	0,585218678	0,432475832	0,9086302	1	0	302856,1002	13
0,68000001	0,521579911	0,257330637	0,644471299	0,722073691	0,579919795	0,87608579	1	0	299374,0899	14
0,29784002	0,554015171	0,356420627	0,492154941	0,243556646	0,128564976	0,79267249	1	1	296860,7378	15
0,69543401	0,417211614	0,644590495	0,656089961	0,599391707	0,356186175	0,85282891	0,996237848	1	282506,6891	16
0,78585601	0,386084227	0,323559151	0,532415533	0,565384696	0,439708735	0,87625783	1	0	278882,7054	17
0,68000001	0,323306304	0,353892821	0,436403049	0,499370936	0,426085871	0,87819577	0,993107412	1	270881,1178	18
0,51629004	0,424535705	0,51314459	0,38011497	0,316638525	0,269133652	0,88185687	1	1	269173,802	19
0,61625001	0,670415904	0,481294237	0,57547631	0,486603429	0,286062485	0,94577556	1	0	253096,8474	20
0,52394001	0,630656552	0,585439838	0,670030059	0,416027201	0,23399193	0,92886162	1	0	251174,0565	21
0,95097597	0,480251112	0,386754297	0,434648716	0,462265921	0,35749079	0,93958784	1	0	248006,5975	22
0,68000001	0,341093382	0,257330637	0,449471045	0,680184643	0,702031764	0,92432649	1	1	236125,7987	23
0,49929001	0,173424013	0,431749242	0,635161663	0,333937148	0,452737698	0,83680073	0,971582405	1	231609,4375	24
0,62849001	0,713837301	0,35338726	0,568886803	0,462114125	0,268691271	0,95153523	1	0	228286,9466	25
0,66640002	0,298979859	0,456521739	0,444248736	0,445340614	0,305419755	0,86082735	0,999645069	1	227541,5265	26
1	0,18781062	0,489383215	0,605741649	0,322044031	0,339213229	0,72618298	0,967445072	1	220080,1329	27
0,53635	0,501438661	0,341253792	0,680831752	0,480446423	0,403577851	0,96908037	1	0	215780,6682	28
0,28763997	0,626994507	0,670374115	0,591939522	0,116580397	0,075950823	1	1	1	209928,6152	29
0,43519999	0,663614962	0,631951466	0,653944881	0,267500648	0,171001527	0,92691665	0,999673151	1	198781,8355	30
0,68000001	0,584619409	0,404954499	0,602504361	0,655806014	0,485360365	0,9445871	1	0	195119,5828	31
0,68000001	0,560554538	0,37917088	0,529960314	0,742295447	0,555060199	0,82240561	0,998735647	1	189811,1576	32
0,30515002	0,238817682	0,477755308	0,522822157	0,307405488	0,178226206	0,87220539	0,994379434	1	183066,5083	33
0,41819997	0,651320952	0,695146613	0,53245264	0,338572759	0,152151464	0,89068127	0,999815541	0	182835,4254	34
0,64565998	0,551660999	0,540950455	0,594791907	0,672648982	0,495181479	0,96280739	1	1	179838,2126	35
0,66385	0,596913419	0,421132457	0,63716491	0,467813221	0,286624669	0,90211578	1	0	179492,7044	36
0,68000001	0,498561339	0,408493428	0,491857537	0,563760146	0,375697425	0,83562091	1	1	178032,9446	37
1	0,519225739	0,389787664	0,531029331	0,781031011	0,610660027	0,94214014	1	1	177481,5128	38
0,53754004	0,529427151	0,422649141	0,496775222	0,371276395	0,235477796	0,8568395	0,974093131	1	175596,5579	39
0,64226003	0,383730055	0,451971689	0,463389029	0,49838039	0,398805571	0,7426143	1	1	174333,0006	40
0,51241403	0,568140204	0,813953488	0,619083806	0,384589582	0,22239413	0,92524184	1	1	173470,7987	41
0,65279999	0,345801726	0,367037412	0,419909701	0,513102604	0,4518225	0,88369934	1	1	172188,8773	42
0,68000001	0,597698143	0,438321537	0,579466208	0,617288035	0,41837237	0,90819728	1	1	169206,0914	43
0,61914	0,617316244	0,446410516	0,673092646	0,539549577	0,371332564	0,98887977	1	1	167416,3501	44
0,51221001	0,673816375	0,686552073	0,585556508	0,397629317	0,23988435	0,89649808	1	0	164926,3304	45
0,50830001	0,62830238	0,532861476	0,521621287	0,383998254	0,230331697	0,89502468	1	1	162706,1055	46
0,54281002	0,551399425	0,595045501	0,61525818	0,402167887	0,307560199	0,94622064	1	1	162591,9356	47
0,19209998	0,543029035	0,412032356	0,564310197	0,25025967	0,11427756	0,92869879	1	0	161134,5665	48
0,61199999	0,394454617	0,39231547	0,64281432	0,430412543	0,320702542	0,86088214	0,99982823	1	160765,4931	49
0,66188999	0,42427413	0,601617796	0,668386568	0,561088917	0,326559702	0,84666923	0,995534174	1	159078,3574	50
0,35921003	0,307873398	0,375631951	0,426924829	0,504882282	0,47509671	0,91531002	1	1	154401,296	51
0,53159002	0,546952655	0,406471183	0,701260141	0,406512703	0,231729721	0,87235861	1	0	153621,5585	52
0,63376003	0,456447816	0,576339737	0,579229178	0,571002835	0,43370432	0,88914456	1	1	152796,317	53

Legende: XB1 … XU2: Teilindikatoren
SieS: Inanspruchnahme an Siedlungsfläche i. e. S. in m² im Untersuchungszeitraum
#1: lfd Nummer (Nummerierung wie bei Darstellungen in Kap. 5)
S89: Zugehörigkeit Siedlungsbereich nach Regionalplan 1989 (1=ja; 0=nein)

Tabelle IV: Korrelationskoeffizienten und Toleranzen der Teilindikatoren der 53 Untersuchungseinheiten

Korrelationskoeffizienten

	XB	XV_1	XV_2	XV_3	XV_4	XV_5	XV_8	XT_1	XT_2	XT_3	XT_4	XTI_5	XTP_5	XF_1	XF_2	XF_3	XU_1	XU_2
XB	1	-0,086	0,780	0,675	0,107	0,221	0,868	0,343	-0,183	0,854	0,720	-0,404	-0,430	-0,175	0,806	0,963	-0,362	-0,064
XV_1		1	-0,290	-0,337	-0,068	0,213	-0,254	0,212	-0,005	-0,054	0,047	-0,256	0,175	-0,119	-0,203	-0,176	-0,094	-0,340
XV_2			1	0,924	0,105	0,022	0,952	0,273	-0,198	0,547	0,532	0,038	-0,415	-0,062	0,867	0,890	-0,113	0,186
XV_3				1	0,119	-0,028	0,892	0,227	-0,014	0,567	0,308	-0,017	-0,409	-0,080	0,718	0,796	-0,085	0,165
XV_4					1	0,074	0,083	-0,265	-0,043	0,141	0,030	-0,024	-0,136	-0,049	0,137	0,110	0,076	0,021
XV_5						1	0,133	0,391	-0,139	0,114	0,245	-0,125	0,175	0,011	0,142	0,157	0,022	-0,049
XV_8							1	0,347	-0,105	0,656	0,569	-0,088	-0,383	-0,098	0,894	0,948	-0,203	0,117
XT_1								1	-0,138	0,142	0,428	-0,099	0,110	0,062	0,307	0,316	0,006	-0,090
XT_2									1	0,077	-0,499	-0,102	0,415	-0,015	-0,180	-0,166	-0,207	-0,192
XT_3										1	0,401	-0,641	-0,323	-0,241	0,470	0,798	-0,446	-0,297
XT_4											1	-0,105	-0,281	-0,007	0,675	0,689	-0,288	-0,063
XTI_5												1	0,167	0,357	0,100	-0,258	0,421	0,488
XTP_5													1	0,248	-0,315	-0,394	-0,109	-0,240
XF_1														1	0,006	-0,122	0,243	-0,015
XF_2															1	0,861	-0,124	0,209
XF_3																1	-0,336	-0,020
XU_1																	1	0,458
XU_2																		1

Toleranzen der unabhängigen Variablen

	r^2	$1-r^2$
XB	0,772	0,228
XV_1	0,278	0,722
XV_4	0,182	0,818
XV_5	0,305	0,695
XT_1	0,465	0,535
XT_2	0,530	0,470
XT_4	0,765	0,235
XTI_5	0,565	0,435
XTP_5	0,562	0,438
XF_1	0,268	0,732
XU_1	0,535	0,465
XU_2	0,479	0,521

Tabelle V: Die Teilindikatoren in den Untersuchungseinheiten der Siedlungsbereiche mit verstärkter Entwicklung (nach RP 77 und RP 89)

#2	XB1	XV1	XV2	XV3	XV4	XV5	XV8	XT1	XT2	XT3
1	0,351484120	0,001067200	0,118528198	0,084645583	0,049269215	1,000000000	0,222067106	1,000000000	1,000000000	0,389243980
2	0,272942088	0,000848268	0,082664008	0,070903514	0,089527410	1,000000000	0,123098896	0,972457606	0,326309122	0,238340010
3	0,357669126	0,000465663	0,164686515	0,087888841	0,080321772	1,000000000	0,249906803	1,000000000	0,447397237	0,362610030
4	0,419786273	0,010096154	0,142714913	0,070870471	0,000000000	1,000000000	0,227838007	1,000000000	0,722756406	0,398139960
5	0,448544628	0,002170973	0,122223896	0,087820763	0,044495359	1,000000000	0,187139955	1,000000000	0,400617901	0,469210010
6	0,542444946	0,001668355	0,299094996	0,183690385	0,115829710	1,000000000	0,386872199	1,000000000	0,473124483	0,368050040
7	0,224994046	0,007430377	0,115576652	0,051912942	0,109891963	1,000000000	0,184132339	1,000000000	1,000000000	0,274059980
8	0,544027755	0,000000000	0,192878934	0,113526143	0,000000000	1,000000000	0,315980056	1,000000000	0,855659487	0,470734010
9	0,461640947	0,002067031	0,156814610	0,075529193	0,074911050	1,000000000	0,237399453	1,000000000	0,682553832	0,478950020
10	0,562975569	0,005200323	0,090493387	0,029185785	0,072750645	1,000000000	0,185720224	1,000000000	0,449652519	0,613210050
11	0,103599448	0,001208668	0,081566586	0,057456128	0,000000000	0,976666630	0,127725961	0,942796589	0,442917704	0,118490030
12	0,360137404	0,003107867	0,127334626	0,130501788	0,103203158	0,915000020	0,247748199	1,000000000	1,000000000	0,373673940
13	0,197924417	0,001586822	0,172115481	0,123372129	0,070643883	1,000000000	0,198001513	1,000000000	1,000000000	0,211650020
14	0,540741583	0,001832541	0,250185408	0,142577603	0,158829690	1,000000000	0,355783696	1,000000000	0,618563477	0,412590010
15	0,520886754	0,002275991	0,179070370	0,086679633	0,054391590	1,000000000	0,266608594	1,000000000	0,597974805	0,521470050
16	0,519002886	0,005105245	0,183063633	0,111784611	0,150182210	1,000000000	0,281553448	1,000000000	0,798088115	0,437190000
17	0,346362428	0,005292005	0,098025333	0,029218813	0,097692304	1,000000000	0,175878665	1,000000000	0,518448520	0,371774010
18	0,518632021	0,002452507	0,250290679	0,150166696	0,051593022	1,000000000	0,355241214	1,000000000	0,522962344	0,374509980
19	0,343369643	0,001136794	0,091620139	0,031172907	0,085243965	1,000000000	0,183749229	1,000000000	0,450785223	0,321300020
20	0,617057264	0,028797943	0,252769387	0,150918001	0,000000000	1,000000000	0,401261980	1,000000000	1,000000000	0,601225950
21	0,539558477	0,002900152	0,265318027	0,288334475	0,000000000	1,000000000	0,371170160	1,000000000	0,811729186	0,782864020
22	0,275783034	0,004116941	0,090758315	0,091343919	0,080145776	1,000000000	0,184745745	1,000000000	1,000000000	0,252680000
23	0,515317402	0,001877263	0,237836293	0,241765241	0,138059836	1,000000000	0,356961442	0,917902564	0,801637432	0,717125980
24	0,339093787	0,000000000	0,104319016	0,083463093	0,000000000	0,712333320	0,179426622	0,754767034	0,920254012	0,425849980
25	0,450500647	0,001266223	0,130529175	0,053100621	0,090754987	1,000000000	0,220862311	1,000000000	0,571258886	0,477004010
26	0,539254896	0,001302204	0,350169056	0,377277297	0,000000000	0,895666720	0,444007491	1,000000000	0,838970188	0,630760000
27	0,340972672	0,001574833	0,208746766	0,195352128	0,130286937	0,819000010	0,288857996	1,000000000	1,000000000	0,347310000
28	0,133571183	0,001830464	0,089097031	0,062927943	0,000000000	0,630999980	0,140714284	1,000000000	0,866650648	0,187849980
29	0,010094250	0,005610473	0,019054852	0,018873732	0,159084520	0,540666700	0,003493592	0,402542352	0,493926010	0,107099990
30	0,178056595	0,007716038	0,069273183	0,055798129	0,094027983	1,000000000	0,062698268	1,000000000	0,902898859	0,153770030
31	0,295708960	0,006143740	0,093225564	0,092464708	0,078475364	1,000000000	0,141666349	0,990995784	0,771262302	0,400650020
32	0,121553929	0,012974977	0,099543689	0,072916847	0,000000000	1,000000000	0,143713630	1,000000000	0,461213439	0,138889970
33	0,051392280	0,006544435	0,010097640	0,018604499	0,085481388	0,899999980	0,012024386	0,320444788	0,642402815	0,136340010
34	0,408067958	0,007481297	0,096477996	0,100512360	0,150526293	1,000000000	0,135596175	0,658368644	1,000000000	0,615394010
35	0,621477052	0,000540986	0,293891208	0,210058783	0,055289437	1,000000000	0,387379065	1,000000000	0,966388037	0,523000010
36	0,225862985	0,001594654	0,208052589	0,083477650	0,059124063	1,000000000	0,208820039	1,000000000	1,000000000	0,224740030
37	0,702025714	0,000886113	0,468885270	0,502318772	0,187785235	1,000000000	0,546296381	1,000000000	1,000000000	0,959540010
38	0,403996535	0,000000000	0,118724681	0,089547701	0,000000000	1,000000000	0,220130230	0,789724661	1,000000000	0,519989980
39	0,330552296	0,000853121	0,102477434	0,090851988	0,311718872	0,434999970	0,154056987	0,710275466	1,000000000	0,459509980
40	0,762249036	0,003017718	0,476300767	0,406039587	0,063818123	1,000000000	0,539828461	1,000000000	0,775611413	0,869259990
41	0,439086125	0,014661082	0,170757576	0,115171577	0,092715295	1,000000000	0,289020519	1,000000000	0,749636952	0,359040000
42	0,354997353	0,003529610	0,105543130	0,101757785	0,000000000	1,000000000	0,199662342	0,826800763	1,000000000	0,417349990
43	0,532973400	0,002204400	0,292607461	0,165660616	0,068345643	1,000000000	0,385352307	1,000000000	1,000000000	0,499983980
44	0,658030336	0,034380969	0,293014178	0,162255413	0,067563997	1,000000000	0,450564541	1,000000000	0,967905226	0,544966000
45	0,450911648	0,000000000	0,136154062	0,132767061	0,073723643	0,850666700	0,231095332	1,000000000	0,864893143	0,400454040
46	0,323221874	0,018955464	0,196191292	0,201947564	0,072917267	1,000000000	0,273885264	1,000000000	1,000000000	0,303110040
47	0,237134081	0,006461538	0,044553627	0,052024308	0,035740591	1,000000000	0,061746073	0,597457627	1,000000000	0,379100010
48	0,198090514	0,001113291	0,099551617	0,089173379	0,153890299	0,772333320	0,100492991	1,000000000	0,895649189	0,107186020
49	0,189986314	0,006038821	0,074014043	0,093437854	0,145443168	1,000000000	0,148512067	1,000000000	1,000000000	0,136146010
50	0,344152735	0,009547190	0,195983297	0,185269779	0,000000000	1,000000000	0,291588010	1,000000000	1,000000000	0,251049970
51	0,182158705	0,001154258	0,075937483	0,091325136	0,000000000	1,000000000	0,144348477	1,000000000	1,000000000	0,105135980
52	0,384323828	0,006990256	0,211823160	0,192844224	0,102156682	1,000000000	0,321042110	1,000000000	1,000000000	0,273845980
53	0,538668300	0,019116978	0,212747274	0,174881447	0,000000000	1,000000000	0,387324811	1,000000000	1,000000000	0,532396000
54	0,114085234	0,002102168	0,030271797	0,045573889	0,075776258	1,000000000	0,086099572	1,000000000	1,000000000	0,106250000
55	0,000352692	0,000000000	0,000000000	0,006884507	0,000000000	0,175000000	0,000000000	0,573622966	0,286837673	0,098599990
56	0,219992129	0,000750469	0,069353412	0,042368492	0,042001457	1,000000000	0,117621532	0,772245847	1,000000000	0,323340020
57	0,278707780	0,003503613	0,087314829	0,053793816	0,075076376	1,000000000	0,158709214	0,850105932	1,000000000	0,362440000
58	0,365741067	0,000000000	0,118379519	0,096531317	0,216758856	0,779000040	0,210516836	0,708686462	0,964191213	0,450160010
59	0,660451306	0,001615923	0,281410493	0,267881090	0,125452449	1,000000000	0,420089336	1,000000000	0,842485248	0,753524020
60	0,532350026	0,001835317	0,234398896	0,255790763	0,112283599	1,000000000	0,346251673	0,990995784	0,898817455	0,776170010
61	0,546592457	0,001317337	0,335732174	0,341265393	0,124799431	1,000000000	0,448786509	1,000000000	0,915860242	0,649039970
62	0,676102244	0,003331549	0,400733492	0,406717292	0,418888171	1,000000000	0,537609434	1,000000000	1,000000000	0,865349990
63	0,472496587	0,015841418	0,309680320	0,319396051	0,087421945	1,000000000	0,405159105	1,000000000	0,566779353	0,556750020
64	0,463323591	0,000000000	0,245874953	0,260589024	0,146959259	0,752333340	0,348353166	0,978813581	0,744505243	0,545700010
65	0,487128881	0,000829466	0,154117639	0,147440601	0,206924847	0,893999990	0,252816374	1,000000000	0,893452364	0,436643990
66	0,430421697	0,001730924	0,187305435	0,184632830	0,073194400	0,965000030	0,282197310	0,895656758	1,000000000	0,519010000
67	0,200112267	0,000000000	0,116481537	0,115954904	0,158908399	0,457666670	0,165462743	1,000000000	0,813266987	0,257039980
68	0,569571670	0,005443588	0,223905858	0,137380520	0,000000000	1,000000000	0,361216180	1,000000000	1,000000000	0,455446000
69	0,438455063	0,005949851	0,098072045	0,085701230	0,000000000	1,000000000	0,164171797	1,000000000	0,498027958	0,611645970

(Fortsetzung nächste Seite)

Tabelle V (Fortsetzung)

XT4	XT5I	XT5P	XF1	XF2	XF3	XU1	XU2	S89	SieS
0,561234030	0,304472927	0,543478261	0,437331990	0,219250416	0,178559337	0,864278880	0,943620364	1	757916,26
0,545360000	0,320428982	0,473205258	0,579205711	0,251815217	0,124744116	0,899613280	0,974043479	1	583281,05
0,610640010	0,413549568	0,000000000	0,645818765	0,373556071	0,227638564	0,779097790	0,994801574	1	497999,83
0,534650000	0,350248496	0,435288170	0,438160793	0,246013360	0,228439842	0,771925640	0,992204881	1	405414,69
0,534989980	0,301334031	0,460566229	0,356799472	0,242120295	0,226301482	0,782400920	0,997407256	1	382587,29
0,680000010	0,557154067	0,451971689	0,542495756	0,618865997	0,384171657	0,819838920	1,000000000	1	341625,69
0,375649980	0,507193304	0,970677452	0,680217364	0,318019847	0,151706052	0,869086120	0,976683539	1	323835,68
0,695434010	0,417211614	0,644590495	0,656089961	0,599391707	0,356186175	0,852828910	0,996237848	1	282506,69
0,516290040	0,424535705	0,513144590	0,380114970	0,316638525	0,269133652	0,881856870	1,000000000	1	269173,80
1,000000000	0,187810620	0,489383215	0,605741649	0,322044031	0,339213229	0,726182980	0,967445072	1	220080,13
0,287639970	0,626994507	0,670374115	0,591939522	0,116580397	0,075950823	1,000000000	1,000000000	1	209928,62
0,305150020	0,238817682	0,477755308	0,522822157	0,307405488	0,178226206	0,872205390	0,994379434	1	183066,51
0,418199970	0,651320952	0,695146613	0,532452640	0,338572759	0,152151464	0,890681270	0,999815541	0	182835,43
0,680000010	0,498561339	0,408493428	0,491857537	0,563760146	0,375697425	0,835620910	1,000000000	1	178032,94
0,542810020	0,551399425	0,595045501	0,615258180	0,402167887	0,307560199	0,946220640	1,000000000	1	162591,94
0,661889990	0,424274130	0,601617796	0,668386568	0,561088917	0,326559702	0,846669230	0,995534174	1	159078,36
0,439449970	0,543029035	0,696663296	0,651279659	0,295130153	0,170883273	0,849568820	1,000000000	1	127388,72
0,851686000	0,489406225	0,436299292	0,570647982	0,586093579	0,356862513	0,725680610	0,982607599	1	120672,01
0,468009970	0,688987706	0,650151668	0,630832466	0,324449204	0,185063767	0,901108940	1,000000000	1	108661,44
0,773215970	0,494376144	0,643073812	0,070959074	0,546610695	0,430487908	0,750733110	0,620005216	1	105258,78
0,386410000	0,198273607	0,353892821	0,362122194	0,379083329	0,402164408	0,742881040	0,991993941	1	94165,30
0,184960010	0,387130526	0,653690597	0,586151666	0,349743640	0,183789172	0,887647670	1,000000000	1	83429,45
0,340000000	0,325398901	0,417593529	0,486776283	0,418603811	0,378159909	0,938573540	1,000000000	1	76859,05
0,239699980	0,493591420	0,378159757	0,395944589	0,341996878	0,197852417	0,946371390	1,000000000	1	70201,72
0,501160000	0,609207429	0,650657230	0,595028485	0,358312002	0,245364380	0,953861220	1,000000000	1	61545,34
0,396610040	0,495945592	0,365520728	0,656468723	0,510853636	0,426308658	0,960707620	1,000000000	1	59884,42
0,516459980	0,619931991	0,517694641	0,559694629	0,381495478	0,233986333	0,846779570	0,989257271	1	59862,39
0,394400030	0,563431860	0,518200202	0,538820310	0,221374018	0,092287449	0,788646330	0,950997931	1	54221,57
0,000000000	0,485482605	0,558645096	0,615963227	0,051068509	-0,000000001	0,958474320	1,000000000	1	47586,78
0,297840020	0,428459325	0,592517695	0,494373255	0,218573791	0,052493247	0,917176100	0,993790533	1	35795,73
0,154699980	0,250588543	0,514155713	0,522849486	0,218824871	0,133668899	0,895128640	0,987377244	1	31597,63
0,308039990	0,627517656	0,648634985	0,572158039	0,141972824	0,090064890	0,838877980	1,000000000	1	30434,86
0,000000000	0,669631180	0,845298281	0,713073461	0,131916407	0,034342791	0,939333210	1,000000000	1	27745,29
0,314500010	0,326445200	0,525783620	0,276482021	0,330075050	0,239986640	0,748621630	0,967204762	1	24822,65
0,694989990	0,500392362	0,489888777	0,553357095	0,522223791	0,430903441	0,839481670	0,896013171	1	23512,21
0,431289990	0,726131310	0,704752275	0,583138696	0,356170323	0,154225281	0,895525420	1,000000000	1	22350,78
0,453389970	0,251373267	0,490899899	0,355572175	0,553838507	0,590645547	0,603010980	0,991122575	1	16236,20
0,257039980	0,498299765	0,483822042	0,498683999	0,394155181	0,245721318	0,897613880	0,999048336	1	13811,42
0,331160000	0,356264714	0,306875632	0,684759496	0,285956907	0,201790057	0,908623850	1,000000000	1	9400,21
0,820800000	0,308919697	0,336703741	0,425526392	0,586297243	0,666536820	0,842236100	1,000000000	1	9362,10
0,661299980	0,409102799	0,391809909	0,318982240	0,434148305	0,270858810	0,797580190	0,995448359	1	8535,09
0,231199980	0,521056762	0,463094034	0,373070959	0,373238159	0,204387742	0,894923020	0,996475139	1	804,77
0,671974010	0,608161130	0,725985844	0,585064396	0,551098144	0,366979331	0,792684580	1,000000000	1	169,99
0,769666010	0,526549830	0,675429727	0,247397219	0,754995420	0,485159441	0,801034680	0,988283464	1	85,18
0,602140020	0,412764844	0,466632963	0,605889599	0,264193267	0,234981327	0,944647350	1,000000000	1	51,24
0,472259980	0,527072979	0,675935288	0,138222996	0,316879232	0,200676933	0,884326900	0,979486315	1	41,26
0,325550040	0,287470573	0,336703741	0,675282404	0,157554269	0,093793695	0,947294470	0,985572366	1	28,08
0,306509980	0,538059116	0,609201213	0,535569633	0,300393460	0,082084207	0,884685260	1,000000000	1	0,00
0,213860030	0,208475020	0,449443883	0,436818491	0,213088621	0,081504040	0,801065350	0,988849810	1	0,00
0,318750000	0,331938268	0,431749242	0,230791122	0,423504150	0,195532846	0,782578990	0,947603344	1	0,00
0,200939990	0,233063039	0,450455005	0,661631286	0,218376905	0,085235493	0,862995520	0,954708981	1	0,00
0,359210030	0,381899032	0,381193124	0,358041260	0,431924401	0,214638144	0,818067850	0,915418729	1	0,00
0,361759970	0,343709129	0,627906977	0,040871395	0,566843731	0,347746273	0,591876470	0,707391372	1	0,00
0,210460030	0,199319906	0,386754297	0,430034953	0,076989171	0,027953650	0,894015750	0,991150754	1	0,00
0,000000000	0,651059377	0,688574317	0,725529175	0,047762152	0,002128432	0,987935220	1,000000000	0	0,00
0,137190000	0,380852733	0,391304348	0,487574573	0,212885067	0,092743008	0,823554510	0,999973941	1	0,00
0,176289990	0,516348417	0,377148635	0,522243046	0,304354627	0,145389780	0,999415090	1,000000000	1	0,00
0,264009980	0,490452524	0,393832154	0,567105417	0,361908978	0,229592022	0,835837940	1,000000000	1	0,00
0,499800010	0,224169500	0,321536906	0,402288892	0,468062977	0,466506483	0,807146270	0,988333224	1	0,00
0,363460010	0,279884907	0,445399393	0,550786820	0,396179454	0,392534570	0,928837950	1,000000000	1	0,00
0,370090010	0,499607638	0,416582406	0,495461252	0,527496561	0,424617193	0,865066060	1,000000000	1	0,00
0,394400030	0,487313628	0,605662285	0,412384108	0,646902992	0,554134485	0,682129880	1,000000000	1	0,00
0,370599970	0,459325137	0,239635996	0,354541042	0,472214010	0,381328988	0,829209180	0,955742089	1	0,00
0,359550050	0,474758043	0,346814965	0,660195416	0,440062575	0,350946413	0,956703150	1,000000000	1	0,00
0,621690020	0,403348156	0,450455005	0,575097423	0,299600660	0,271788292	0,933669050	1,000000000	1	0,00
0,406639960	0,483390008	0,366026289	0,598997173	0,394771996	0,310757502	0,948247540	1,000000000	1	0,00
0,426190000	0,611561601	0,479777553	0,464068504	0,183208174	0,118009306	0,878931270	1,000000000	1	0,00
0,636140020	0,480774261	0,481294237	0,152014819	0,500581492	0,381223000	0,445812740	0,698647986	1	0,00
0,458150030	0,313628041	0,609706775	0,502141169	0,252903635	0,238642151	0,742343540	0,992862581	1	0,00

Legende: XB1 … XU2: Teilindikatoren
SieS: Inanspruchnahme an Siedlungsfläche i. e. S. in m² im Untersuchungszeitraum
#2: lfd Nummer
S89: Zugehörigkeit Siedlungsbereich nach Regionalplan 1989 (1=ja; 0=nein)

Tabelle VI: Korrelationskoeffizienten und Toleranzen der Teilindikatoren der 69 Untersuchungseinheiten aus den Siedlungsbereichen

Korrelationskoeffizienten

	XB	XV_1	XV_2	XV_3	XV_4	XV_5	XV_8	XT_1	XT_2	XT_3	XT_4	XTI_5	XTP_5	XF_1	XF_2	XF_3	XU_1	XU_2
XB	1	0,148	0,820	0,681	0,149	0,418	0,889	0,451	0,121	0,876	0,699	-0,255	-0,247	-0,358	0,854	0,960	-0,462	-0,236
XV_1		1	0,117	0,026	-0,178	0,227	0,185	0,083	0,116	0,033	0,177	0,004	0,233	-0,609	0,250	0,144	-0,294	-0,485
XV_2			1	0,912	0,203	0,306	0,965	0,452	0,187	0,738	0,509	-0,039	-0,207	-0,321	0,837	0,918	-0,393	-0,141
XV_3				1	0,279	0,193	0,865	0,335	0,258	0,732	0,231	-0,196	-0,306	-0,299	0,645	0,806	-0,297	-0,050
XV_4					1	-0,188	0,165	-0,076	0,133	0,221	-0,027	-0,038	-0,083	0,144	0,152	0,186	0,003	0,273
XV_5						1	0,365	0,466	0,145	0,282	0,347	-0,264	0,011	-0,287	0,381	0,341	-0,291	-0,126
XV_8							1	0,513	0,221	0,769	0,558	-0,103	-0,225	-0,396	0,890	0,947	-0,451	-0,238
XT_1								1	0,065	0,216	0,567	-0,150	-0,057	-0,246	0,424	0,395	-0,308	-0,134
XT_2									1	0,138	-0,143	-0,171	-0,009	-0,333	0,228	0,125	-0,134	-0,229
XT_3										1	0,407	-0,333	-0,279	-0,279	0,642	0,886	-0,352	-0,097
XT_4											1	-0,044	-0,076	-0,166	0,608	0,623	-0,393	-0,216
XTI_5												1	0,468	0,231	0,035	-0,167	0,277	0,059
XTP_5													1	0,079	-0,098	-0,226	0,052	-0,084
XF_1														1	-0,332	-0,326	0,590	0,605
XF_2															1	0,873	-0,441	-0,252
XF_3																1	-0,442	-0,200
XU_1																	1	0,561
XU_2																		1

Toleranzen der unabhängigen Variablen

	r^2	$1-r^2$
XB	0,662	0,338
XV_1	0,526	0,474
XV_4	0,281	0,719
XV_5	0,404	0,596
XT_1	0,445	0,555
XT_2	0,272	0,728
XT_4	0,680	0,320
XTI_5	0,364	0,636
XTP_5	0,371	0,629
XF_1	0,688	0,312
XU_1	0,565	0,435
XU_2	0,549	0,451

Anhang II

Die Teilindikatoren aus dem Forschungsprojekt WUMS

<u>Anmerkung:</u> *Im Folgenden ist ein Auszug aus dem Endbericht des Forschungsprojektes WUMS abgedruckt. Die dabei verwendeten Kapitelnummern und die Nummerierung der Gleichungen wurden hier zur besseren Übersicht verändert und beginnen hier mit „1“. Die enthaltenen Quellenverweise wurden jedoch nicht verändert und beziehen sich auf die des Endberichts des Projektes WUMS. (vgl. Forschungsverbund WUMS, 2000)*

1. Der Beschäftigungsindikator

Ein Indikator zur Beschreibung der Attraktivität eines Verkehrsbezirks hinsichtlich der Beschäftigungsmöglichkeiten sollte grundsätzlich auf den in einem Verkehrsbezirk vorhandenen bzw. auf den aus dem Verkehrsbezirk erreichbaren Arbeitsplätzen aufbauen. Angaben über die Anzahl der Arbeitsplätze in den einzelnen Verkehrsbezirken konnten für das Forschungsvorhaben nicht zugänglich gemacht werden. Deshalb wird für die Berechnung des Indikators die Anzahl der Beschäftigten, die in den Strukturdaten zum Regionalverkehrsplan ausgewiesen sind, mit der Zahl der Arbeitsplätze gleichgesetzt. Bei diesen Angaben handelt es sich nicht um originäre, sondern um geschätzte Daten, die zunächst auf der Grundlage der Zahl der versicherungspflichtig Beschäftigten für die Gemeinden geschätzt und dann auf die Ebene der Verkehrsbezirke mit Hilfe der betroffenen Gemeinden verteilt wurden.

Für die Beschreibung der Attraktivität eines Verkehrsbezirks hinsichtlich der Erreichbarkeit von Arbeitsplätzen wird ein Indikator berechnet, indem die Summe der gewichteten Anzahl der im motorisierten Individualverkehr sowie im öffentlichen Personenverkehr erreichbaren Arbeitsplätze ermittelt wird. Als Gewichtungsfaktoren werden die Bewertungsfaktoren, die von der Reisezeit vom betrachteten Verkehrsbezirk zu allen Verkehrsbezirken mit Arbeitsplätzen bestimmt werden, verwendet. Die Bewertung der innerhalb des betrachteten Verkehrsbezirks liegenden Arbeitsplätze erfolgt auf der Grundlage der durchschnittlichen verkehrsbezirksinternen Zugangszeit zu einem Knoten des jeweiligen Verkehrsnetzes. In die beiden Bewertungsfunktionen werden die jeweiligen zeitlichen Grenzwerte für den Fahrtzweck "Arbeit" eingesetzt.

Der Beschäftigungsindikator wird nach folgender Formel berechnet:

$$XB_i = \left[g_{IV,A} * \left(\sum_{j=1}^{n} B_j * Div_{ij} \right) + g_{ÖV,A} * \left(\sum_{j=1}^{n} B_j * Döv_{ij} \right) \right] \tag{1}$$

mit:

XB_i	Beschäftigungsindikator des Verkehrsbezirks i
B_j	Beschäftigte im Verkehrsbezirk j
i, j	Quell- und Zielorte, $i = 1,...,624$, $j \in \{1,...,760\}$
n	Anzahl der Zielorte (760)
$g_{IV,A}$	fahrtzweckspezifischer Gewichtungsfaktor für den Individualverkehr (modal split)
$g_{ÖV,A}$	fahrtzweckspezifischer Gewichtungsfaktor für den öffentlichen Personenverkehr (modal split)
Div	reisezeitabhängiger Bewertungsfaktor für den Individualverkehr
Döv	reisezeitabhängiger Bewertungsfaktor für den öffentlichen Personenverkehr

Als Gewichtungsfaktoren $g_{IV,A}$ und $g_{ÖV,A}$ wurden die in den Begleituntersuchungen zum Regionalverkehrsplan ausgewiesenen wegezweckspezifischen Anteile bei der Verkehrsmittelwahl in der Region Stuttgart (vgl. Verband Region Stuttgart (Hrsg.) (1996a), S.75) verwendet.

Der Indikator beschreibt die Erreichbarkeit von Arbeitsplätzen aus einem Verkehrsbezirk, er kann aber nicht die Konkurrenz um die Arbeitsplätze abbilden. Die künftige Entwicklung der Arbeitsplätze in den Verkehrsbezirken kann auf der Standortebene nicht endogen modelliert werden, so dass die Angaben für zukünftige Zeitpunkte aus den entsprechenden Projektionen des Regionalverkehrsplans übernommen werden müssen.

2. Die Versorgungsindikatoren

Für die Attraktivität eines Wohnortes spielt dessen Ausstattung mit haushaltsorientierten Versorgungseinrichtungen bzw. die Erreichbarkeit von haushaltsorientierten Versorgungseinrichtungen eine Rolle. Als relevant werden im allgemeinen Einrichtungen des Gesundheitswesens, des Einzelhandels sowie des Bildungswesens erachtet. Für diese drei Bereiche wurden Daten für die Verkehrsbezirke erhoben bzw. zur Verfügung gestellt, die als Grundlage für die Ermittlung von Indikatoren herangezogen werden können. Die vorliegenden Daten zur Ausstattung der Verkehrsbezirke lassen lediglich Aussagen über die Quantität der betrachteten Einrichtungen zu. Über die Qualität dieser Einrichtungen können keine Aussagen gemacht werden. Diese Einschränkung ist inhaltlich insoweit gerechtfertigt, als dass Personen bei ihren Wanderungsentscheidungen in der Regel ebenfalls nicht über detailliertes Wissen über die Qualitätsmerkmale der Versorgungseinrichtungen verfügen.

2.1 Die Versorgung mit Einrichtungen des Gesundheitswesens

Die Versorgung der Bevölkerung mit Einrichtungen des Gesundheitswesens umfasst zum einen die ambulante Versorgung über niedergelassene Ärzte und zum anderen die Versorgung über Krankenhäuser.

Als Grundlage für die Beschreibung der Versorgung der Verkehrsbezirke mit ambulanten medizinischen Dienstleistungen wird die Zahl der Praxen von Allgemein- sowie von Fachärzten verwendet. Zum einen soll die Versorgungssituation in jedem Verkehrsbezirk beschrieben werden, zum anderen soll die Erreichbarkeit von Ärzten in benachbarten Verkehrsbezirken erfasst werden.

2.1.1 Örtliche Versorgung mit ärztlichen Dienstleistungen

Als Indikator für die örtliche Versorgung mit ärztlichen Dienstleistungen wird die Anzahl der Praxen von Allgemein- und Fachärzten je 1000 Einwohner verwendet. Aufgrund der geringen Einzugsbereiche von Allgemeinärzten werden nur die in dem Verkehrsbezirk liegenden Praxen berücksichtigt. Eine Differenzierung zwischen Allgemeinärzten und Fachärzten findet nicht statt, weil Fachärzte zum Teil auch Leistungen erbringen, die das Spektrum von Leistungen der Allgemeinärzte abdecken. Der Indikator wird nach folgender Formel berechnet:

(2) $$XV_{1,i} = \frac{P_i}{E_i} * 1000$$

mit:

$XV_{1,i}$ Indikator zur örtlichen Versorgung mit ambulanten ärztlichen Dienstleistungen

P_i Anzahl der Praxen von Allgemein- und Fachärzten im Verkehrsbezirk i

E_i Einwohner im Verkehrsbezirk i

2.1.2 Überörtliche Versorgung mit ärztlichen Dienstleistungen

Für den Indikator zur Beschreibung der überörtlichen, spezialisierten Versorgung mit ärztlichen Dienstleistungen (Erreichbarkeit von Ärzten in benachbarten Verkehrsbezirken) werden nur die Fachärzte herangezogen, weil sie zum Teil Leistungen anbieten, deren Einzugsbereich die Grenzen der Verkehrsbezirke überschreiten.

Als Indikator für die spezialisierte ärztliche Versorgung wird die Summe der gewichteten Anzahl erreichbarer Fachärzte verwendet. Als Gewichtungsfaktoren werden die Bewertungsfaktoren, die von den Reisezeiten zwischen dem betrachteten Verkehrsbezirk und allen Verkehrsbezirken mit Facharztpraxen im motorisierten Individualverkehr und im öffentlichen Personenverkehr bestimmt werden, verwendet. Die Bewertung der innerhalb des betrachteten Verkehrsbezirks liegenden Facharztpraxen erfolgt auf der Grundlage der durchschnittlichen verkehrsbezirksinternen Zugangszeit zu einem Knoten des jeweiligen Verkehrsnetzes. In die beiden Bewertungsfunktionen werden die jeweiligen zeitlichen Grenzwerte für den Fahrtzweck "private Erledigung" eingesetzt.

Der Indikator wird nach folgender Formel berechnet:

(3) $$XV_{2,i} = \left[g_{IV,E} * \left(\sum_{j=1}^{n} FP_j * Div_{ij} \right) + g_{ÖV,E} * \left(\sum_{j=1}^{n} FP_j * Döv_{ij} \right) \right]$$

mit

$XV_{2,i}$	Indikator zur überörtlichen Erreichbarkeit von Fachärzten
FP_j	Anzahl der Facharztpraxen im Verkehrsbezirk j
i, j	Quell- und Zielorte, $i = 1,...,624$, $j \in \{1,...,760\}$
n	Anzahl der Zielorte (760)
$g_{IV,E}$	fahrtzweckspezifischer Gewichtungsfaktor für den Individualverkehr (modal split)
$g_{ÖV,E}$	fahrtzweckspezifischer Gewichtungsfaktor für den öffentlichen Personenverkehr (modal split)
Div	reisezeitabhängiger Bewertungsfaktor für den Individualverkehr
Döv	reisezeitabhängiger Bewertungsfaktor für den öffentlichen Personenverkehr

Als Gewichtungsfaktoren $g_{IV,E}$ und $g_{ÖV,E}$ wurden die in den Begleituntersuchungen zum Regionalverkehrsplan ausgewiesenen wegezweckspezifischen Anteile bei der Verkehrsmittelwahl in der Region Stuttgart (vgl. Verband Region Stuttgart (Hrsg.) (1996a), S.75) verwendet.

Die Anzahl und die räumliche Verteilung von Allgemein- und Facharztpraxen kann auf der Standortebene nicht fortgerechnet werden, so dass diese Angaben über den gesamten Fortrechnungszeitraum konstant gehalten werden. Veränderlich sind lediglich die zugrunde gelegten Reisezeiten.

Als Indikator für die Versorgung mit Leistungen von Krankenhäusern wird die Summe der gewichteten Anzahl erreichbarer Krankenhausbetten in Akutkrankenhäusern mit mehr als zwei Fachabteilungen ermittelt. Als Gewichtungsfaktoren werden die Bewertungsfaktoren, die von den Reisezeiten zwischen dem betrachteten Verkehrsbezirk und allen Verkehrsbezirken mit Krankenhäusern im motorisierten Individualverkehr und im öffentlichen Personenverkehr bestimmt werden, verwendet. Die Bewertung der innerhalb des betrachteten Verkehrsbezirks liegenden Krankenhäuser erfolgt auf der Grundlage der durchschnittlichen verkehrsbezirksinternen Zugangszeit zu einem Knoten des jeweiligen Verkehrsnetzes. In die beiden Bewertungsfunktionen werden die jeweiligen zeitlichen Grenzwerte für den Fahrtzweck "private Erledigung" eingesetzt. Der Indikator wird nach folgender Formel berechnet:

(4) $$XV_{3,i} = \left[g_{IV,E} * \left(\sum_{j=1}^{n} KH_j * Div_{ij} \right) + g_{ÖV,E} * \left(\sum_{j=1}^{n} KH_j * Döv_{ij} \right) \right]$$

mit

$XV_{3,i}$ Indikator zur Erreichbarkeit von Krankenhäusern aus dem Verkehrsbezirk i

KH_j Anzahl der Betten in Akutkrankenhäusern im Verkehrsbezirk j

i, j Quell- und Zielorte, $i = 1,...,624$, $j \in \{1,...,760\}$

n Anzahl der Zielorte (760)

$g_{IV,E}$ fahrtzweckspezifischer Gewichtungsfaktor für den Individualverkehr (modal split)

$g_{ÖV,E}$ fahrtzweckspezifischer Gewichtungsfaktor für den öffentlichen Personenverkehr (modal split)

Div reisezeitabhängiger Bewertungsfaktor für den Individualverkehr

Döv reisezeitabhängiger Bewertungsfaktor für den öffentlichen Personenverkehr

Als Gewichtungsfaktoren $g_{IV,E}$ und $g_{ÖV,E}$ wurden die in den Begleituntersuchungen zum Regionalverkehrsplan ausgewiesenen wegezweckspezifischen Anteile bei der Verkehrsmittelwahl in der Region Stuttgart (vgl. Verband Region Stuttgart (Hrsg.) (1996a),S.75) verwendet.

Die Anzahl und die räumliche Verteilung der Krankenhäuser und ihrer Bettenausstattung kann auf der Standortebene nicht endogen fortgerechnet werden, so dass diese Angaben über den gesamten Fortrechnungszeitraum konstant gehalten werden. Veränderlich sind lediglich die zugrunde gelegten Reisezeiten.

2.2 Die Versorgung mit Einrichtungen des Bildungswesens

Bei der Abbildung der Versorgung der Verkehrsbezirke mit Bildungseinrichtungen werden allgemeinbildende Schulen sowie Fachhochschulen und Hochschulen berücksichtigt.

2.2.1 Versorgung mit Grundschulen

Grund- und Hauptschulen haben einen relativ kleinen Einzugsbereich. Deshalb wird für die Abbildung der Versorgung der Verkehrsbezirke mit Grund- und Hauptschulen die Anzahl der Grund- und Hauptschulen auf die Siedlungsfläche der Verkehrsbezirke bezogen. Mit diesem Indikator wird die Schuldichte in den Verkehrsbezirken ausgedrückt.

(5) $$XV_{4,i} = \frac{S_i}{F_i}$$

mit:

$XV_{4,i}$	Indikator zur örtlichen Versorgung mit Grund- und Hauptschulen
S_i	Anzahl der Grund- und Hauptschulen Verkehrsbezirk i
F_i	Siedlungsfläche des Verkehrsbezirks i (in ha)

2.2.2 Versorgung mit Realschulen und Gymnasien

Für die Abbildung der Versorgung der Verkehrsbezirke mit Realschulen und Gymnasien wird der reisezeitabhängige Bewertungsfaktor im öffentlichen Personenverkehr zum nächsten Verkehrsbezirk mit einer Realschule oder einem Gymnasium verwendet. Falls der betrachtete Verkehrsbezirk selbst Standort einer entsprechenden Schule ist, wird die durchschnittliche interne Zugangszeit als Berechnungsgrundlage verwendet. In die jeweilige Bewertungsfunktionen werden die jeweiligen zeitlichen Grenzwerte für den Fahrtzweck "zur Ausbildung" eingesetzt. Beide Indikatoren werden nach der gleichen Formel berechnet:

(6) $$XV_{5/6,i} = Döv_{ij} \qquad Döv_{ij} \rightarrow MAX!$$

mit:

$XV_{5/6,i}$	Indikator zur Erreichbarkeit Realschulen/Gymnasien aus dem Verkehrsbezirk i
i, j	Quell- und Zielorte, $i = 1,...,624$, $j \in \{1,...,760\}$
Döv	reisezeitabhängiger Bewertungsfaktor für den öffentlichen Personenverkehr

2.2.3 Versorgung mit Hochschulen

Der entsprechende Indikator für Fachhochschulen und Hochschulen unterscheidet sich in seinem Aufbau vom obigen Indikator lediglich durch den Sachverhalt, dass sowohl die Reisezeiten im Individualverkehr als auch im öffentlichen Personenverkehr berücksichtigt werden. Er wird nach folgender Formel berechnet:

(7) $$XV_{7,i} = g_{IV,S} * Div_{ij} + g_{ÖV,S} Döv_{ij}$$

mit

$XV_{7,i}$ Indikator zur Erreichbarkeit von Fachhochschulen und Hochschulen aus dem Verkehrsbezirk i

i, j Quell- und Zielorte, $i = 1,...,624$, $j \in \{1,...,760\}$

n Anzahl der Zielorte (760)

$g_{IV,S}$ fahrtzweckspezifischer Gewichtungsfaktor für den Individualverkehr (modal split)

$g_{ÖV,S}$ fahrtzweckspezifischer Gewichtungsfaktor für den öffentlichen Personenverkehr (modal split)

Div reisezeitabhängiger Bewertungsfaktor für den Individualverkehr

Döv reisezeitabhängiger Bewertungsfaktor für den öffentlichen Personenverkehr

Als Gewichtungsfaktoren $g_{IV,S}$ und $g_{ÖV,S}$ wurden die in den Begleituntersuchungen zum Regionalverkehrsplan ausgewiesenen wegezweckspezifischen Anteile bei der Verkehrsmittelwahl in der Region Stuttgart (vgl. Verband Region Stuttgart (Hrsg.) (1996a), S.75) verwendet.

Die Anzahl der Bildungseinrichtungen und deren räumliche Verteilung kann auf der Standortebene nicht endogen fortgerechnet werden. Deshalb wird sie bis zum Ende der Fortrechnungsperiode konstant gehalten.

2.3 Die Versorgung mit Einzelhandelsdienstleistungen

Die Beschreibung der Versorgung der Verkehrsbezirke mit Einzelhandelsdienstleistungen erfolgt über das Merkmal Verkaufsflächen im Einzelhandel. Als Indikator für die Erreichbarkeit von Einzelhandelseinrichtungen wird die Summe der gewichteten Einzelhandelsflächen verwendet. Als Gewichtungsfaktoren werden die Bewertungsfaktoren, die von den Reisezeiten zwischen dem betrachteten Verkehrsbezirk und allen Verkehrsbezirken mit Einzelhandelseinrichtungen im motorisierten Individualverkehr und im öffentlichen Personenverkehr bestimmt werden, verwendet. Die Bewertung der innerhalb des betrachteten Verkehrsbezirks liegenden Einzelhandelseinrichtungen erfolgt auf der Grundlage der durchschnittlichen verkehrsbezirksinternen Zugangszeit zu einem Knoten des jeweiligen Verkehrsnetzes. In die beiden Bewertungsfunktionen werden die jeweiligen zeitlichen Grenzwerte für den Fahrtzweck "Einkaufen" eingesetzt. Der Indikator wird nach folgender Formel berechnet:

(8) $$XV_{8,i} = \left[g_{IV,E} * \left(\sum_{j=1}^{n} H_j * Div_{ij} \right) + g_{ÖV,E} * \left(\sum_{j=1}^{n} H_j * Döv_{ij} \right) \right]$$

mit

$XV_{8,i}$ Indikator zur Erreichbarkeit von Einzelhandelseinrichtungen

H_j Verkaufsflächen im Einzelhandel im Verkehrsbezirk j (in 100 m2)

i, j Quell- und Zielorte, $i = 1,...,624$, $j \in \{1,...,760\}$

n	Anzahl der Zielorte (760)
$g_{IV,E}$	fahrtzweckspezifischer Gewichtungsfaktor für den Individualverkehr (modal split)
$g_{ÖV,E}$	fahrtzweckspezifischer Gewichtungsfaktor für den öffentlichen Personenverkehr (modal split)
Div	reisezeitabhängiger Bewertungsfaktor für den Individualverkehr
Döv	reisezeitabhängiger Bewertungsfaktor für den öffentlichen Personenverkehr

Als Gewichtungsfaktoren $g_{IV,E}$ und $g_{ÖV,E}$ wurden die in den Begleituntersuchungen zum Regionalverkehrsplan ausgewiesenen wegezweckspezifischen Anteile bei der Verkehrsmittelwahl in der Region Stuttgart (vgl. Verband Region Stuttgart (Hrsg.) (1996a), S.75) verwendet.

Die künftige Veränderung der Ausstattung mit den oben genannten Versorgungseinrichtungen lassen sich auf der Standortebene nicht modellieren, so dass die Angaben über den Fortrechnungszeitraum konstant gehalten werden.

3. Indikatoren zur Beschreibung der Verkehrsanbindung

Bei der Abbildung der von der Verkehrsanbindung ausgehenden Attraktivität eines Verkehrsbezirks müssen zwei wesentliche Aspekte berücksichtigt werden. Zum einen wird die Lagegunst der Verkehrsbezirke 3. Ordnung im Hinblick auf ihre Erreichbarkeit von jenen Verkehrsinfrastruktureinrichtungen erfasst, die als Einstiegspunkte in das nationale bzw. internationale Fernverkehrsnetz dienen. Zum anderen wird die Lagegunst der Verkehrsbezirke im Hinblick auf deren Erreichbarkeit innerhalb des Planungsraums mit verschiedenen Verkehrsmitteln abgebildet. Diese beiden Anforderungen machen die Verwendung von mehreren Teilindikatoren notwendig.

Grundsätzlich lassen sich für die Beschreibung der Verkehrsanbindung einfache Ausstattungsindices, welche die Lagegunst eines Raumes durch die Anzahl bzw. den Umfang der in ihr vorhandenen Infrastruktureinrichtungen beschreiben, nicht verwenden, weil sie die Lage des betrachteten Raumes im gesamten Verkehrsnetz nicht berücksichtigen, stark vom räumlichen Zuschnitt der Verkehrsbezirke abhängig sind und keinen Vergleich zwischen unterschiedlichen Verkehrsträgern erlauben. Daraus folgt, dass für die weitere Vorgehensweise nur Zugänglichkeitsindikatoren oder Erreichbarkeitsindikatoren in Frage kommen. Zugänglichkeitsindikatoren beschreiben nach allgemeiner Auffassung die Lagegunst einer Gebietseinheit durch die Entfernung von den übrigen Gebietseinheiten. Erreichbarkeitsindikatoren beschreiben die Lagegunst eines Raumes nicht nur über ihre Entfernung zu anderen Räumen, sondern auch als Funktion der in den Zielräumen vorhandenen Aktivitäten. Sie haben den Vorteil, dass sie sowohl Distanzmaße als auch die Verteilung von Aktivitäten berücksichtigen, daher werden sie für die Berechnung von Verkehrsanbindungsindikatoren verwendet.

3.1 Die Anbindung an das Fernverkehrsnetz

Bei der Beschreibung der Lagegunst der Verkehrsbezirke hinsichtlich der Erreichbarkeit von Verkehrsinfrastruktureinrichtungen, die als Einstiegspunkte in das Fernverkehrsnetz dienen, werden drei Kategorien von Einrichtungen berücksichtigt. Es werden die Anschlussstellen an das Autobahnnetz, die Bahnhöfe, welche Haltepunkte von Zügen des Fernverkehrs sind, sowie internationale Flughäfen betrachtet. Diese Einrichtungen werden lediglich in ihrer

Funktion als Einstiegspunkt in das Fernverkehrsnetz betrachtet. Die Lagegunst dieser Einrichtungen im nationalen oder internationalen Fernverkehrsnetz wird nicht weiter untersucht, weil sie für die Attraktivitätsunterschiede zwischen den einzelnen Verkehrsbezirken innerhalb der Region nicht von unmittelbarer Bedeutung ist.

3.1.1 Die Anbindung an das Autobahnnetz

Als Indikator für die Anbindung jedes Verkehrsbezirks an das Fernstraßennetz wird der reisezeitabhängige Bewertungsfaktor der Reisezeit im motorisierten Individualverkehr zum nächsten Verkehrsbezirk mit einer Anschlussstelle an eine Bundesautobahn oder an eine vierspurig ausgebaute, kreuzungsfreie Bundesstraße mit unmittelbarem Anschluss an eine Bundesautobahn verwendet. Bei Verkehrsbezirken, welche eine Anschlussstelle aufweisen, wird die interne Zugangszeit zu dem Knoten als Gesamtreisezeit verwendet. In die Bewertungsfunktion werden die jeweiligen zeitlichen Grenzwerte für den Fahrtzweck "dienstliche/geschäftliche Erledigung" eingesetzt, obwohl die Autobahnen auch für sonstige Fahrtzwecke genutzt werden. Dieser Fahrtzweck wird gewählt, weil unterstellt wird, dass insbesondere bei häufig anzutretenden geschäftlichen Reisen die Erreichbarkeit eines Anschlusses an das Autobahnnetz für die Wahl des Wohnstandorts von besonderer Bedeutung sein kann.

Die vierspurig ausgebauten Bundesstraßen werden bei der Berechnung des Indikators berücksichtigt, weil sie sowohl von ihrer baulichen Gestaltung als auch vom Fahrverhalten der Nutzer her den Charakter einer Autobahn aufweisen.

(9) $$XT_{1,i} = Div_{ij} \qquad Div_{ij} \rightarrow MAX!$$

mit

$XT_{1,i}$ Indikator zur Erreichbarkeit eines Anschlusspunktes an das Autobahnnetz aus dem Verkehrsbezirk i

i, j Quell- und Zielorte, $i = 1,...,624$, $j \in \{1,...,760\}$

Div reisezeitabhängiger Bewertungsfaktor für den Individualverkehr

3.1.2 Die Anbindung an das Netz des Eisenbahnfernverkehrs

Für die Indikatoren der Anbindung an Fernverkehrsbahnhöfe wird für jeden Verkehrsbezirk die Reisezeit zum nächsten Verkehrsbezirk mit einem entsprechenden Bahnhof ermittelt. Als Fernverkehrsbahnhöfe gelten alle Bahnhöfe, in denen Züge der Kategorien IR, IC/EC halten.

Im Gegensatz zur Berechnung der Erreichbarkeit von Autobahnanschlusspunkten müssen bei der Berechnung der Erreichbarkeit von Fernbahnhöfen nicht nur die Erreichbarkeitsverhältnisse im motorisierten Individualverkehr sondern auch im öffentlichen Personenverkehr berücksichtigt werden. Daher wird als Indikator die Summe der gewichteten Bewertungsfaktoren der Reisezeiten zum nächsten Fernbahnhof im Individualverkehr und im öffentlichen Personenverkehr berechnet.

Die Erreichbarkeit der Bahnhöfe von Stuttgart, Karlsruhe und Ulm wird mit einem eigenen aber gleich aufgebauten Indikator erfasst, weil die genannten Bahnhöfe aufgrund ihrer Funktion als Einstiegspunkte in das ICE-Netz eine besondere Qualität hinsichtlich des Fahrplanangebots besitzen. In die Bewertungsfunktionen beider Indikatoren werden die jeweiligen zeitlichen Grenzwerte für den Fahrtzweck "dienstliche/geschäftliche Erledigung" mit der glei-

cher Begründung wie bei der Erreichbarkeit von Autobahnanschlüssen eingesetzt, obwohl auch in diesem Fall ebenfalls andere Fahrtzwecke auftreten.
Die Berechnung der Indikatoren erfolgt nach folgender Formel:

(10) $$XT_{2/3,i} = g_{IV,G} * Div_{ij} + g_{ÖV,G} \cdot Döv_{ij} \qquad Döv_{ij} \rightarrow MAX!, Div_{ij} \rightarrow MAX!$$

mit

$XT_{2/3,i}$ Erreichbarkeitsindikator der Verkehrszelle i hinsichtlich Fernbahnhöfen mit IR bzw. ICE Anschluß

i, j Quell- und Zielorte, $i = 1,...,624$, $j \in \{1,...,760\}$

n Anzahl der Zielorte (760)

$g_{IV,G}$ fahrtzweckspezifischer Gewichtungsfaktor für den Individualverkehr (modal split)

$g_{ÖV,G}$ fahrtzweckspezifischer Gewichtungsfaktor für den öffentlichen Personenverkehr (modal split)

Div reisezeitabhängiger Bewertungsfaktor für den Individualverkehr

Döv reisezeitabhängiger Bewertungsfaktor für den öffentlichen Personenverkehr

Als Gewichtungsfaktoren $g_{IV,G}$ und $g_{ÖV,G}$ wurden die in den Begleituntersuchungen zum Regionalverkehrsplan ausgewiesenen wegezweckspezifischen Anteile bei der Verkehrsmittelwahl in der Region Stuttgart (vgl. Verband Region Stuttgart (Hrsg.) (1996a),S.75) verwendet.

3.1.3 Die Anbindung an das Luftverkehrsnetz

Für die Berechnung des Indikators der Anbindung jedes Verkehrsbezirks an das internationale Luftverkehrsnetz wird die Reisezeit zum nächsten Flughafen ermittelt. In Anlehnung an den Indikator zur Anbindung an Fernbahnhöfe werden auch hier nicht nur die Erreichbarkeitsverhältnisse im motorisierten Individualverkehr, sondern auch im öffentlichen Personenverkehr berücksichtigt. Daher wird als Indikator die Summe der gewichteten Bewertungsfaktoren der Reisezeiten zum nächsten internationalen Flughafen im Individualverkehr und im öffentlichen Personenverkehr berechnet. In die Bewertungsfunktionen beider Indikatoren werden ebenfalls die jeweiligen zeitlichen Grenzwerte für den Fahrtzweck "dienstliche/geschäftliche Erledigung" eingesetzt. Als Flughafen wird lediglich der Flughafen Stuttgart in die Berechnungen einbezogen, weil aufgrund der beschränkten Größe der Region sowie der Lage der nächstgelegenen internationalen Flughäfen außerhalb der Region (München, Frankfurt, Straßburg) der Flughafen Stuttgart-Echterdingen schneller erreichbar ist als die oben genannten Flughäfen. Regionalflughäfen werden aus diesem Grund ebenfalls nicht weiter berücksichtigt. Die Berechnung des Indikators erfolgt nach folgender Formel:

(11) $$XT_{4,i} = g_{IV,G} * Div_{ij} + g_{ÖV,G} \cdot Döv_{ij}$$

mit

$XT_{4,i}$ Erreichbarkeitsindikator des Verkehrsbezirks i hinsichtlich Flughäfen

i, j Quell- und Zielorte, $i = 1,....624, j = 1$ (Flughafen Stuttgart)

$g_{IV,G}$ fahrtzweckspezifischer Gewichtungsfaktor für den Individualverkehr (modal split)

$g_{ÖV,G}$ fahrtzweckspezifischer Gewichtungsfaktor für den öffentlichen Personenverkehr (modal split)

Div reisezeitabhängiger Bewertungsfaktor für den Individualverkehr

Döv reisezeitabhängiger Bewertungsfaktor für den öffentlichen Personenverkehr

Als Gewichtungsfaktoren $g_{IV,G}$ und $g_{ÖV,G}$ wurden die in den Begleituntersuchungen zum Regionalverkehrsplan ausgewiesenen wegezweckspezifischen Anteile bei der Verkehrsmittelwahl in der Region Stuttgart (vgl. Verband Region Stuttgart (Hrsg.) (1996a), S.75) verwendet.

3.2 Die intraregionale Verkehrsanbindung

Zur Beschreibung der intraregionalen Lagegunst eines Verkehrsbezirks wird für den Individualverkehr und für den öffentlichen Personenverkehr jeweils ein Erreichbarkeitsindikator verwendet, der als Messgröße die durchschnittliche Reisegeschwindigkeit im jeweils betrachteten Verkehrsmodus von der jeweils betrachteten Verkehrszelle zu allen anderen Verkehrszellen im gesamten Untersuchungsraum erfasst. Für die Berechnung der durchschnittlichen Reisegeschwindigkeiten wird das harmonische Mittel verwendet, weil das arithmetische Mittel für die Bildung eines Durchschnitts von Geschwindigkeitsangaben nicht geeignet ist.

Die Berechnung der beiden Indikatoren erfolgt nach folgender Formel:

(12) $$XTI_{5,i} = \left(\frac{n-1}{\sum_{j=1}^{n-1} \frac{1}{Viv_{ij}}} \right) i \neq j$$

(13) $$XTP_{5,p} = \left(\frac{n-1}{\sum_{j=1}^{n-1} \frac{1}{Vöv_{ij}}} \right) i \neq j$$

mit:

$XTI_{5,i}$ intraregionaler Erreichbarkeitsindex des Verkehrsbezirks i im Individualverkehr

$XTP_{5,p}$ intraregionaler Erreichbarkeitsindex des Verkehrsbezirks i im öffentlichen Personenverkehr

i, j Quell- und Zielorte, $i = 1,....624, j \in \{1,....759\}$

n Anzahl der Zielorte (760)

Viv_{ij} Durchschnittsgeschwindigkeit zwischen den Verkehrsbezirken i und j im Individualverkehr

$Vöv_{ij}$ Durchschnittsgeschwindigkeit zwischen den Verkehrsbezirken i und j im öffentlichen Personenverkehr

4. Die Indikatoren zur Beschreibung der Freizeitattraktivität

Für die Attraktivität eines Wohnortes spielt die Verfügbarkeit von Flächen und Einrichtungen für die Erholung und die Freizeitgestaltung eine Rolle. Aus der Vielzahl von denkbaren Flächenkategorien und Einrichtungen, die einen Beitrag zur Freizeitqualität eines Verkehrsbezirks leisten können, werden drei wesentliche Bereiche betrachtet und durch operationalisierte Indikatoren abgebildet.

Erstens werden die Voraussetzungen für die naturnahe Erholung, zweitens die Möglichkeiten zur Freizeitgestaltung durch Sport und drittens die freizeitorientierte Versorgung betrachtet. Eine Berücksichtigung der Einrichtungen zur kulturellen Freizeitgestaltung kann aufgrund fehlender Daten für die gewählte räumliche Betrachtungsebene nicht erfolgen.

4.1 Naturnahe Erholung

Der Indikator zur Beschreibung der Freizeitqualität eines Verkehrsbezirks im Hinblick auf naturnahe Erholung berücksichtigt die Verfügbarkeit naturnaher Flächen für die Erholung im Umfeld des Wohnortes sowie deren potentielle Inanspruchnahme durch Erholungssuchende. Der Indikator soll vor allem die Verfügbarkeit von naturnahen Flächen im unmittelbaren Wohnumfeld berücksichtigen, die fußläufig erreichbar sind. Daher wird die Erreichbarkeit von Naherholungsflächen in benachbarten Verkehrsbezirken nicht berücksichtigt.

Die Angaben zur Erholungseignung der Flächen beruhen auf einer Flächenklassifizierung, die im Zusammenhang mit der Erstellung des Landschaftsrahmenprogramms Baden-Württemberg erarbeitet wurde. Die Klassifizierung der Flächen bezüglich ihrer Eignung für naturnahe Erholung erfolgte durch das Institut für Landschaftsplanung und Ökologie (ILPÖ) nach fünf Stufen. Die Stufen reichen von einer sehr hohen Erholungseignung für Flächen mit einer sehr guten Ausstattung mit erholungswirksamen Landschaftselementen (z.B. Wald, Gehölze, Wasser) bis zu Flächen, die für Erholung nicht geeignet sind (z.B. Verkehrsflächen). Die entsprechenden Flächenangaben für jeden Verkehrsbezirk innerhalb der Region Stuttgart wurden vom ILPÖ zur Verfügung gestellt.

Als Indikator zur Verfügbarkeit von Flächen für die naturnahe Erholung in einem Verkehrsbezirk wird das Verhältnis der Summe von entsprechend gewichteten erholungsgeeigneten Flächen zur Gesamtfläche des Verkehrsbezirks gewählt. Die einzelnen Flächenangaben werden mit einem Gewichtungsfaktor versehen, um den Grad der Erholungseignung aufgrund der Flächenart auszudrücken.

Der Indikator wird nach folgender Formel gebildet.

(14) $$XF_{1,i} = \left(\sum_{m=1}^{5} FE_{e,i} * g_e \right) * G_i^{-1}$$

mit:

$XF_{1,i}$ Indikator zur Verfügbarkeit von Flächen für die naturnahe Erholung des Verkehrsbezirks i

$FE_{e,i}$ Flächen der Erholungseignungsklasse m im Verkehrsbezirk i (in ha)

g_e Faktoren zur Gewichtung der Erholungseignung einer Fläche der Erholungseignungsklasse m

e Erholungseignungsklasse m

G_i Gesamtfläche des Verkehrsbezirks i (in ha)

4.2 Freizeitgestaltung durch Sport

Die Abbildung der Attraktivität eines Verkehrsbezirks im Hinblick auf die Möglichkeit der Freizeitgestaltung durch Sport erfolgt über die Erfassung der Ausstattung und Erreichbarkeit von entsprechenden Sportstätten. Die Auswahl der zu berücksichtigenden Sportstätten orientiert sich an einem in einer Entschließung der Ministerkonferenz für Raumordnung aufgeführten Katalog für zentrale Orte mittlerer Stufe über die anzustrebende Ausstattung mit Infrastruktureinrichtungen (Akademie für Raumforschung und Landesplanung, 1987, S.83). Dieser Katalog aus dem Jahr 1972 führt jeweils "eine größere Sportanlage mit einer Hauptkampfbahn für Feldspiele und Leichtathletik sowie Nebenanlagen, eine Sporthalle mit mindestens 27 * 45 m, ein Hallenbad mit Mehrzweckbecken (10 * 25 m), ein Freibad mit beheizbarem Becken sowie Spezialsportanlagen (z.B. Tennisplätze)" auf.

Aufgrund der Datenlage werden für die Bildung des Indikators zwei kleinere Änderungen bei diesen 5 Kategorien von Einrichtungen vorgenommen. Alle Freibäder werden unabhängig von dem Vorhandensein eines beheizbaren Beckens bei der Ermittlung des Indikators berücksichtigt. Ebenso werden alle Sportplätze in die Berechnungen einbezogen, die mindestens ein Normalspielfeld aufweisen. Für den Indikator wird die Summe der gewichteten Anzahl von Sporteinrichtungen der 5 Kategorien verwendet. Als Gewichtungsfaktoren werden die Bewertungsfaktoren, die von den Reisezeiten zwischen dem betrachteten Verkehrsbezirk und allen Verkehrsbezirken mit Sporteinrichtungen im motorisierten Individualverkehr und im öffentlichen Personenverkehr bestimmt werden, verwendet. Die Bewertung der innerhalb des betrachteten Verkehrsbezirks liegenden Sporteinrichtungen erfolgt auf der Grundlage der durchschnittlichen verkehrsbezirksinternen Zugangszeit zu einem Knoten des jeweiligen Verkehrsnetzes. In die beiden Bewertungsfunktionen werden die jeweiligen zeitlichen Grenzwerte für den Fahrtzweck "Freizeit" eingesetzt. Der Indikator wird nach folgender Formel berechnet:

(15)
$$XF_{2,i} = \sum_{s=1}^{5} \left[g_{IV,F} * \left(\sum_{j=1}^{n} SP_j^S * Div_{ij} \right) + g_{ÖV,F} * \left(\sum_{j=1}^{n} SP_j^s * Döv_{ij} \right) \right]$$

mit:

$XF_{2,i}$ Indikator zur sportorientierten Freizeitqualität des Verkehrsbezirks i ,

SP_j^s Anzahl der Sportstätten einer Kategorie im Verkehrsbezirk j

i, j Quell- und Zielorte, $i = 1,....624, j \in \{1,....760\}$

n Anzahl der Zielorte (760)

$g_{IV,F}$ fahrtzweckspezifischer Gewichtungsfaktor für den Individualverkehr (modal split)

$g_{ÖV,F}$ fahrtzweckspezifischer Gewichtungsfaktor für den öffentlichen Personenverkehr (modal split)

Div reisezeitabhängiger Bewertungsfaktor für den Individualverkehr

Döv reisezeitabhängiger Bewertungsfaktor für den öffentlichen Personenverkehr

s Kategorie der Sportstätten (Sporthalle, Hallenbad, Freibad, Sportplatz, Tennisanlage).

Als Gewichtungsfaktoren $g_{IV,F}$ und $g_{ÖV,F}$ wurden die in den Begleituntersuchungen zum Regionalverkehrsplan ausgewiesenen wegezweckspezifischen Anteile bei der Verkehrsmittelwahl in der Region Stuttgart (vgl. Verband Region Stuttgart (Hrsg.) (1996a),S.75) verwendet.

Die Ausstattung der Verkehrsbezirke mit den betrachteten Sportstätten wird über den gesamten Fortrechungszeitraum als konstant angenommen. Veränderlich sind jedoch die Reisezeiten, die in den Indikator eingehen.

4.3 Freizeitorientierte Versorgung

Für die Attraktivität eines Verkehrsbezirks spielt neben den bereits aufgeführten Komponenten der Freizeitqualität auch die Ausstattung bzw. die Erreichbarkeit von kulturellen Einrichtungen (Kino, Theater, Volkshochschule, Bibliothek) sowie von Einrichtungen der freizeitorientierten Versorgung (z.B. Gaststätten) eine Rolle. Über die Ausstattung der Verkehrsbezirke mit kulturellen Einrichtungen konnten keine Angaben verfügbar gemacht werden, so dass auf die Abbildung dieser Komponente verzichtet werden muss.

Die Beschreibung der Ausstattung der Verkehrsbezirke mit freizeitorientierten Versorgungseinrichtungen erfolgt über die Angaben zur Zahl der Beschäftigten im Gastgewerbe. Bei den vorliegenden Angaben handelt es sich um geschätzte Zahlen, die von den Bearbeitern des Regionalverkehrsplans zur Verfügung gestellt wurden.

Als Indikator für die Erreichbarkeit von freizeitorientierter Versorgung wird die Summe der gewichteten Anzahl von Beschäftigten im Gastgewerbe verwendet. Als Gewichtungsfaktoren werden die Bewertungsfaktoren, die von den Reisezeiten zwischen dem betrachteten Verkehrsbezirk und allen Verkehrsbezirken mit Gaststätten im motorisierten Individualverkehr und im öffentlichen Personenverkehr bestimmt werden, verwendet. Die Bewertung der innerhalb des betrachteten Verkehrsbezirks liegenden Gaststätten erfolgt auf der Grundlage der durchschnittlichen verkehrsbezirksinternen Zugangszeit zu einem Knoten des jeweiligen Verkehrsnetzes. In die beiden Bewertungsfunktionen werden die jeweiligen zeitlichen Grenzwerte für den Fahrtzweck "Freizeit" eingesetzt. Der Indikator wird nach folgender Formel berechnet:

(16) $$XF_{3,i} = \left[g_{IV,F} \left({}^{*}\sum_{j=1}^{j} R_j {}^{*}Div_{ij} \right) + g_{ÖV,F^{*}} \left(\sum_{j=1}^{j} R_j {}^{*}Döv_{ij} \right) \right]$$

mit

$XF_{3,i}$ Indikator zur Erreichbarkeit von freizeitorientierter Versorgung im Verkehrsbezirk i ,

R_j Anzahl der Beschäftigten im Gastgewerbe im Verkehrsbezirk j

i, j Quell- und Zielorte, $i = 1,....624, j \in \{1,....760\}$

n Anzahl der Zielorte (760)

$g_{IV,F}$ fahrtzweckspezifischer Gewichtungsfaktor für den Individualverkehr (modal split)

$g_{ÖV,F}$ fahrtzweckspezifischer Gewichtungsfaktor für den öffentlichen Personenverkehr (modal split)

Div reisezeitabhängiger Bewertungsfaktor für den Individualverkehr

Döv reisezeitabhängiger Bewertungsfaktor für den öffentlichen Personenverkehr

Als Gewichtungsfaktoren $g_{IV,F}$ und $g_{ÖV,F}$ wurden die in den Begleituntersuchungen zum Regionalverkehrsplan ausgewiesenen wegezweckspezifischen Anteile bei der Verkehrsmittelwahl in der Region Stuttgart (vgl. Verband Region Stuttgart (Hrsg.) (1996a), S.75) verwendet.

Bei der Berechnung des Indikators für künftige Zeitpunkte muss die Anzahl der Beschäftigten im Gastgewerbe exogen vorgegeben werden, weil diese Größe auf der Standortebene für künftige Zeitpunkte nicht ermittelt werden kann. Daher werden die Angaben, die dem Regionalverkehrsplan zugrunde gelegt werden, übernommen.

5. Umweltqualitätsindikatoren

Umweltbeeinträchtigungen im Wohnumfeld werden bei der Wohnortwahl als Entscheidungskriterium berücksichtigt. Als Beeinträchtigung werden vor allem die unmittelbar sensorisch wahrnehmbaren Umweltbelastungen, wie Erschütterungen, Gerüche, Lärm, Staub und Ruß empfunden, wenn auch die sensorisch nicht wahrnehmbaren Umweltbelastungen (z.B. Feinstäube, Aerosole, Schwermetalle) eine objektiv stärkere Gefährdung der Gesundheit nach sich ziehen (vgl. Räppel, 1984, S.56).

Die Beschreibung der Umweltqualität in den Verkehrsbezirken erfordert für die Standortebene des integrierten Standort- und Verkehrsmodells Indikatoren, welche einen inhaltlichen Bezug zu den vorgegebenen räumlichen Einheiten haben und auch "prognosefähig" sind.

Auf der Standortebene werden für die Abbildung der Umweltqualität in einem Verkehrsbezirk und die daraus resultierenden Attraktivitätswirkungen hinsichtlich der Wohnortentscheidung Immissionsbelastungen sowie Trennwirkungen des Verkehrs als relevant betrachtet, weil sie die Wohnqualität an einem Standort unmittelbar beeinflussen. Zu den relevanten Immissionsbelastungen, die in dem Forschungsvorhaben aufgrund der Verfügbarkeit von Informationen abbildbar und durch das Verkehrssystem beeinflussbar sind, werden die Lärmbelastung und die Luftbelastung gezählt. Die ursprünglich vorgesehene Darstellung der Trennwirkungen von Verkehrswegen im Siedlungsbereich mit Hilfe eines Indikators ließ sich nicht verwirklichen, weil die benötigten Angaben nur unvollständig im Amtlichen Topographisch-Kartographischen Informationssystem gespeichert sind.

5.1 Die Lärmbelastung

Im Hinblick auf die Erfassung von Attraktivitätswirkungen, die von der Umweltqualität eines Verkehrsbezirks ausgehen, spielt Lärm nur dann eine Rolle, wenn er von den Menschen als Störung oder Belästigung empfunden wird. Bei der Bildung eines operationalen Indikators zur Beschreibung der Umweltqualität bezüglich des Lärms treten Probleme auf, welche den Sachbezug und den räumlichen Bezug des Indikators berühren.

Erstens hängt der Grad der Störung neben der Lautstärke auch von der Art und Dauer des Geräusches und vom individuellen Empfinden des Einzelnen ab. Zweitens wird auf der Standortebene innerhalb der Verkehrsbezirke keine weitere räumliche Differenzierung vorgenommen, so dass die lokal auftretenden Unterschiede der Lärmsituation innerhalb eines Verkehrsbezirks, der die Größe einer Gemeinde erreichen kann, nicht berücksichtigt werden.

Die beiden aufgeführten Gründe führen dazu, dass nur ein relativ grober Indikator für die Lärmbelastung in den einzelnen Verkehrsbezirken gebildet werden kann. Als Indikator wird für jeden Verkehrsbezirk der Anteil der "nicht-verlärmten" Wohnsiedlungsflächen an der Gesamtwohnsiedlungsfläche eines Verkehrsbezirks verwendet. Als verlärmt gilt eine Wohnsiedlungsfläche, wenn der Lärmpegel 70 dB(A) übersteigt. Als Wohnsiedlungsflächen gelten jene Flächen, die in ATKIS als Wohnbauflächen und Flächen gemischter Nutzung definiert sind. Die "verlärmten" Flächen werden im berechnet, indem um die Verkehrswege Lärmbelastungsbänder ermittelt werden, deren Breite vom durchschnittlichen täglichen Verkehr abhängt. Die Darstellung der Vorgehensweise zur Berechnung der lärmbelasteten Flächen erfolgt im Kapitel 3.4.

(17) $$XU_{1,i} = 1 - \frac{FWL_i}{FW_i}$$

mit:

$XU_{1,i}$ Indikator zur Luftbelastung im Verkehrsbezirk i

FWL_i Wohnsiedlungsflächen mit Überschreitung des Lärmpegels von 70 db(A) im Verkehrsbezirk i (in ha)

FW_i Wohnsiedlungsfläche des Verkehrsbezirks i (in ha)

Im Hinblick auf die Ermittlung zukünftiger Zustände wird dieser Indikator in seiner Aussagekraft durch die Tatsache eingeschränkt, dass sich alle Berechnungen auf die gegenwärtige Siedlungsfläche beziehen müssen, weil Angaben über die zukünftige Siedlungsflächenentwicklung innerhalb der Verkehrsbezirke nicht vorliegen.

5.2 Die Luftbelastung

Bei der Beschreibung der Qualität des Umweltfaktors Luft werden ähnliche Probleme wie bei der Darstellung der Lärmbelastung offenbar. Die sensorische Wahrnehmung der Luftbelastung ist zwar weniger direkt als im Falle des Lärms. Ähnlich ist die unterschiedliche Wahrnehmung, die zu Unterschieden im Grad der Belästigung bzw. Schädigung bei unterschiedlichen Personengruppen führt. In der Regel treten mehrere luftverunreinigende Stoffe gleichzeitig auf, die in unterschiedlichem Maß belästigend oder schädigend wirken. Über die Kombinationswirkungen dieser Stoffe liegen kaum gesicherte Erkenntnisse vor.

Wie bei der Erfassung der Lärmbelastung wird auf der Standortebene innerhalb der Verkehrsbezirke keine weitere räumliche Differenzierung vorgenommen, so dass lokal auftretende Unterschiede der Luftqualität innerhalb eines Verkehrsbezirks nicht berücksichtigt werden können. Dies ist insbesondere bei den flächenmäßig großen Verkehrsbezirken dritter Ordnung von Bedeutung.

Die oben genannten Gründe führen dazu, dass nur ein relativ grober Indikator für die Umweltqualität hinsichtlich der Luftbelastung gebildet werden kann. Es erscheint daher sinnvoll, sich auf die Erfassung eines Luftschadstoffs zu beschränken, dem die Funktion eines Leitschadstoffes zugewiesen werden kann. In Anlehnung an gängige Immissionsberechnungsverfahren wird auf der Standortebene Stickstoffdioxid (NO_2) als geeigneter Leitschadstoff verwendet.

Als Indikator für die Umweltqualität in jedem Verkehrsbezirk dritter Ordnung hinsichtlich der Luftbelastung wird der Anteil der Wohnsiedlungsflächen, in denen die NO_2–Immissionen nicht über dem als Umweltqualitätsstandard festgelegten Jahresmittelwert (IW1) liegen, an der Gesamtwohnsiedlungsfläche verwendet. Die Flächenangaben für die Bildung des Indikators werden vom ILPÖ zur Verfügung gestellt. Bei den entsprechenden Flächenberechnungen wird auf der räumlichen Ebene der Verkehrsbezirke von der Annahme ausgegangen, dass für diesen Schadstoff die Emissionen den Immissionen entsprechen.

(18) $$XU_{2,i} = 1 - \frac{FWG_i}{FW_i}$$

mit:

$XU_{2,i}$ Indikator zur Luftbelastung im Verkehrsbezirk i

FWG_i Wohnsiedlungsflächen mit Überschreitung des Grenzwertes für die NO_2-Belastung im Verkehrsbezirk i (in ha)

FW_i Wohnsiedlungsfläche des Verkehrsbezirks i (in ha)

Hinsichtlich der Abschätzung zukünftiger Zustände dieses Indikators gelten die bereits beim Lärmindikator aufgeführten Einschränkungen.

Literaturverzeichnis

Akademie für Raumforschung und Landesplanung, 1994: Handwörterbuch der Raumordnung. Hannover.

Alonso, William, 1968: Location and Land Use. Cambridge, Massachusetts.

Aring, Jürgen, 1999: Nutzungsmischung? Ja, aber... , In: Brunsing, Jürgen und Frehn, Michael (Hrsg.) Stadt der kurzen Wege. Zukunftsfähiges Leitbild oder planerische Utopie? Dortmunder Beiträge zur Raumplanung Nr. 95. Institut für Raumplanung der Universität Dortmund. Dortmund.

Aring, Jürgen, 1999a: Suburbia – Posturbia – Zwischensatdt. Die jüngere Wohnsiedlungsentwicklung im Umland der großen Städte Westdeutschlands und Folgerungen für die Regionale Planung und Steuerung. ARL Nr. 262. Hannover

Ausubel, Jesse H. und Marchetti, Cesare, 2001: The Evolution of Transport, In: The Industrial Physicist, American Institute of Physics, April/May 2001, S. 20 – 24.

Backhaus, Klaus, u. a., [Jahr]: Multivariante Analysemethoden. Eine anwendungsorientierte Einführung. Berlin. [Jahr]: 1986 = 4. Auflage; 2000 = 9. Auflage.

Baldermann, Joachim; Hecking, Georg und Knauß, Erich, 1976: Wanderungsmotive und Stadtstruktur. Empirische Fallstudie zum Wanderungsverhalten im Großstadtraum Stuttgart. Schriftenreihe 6 des Städtebaulichen Instituts der Universität Stuttgart. Stuttgart.

Beckmann, Klaus J., 2002: Freizeitverkehr und Freizeitgroßeinrichtungen – Bedeutung, Veränderungstendenzen, Erschließungsanforderungen und Handlungsrelevanz. In: Stadt Region Land 73, S. 5 – 18. Institut für Stadtbauwesen und Stadtverkehr, Rheinisch – Westfälische Technische Hochschule Aachen.

Beckmann, Klaus J., u. a., 2001: Raumstrukturen und Mobilität, In: Informationskreis für Raumplanung e.V. (Hrsg.): Raumplanung Nr. 98, Dortmund.

Berg, Leo van den, u. a., 1982: Urban Europe. A Study of Growth and Decline, Vol. 1. Oxford.

Blotevogel, Hans H., u. a., 2002: Fortentwicklung des Zentrale-Orte-Konzepts. Akademie für Raumforschung und Landesplanung, Forschungs- und Sitzungsberichte 217. Hannover.

Böltken, Ferdinand; Bucher, Hansjörg; Janich, Helmut; 1997: Wanderungsverflechtungen und Hintergründe räumlicher Mobilität in der Bundesrepublik seit 1990. In: BfLR (Hrsg.): Informationen zur Raumentwicklung, Heft 1/2.1997. Bonn.

BUND und MISERIOR, 1996: Zukunftsfähiges Deutschland. Ein Beitrag zu einer global nachhaltigen Entwicklung. Studie des Wuppertal-Instituts für Klima, Umwelt, Energie, Hrsg.: BUND (Bund für Umwelt und Naturschutz Deutschland) und MISERIOR, Berlin u. a..

Bundesamt für Bauwesen und Raumordnung, 2000a: Raumordnungsbericht 2000, Bonn.

Bundesamt für Bauwesen und Raumordnung, 2000b: Aktuelle Daten zur Entwicklung der Städte, Kreise und Gemeinden, Ausgabe 2000, Bonn.

Bundesamt für Bauwesen und Raumordnung, 2002: Aktuelle Daten zur Entwicklung der Städte, Kreise und Gemeinden, Ausgabe 2002, Bonn.

Bundesamt für Bauwesen und Raumordnung, 2003a: Siedlungs- und Verkehrsfläche nach Nutzungsarten 2001. Verfügbar unter: http://www.bbr.bund.de (Zugriffsdatum: 21.12.2003).

Bundesamt für Bauwesen und Raumordnung, 2003b: Anteile einzelner Nutzungsarten an der Gebäude- und Freifläche und Veränderung im Bundesgebiet 1997-2001. Verfügbar unter: http://www.bbr.bund.de (Zugriffsdatum 21.12.2003).

Bundesminister des Inneren, 1979: Was Sie schon immer über Umweltschutz wissen sollten. Bonn.

Bundesministerium für Raumordnung, Bauwesen und Städtebau, 1996a: Siedlungsentwicklung und Siedlungspolitik. Nationalbericht Deutschland zur Konferenz HABITAT II. Bonn.

Bundesministerium für Raumordnung, Bauwesen und Städtebau, 1996b: Raumordnung in Deutschland. Bonn.

Bundesministerium für Umwelt, Naturschutz und Reaktorsicherheit; 1998: Entwurf eines umweltpolitischen Schwerpunktprogrammes. Pressemitteilung Nr. 25/98 vom 28.04.1998. Bonn.

Bundesministerium für Verkehr, Bau- und Wohnungswesen 2003: Raumordnung – die nationale Ebene. Glossar. Bonn.

Christaller, Walter, 1933: Die zentralen Orte in Süddeutschland. Eine ökonomisch-geographische Untersuchung über die Gesetzmäßigkeiten der Verbreitung und Entwicklung der Siedlungen mit städtischen Funktionen. Jena.

Domhardt, Hans-Jörg; Geyer, Thomas und Weick, Theophil, 1999: Zentrale Planelemente von Raumordnungsplänen. In: Akademie für Raumforschung und Landesplanung: Grundriß der Landes- und Regionalplanung. Hannover.

Deutscher Bundestag, 2004: Drucksache 15/4472 vom 6. Dezember 2004. Antwort der Bundesregierung auf die Große Anfrage der Abgeordneten Peter Götz, Klaus Minkel, Dirk Fischer (Hamburg), weiterer Abgeordneter und der Fraktion der CDU/CSU (Drucksache 15/3362) – Reduzierung der zusätzlichen Flächennutzung für Verkehrs- und Siedlungszwecke, Berlin.

Dosch, Fabian, 2002: Auf den Weg zu einer nachhaltigen Flächennutzung? In: BBR (Hrsg.): Informationen zur Raumentwicklung, Heft 1/2. Bonn.

Dosch, Fabian und Beckmann, Gisela, 1999a: Siedlungsflächenentwicklung in Deutschland - auf Zuwachs programmiert. In: BBR (Hrsg.): Informationen zur Raumentwicklung, Heft 8. Bonn.

Dosch, Fabian und Beckmann, Gisela, 1999b: Trends und Szenarien der Siedlungsflächenentwicklung bis 2010. In: BBR (Hrsg.): Informationen zur Raumentwicklung, Heft 11/12. Bonn.

Dosch, Fabian und Beckmann, Gisela, 2003: Ursachen für den Flächenverbrauch. Diskussionspapier, veröffentlicht auf der Internetseite des BBR: http://www.bbr.bund.de (Zugriffsdatum 19.04.2004).

Emnid-Umfrage, 2001: Vom Traum zur Wirklichkeit - Der Weg zum Eigenheim. Umfrage von TNS EMNID Markt- Media- und Meinungsforschung, im Auftrag der Commerzbank. Zusammenfassung erhältlich im Internet unter http://commerzbank.de/journal/immobilien/archiv/200102/artikel2.htm (Zugriffsdatum 17.06.2002).

Enßlin, Rainald, 1999: Umsetzung landes- und regionalplanerischer Zielsetzungen im Zusammenwirken mit der kommunalen Bauleitplanung. In: Akademie für Raumforschung und Landesplanung: Grundriß der Landes- und Regionalplanung. Hannover.

Finanzministerium Baden-Württemberg, 2000: Der Finanzminister informiert. Die Gemeinden und ihre Einnahmen. Die Finanzbeziehungen zwischen Land und Gemeinden. Stuttgart.

Forschungsverbund WUMS, 2000: Wege zu einer umweltverträglichen Mobilität am Beispiel der Region Stuttgart (WUMS), Universität Stuttgart, Endbericht zum Forschungsvorhaben. Stuttgart.

Franck, Georg und Wegener, Michael, 2002: Dynamik räumlicher Prozesse. In: Henckel, Dietrich und Eberling, Matthias (Hrsg.) Raumzeitpolitik. Opladen.

Friege, Henning, 1999: Siedlungspolitische Folgerungen der Enquete-Kommission „Schutz des Menschen und der Umwelt". In: Axel Bergmann (Hrsg.) Siedlungspolitik auf neuen Wegen: Steuerungselemente für eine ressourcenschonende Flächennutzung. Berlin.

Gaebe, Wolf, 1987: Verdichtungsräume. Stuttgart.

Gaebe, Wolf, 1997: Stärken und Schwächen der Region Stuttgart im interregionalen Vergleich. In: Gaebe, Wolf (Hrsg.) Struktur und Dynamik in der Region Stuttgart. Stuttgart.

Gertz, Carsten, 1998: Umsetzungsprozesse in der Stadt- und Verkehrsplanung. Die Strategie der kurzen Wege. Schriftenreihe A des Instituts für Straßen- und Schienenverkehr der Technischen Universität Berlin. Berlin.

Guski, Rainer, 2000: Lärmbetroffenheit in Baden-Württemberg. Ergebnisse einer repräsentativen Umfrage. In: Landesanstalt für Umweltschutz Baden-Württemberg (Hrsg.), Tagungsband Lärmkongress 2000. Karlsruhe.

Halbritter, Günter, u. a., 1999: Umweltverträgliche Verkehrskonzepte: Entwicklung und Analyse von Optionen zur Entlastung des Verkehrsnetzes und zur Verlagerung von Straßenverkehr auf umweltfreundlichere Verkehrsträger, Forschungszentrum Karlsruhe Technik und Umwelt. Berlin.

Harlander, Tilmann und Jessen, Johann, 2001: Stuttgart – polyzentrale Stadtregion im Strukturwandel. In: Brake, Dangschat, Herfert (Hrsg.) Suburbanisierung in Deutschland. Aktuelle Tendenzen. Opladen.

Heilweck-Backes, Inge, 2004: Kompakt, urban, grün – Das Leitbild der Flächennutzungsplanung und die tatsächliche Entwicklung der Siedlungs- und Verkehrsfläche in Stuttgart seit 1980. In: Statistik und Informationsmanagement Monatshefte, Statistisches Amt der Landeshauptstadt Stuttgart, Heft 1/2004, Stuttgart.

Hein, Ekkehard, 1998: Planungsformen und Planungsinhalte. In: Akademie für Raumforschung und Landesplanung: Methoden und Instrumente der räumlichen Planung, S. 186-199. Hannover.

Heinrichs, Bernhard, 1999: Raumordnungspläne auf Landesebene. In: Akademie für Raumforschung und Landesplanung: Grundriß der Landes- und Regionalplanung. Hannover.

Hesse, Markus, 1999: Siedlungsstrukturen, räumliche Mobilität und Verkehr - Auf dem Weg zur Nachhaltigkeit in Stadtregionen? Materialen des Instituts für Regionalentwicklung und Strukturplanung Erkner, Graue Reihe Nr. 20. Erkner.

Hesse, Markus, 2000: Raumstrukturen, Siedlungsentwicklung und Verkehr - Interaktionen und Integrationsmöglichkeiten, Institut für Regionalentwicklung und Strukturplanung Erkner, Erkner.

Hesse, Markus, und Schmitz, Stefan, 1998: Stadtentwicklung im Zeichen von „Auflösung“ und Nachhaltigkeit. In: BBR (Hrsg.): Informationen zur Raumentwicklung. Heft 7/8.1998. Bonn.

Holz-Rau, Christian, 1997: Siedlungsstruktur und Verkehr. BfLR (Hrsg.): Materialien zur Raumentwicklung, Heft 84. Bonn.

Holz-Rau, Christian, 2001: Verkehr und Siedlungsstruktur - eine dynamische Gestaltungsaufgabe. Raumforschung und Raumordnung, Heft 4/2001, S. 264-276. Bonn.

Institut für Landes- und Stadtentwicklungsforschung des Landes Nordrhein-Westfalen, 2003: Bausteine zum Baulandbeschluss. Institut für Landes- und Stadtentwicklungsforschung des Landes Nordrhein-Westfalen Fachbereich Stadtplanung und Wohnungswesen, Institut für Bodenmanagement. Dortmund.

Ju, Jingsha, 1998: A Primary Integration Matrices Approach to Sustainability Orientated Land Use Planning in China. Schriftenreihe des Instituts für Raumordnung und Entwicklungsplanung der Universität Stuttgart, Band 20. Stuttgart.

Junesch, Richard, 1996: Untersuchungen zur Bedeutung der Verkehrserschließung für Standortqualitäten, Schriftenreihe des Instituts für Raumordnung und Entwicklungsplanung der Universität Stuttgart, Band 19. Stuttgart.

Kahnert, Rainer, 1998: Wirtschaftsentwicklung, Sub- und Desurbanisierung. In: BBR (Hrsg.): Informationen zur Raumentwicklung. Heft 7/8.1998. Bonn.

Kammerer, Hans, 1994: Wohnen und Wohlstand. Stuttgart.

Kaule, Giselher, 2002: Umweltplanung. Stuttgart.

Killisch, Winfried F., 1979: Räumliche Mobilität. Grundlegung einer allgemeinen Theorie der räumlichen Mobilität und Analyse des Mobilitätsverhaltens der Bevölkerung in den Kieler Sanierungsgebieten. Kieler Geographische Schriften, Band 49. Universität Kiel. Kiel.

Kistenmacher, Hans, u. a., 1995: Zukunftsaufgabe Regionalplanung. Anforderungen – Analysen – Empfehlungen. In: Akademie für Raumforschung und Landesplanung, Forschungs- und Sitzungsberichte, 200. Hannover.

Kistenmacher, Hans, u. a., 2001: Die Standortwahl technologieorientierter Existenzgründer -Anforderungen an die Raumplanung und Regionalentwicklung-. Lehr- und Forschungsgebiet Regional- und Landesplanung, Studiengang Raum- und Umweltplanung, Universität Kaiserslautern, Werkstattbericht Band 35. Kaiserslautern.

Klühspies, Johannes, 1999: Stadt - Mobilität - Psyche: mit gefühlsbetonten Verkehrskonzepten die Zukunft urbaner Mobilität gestalten? Basel.

Kneubühl, Fritz Kurt, 1994: Repetitorium der Physik. Stuttgart.

Korda, Martin , u. a., 1999: Städtebau. Stuttgart.

Koss, Susanne, 2000: Integration ökologischer Zielsetzungen in Regionalpläne. Schriftenreihe des Instituts für Raumordnung und Entwicklungsplanung der Universität Stuttgart, Band 21. Stuttgart.

Kritzinger, Stephan und Schad, Helmut, 1997: Bewusste Mobilität - Konkrete Chance oder „brotlose Lyrik"? In: Hermann Schaufler (Hrsg.): Umwelt und Verkehr. Beiträge für eine nachhaltige Politik. S. 47-53. München u. a..

Kutter, Eckhardt, 1972: Demographische Determinanten städtischen Personenverkehrs, Veröffentlichung des Instituts für Stadtbauwesen an der Technischen Universität Braunschweig, Heft 9, Braunschweig.

Landeshauptstadt Stuttgart, 2003: Statistik und Informationsmanagement Monatshefte, Statistisches Amt der Landeshauptstadt Stuttgart, Heft 1/2003, Stuttgart.

Landesnaturschutzverband Baden-Württemberg, 2002: Eindämmung des Landschaftsverbrauchs. Informationsheft des Landesnaturschutzverbands Baden-Württemberg. Info 2/2002, Stuttgart.

Landeszentrale für politische Bildung, 2004: Kommunale Finanzen. Veröffentlichung zur Kommunalwahl Baden-Württemberg am 13. Juni 2004. Landeszentrale für politischen Bildung Baden-Württemberg, Stuttgart.

Lindemann, Utz, 1999: Stuttgart untersuchte Zuzugsmotive. Erste Ergebnisse der Zuzugsmotivbefragung 1998. In: Landeshauptstadt Stuttgart, Statistisches Amt (Hrsg.): Statistik und Informationsmanagement. Themenheft 2/1999. Ergebnisse der Zuzugs- und Wegzugsmotivbefragungen 1997 und 1998. Stuttgart.

Lowry, Ira, 1964: A Model of Metropolis. Santa Monica, California.

Maier, Gunther und Tödtling, Franz, 2001: Regional- und Stadtökonomik 1. Standorttheorie und Raumstruktur. Wien u. a..

Mangold, Klaus, 1997: Mobilitätsmanagement - Konkrete Beiträge der Industrie zur Sicherung der Zukunft. In: Hermann Schaufler (Hrsg.): Umwelt und Verkehr. Beiträge für eine nachhaltige Politik. S. 71-79. München u. a..

Mietspiegel Dresden, 1999: Dresdner Mietspiegel 1999, Broschüre der Landeshauptstadt Dresden, Amt für Wohnungswesen, Dresden.

Mietspiegel Ludwigsburg, 1997: Stadt Ludwigsburg, Mietspiegel 1997, Stadtmessungs- und Liegenschaftsamt, Ludwigsburg.

Mietspiegel Schorndorf und Umgebung, 1978 und 1997: Mietspiegel Schorndorf und Umgebung, Bürgermeisteramt Schorndorf.

Ministerium für Umwelt und Verkehr Baden-Württemberg; 2000: Lärmminderungsplan Filder. Ministerium für Umwelt und Verkehr Baden-Württemberg und Kommunaler Arbeitskreis Filder. Stuttgart.

Nationale Nachhaltigkeitsstrategie; 2002: Perspektiven für Deutschland, Unsere Strategie für eine nachhaltige Entwicklung; Nationale Nachhaltigkeitsstrategie der Bundesregierung. Berlin.

Räppel, Michael, 1984: Wohnqualität in Städten. Ein Verfahren zur Bewertung der Gebietseignung für Wohnen in städtischen Teilräumen. Abteilung Raumplanung der Universität Dortmund, Dortmund.

Ritter, Ernst-Hasso, 1998: Stellenwert der Planung in Staat und Gesellschaft. In: Akademie für Raumforschung und Landesplanung: Methoden und Instrumente der räumlichen Planung, S. 6-17, Hannover.

Röder, Horst, 1974: Ursachen, Erscheinungsformen und Folgen regionaler Mobilität. Ansätze zu ihrer theoretischen Erfassung. Beiträge zum Siedlungs- und Wohnungswesen und zur Raumplanung, Band 16. Institut für Siedlungs- und Wohnungswesen der Universität Münster. Münster.

Romeiß-Stracke, Felizitas, 1997: Freizeitmobilität – Dimensionen, Hintergründe, Perspektiven. In: Topp, H. H. (Hrsg.): Verkehr aktuell: Freizeitmobilität (Grüne Reihe Nr. 38), Kaiserslautern.

Rohrmann, Bernd und Borcherding, Katrin, 1988: Der Stellenwert der Umweltqualität bei Wohnentscheidungen – Eine Längsschnitt-Feldstudie, IRB Verlag, Informationszentrum Raum und Bau der Fraunhofer–Gesellschaft, Stuttgart.

Rüger, Siegfried, 1984: Transporttechnologie städtischer öffentlicher Personenverkehr, Berlin.

Schiller, Georg; Gutsche, Jens-Martin und Siedentop, Stefan 2007: „Von der Außen- zur Innenentwicklung in Städten und Gemeinden". Erarbeitung von Handlungsvorschlägen sowie Analysen der ökologischen, ökonomischen und sozialen Wirkungen einer Neuorientierung der Siedlungspolitik. Forschungsvorhaben im Auftrag des Umweltbundesamtes (FKZ 203 16 123/02), Leibniz-Institut für ökologische Raumentwicklung e. V. (IÖR), Dresden und Gertz Gutsche Rümenapp Stadtentwicklung und Mobilität GbR, Hamburg.

Schmalstieg, Herbert, 2004: Städtebaupolitik aus der Sicht der Städte und Gemeinden. Rede des Vizepräsidenten des Deutschen Städtetages, Oberbürgermeister Dr. h.c. Herbert Schmalstieg, Hannover, auf dem II. Nationalen Städtebaukongress am 10. Mai 2004 in Bonn.

Schmitz, Stefan, 2001: Revolutionen der Erreichbarkeit. Gesellschaft, Raum und Verkehr im Wandel, Opladen.

Schneider, Norbert F., u. a., 2001: Berufsmobilität und Lebensform. Sind berufliche Mobilitätserfordernisse in Zeiten von Globalisierung noch mit Familie vereinbar? Schriftenreihe des Bundesfamilienministeriums für Familie, Senioren, Frauen und Jugend, Band 208. Berlin.

Schreckenberg, Winfried, 1999: Siedlungsstrukturen der kurzen Wege. Ansätze für eine nachhaltige Stadt-, Regional- und Verkehrsentwicklung. Bundesamt für Bauwesen und Raumordnung. Werkstatt: Praxis Nr. 1/1999, Bonn.

Schröder, Dieter, u. a., 1968: Strukturwandel, Standortwahl und regionales Wachstum. Bestimmungsgründe der regionalen Wachstumsunterschiede der Beschäftigung und der Bevölkerung in der Bundesrepublik Deutschland 1950 bis 1980. Stuttgart.

Schubert, Herbert, 1996: Stadt-Umland-Beziehungen und Segregationsprozesse In: BfLR (Hrsg.): Informationen zur Raumentwicklung. Heft 4/5.1996. Bonn.

Schwarz, Thomas, 1999: Räumliche Mobilität in der Großstadt. Das Beispiel Stuttgart. In: Landeshauptstadt Stuttgart, Statistisches Amt (Hrsg.): Statistik und Informationsmanagement. Themenheft 2/1999. Ergebnisse der Zuzugs- und Wegzugsmotivbefragungen 1997 und 1998. Stuttgart.

Siedentop, Stefan, et al. 2009: Siedentop, S., Junesch, R., Strasser, M., Zakrzewski, P., Samaniego, L., Weinert, J. Einflussfaktoren der Neuinanspruchnahme von Flächen. Bundesamt für Bauwesen und Raumordnung, Forschungen, Heft 139. Bonn.

Sieferle, Rolf Peter, 1997: Rückblick auf die Natur: eine Geschichte des Menschen und seiner Umwelt. München.

Sieverts, Thomas, 1999: Zwischenstadt, zwischen Ort und Welt, Raum und Zeit, Stadt und Land. Wiesbaden.

Spitzer, Hartwig, 1995: Einführung in die räumliche Planung, Stuttgart.

Stadt Ostfildern, 2004: Stadtplan der Stadt Ostfildern. Download von der Internetseite http://www.ostfildern.de (Zugriffsdatum 17.04.2004).

Statistisches Bundesamt, [angegebenes Jahr]: Statistisches Jahrbuch für die Bundesrepublik Deutschland [für das angegebene Jahr], Statistisches Bundesamt, Wiesbaden.

Statistisches Bundesamt, 2003a: Siedlungs- und Verkehrsfläche nach Art der tatsächlichen Nutzung. Verfügbar unter: http://www.destatis.de. (Zugriffsdatum 21.12.2003).

Statistisches Bundesamt, Pressemitteilung, 2003: Umweltbeanspruchung rückläufig – Positive Signale jetzt auch bei der Flächennutzung. Pressemitteilung des Statistisches Bundesamtes vom 6. November 2003.

Statistisches Landesamt, 2001: Pressemitteilung vom 4. Juli 2001, Statistisches Landesamt Baden-Württemberg, Stuttgart.

Statistisches Landesamt, 2003: Flächenverbrauch in Baden-Württemberg. Statistik aktuell. Januar 2003. Statistisches Landesamt Baden-Württemberg, Stuttgart.

Statistisches Landesamt, 2003a: Internetseite des Statistischen Landesamt Baden-Württemberg. Verfügbar unter: http://www.statistik.baden-wuerttemberg.de. (Zugriffsdatum 12.08.2003).

Statistisches Landesamt, 2003b: Statistische Berichte Baden-Württemberg. Flächenerhebung in Baden-Württemberg 1997 und 2001 nach Art der tatsächlichen Nutzung. Artikel-Nr. 3336 01002 vom 27.02.2003. Statistisches Landesamt Baden-Württemberg, Stuttgart.

Statistisches Landesamt, 2004: Internetseite des Statistischen Landesamt Baden-Württemberg. Verfügbar unter: http://www.statistik.baden-wuerttemberg.de (Zugriffsdatum 03.02.2004).

Stuttgarter Unikurier, 1999: Wege zu einer umweltverträglichen Mobilität. Stuttgarter Unikurier, Nr. 82/83 September 1999, Stuttgart.

Tank, Hannes, 1987: Stadtentwicklung, Raumnutzung, Stadterneuerung: theoretische Grundlagen, städtisches Entwicklungspotenzial und die Orientierung der Stadtentwicklungspolitik. Göttingen.

Topp, Hartmut H., 1994: Welchen Beitrag kann Stadt- und Landesplanung zur Verkehrsvermeidung leisten? Schriftenreihe der Deutschen Verkehrswissenschaftlichen Gesellschaft e.V. -DVWG-, B177, Bergisch Gladbach.

Topp, Hartmut H., 1997: Die Stadt der kurzen Wege - der attraktive Standort. In: Hermann Schaufler (Hrsg.): Umwelt und Verkehr. Beiträge für eine nachhaltige Politik. S. 80-88. München u. a..

Transecon 2003: Urban transport and local socio-economic development. Final Report. The Transecon consortium. Koordinator: Institut für Verkehrswesen, Universität für Bodenkultur Wien, 2003. Wien.

Transecon, Protokolle der Expertenbefragungen: Befragungen ausgewählter Experten im Rahmen des Forschungsvorhabens Transecon zum Ausbau der S-Bahn Strecke Stuttgart – Herrenberg. Befragung des Steinbeis Transferzentrums für angewandte Systemanalyse im Herbst 2002. Unveröffentlichte Protokolle, 2002.

Treuner, Peter und Winkelmann, Ulrike, 1995: Typisierung ländlicher Teilräume Baden-Württembergs. Endbericht zum Forschungsvorhaben „Entwicklungsorientierte Typisierung ländlicher Nahbereiche Baden-Württembergs". Beiträge der Akademie für Raumforschung und Landesplanung. Hannover.

Turowski, Gerd und Lehmkühler, Gaby, 1999: Raumordnerische Konzeptionen. In: Akademie für Raumforschung und Landesplanung: Grundriß der Landes- und Regionalplanung. Hannover.

Umweltbundesamt, 2000: Jahresbericht 2000. Berlin.

Umweltbundesamt, Pressemitteilung, 2000: Diskussion über die gestiegenen Kraftstoffpreise sachlicher führen. Daten zur Preisentwicklung berücksichtigen. Pressemitteilung vom 15.09.2000. Berlin.

Vogt, Walter, u. a., 2000: Die Bedeutung des täglichen Fernpendelns für den sekundär induzierten Verkehr. Schlussbericht. Institut für Straßen- und Verkehrswesen der Universität Stuttgart. Stuttgart.

Vollmer, Hans-Ulrich, 1998: Umweltqualität und Wohnungsmarkt. Ein Verfahren zur Ermittlung von Nachfrageelastizitäten auf der Grundlage der „Neuen Nachfragetheorie". Dargestellt am Beispiel der Charlottenburger Baugenossenschaft eG in Berlin. Berlin.

Wiese, Wolfgang, 1991: Das Dorf als Wohnstandort. Die Wohnwerbestimmung als Planungshilfe zur Entwicklung der Wohnfunktion des Dorfes. Fachgebiet Ländliche Siedlungsplanung der Universität Stuttgart. Stuttgart.

Winde, Frank, 1999: Die Beurteilung der Wohnumfeldqualität in Städten: ein formales Bewertungsverfahren. In: André Kilchenmann u. a. (Hrsg.): GIS in der Stadtentwicklung, S. 65-98. Berlin u. a..

Zahavi, Yacov, 1979: Unified Mechanism of Travel (UMOT Project), Report DOT-RSPA-DPB-20-79-3, U.S. Department of Transportation, Washington D.C., USA.

Zängler, Thomas W. und Karg, Georg 2002: Zielorte in der Freizeit. In: Stadt Region Land 73, S. 155 – 161. Institut für Stadtbauwesen und Stadtverkehr, Rheinisch – Westfälische Technische Hochschule Aachen.

Zerweck, Daniel, 1997: Großstädtische Wohnstandorte. Die Bestimmung von Wohnstandortpräferenzen als Planungshilfe zur Stadtentwicklung am Beispiel von Nürnberg. Dortmunder Beiträge zur Raumplanung Nr. 83. Institut für Raumplanung der Universität Dortmund. Dortmund.

Gesetze, Untergesetzliche Regelungen und Kommentare

16. BImSchV: Sechzehnte Verordnung zur Durchführung des Bundes-Immissionsschutzgesetzes (Verkehrslärmschutzverordnung – 16. BImSchV) vom 12. Juni 1990 (BGBl. I S. 1036).

BauGB: Baugesetzbuch i. d. F. der Bekanntmachung vom 27.08.1997 (BGBl. I S. 2141, ber. 1998 I S. 137).

BauNVO: Verordnung über die bauliche Nutzung der Grundstücke (Baunutzungsverordnung) i. d. F. vom 26.06.1962 (BGBl. I 1962, 429).

Biotopschutzgesetz: Biotopschutzgesetz Baden-Württemberg, i. d. F. vom 19.11.1991 (BGBl. 1991 S. 701) .

Gebietsentwicklungsplan für den Mittleren Neckarraum 1972: Innenministerium Baden-Württemberg, Stuttgart.

Grundgesetz: Grundgesetz der Bundesrepublik Deutschland vom 23.05.1949, in der jeweils zitierten Fassung.

Landesentwicklungsplan Baden-Württemberg 1971: Fassung Januar 1973, Innenministerium Baden-Württemberg, Stuttgart.

Landesentwicklungsplan Baden-Württemberg 1983: Innenministerium Baden-Württemberg, Stuttgart.

Landesentwicklungsplan Baden-Württemberg 2002: Wirtschaftsministerium Baden-Württemberg, Stuttgart.

Landschaftsrahmenplan Region Stuttgart 1999: Verband Region Stuttgart, Landschaftsrahmenplan 1999, Stuttgart.

LplG: Landesplanungsgesetz Baden-Württemberg i. d. F. vom 8. April 1992, zuletzt geändert durch Artikel 1 des Gesetzes vom 8. Mai 2003, (GBl. 2003 S. 205).

Flächennutzungsplan 1990: Nachbarschaftsverband Stuttgart, Flächennutzungsplan 1990, Stand 14. Juni 1984. Stuttgart, 1984.

NatSchG: Naturschutzgesetz Baden-Württemberg i. d. F. vom 29. März 1995, zuletzt geändert am 30. Juli 1997, (GBl. 1997 S. 278).

Raumordnungspolitischer Orientierungsrahmen: Bundesministerium für Raumordnung, Bauwesen und Städtebau, 1993.

Regionalplan Mittlerer Neckar 1977: Regionalverband Mittlerer Neckar, Regionalplan vom 26. Oktober 1977, Stuttgart.

Regionalplan Mittlerer Neckar 1989: Regionalverband Mittlerer Neckar, Regionalplan vom 29. November 1989, Stuttgart.

Regionalplan Region Stuttgart 1998: Verband Region Stuttgart, Regionalplan vom 22. Juli 1998. Stuttgart.

RLS-90: Richtlinien für den Lärmschutz an Straßen, Der Bundesminister für Verkehr, Abteilung Straßenbau, Ausgabe 1990.

ROG: Bundesraumordnungsgesetz i. d. F. vom 18.08.1997 (BGBl. I S. 2081, 2102).

TA Lärm: Sechste Allgemeine Verwaltungsvorschrift zum Bundes-Immissionsschutzgesetz (Technische Anleitung zum Schutz gegen Lärm – TA Lärm) vom 26. August 1998 (GMBl Nr. 26/1998 S. 503).

yes

I want morebooks!

Buy your books fast and straightforward online - at one of the world's fastest growing online book stores! Environmentally sound due to Print-on-Demand technologies.

Buy your books online at

www.get-morebooks.com

Kaufen Sie Ihre Bücher schnell und unkompliziert online – auf einer der am schnellsten wachsenden Buchhandelsplattformen weltweit!
Dank Print-On-Demand umwelt- und ressourcenschonend produziert.

Bücher schneller online kaufen

www.morebooks.de

OmniScriptum Marketing DEU GmbH
Heinrich-Böcking-Str. 6-8
D - 66121 Saarbrücken
Telefax: +49 681 93 81 567-9

info@omniscriptum.com
www.omniscriptum.com

Printed by Books on Demand GmbH, Norderstedt / Germany